항만 및 어항 설계기준 해설서 —

알기쉬운 항만설계기준 핸드북

KOREA PORTS & HARBOURS ASSOCIATION
한국항만협회

한국항만협회
KOREA PORTS & HARBOURS ASSOCIATION

적 용 기 준

본 「알기쉬운 항만설계기준 핸드북」 은 항만분야에 종사하거나, 항만을 전공한 사람들이 기존의 「항만 및 어항 설계기준 (해양수산부, 2005)」 을 더 이해하기 쉽도록 하기 위한 참고자료이므로 핸드북에 있는 자료나 도표를 직접 설계기준으로 활용할 수 없음.

머 리 말

1971년 당시 건설부에서 최초로 발간한 「항만설계기준서」는 그동안 해운항만청, 해양수산부를 거치면서 보완, 개정되고 어항설계기준과 합본되는 과정을 거쳐 오늘날 우리가 사용하고 있는 「항만 및 어항 설계기준」이 되었습니다.

이 「항만 및 어항 설계기준」은 항만건설업무에 종사하는 분들이 항상 곁에 두고 보아야 하는 필독 지침서이자 설계와 건설의 안전과 표준을 제시하는 기준서이기도 합니다.

그러나 「항만 및 어항 설계기준」의 내용은 학교의 강의를 통해서도 접하기 어렵고, 실제 항만관련업계 종사자들도 이해하기 어려운 부분이 많이 있다는 의견을 접하게 됩니다.

대학에서는 배울 기회가 없어 못 배우고, 직장에 와서야 배울 수 있는 것이 항만건설기술인데 그 핵심이 되는 내용 모두는 「항만 및 어항 설계기준」에 있으니 외면할 수도 없습니다. 더욱이 최근에는 중앙정부에서 전담하던 항만건설관련업무도 지방자치단체로 이관되고 있는 추세입니다.

따라서 현재 항만분야에서 종사하고 있는 분들이나 새롭게 항만건설업무를 맡게 되신 분들, 그리고 앞으로 항만산업에 종사하게 되실 분들의 이해 증진을 위해서도 항만설계기준의 이해를 돕는 입문서가 필요하다는 판단에 따라 국내 항만분야에서도 권위 있는 전문가들의 도움을 받아 전문용어, 도표, 예문, 삽도 등을 활용하여 난이도를 현격히 낮춘 해설서 형식의 입문서를 발간하게 되었습니다.

본 핸드북이 처음 만들어 지다보니 보완하거나 개선될 부분도 있을 것으로 생각되나, 향후 점진적으로 수정해 나갈 것을 약속드리며, 본 핸드북을 통하여 항만설계기준을 이해하는 데 조금이나 도움이 되길 기대합니다.

끝으로 본 핸드북을 발간하기 위하여 관심과 열정으로 참여하여 주신 집필위원장, 집필위원 및 감수위원, 한국항만협회, 국토해양부 관계자 여러분의 노고에 깊은 감사를 드립니다.

2011년 3월

국토해양부 항만정책관 강 범 구

목 차

제 1 장 파　랑

제 2 장 쇄파/월파/파력

제 3 장 외곽시설

제 4 장 계류시설

제 5 장 마리나

▣ 표 목차 ▣

▣ 그림 목차 ▣

제1장

파 랑

1. 파랑의 분류 및 규칙파의 종류
2. 규칙파와 불규칙파 이론
3. 파랑 스펙트럼
4. 설계파 개요 및 산정방법
5. 파의 추산
6. 파랑의 변형
7. 장주기파와 부진동
8. 항내정온도 및 항만가동율
9. 폭풍해일 및 지진해일
10. 연안·하구역의 수치모형실험

집 필 위 원 : 김 태 인 (주)지오시스템리서치 부사장
감 수 위 원 : 정 원 무 한국해양연구원 책임연구원

제1장 파 랑

1. 파랑의 분류 및 규칙파의 종류

1.1 파랑의 분류

파랑은 대기와 물의 경계면 즉, 수면을 따라 수평방향으로 전파된다. 이러한 파를 궤도 운동을 하는 진행파(orbital progressive wave)라고 표현할 수 있다. 여기서 궤도 운동을 한다(orbital)는 것은 파랑 위에 놓여 있는 물 입자가 파형(波形)과 함께 수평 이동을 하는 것이 아니라 원 또는 타원 궤도 운동을 한다는 의미이다. 그리고 진행한다(progressive)는 것은 파형이 수평적으로 이동한다는 의미이다. 파랑은 수심, 생성 원인, 주기, 진행 방향 등 여러 가지 기준에 따라 분류할 수 있다.

가. 수심에 의한 분류

- 심해파(深海波, deep water wave) : 수심이 파장의 1/2 이상인 수역에서의 파랑. 바닥 마찰의 영향을 받지 않으며, 물입자는 원 운동을 한다.
- 천해파(淺海波, shallow water wave) : 수심이 파장의 1/20 이하인 수역에서의 파랑. 바닥 마찰의 영향으로 진행 속도가 느려지고, 물입자는 수평방향으로 길쭉한 타원 운동을 한다.
- 천이파(遷移波, transitional wave 또는 intermediate depth wave) : 수심이 파장의 1/20 이상이고 1/2 이하인 수역에서의 파랑.

심해파와 천해파의 특성에 대한 자세한 설명은 「2.1 규칙파 이론」에 기술되어 있다. 〈그림 1.1〉은 파랑 제원의 정의를 나타낸다.

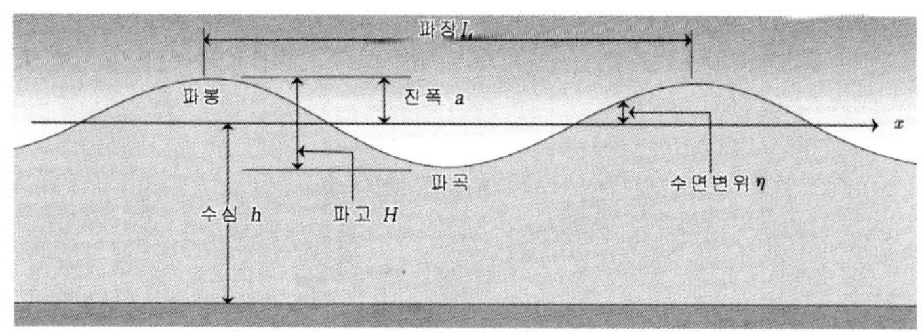

〈그림 1.1〉 진행파의 변수 정의

나. 생성 원인에 의한 분류

파랑을 일으키는 힘(에너지)를 기파력(起波力, disturbing force)이라 하고, 파랑이 형성된 후 변위된 수면을 다시 정수면으로 되돌리는 힘을 복원력(復原力, restoring force)이라고 한다. 기파력에 의한 파랑에는 풍파, 부진동, 지진해일, 조석파 등이 있고, 복원력에 의한 파랑에는 표면장력파와 중력파가 있다〈그림 1.2〉.

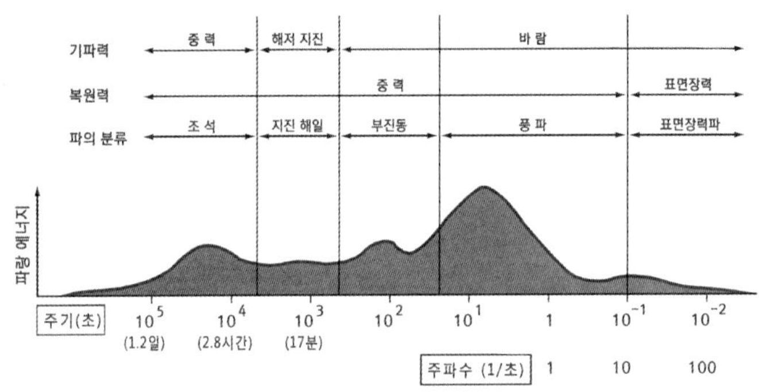

〈그림 1.2〉 파랑 주기별 에너지 분포

1) 기파력에 의한 파랑

- 풍파(風波, wind wave) : 수면 위를 부는 바람의 운동량이 물로 전달되어 발생하는 파랑.
- 부진동(副振動, seiche) : 폭풍, 지진파 또는 급격한 대기압 변동에 의하여 항만이나 내만에서 발생하는 공진 파동(共振 波動).
- 지진해일(地震海溢, tsunami) : 해저 지진에 의한 사태(沙汰), 화산 분출, 단층 등에 의하여 발생하는 장주기 파동.
- 조석파(潮汐波, tide) : 지구와 달, 태양 사이의 중력의 크기와 방향의 변동이 지구 자전과 어우러져 형성되는 장주기 파동. 조석을 일으키는 기파력을 기조력(起潮力)이라고 한다.

2) 복원력에 의한 파랑

- 표면장력파(表面張力波, capillary wave) : 파장이 1.73cm 보다 작은 파랑[1]. 바람이 불 때 처음 형성되는 파이며, 복원력이 표면장력이다.
- 중력파(重力波, gravity wave) : 파장이 1.73cm 보다 큰 모든 파랑. 중력이 정수면 위로 솟아오른 파봉(波峰, wave crest)을 아래로 끌어당기고, 이 과정에서 물의 관성으로 수면이 정수면을 지나치게 되어 파곡(波谷, wave trough)을 만든다. 이러한 운동의 반복으로 파랑 속의 물입자는 원궤도 운동을 하게 된다.

다. 주기(週期)에 의한 분류

파의 주기별 분류는 〈그림 1.2〉의 세 번째 줄에 표시한 바와 같다.

- 표면장력파(表面張力波, capillary wave) : 주기가 0.1초 미만인 파랑.
- 풍파(風波, wind wave) : 주기가 0.1초부터 30초까지의 파랑. 통상적으로 파랑은 주기가 1초부터 30초까지의 풍파 또는 폭풍파를 말한다. 파랑의 에너지는 〈그림 1.2〉에 표시한 바와 같이 주기 10초 부근에 집중된다.
- 장파(長波, long wave) : 부진동, 지진해일, 조석파.

라. 기파력과의 관계에 의한 분류

- 자유파(自由波, free wave) : 기파력의 구속을 받지 않고 진파하는 파랑(예: 지진해일).
- 강제파(强制波, forced wave) : 기파력에 종속되어 진행하는 파랑(예: 조석파). 풍파의 경우, 바람이 일정한 방향으로 지속되는 풍역대(風域帶)에서는 강제파에 속하고, 풍역대를 벗어난 너울[2](swell)은 자유파로 분류할 수 있다.

마. 진행방향에 의한 분류

- 진행파(進行波, progressive wave) : 수평 방향으로 진행하는 파랑
- 정상파(定常波, standing wave) : 수평 방향으로 진행하지 않고, 수면이 수직 운동만 하는 파랑. 수직 운동이 최대인 지점을 복(腹, antinode), 수직 운동이 없는 점을 절(節, node)이라고 한다.

1.2 규칙파의 종류

동일한 형태의 파형이 반복되는 규칙파 중에서 파고가 수심에 비하여 매우 작거나 파형 경사[3]가 매우 작은 파랑을 미소진폭파(微小振幅波, small amplitude wave)라 하고, 그 이외의 파랑을 유한진폭파(有限振幅波, finite amplitude wave)라고 한다. 미소진폭파 이론에서는 파형을 나타내는 미분방정식이 선형화되므로 해석이 쉬우며, 유한진폭파 이론에서는 비선형항이 포함되므로 해석이 복잡해진다. 두 이론에 대한 자세한 설명은 「2.1 규칙파 이론」에 기술되어 있으며, 아래에 간단한 개념을 정리하였다.

가. 미소진폭파

단순한 sine 곡선 형태의 파랑을 표현하는 미소진폭파 이론은 에어리(Airy)가 1845년에 제안한 것으로 에어리 이론(Airy theory)이라고 하며, 기본방정식이 선형이므로 선형파 이론(linear wave theory)이라고도 한다. 이 이론은 파고가 수심에 비해 매우 작다는 가정하에 유도된 것으로 여러 파랑 이론의 기초가 되었다.

나. 유한진폭파

수심이 얕아져서 $H/h \ll 1$의 조건이 성립하지 않으면, 미소진폭파 이론으로는 파고가 큰 파의 운동을 설명할 수 없다. 유한진폭파 이론은 파 운동을 정확하게 나타내기 위해서 고차(高次)의 비선형항을 포함하고 있으며, 스토크스 파(Stokes wave), 크노이드 파(cnoidal wave), 고립파(solitary wave), 트로코이드 파(trochoidal wave) 등이 있다. 이러한 파 이론의 개념적인 적용 범위는 〈그림 1.3〉에 도시한 바와 같다.

1) 스토크스 파(Stokes wave)

스토크스 파는 유한한 수심의 정수면상을 진행하는 비선형파의 2차 파수(波數, wave number, $= 2\pi/L$) 해(解)를 처음으로 제시한 Stokes(1880)의 이름을 따서 붙여졌다. 스토크스 파 이론에서는 상대수심(h/L)은 작지 않으나 파형경사(H/L)가 작은 경우에 H/L의 급수로서 표현하며, 파고가 클 경우에는 고차 해가 적용되어야 한다. 스토크스 파에서는 파봉의 진폭이 파곡의 진폭보다 크다〈그림 1.4〉. 스토크스 파의 제1근사해는 미소진폭파의 이론해와 같다. 상대수심이 작아지면 즉, 수심이 얕은 해안역에서는 스토크스 파 이론의 정확도가 떨어진다.

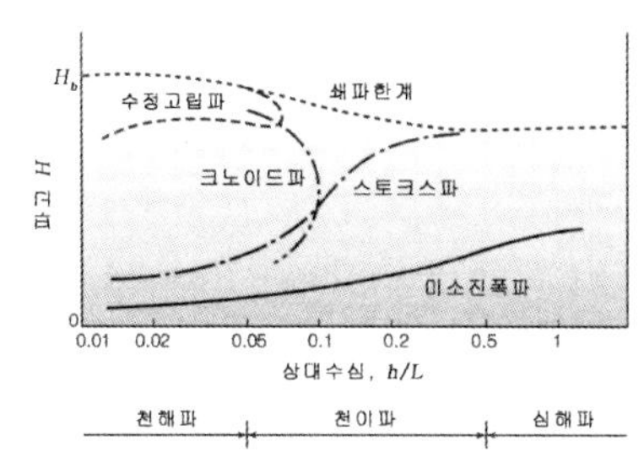

〈그림 1.3〉 상대수심과 파고에 의한 파 이론의 적용범위

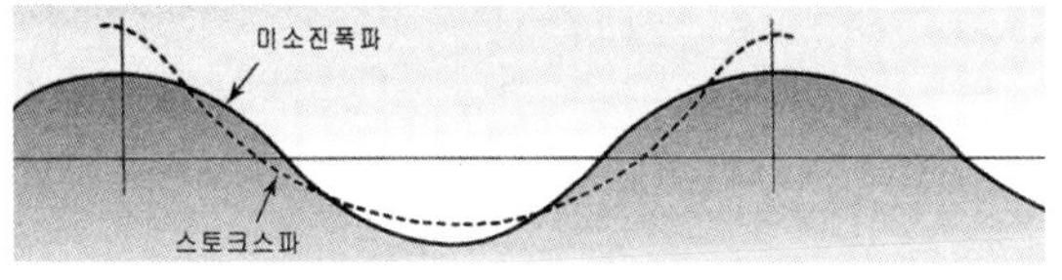

〈그림 1.4〉 스토크스 파형

2) 크노이드 파(cnoidal wave)

수심이 얕은 해안역에서 파장이 긴 파형에 대하여는 Korteweg(코르테베그)와 DeVries(데브리스)가 1895년에 제안한 크노이드파 이론을 적용하는 것이 적합하다〈그림 1.5〉. 「Cnoidal」이라는 용어는 이 파형이 「Jacobian elliptical cosine function」에 의해 주어지기 때문에 사용되었는데, 이 함수를 일반적으로 「cn」으로 표기한다. 이 이론은 유한진폭과 수심의 영향을 고려한 K-dV 방정식의 풀이로서 제1차 근사해가 구해진다. 크노이드 파에서 파장이 매우 긴 경우는 고립파가 된다.

〈그림 1.5〉 크노이드 파형

3) 고립파(solitary wave)

고립파는 Russel(러셀, 1838)이 처음으로 제안하였고, 이후 Boussinesq(부시네스크, 1872)와 Rayleigh(레일레이, 1876) 등이 이론적으로 정립하였다. 파가 진행할 때 물입자가 궤도 운동을 하는 다른 파와는 다르게, 고립파는 물입자가 궤도 운동을 하지 않으며 파곡이 없다. 단일 파봉의 파형 전체가 정수면상에 위치하여 모양이 변하지 않고 일정한 속도로 진행한다〈그림 1.6〉. 파장이 매우 긴 지진해일이 고립파에 속한다고 볼 수 있는데, 천해로 진행하면서 파봉이 높아지고 뾰족해지며, 파곡은 길고 평평해지기 때문이다.

〈그림 1.3〉에서 수정 고립파란 원래 파봉이 하나뿐인 고립파의 파형 중에서 파봉 전후의 적당한 범위의 파형을 반복 연결하여, 연속되는 파랑에 대하여 적용한 것이다.

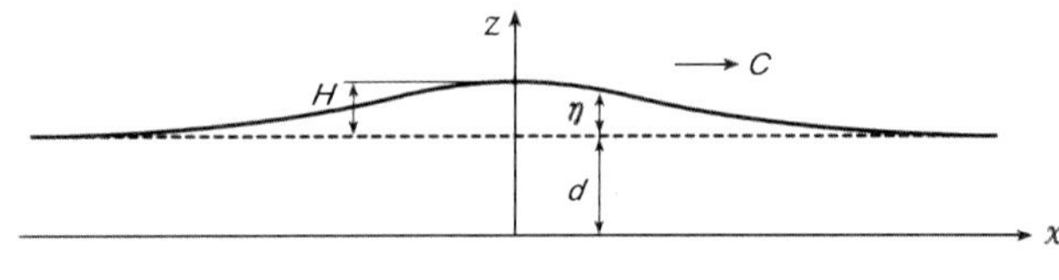

〈그림 1.6〉 고립파형

4) 트로코이드 파(trochoidal wave)

이 이론은 Airy(에어리) 선형파 이론을 제안하기 이전에 Gerstner(거스트너, 1802)가 제안한 최초의 유한진폭파 이론으로서 수면의 형태를 트로코이드[4]로 표현하였다〈그림 1.7〉. 이는 수면 위의 물입자가 원 운동을 하는 것에 착안한 것이다. 수평선 $z = z_o + 1/k$ 아래를 따라 구르는 반지름이 $1/k$인 원판을 가정한다. 이 원판 상에 원판의 중심으로부터 거리 $(H/2)e^{kx_o}$에 있는 점의 궤적은 트로코이드 파형을 그린다. 여기서 H는 파고, x_o와 z_o는 물입자의 평균 위치이다.

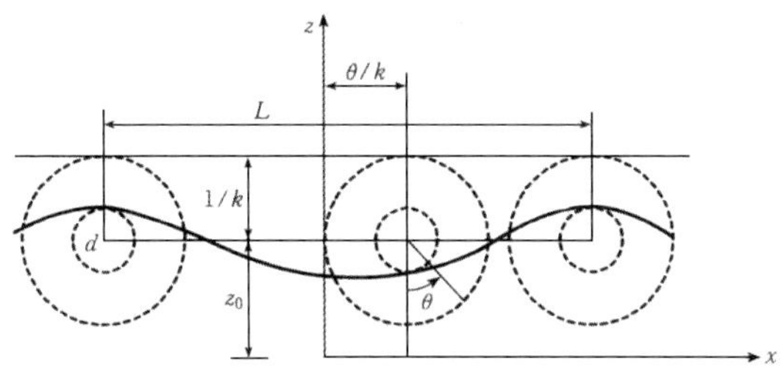

〈그림 1.7〉 트로코이드 파형

1) 표면장력파(表面張力波, capillary wave) : 중력과 표면장력이 파랑의 전파에 미치는 영향력의 임계 파장은 다음 식과 같이 주어진다.

$$L_c = 2\pi\sqrt{\frac{\sigma}{(\rho-\rho')g}}$$

여기서 L_c는 임계 파장, σ는 표면장력, ρ는 물의 밀도, ρ'는 공기 밀도, g는 중력가속도이다. 파장이 L_c보다 길면 중력의 영향이 우세하고, L_c보다 짧으면 표면장력의 영향이 우세하다. 이 식에 다음 값을 대입하면 $L_c \approx$ 1.73cm를 얻는다.

π = 3.14

σ = 74.2 × 10^{-3} N/m = 74.2 × 10^{-3} kg·m/s^2/m (수온 10℃에서)

ρ = 1,000 kg/m^3

ρ' = 1.248 kg/m^3 (기온 10℃에서)

g = 9.8 m/s^2

2) 너울(swell) : 파랑을 발생시키는 풍역(風域)을 벗어나서 진행하는 파. 파봉이 둥글고 파형이 비교적 규칙적이며, 주기가 풍파보다 길다.

3) 파형경사(波形傾斜, wave steepness) : 파고를 파장으로 나눈 값(H/L).

4) 트로코이드(trochoid) : 직선을 따라 굴러가는 원 내부의 임의 점의 궤적으로 그려지는 곡선. 임의 점이 원주에 있을 때 싸이클로이드(cycloid)라고 부른다. Trochus는 그리스어로 바퀴(wheel)를 의미한다.

2. 규칙파와 불규칙파 이론

규칙파(monochromatic wave, regular wave 또는 periodic wave)는 파고와 주기가 일정하며 일정한 방향으로 진행하는 이론적인 파를 의미하고, 자연 현상에서 나타나는 불규칙파(irregular wave 또는 random wave)는 파고, 주기 및 진행 방향이 일정하지 않고 시시각각으로 변화하는 파랑을 말한다〈그림 1.8〉. 최근에는 불규칙파를 모의·재현할 수 있는 수치모형 또는 조파수조가 개발·적용되고 있으므로 구조물의 설계파 산정과 항내 정온도 평가시에는 파의 불규칙성을 충분히 고려하여 불규칙파를 해석하여야 한다.

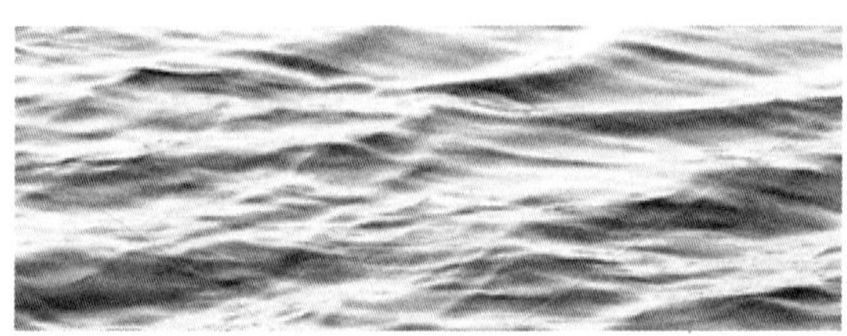

〈그림 1.8〉 불규칙파 현상

2.1 규칙파 이론

일반적으로 규칙파는 진폭이 파장에 비해서 매우 작다고 가정하는 미소진폭파(微小振幅波, small amplitude wave) 이론으로 설명한다. 그러나 진폭이 수심과 파장에 비하여 상대적으로 커지는 천해역에서는 유한진폭파(有限振幅波, finite amplitude wave) 이론의 적용이 필요하다.

가. 미소진폭파

미소진폭파 이론에서 파의 운동은 라플라스(Laplace) 식[1]으로 표현된다. 적절한 경계조건을 부여하고 파고(H)가 파장(L) 및 수심(h)에 비하여 매우 작다는 가정 하에 이 방정식을 풀면 아래와 같은 파랑 특성을 얻는다. 실제 파랑은 아래의 파랑 특성식과 다소 다르지만 파랑의 굴절, 수중 압력

등을 취급할 때는 아래 식을 이용하는 경우가 많으며, 특히 중복파는 미소진폭파를 합성함으로써 얻을 수 있다.

제1장

1) 수면 변위(水面 變位, surface elevation)

수면 변위 η는 정수면(still water level)을 기준으로 시시각각으로 변하는 수면의 위치이며, 〈식으로 1〉과 같이 표현된다.

$$\eta_{(x,t)} = \frac{H}{2}\sin 2\pi\left(\frac{x}{L} - \frac{t}{T}\right) \tag{1.1}$$

여기서, x는 파의 진행방향으로의 거리이고, t는 시간이다. H는 파고(波高, wave height)로서 파봉(波峰, wave crest)과 파곡(波谷, wave trough) 간의 수직 거리이고, L은 파장(波長, wave length)으로서 두 파봉 또는 두 파곡 간의 수평 거리이다. 파의 주기(週期, wave period) T는 연이은 파봉 또는 파곡이 임의 지점을 통과하는데 걸리는 시간으로서, 파장(L)을 파속(波速, wave speed, C)으로 나눈 값이다(〈그림 1.1〉 참조). 한편 주기의 역수($1/T$)인 주파수(周波數, frequency) f는 임의 지점에서 1초에 통과한 파봉 또는 파곡의 개수를 의미한다.

2) 파장(波長, wave length)

연이은 두 파봉 또는 두 파곡 간의 수평 거리로 정의되는 파장은 〈식 1.2〉와 같이 나타낼 수 있다. 여기서 g는 중력가속도, h는 수심이다.

$$L = \frac{gT^2}{2\pi}\tanh\frac{2\pi h}{L} = CT \tag{1.2}$$

〈식 1.2〉를 파랑 분산식(分散式, dispersion relationship)이라 하며, 이 식에 각주파수(角周波數, angular frequency, $\sigma = 2\pi/T$)와 파수(波數, wave number, $k = 2\pi/L$)의 정의를 대입하면 〈식 1.3〉과 같이 쓸 수 있다. 각주파수 즉, 주기와 수심이 주어지면 이 식으로부터 파수 즉, 파장을 구할 수 있고, 〈식 1.2〉에서 파속을 결정할 수 있다.

$$\sigma^2 = gk\tanh kh \tag{1.3}$$

〈식 1.2〉에서 보듯이 심해파의 파속은 파장에 정비례하므로 장파가 단파보다 더 빠르게 전파된다. 이러한 현상의 예를 들면, 연못에 돌을 던졌을 때 파가 동심원 형태로 퍼져 나가는데 중심에서 멀어질수록 파장이 길어진다. 이와 같이 파장과 파속에 따라 파형이 점진적으로 분리되는 현상을 파의 분산이라고 한다. 강한 바람이 불 때 풍역(風域)에서 파의 분산이 발생하여 파장이 긴 파가 상대적으로 빠르게 진행하므로, 풍역에서 멀리 떨어진 지점에 가장 먼저 도착하는 너울의 파장이 가장 길고, 시간이 지나면서 파장과 주기가 짧아진다.

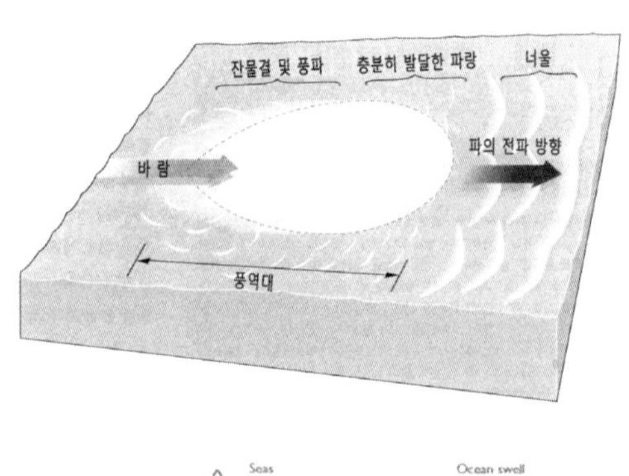

〈그림 1.9〉 파랑 분산 모식도

3) 파속(波速, wave speed 또는 celerity)

개별 파의 진행 속도를 의미하는 파속(C)은 파장(L)을 주기(T)로 나눈 값으로서, T 대신에 $2\pi/\sigma$를, σ 대신에 〈식 1.3〉의 분산관계식을, 그리고 〈식 1.3〉의 k 대신에 $2\pi/L$을 대입하면 〈식 1.4〉와 같이 표현된다.

$$C = L/T = \sqrt{\frac{gL}{2\pi}\tanh\frac{2\pi h}{L}} \qquad (1.4)$$

4) 물입자의 속도

해면에 파동이 생기면 두 가지 운동이 나타나는데, 하나는 파형의 전파이고 다른 하나는 물입자의 궤도 운동이다. 파랑은 파형의 전파를 통해서 파랑 에너지를 수송하지만, 물입자 자체를 수송하지는 않는다. 정수면을 기준으로 수심 z(정수면 아래가 "− "이며, 해저면에서는 $z = -h$임)에서 물입자의 궤도 운동 유속은 〈식 1.5〉와 같이 표현된다. 여기서, u는 물입자의 수평방향 속도이고, w는 연직방향 속도이다.

$$u = \frac{\pi H}{T} \frac{\cosh \frac{2\pi(h+z)}{L}}{\sinh \frac{2\pi h}{L}} \cos\left(\frac{2\pi}{L}x - \frac{2\pi}{T}t\right) \tag{1.5a}$$

$$w = \frac{\pi H}{T} \frac{\sinh \frac{2\pi(h+z)}{L}}{\sinh \frac{2\pi h}{L}} \sin\left(\frac{2\pi}{L}x - \frac{2\pi}{T}t\right) \tag{1.5b}$$

심해파의 경우 물입자는 원 운동을 하며 해면에서 원 운동의 직경은 파고와 거의 같다. 해저면으로 갈수록 원 운동의 반경이 작아지며 수심이 파장의 1/2 정도가 되면 원 운동이 소멸한다〈그림 1.10〉.

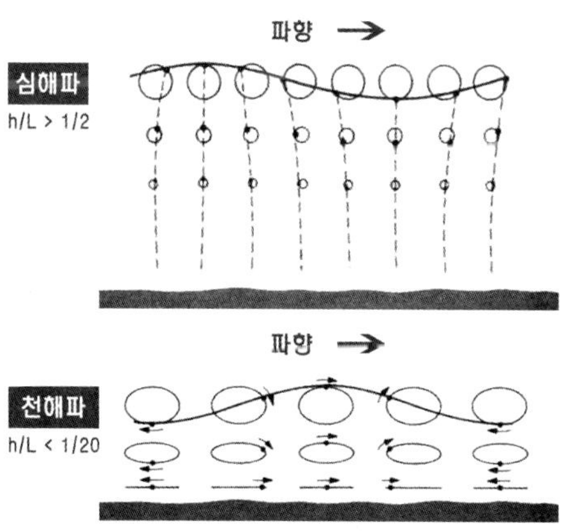

〈그림 1.10〉 파랑에 의한 물입자 운동(수평, 연직 축척이 다름)

천해파의 경우 물입자는 수평방향 축이 긴 타원 운동을 한다. 해저면으로 갈수록 타원의 연직방향 단축이 짧아져서 해저면 부근에서는 수평 왕복 운동을 한다. 해저면 부근에서 물입자의 왕복 운동은 해저 퇴적물을 교란(winnowing)시켜서 해·조류 또는 해빈류 등과 함께 소류사(bed load)[2] 또는 부유사(suspended sediment)[3] 발생을 촉진한다.

5) 파압(波壓, wave pressure)

파랑에 의한 압력은 〈식 1.6〉과 같이 표현된다. 여기서 w_o는 해수의 단위체적 중량(= ρg)이고, 우변 첫 항은 동수압, 둘째 항은 정수압을 나타낸다. 동수압은 파랑의 물입자 운동에 의한 압력 변동 부분을 의미한다.

$$p = w_o \frac{H}{2} \frac{\cosh \frac{2\pi(h+z)}{L}}{\cosh \frac{2\pi h}{L}} \sin\left(\frac{2\pi}{L}x - \frac{2\pi}{T}t\right) - w_o z \qquad (1.6)$$

6) 해면의 단위면적당 파의 평균에너지

단위 표면적당 수면부터 해저면까지 수주(水柱)가 가지는 파랑 에너지는 주기 평균 운동에너지와 주기 평균 위치에너지의 합으로서 〈식 1.7〉과 같이 표현된다. 즉 파의 평균 에너지는 파고의 제곱에 비례한다. 여기서 E_k(운동에너지) = E_p(위치에너지)이며, 마찰 손실을 무시할 경우 한 파장 내의 모든 점에서 평균에너지(E)는 일정하다. 이 식은 수심에 관계없이 심해파와 천해파에 모두 적용된다.

$$E = E_k + E_p = \frac{1}{8} w_o H^2 \qquad (1.7)$$

7) 단위시간에 단위폭당 파의 진행방향으로 전달되는 평균에너지

단위시간마다 수면부터 해저면까지의 단위폭을 횡단하여 수송되는 평균 〈에너지(ene〉rgy flux) E_F는 〈식 1.8〉과 같이 표현된다. 여기서 C_G는 군속도(群速度, group velocity)로서 파군(波群, wave group) 또는 파에너지의 전파속도를 의미하며, $C_G \equiv \frac{\partial \sigma}{\partial k}$로 정의된다. 계수 n은 〈식 〈1.9〉와 같〉이 표현되며, 심해파에서는 0.5, 천해파에서는 1.0이고, 천이

파에서는 그 중간값을 갖는다.

$$E_F = C_G E = nCE \tag{1.8}$$

$$n = \frac{1}{2}\left(1 + \frac{\frac{4\pi h}{L}}{\sinh\frac{4\pi h}{L}}\right) \tag{1.9}$$

제1장

파 에너지는 군속도로 수송되므로 에너지의 수송속도는 파형의 전파속도 보다 느리다. 따라서 파열(波列)의 선단(先端)에서는 에너지 공급이 지연되기 때문에 파고가 점차 감소하여 소멸하고, 파열의 후단(後端)에서는 파형의 진행에 뒤처진 에너지가 차례로 새로운 파를 형성해간다. 예를 들어 심해역에서 10개 주기에 해당하는 규칙파가 갑자기 형성되었다고 가정하면, 이 파열은 〈그림 1.11〉에 나타낸 바와 같이 점차 분산되면서 전파한다. 화살표는 파군의 중심을 나타내며, 이 중심의 진행속도 즉, 군속도는 선단 속도의 1/2이다. 선단 속도 즉, 파속은 파형의 동일 위상(位相)의 점이 전파하는 속도이므로 위상 속도라고도 부른다.

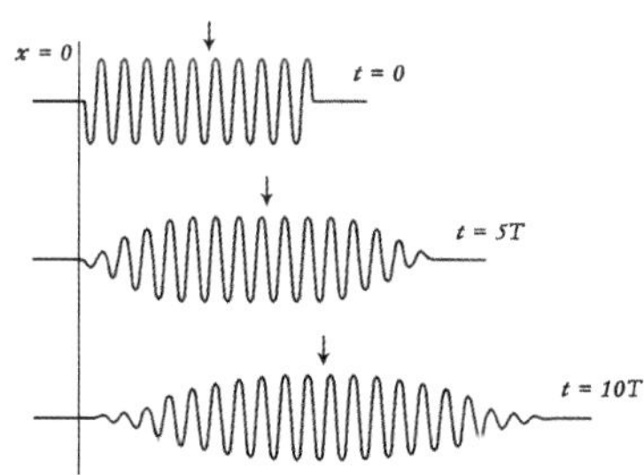

〈그림 1.11〉 심해역에서 유한 파열(有限波列)의 분산 모식도

나. 심해파와 장파

1) 심해파(deep water wave)

수심이 파장의 1/2 보다 깊은(h/L 〉 1/2) 해역에서는 수심이 깊어서

파랑의 물입자 운동이 해저면까지 이르지 못하기 때문에 물입자 운동이 해저면에 의해 변형되지 않는다. 이 해역의 파랑을 심해파라 하며, 파장에 비해서 수심이 아주 깊다고 가정하면($h/L \to \infty$), 〈식 1.2〉에서 $\tanh 2\pi h/L \approx 1$이므로 파장과 파속은 각각 〈식 1.10a〉 및 〈식 1.10b〉와 같다. 또한 〈식 1.9〉에서 $\sinh 4\pi h/L \to \infty$이므로 $n = 1/2$이다. 따라서 군속도는 〈식 1.10c〉와 같이 표현된다. 식에서 하첨자 o는 심해파를 나타내며, 파장과 파속은 수심에 관계없이 주기에만 관계된다.

$$L_o = \frac{gT^2}{2\pi} \approx 1.56\,T^2\ (m) \tag{1.10a}$$

$$C_o = \frac{gT}{2\pi} \approx 1.56\,T\ (m/s) \tag{1.10b}$$

$$C_G = \frac{1}{2}C_o = \frac{gT}{4\pi} \approx 0.78\,T\ (m/s) \approx 2.81\,T\ (km/h) \tag{1.10c}$$

2) 장파 또는 천해파(long wave 또는 shallow water wave)

수심이 파장의 1/20 보다 얕은(h/L 〈 1/20) 해역에서는 파장이 수심에 비해서 매우 길며, 이러한 파를 장파 또는 천해파라 한다. h/L 값이 매우 작으면 〈식 1.2〉에서 $\tanh 2\pi h/L \approx 2\pi h/L$이므로 파장과 파속은 각각 〈식 1.11a〉 및 〈식 1.11b〉와 같다. 또한 〈식 1.9〉에서 $\sinh 4\pi h/L \approx 4\pi h/L$이므로 $n = 1$이다. 따라서 군속도는 파속과 같으며 〈식 1.11c〉와 같이 표현된다.

$$L = T\sqrt{gh} \tag{1.11a}$$

$$C = \sqrt{gh} \tag{1.11b}$$

$$C_G = C = \sqrt{gh} \tag{1.11c}$$

수심이 파장의 1/20 보다 깊고 1/2 보다 얕은(1/20 〈 h/L 〈 1/2) 경우에는 천이역으로서 파장과 파속이 복잡하게 변한다. [표 1.1]은 파형에 따른 파장과 파속의 계산식을 정리한 것이다.

[표 1.1] 상대수심별 파장과 파속 계산식

상대 수심(h/L)	파형	파장(L)	파속(C)
〉 1/2	심해파	$\frac{gT^2}{2\pi}$	$\frac{gT}{2\pi}$
1/20 − 1/2	천이파	$\frac{gT^2}{2\pi}\tanh(\frac{2\pi h}{L})$	$\sqrt{\frac{gL}{2\pi}\tanh(\frac{2\pi h}{L})}$
1/20 〉	천해파	$T\sqrt{gh}$	$\sqrt{gh}$

다. 유한진폭파

천해역에서는 미소진폭파 이론의 정확도가 높지 않으며, 파봉이 뾰족하고 파곡이 평평한 유한진폭파 이론이 보다 실제적이다. 유한진폭파에 대한 식도 파형 경사(H/L) 및 상대 수심(h/L)에 따라 여러 가지 이론이 있어서 적합한 이론을 사용하여야 한다.

파의 유한진폭 효과의 하나는 파고가 커질수록 파고에 대한 파봉고(波峰高)[4)]의 비가 증가하는 것이다. 〈그림 1.12〉의 곡선은 수심이 1.0~1.5 m인 수조에서의 수리모형실험 결과로부터 진행파의 파봉고 변화를 나타낸 것이다. 파고가 수심의 0.2배(H/h= 0.2)일 때 수심에 대한 저면부터 파봉까지의 높이(h_c/h)의 비는 약 1.1이므로 파봉고(η_c)는 수심의 0.1배이다(식 1.12a). 즉 파봉고는 파고의 약 1/2로서, 파봉고와 정수면부터 파곡까지의 거리가 같다(식 1.12b). 그러나 파고가 수심의 0.6배(H/h= 0.6)일 때 h_c/h는 약 1.45이므로 파봉고는 수심의 0.45배이다(식 1.13a). 즉 파봉고는 파고의 0.75배로서, 파봉고는 정수면부터 파곡까지의 거리의 3배이나(식 1.13b).

$$\frac{h_c}{h} = \frac{h+\eta_c}{h} = 1+\frac{\eta_c}{h} = 1.1 \rightarrow \eta_c = 0.1h \qquad (1.12a)$$

$$H = 0.2h,\ \eta_c = 0.1h \rightarrow \eta_c = 0.5H \qquad (1.12b)$$

$$\frac{h_c}{h} = \frac{h+\eta_c}{h} = 1+\frac{\eta_c}{h} = 1.45 \rightarrow \eta_c = 0.45h \qquad (1.13a)$$

$$H = 0.6h,\ \eta_c = 0.45h \rightarrow \eta_c = 0.75H \qquad (1.13b)$$

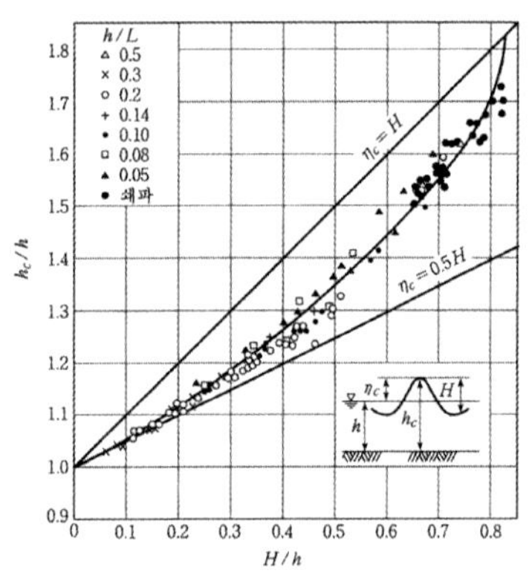

〈그림 1.12〉 수심에 따른 파고와 파봉고의 관계

〈그림 1.13〉은 최대 파고 $H_{\max}$에 대한 최대 파봉고 $(\eta_c)_{\max}$의 비를 $H_{1/3}/h$의 관계로 나타낸 것으로서, 현장 파형 기록을 바탕으로 작성되었다. 실제 파봉고는 〈그림 1.12〉에 제시한 수리모형실험의 값보다 약간 크며, $H_{1/3}/h < 0.5$의 영역에서는 현지 관측기록에서 구한 〈그림 1.13〉의 값을 이용하는 것이 바람직하다.

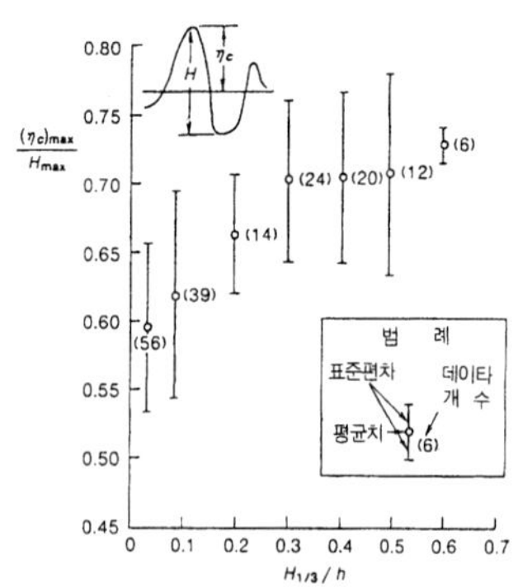

〈그림 1.13〉 최대 파봉고 $(\eta_c)_{\max}$와 최대파고 $H_{\max}$의 비와 $H_{1/3}/h$의 관계

2.2 불규칙파 이론

가. 불규칙파 개요

해양에서 나타나는 조석(tide)이 매일의 조차가 다르고, 14일 주기의 대·중·소조기가 나타나며, 계절별 연별 조석의 차이가 발생하는 것은 다양한 주기, 진폭과 지각(遲角, phase lag)을 가지는 개개 분조[5]들이 합성된 결과이다. 이와 유사하게, 불규칙파는 다양한 파향, 파고, 주기를 가진 규칙파가 중첩되어 나타나는 것으로 볼 수 있다〈그림 1.14〉.

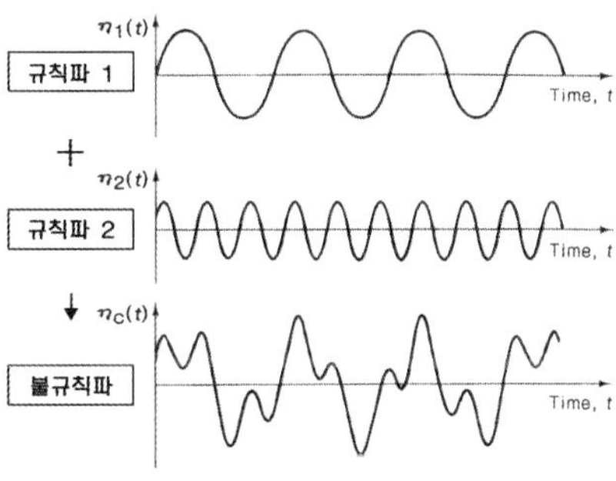

〈그림 1.14〉 규칙파의 중첩에 의한 불규칙파형

나. 불규칙파의 통계적인 특성

불규칙파의 실제 파형은 매우 불규칙하며, 한 점에서 측정한 파고 기록은 〈그림 1.15〉와 같은 형태를 보인다. 개별 파랑의 파고와 주기를 정의하는 방법에는 영점 상향교차법(zero up-crossing method)과 영점 하향교차법(zero down-crossing method)이 있다. 영점 상향교차법은 기록된 파형의 평균 수면(영점, 零點)을 기준으로 각 파형이 파곡에서 파봉으로 상향 진행할 때 평균 수면과 만나는 점들로부터 개별 파의 주기와 개수를 결정하는 방법이다. 〈그림 1.15〉를 예로 들면 영점 상향교차법을 적용하는 경우에 총 17개의 개별 파랑이 관측된 것이다. 반면에 영점 하향교차법은 파형이 평균 수면을 하향으로 통과하는 점들을 개별 파랑의 시작점과 끝점으로 정하는 방법이다. 통계학적으로 두 방법은 차이가 없으며, 각 파랑의 파고는 파형의 최고점과 최저점의 수위차가 된다. 파형이 평균 수면을 통과하지 않고 불규칙하게 움직이는 경우에는 하나의 파랑으로 간주한다.

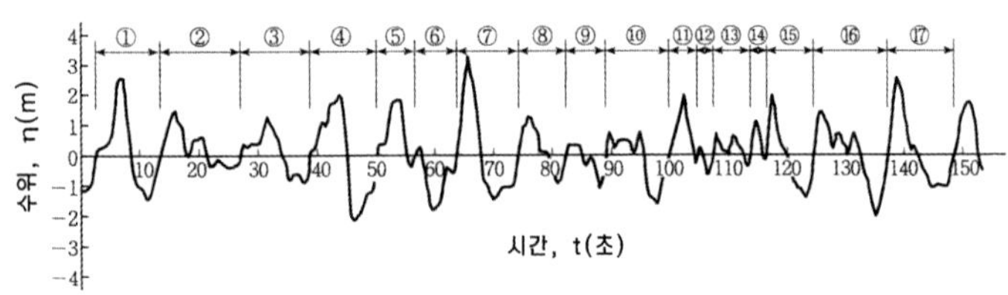

〈그림 1.15〉 영점 상향교차법의 예

1) 대표파고와 주기

한 지점에서 파랑을 일정시간 동안 연속 관측한 기록으로부터 관측기간을 대표하는 파고와 주기를 대표파라고 하며, 다음과 같이 정의한다.

최대파 (Maximum wave)	파군 중에서 가장 큰 파고(H_{max})와 그 파의 주기(T_{max})
1/10 최대파 (One-tenth highest wave)	파군을 파고가 큰 순으로 배열하여, 최대파부터 상위 1/10에 해당하는 파고의 평균($H_{1/10}$)과 해당 파의 주기의 평균($T_{H_{1/10}}$)
1/3 최대파 (One-third highest wave)	파군을 파고가 큰 순으로 배열하여, 최대파부터 상위 1/3에 해당하는 파고의 평균($H_{1/3}$)과 해당 파의 주기의 평균($T_{H_{1/3}}$)
평균파 (Mean wave)	모든 파의 파고의 평균($\overline{H}$ 또는 H_{mean})과 주기의 평균($\overline{T}$ 또는 T_{mean})

1/3 최대파를 유의파(有義波, significant wave)라고도 한다. 「유의파」라는 용어는 Svedrup(스베드럽)과 Munk(뭉크)가 SMB법이라는 파랑 추산법을 개발할 때, 목시(目視) 관측에 의한 파고와 1/3 최대파고가 거의 같다는 의미에서 사용하였다. 항만, 해안구조물 설계에서 유의파의 파고와 주기를 설계파의 지표로 사용하는 경우가 많으며, 특별히 구분하지 않고 「파고」 또는 「주기」라고 말하면, 보통 유의파를 지칭한다. 그러나 유의파를 보다 엄밀하게 정의하면 파랑의 주파수 스펙트럼[6)]에서 에너지가 가장 큰 주파수에 해당하는 주기 (T_{peak})와 스펙트럼 에너지의 합(m_o)으로부터 계산되는 파고 ($H_S = 4\sqrt{m_o}$)이다. 파랑 관측자료로부터 $H_{1/3}$와 H_S, 그리고 $T_{H_{1/3}}$와 T_{peak}를 계산하여 비교하면 약간 차이가 있다.

2) 레일레이 분포

불규칙한 파군 중에서 파고와 주기가 어떠한 빈도로 출현하는지를 Rayleigh (레일레이) 분포를 이용하여 통계적으로 기술할 수 있다. 이 분포는 레일레이가 음 (音)의 강도 (强度) 분포에 대하여 구한 결과를 Longuet Higgins (롱깃 히긴스)가 해파 (海波)에 적용한 것이다.. 다수의 관측기록으로부터 각 파고를 평균파고로 나눈 무차원 파고의 빈도 분포를 만들고 이 분포의 면적을 1로 가정한 출현확률 분포는 레일레이 분포와 유사하다. 레일레이 분포 이론은 파의 에너지가 어떤 주파수 영역에 매우 좁게 분포한다고 가정하여 제안된 것으로 주파수대가 넓으면 적용성에 문제가 있다. 불규칙파의 경우 근사적으로 적용이 가능하며, 쇄파대 내의 파고 분포에는 레일레이 분포를 적용할 수 없다.

레일레이 분포형은 〈식 1.14〉와 같이 표현되며, 확률분포형의 예는 〈그림 1.16〉과 같다. 여기서 $\overline{H} = \frac{1}{N}\sum_{i=1}^{N} H_i$이며, N은 측정기간의 파랑 개수이고, H_i는 개별 파고이다.

$$p(H/\overline{H}) = \frac{\pi}{2}\frac{H}{\overline{H}}\exp\left[-\frac{\pi}{4}\left(\frac{H}{\overline{H}}\right)^2\right] \tag{1.14}$$

Rayleigh Probability Density Function

$$f(x) = \frac{x}{\alpha^2} e^{-x^2/2\alpha^2} \qquad x \geq 0$$

$$= 0 \qquad x < 0$$

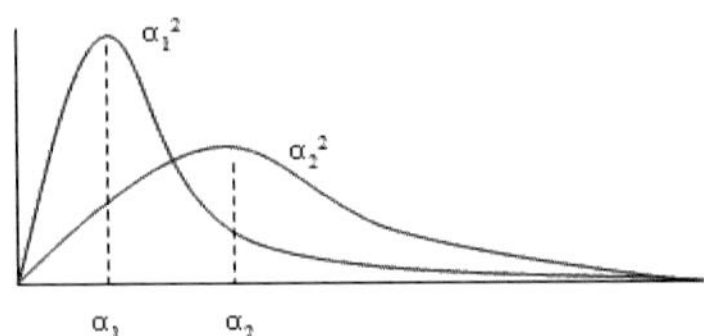

〈그림 1.16〉 레일레이 확률분포의 예

레일레이 분포식을 적용하면 최대파고 H_{max}, 유의파고 $H_{1/3}$, 1/10최대파고 $H_{1/10}$ 및 평균파고 $\overline{H}$ 사이에 이론적으로 〈식 1.15〉와 같은 관계식이 성립된다.

$$H_{1/10} = 1.27 H_{1/3} \tag{1.15a}$$

$$H_{1/3} = 1.60 \overline{H} \tag{1.15b}$$

$$H_{max} = (1.6 \sim 2.0) H_{1/3} \tag{1.15c}$$

주기의 분포는 파고의 분포와 달리 일반형이 존재하지 않으나 최대파, 1/10최대파, 유의파 및 평균파의 주기 사이에는 근사적으로 〈식 1.16〉의 관계가 있다.

$$T_{max} \fallingdotseq T_{H_{1/10}} \fallingdotseq T_{H_{1/3}} \fallingdotseq (1.1 \sim 1.3) \overline{T} \tag{1.16}$$

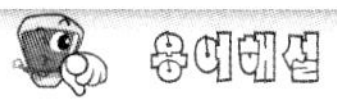

1) 라플라스 식(Laplace equation) : 비회전성, 비압축성인 유체의 흐름에 대하여 유선 함수(stream function ψ)와 속도 포텐셜(velocity potential ϕ)이 다음과 같이 정의되며,

$$u = -\frac{\partial \phi}{\partial x} = -\frac{\partial \psi}{\partial z},\ v = -\frac{\partial \phi}{\partial z} = \frac{\partial \psi}{\partial x}$$

이들 함수의 거리에 대한 이차 미분항의 합이 0인 방정식을 말하며, 아래와 같이 표현된다.

$$\nabla^2 \phi = \frac{\partial^2 \phi}{\partial x^2} + \frac{\partial^2 \phi}{\partial z^2} = 0, \quad \nabla^2 \psi = \frac{\partial^2 \psi}{\partial x^2} + \frac{\partial^2 \psi}{\partial z^2} = 0$$

비회전성(非回轉性, irrotationality)은 유체에 전단응력(剪斷應力, shear stress)이 없어서 와도(渦度, vorticity)가 0인 성질을 의미하며, 비압축성(非壓縮性, incompressibility)은 압력에 따라 부피가 변하지 않는 유체의 성질을 의미한다.

2) 소류사(掃流砂, bed load) : 해저면을 따라 구르거나 약간 튀면서 이동하는 입자 상태의물질

3) 부유사(浮游砂, suspended sediment) : 해수 중에 떠서 이동하는 입자 상태의 물질

4) 파봉고(波峰高, wave crest height) : 평균해면부터 파봉까지의 거리.

5) 분조(分潮, tidal constituent) : 해양에서 관측되는 조석(해수의 승강 운동)이 지구로부터 일정한 거리와 고유의 속도를 유지하면서 운행하는 무수한 가상 천체에 의하여 일어난다고 가정할 때 개개의 조석 성분을 분조라 한다. 각 분조의 주기는 지구상의 모든 위치에서 동일하며, 진폭과 지각은 위·경도에 따라 그리고 해저지형에 의해 위치마다 다르게 나타난다. 한국 주변 해역에서의 주요 4개 분조와 그 주기는 다음과 같다.

M_2	(주태음 반일주조, 主太陰半日週潮)	12.42 hour
S_2	(주태양 음일주조, 主太陽陰日週潮)	12.00 hour
K_1	(일월합성 일주조, 日月合成日週潮)	23.93 hour
O_1	(주태음 일주조, 主太陰日週潮)	25.82 hour

6) 주파수 스펙트럼(frequency spectrum) : 파의 주파수(주기의 역수)대별 에너지 분포를 나타내는 것을 말하며 파랑 스펙트럼, 에너지 스펙트럼 또는 파워 스펙트럼이라고도 한다. 한편 파향별 에너지 분포를 나타내는 것을 방향 스펙트럼(directional spectrum)이라 한다.

3. 파랑 스펙트럼

3.1 파랑 스펙트럼의 개요

우리가 목격하는 불규칙파의 파형은 다양한 주파수 및 파향의 성분파[1)]가 중첩된 것으로 가정할 수 있다. 이 복잡한 파랑 분포를 어떻게 정량적으로 표현할 수 있을까? 이 물음에 대한 답을 주기 위해서 파랑 스펙트럼(wave spectrum)이라는 개념이 도입되었다. 파랑 스펙트럼이란 파랑 관측 자료를 FFT[2)](Fast Fourier Transform, 고속 푸리에 변환) 기법으로 분석하여 주파수와 파향에 따른 파 에너지의 분포를 나타낸 것이다. 주파수에 따른 파 에너지 분포를 나타낸 것을 주파수 스펙트럼(frequency spectrum 또는 power spectrum), 그리고 파향에 따른 파 에너지의 분포를 나타낸 것을 파향 스펙트럼(directional spectrum)이라고 한다. 〈그림 1.17〉은 전형적인 파랑 스펙트럼의 예이다. 파랑의 추산 또는 해안, 항만구조물을 설계할 때에는 적절한 파랑 스펙트럼 분포형을 적용하여야 한다.

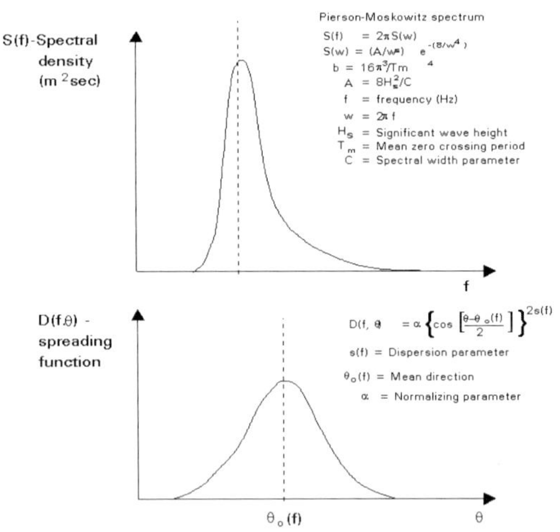

〈그림 1.17〉 주파수 스펙트럼(위)과 방향 스펙트럼(아래)의 예

파랑 스펙트럼의 일반형은 〈식 1.17〉과 같다. 여기서 f는 주파수, θ는 주파향을 기준으로 반시계방향의 각도이다. $S(f,\theta)$는 파랑 에너지의 주파수 및 방향에 대한 분포를 나타내는 함수, 즉 방향 스펙트럼이다. $S(f)$는 주파수 성분에 대한 파랑의 에너지 분포를 나타내는 함수, 즉 주파수 스펙트럼이고, $G(f,\theta)$는 파랑 에너지의 방향 성분을 나타내는 방향 분포함수이다. 보다 정확하게 표현하면 스펙트럼 밀도 함수(spectral density function)이지만, 보통 줄여서 스펙트럼이라고 부른다. 또한 〈식 1.18〉과 같이 방향 분포 함수를 전(全) 방향에 대하여 적분하면 1이 된다.

$$S(f,\theta) = S(f) \cdot G(f,\theta) \tag{1.17}$$

$$\int_{-\pi}^{\pi} G(f,\theta) d\theta = 1 \tag{1.18}$$

3.2 파랑 스펙트럼의 종류

파랑은 바람에 의하여 생성된다. 바람이 강하고, 오래 지속되며 풍역이 넓을수록 파고가 커진다. 해안·항만 구조물을 설계할 때, 임의의 풍속에 의하여 생성될 수 있는 최대 파고를 어떻게 알 수 있을까? 이에 대한 답을 얻기 위하여 파랑 관측자료의 분석과 이론적 해석을 통하여 다양한 파랑 스펙트럼 함수형이 제안되었다. 그 중 대표적인 것을 소개하면 다음과 같다.

가. Pierson-Moskowitz(피어슨-모스코비츠) 스펙트럼

가장 단순한 형태의 스펙트럼이 Pierson and Moskowitz(1964)가 제안한 것이다〈그림 1.18〉. 이 스펙트럼은 바람이 넓은 해역에서 장기간 지속적으로 불 때 파랑이 바람과 평형을 이루게 된다고 가정한다. 이것이 「충분히 발달한 파랑」(fully developed sea)의 개념이다. 여기서 「장기간」은 파주기의 약 1만 배이고, 「넓은 해역」은 파장의 약 5천 배이다. 예를 들어, 주기가 10초인 파랑이 생성되려면 바람이 취송거리[3]가 780 km($\approx 1.56\times10^2\times$ 5,000 m)인 해역에서 28시간($\approx 10\times10{,}000$ 초) 이상 지속적으로 불어야 한다는 의미이다.

이 스펙트럼에서 첨두 주기는 풍속에 선형으로 비례하고, 유의파고는 풍속의 제곱에 비례한다〈그림 1.19〉. 그러나 이 스펙트럼 함수를 이용하여 파속을 계산하면 해면상 10 m에서의 풍속 보다 17% 더 빠르다. 즉, 바람이 바람보다 더 빠르게 움직이는 파랑을 생성한다는 모순에 빠진다. 이 문제는 JONSWAP(존스왑) 스펙트럼에서 풍파 간의 비선형 상호작용을 도입하면서 해결된다.

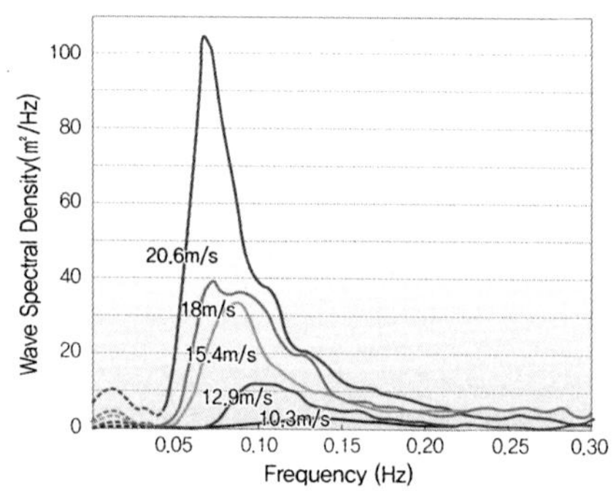

〈그림 1.18〉 풍속별 「충분히 발달한 파랑」의 스펙트럼(Moskowitz, 1964)

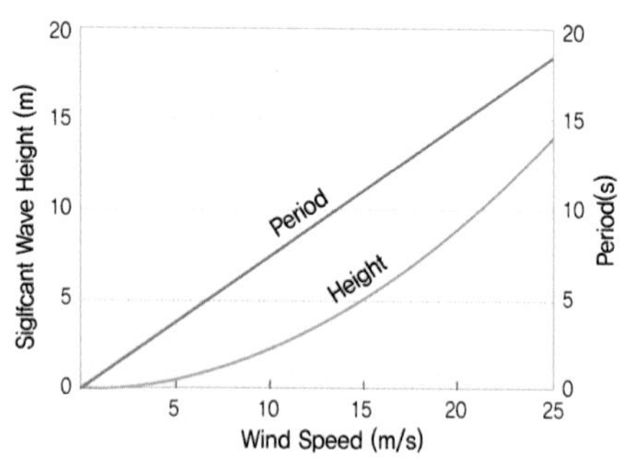

〈그림 1.19〉 Pierson-Moskowitz 스펙트럼에서 풍속에 대한 유의파고와 주기의 변화

나. JONSWAP(존스왑) 스펙트럼

Hasselmann(하셀만) 등(1973)은 JONSWAP(Joint North Sea Wave Observation Project)을 수행하면서 덴마크 서해안에서 관측된 많은 자료를 분석한 결과, 파랑 스펙트럼이 결코 충분히 발달하지 않는다는 사실을 발견하고 새로운 스펙트럼 모형을 제시하였다. 이 스펙트럼은 Pierson-Moskowitz 스펙트럼과 유사한 형태이지만, 〈그림 1.20〉에서 보듯이 파랑이 취송거리와 시간에 따라 계속 성장하고 첨두 형태가 더욱 뚜렷해진다는 점에서 차이가 있다. Hasselmann(1966)의 이론에 의하면 첨두 형태가 뚜렷해지면서 파랑의 비선형 상호작용이 증가한다.

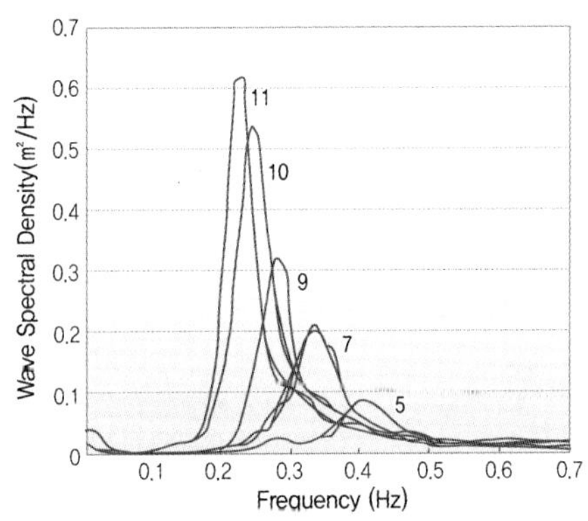

〈그림 1.20〉 취송거리에 따른 파랑 스펙트럼의 진화(Hasselmann 등, 1973).

다. Bretschneider-Mitsuyasu(브렛슈나이더-미쓰야수) 스펙트럼

이 스펙트럼은 Bretschneider(1968)가 제안한 함수의 계수를 Mitsuyasu(光易, 1970)가 수정한 것이다. 실측 또는 추산에 의해서 통계적인 유의파의 파고와 주기를 알고 있을 때, 〈식 1.19〉를 이용하여 그 스펙트럼의 형상을 추정하는데 편리하게 적용할 수 있다. Goda(1988)는 추가적인 분석을 통하여 〈식 1.19〉에서 계수 0.257을 0.205로, 그리고 계수 1.03을 0.75로 조정하는 것이 더 적합하다고 제안하였다.

$$S(f) = 0.257\, H_{1/3}^{2}\, T_{H_{1/3}}^{-4} f^{-5} exp[-1.03(T_{H_{1/3}} f)^{-4}] \tag{1.19}$$

Mitsuyasu형 방향 분포함수는 〈식 1.20〉과 같으며, 방향 분포함수의 정의인 〈식 1.20〉을 만족시키기 위한 비례상수 G_o는 〈식 1.21〉과 같다.

$$G(f,\theta) = G_o \cos^{2S}(\frac{\theta}{2}) \tag{1.20}$$

$$G_o = 1 \Big/ \left[\int_{-\pi}^{\pi} \cos^{2S}(\frac{\theta}{2}) d\theta \right] \tag{1.21}$$

〈식 1.20〉과 〈식 1.21〉에서 S는 파향에 대한 파 에너지의 집중도를 나타내는 파라메타로서 〈식 1.22〉와 같으며, 주파수 스펙트럼의 첨두 부근에서 최대이고 첨두에서 멀어질수록 점차 감소한다. 〈식 1.22〉에서 f_p는 주파수 스펙트럼의 첨두 주파수이며, $S_{\max}$는 S의 최대값을 나타내는 방향 집중도 파라메타이다. f_p는 1/3 최대파의 주기 $T_{H_{1/3}}$과 〈식 1.23〉의 관계가 성립한다. 즉 스펙트럼의 첨두 주기는 1/3 최대파의 주기 보다 5% 길다. 방향 집중도 파라메타 $S_{\max}$는 〈식 1.24〉와 같이 나타낼 수 있다. 여기서 U_{10}은 수면 상 10 m에서의 풍속이다.

$$f > f_p \text{일 때,} \quad S = S_{\max}\left(\frac{f}{f_p}\right)^{-2.5} \tag{1.22a}$$

$$f \le f_p \text{일 때,} \quad S = S_{\max}\left(\frac{f}{f_p}\right)^{5} \tag{1.22b}$$

$$f_p = 1/(1.05\, T_{H_{1/3}}) \tag{1.23}$$

$$S_{\max} = 11.5\,(\frac{2\pi f_p U_{10}}{g})^{-2.5} \tag{1.24}$$

방향 집중도 파라메타 $S_{\max}$는 풍속의 제곱에 반비례하고 주기의 제곱에 비례하기 때문에 풍파의 경우 값이 작고 풍역에서 멀리 전파된 너울일수록 값이 커진다. 合田와 鈴木(고다와 스즈끼, 1975)는 실제 문제에 적용하기 위하여 파랑의 감쇠 상태와 파형 경사를 고려하여 아래와 같은 값을 제안하였다. 〈그림 1.21〉은 파랑 관측결과와 실험 자료로부터 평균적인 S_{max} 와 파형 경사의 관계를 나타낸 것이다.

① 풍파 : S_{max} = 10

② 파형 경사가 비교적 크고 감쇠거리가 짧은 너울 : S_{max} = 25

③ 파형 경사가 비교적 작고 감쇠거리가 긴 너울 : S_{max} = 75

〈식 1.20〉의 방향 함수의 모양은 굴절에 의해서 변하므로 불규칙파 변형 계산시 굴절 후의 파랑을 사용할 때는 방향 함수의 변화를 고려하는 것이 중요하다. 〈그림 1.22〉는 등수심선이 직선이고 해안선에 평행한 해안역에서 파가 굴절한 후의 S_{max} 값을 표시한 것이다. 수심이 얕아지면서 S_{max} 값이 크게 증가하지만, 입사각이 S_{max} 값에 미치는 영향은 크지 않다는 것을 알 수 있다. 그림에서 $(\alpha_p)_o$는 심해파의 입사각으로서 등수심선의 직각 방향에 대한 각도이고, L_o는 심해파의 파장으로서 $L_o = 1.56\,T_{H_{1/3}}{}^2$의 관계로부터 심해파의 주기($T_{H_{1/3}}$)를 알면 구할 수 있다.

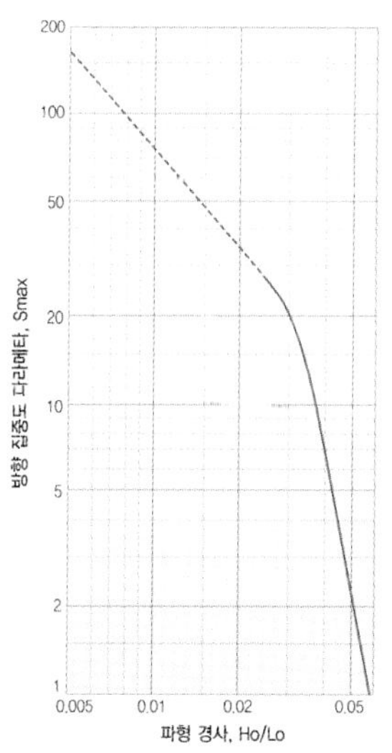

〈그림 1.21〉 파형경사와 S_{max} 의 관계

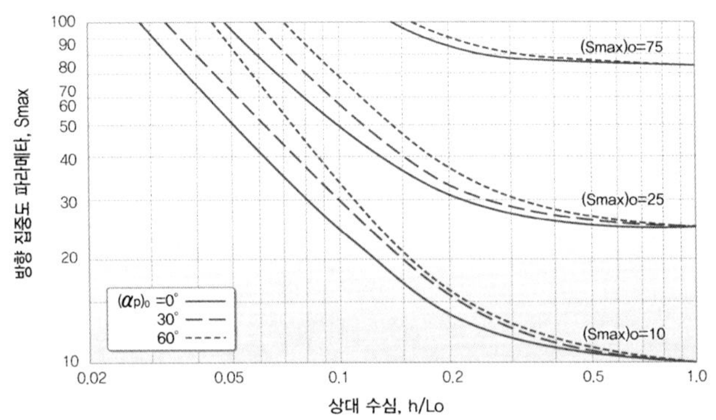

〈그림 1.22〉 굴절에 의한 $S_{\max}$ 의 변화

3.3 불규칙파의 대표파고와 주기

파랑장의 강도(intensity)를 나타내는 데에는 〈식 1.25〉와 같이 스펙트럼의 모멘트(moment)를 정의하는 것이 유용하다. 여기서 m_n은 스펙트럼의 n차 모멘트, f는 주파수, $S(f)$는 주파수 스펙트럼이다. 모멘트 값을 이용하여 스펙트럼으로부터 대표파의 파고와 주기를 추정할 수 있다.

$$m_n = \int_0^\infty f^n S(f) df \tag{1.25}$$

스펙트럼의 0차 모멘트인 m_0는 〈식 1.26a〉와 같으며, 주파수 스펙트럼 곡선 아래의 면적으로서 파의 총에너지를 나타낸다. 이 m_0는 파랑의 시간 변화, 즉 수위(η) 변동의 분산(variance)과 같으며 〈식 1.26b〉와 같이 쓸 수 있다. 따라서 파형의 표준편차 η_σ는 〈식 1.27〉과 같이 표현된다.

$$m_0 = \int_0^\infty S(f) df \tag{1.26a}$$

$$m_0 = \overline{\eta^2} = \lim_{t_0 \to \infty} \frac{1}{t_0} \int_0^{t_0} \eta^2 \, dt \tag{1.26b}$$

$$\eta_\sigma = \sqrt{\overline{\eta^2}} = \sqrt{m_0} \tag{1.27}$$

국내에서 설계에 사용하는 파고인 유의파고 H_s는 〈식 1.28〉과 같은 관계에 있다. 제곱 평균(root-mean-squared) 파고 H_{rms}와 평균 파고 $\overline{H}$는 각각 〈식 1.29〉와 〈식 1.30〉으로 구한다.

$$H_s \simeq 4.0 \sqrt{m_0} \tag{1.28}$$

$$H_{rms} = 2\sqrt{2m_0} \simeq 2.83\sqrt{m_0} \tag{1.29}$$

$$\overline{H} = \sqrt{2\pi m_0} \simeq 2.51\sqrt{m_0} \tag{1.30}$$

유의파의 주기 T_s는 〈식 1.31〉과 같이 정의된다(Goda, 1974). 여기서 T_p는 스펙트럼의 첨두(peak) 주기로서 국내에서 설계에 사용하는 주기이며, 〈식 1.32a〉와 같이 주어진다.

$$T_s \simeq 0.95\, T_p \tag{1.31}$$

$$T_p = \sqrt{\frac{m_2}{m_4}} \tag{1.32a}$$

$$m_2 = \int_0^\infty f^2 S(f)\, df \tag{1.32b}$$

$$m_4 = \int_0^\infty f^4 S(f)\, df \tag{1.32c}$$

영점 상향교차법에서 정의한 파의 평균주기 $\overline{T_z}$는 주파수 스펙트럼의 2차 모멘트를 사용하여 〈식 1.33〉으로 계산할 수 있다. 평균 주기 $\overline{T}$는 에너지 스펙트럼의 면적 중심을 계산함으로써 구할 수 있으며, 〈식 1.34a〉와 같다.

$$\overline{T_z} = \sqrt{\frac{m_0}{m_2}} \tag{1.33}$$

$$\overline{T} = \frac{m_0}{m_1} \tag{1.34a}$$

$$m_1 = \int_0^\infty fS(f)df \tag{1.34b}$$

용어해설

1) 성분파 : 불규칙파의 파형을 무수한 주파수와 파향의 개별파가 중첩된 것으로 가정할 때, 각 개별파를 성분파라고 부른다.

2) Fast Fourier Transform(고속 푸리에 변환) : 복잡한 파동 등을 다양한 진폭과 주기를 갖는 sine 또는 cosine 함수의 합으로 나타내는 수학적 기법을 푸리에 변환이라 하고, 이를 컴퓨터를 이용하여 빠르게 수행하는 것을 고속 푸리에 변환이라 한다.

3) 취송거리(吹送距離, fetch 또는 fetch length) : 일정한 바람이 부는 해역에서 그 바람의 영향을 받는 수평 거리.

4. 설계파 개요 및 산정방법

제1장

해안·항만 구조물의 설계에 적용하는 파랑 제원을 설계파(設計波, design wave)라고 하며, 항만 설계의 경우 50년 재현 빈도의 유의파를 주로 사용한다.

4.1 심해설계파(深海設計波)

해안·항만 구조물 설치 위치에서의 천해설계파를 결정하기 위하여 먼저 심해설계파를 결정하여야 한다. 과거에는 기왕 최대의 파랑을 설계파로 적용하는 경우가 많았지만 최근에는 극치 통계분석을 바탕으로 재현빈도 50~100년에 대한 확률 파고를 설계파고로 채택하는 추세이다. 심해설계파 결정을 위한 파랑 자료의 통계기간은 시설물의 기능, 구조, 내용년수(耐用年數) 등을 감안하여 적절하게 정한다. 심해파의 제원은 시설물에 큰 영향을 미칠 것으로 예상되는 주방향(主方向)마다 설정하여야 한다.

가. 대상 자료

10년 이상의 파랑 실측자료를 대상으로 하는 것이 바람직하다. 실측자료를 이용해서 심해파를 추정할 때 실측 파고가 파의 굴절이나 천수 변형 등의 영향을 받은 경우에는 굴절계수와 천수계수 등을 고려하여 심해파로 환산하며, 파향의 변화를 고려하여야 한다. 실측치의 유의파고가 실측지점 수심의 1/2 이상일 때에는 쇄파의 영향을 고려하여야 한다.

파랑 실측자료가 없는 경우에는 30년 이상의 기상자료를 이용하여 추산치를 구하고, 이를 파랑 실측치와 보정하여 사용한다. 기상자료에서 구한 파랑 추산치를 실측자료로 보정할 경우, 실측자료는 태풍 또는 계절풍 등에 의해 큰 파가 발생한 자료를 포함하여야 한다. 기상자료에 의한 추산기간 이외에도 특이한 기록이 있는 경우 이를 고려한다. 현지 실측자료가 전혀 없는 경우 또는 매우 한정된 조건의 경우에는 자연조건이 유사한 인접지역의 실측자료를 참고하여 구할 수 있다.

나. 재현 빈도

설계심해파는 재현빈도와 구조물의 내용년수에 기초하여 발생확률(occurrence probability)에서 구하는 것이 바람직하다. 어떤 발생확률을 선택할 것인지는 구조물의 기능, 중요도, 투자효과 등을 고려하여 결정한다. 발생확률이란 임의 재현빈도의 파고보다 더 큰 파고가 내용년수의 기간 내에 적어도 한번 발생할 확률이다.

심해설계파를 결정할 때에는 대상 시설물에 인접한 기존 구조물의 외력 또는 재해에 관한 기존자료를 참고할 필요가 있다.

다. 주파향(主波向)

심해설계파의 제원은 16방위마다 설정하는 것이 바람직하지만, 파고가 작고 시설물에 대한 영향이 명백하게 작다고 예상되는 파향은 제외한다. 불규칙파의 성분파 중에서 에너지가 가장 큰 파의 방향을 주파향이라 한다.

4.2 천해설계파

결정된 각 파향별 심해설계파를 적용해서 천수, 굴절, 회절, 반사, 쇄파 등의 천해변형 효과를 고려하여 대상 지점의 천해설계파 제원을 산출한다. 대상 지점에 특수 여건이 있는 경우에는 이를 고려하여야 한다. 예를 들면 반사파 또는 우각부(隅角部)에서의 파고 증대 등의 영향이 있는 경우, 그리고 강한 유속이 파랑 전파에 상당한 영향을 줄 수 있는 경우들을 충분히 검토한다.

산정된 천해설계파에 대해서 파력, 월파[1] 등 시설에 대한 파의 작용을 계산한다. 조위가 낮을 때에 파력이 커지는 경우가 있으므로 조차가 큰 해역에서는 여러 가지 조위 조건에 대하여도 검토한다. 각 방향별 검토 결과로부터 파의 작용이 최대로 되거나 시설물과 배후시설에 가장 불리하게 작용하는 천해설계파 제원을 설계에 적용한다.

4.3 설계파의 통계분석

장기간의 파랑 실측자료 또는 기상자료에 의해 추산한 값을 실측치로 보정한 파랑 자료를 기초로 하여 상시 파랑과 이상시 파랑 특성을 통계 분석한다.

가. 상시(常時) 파랑

흔히 평상파라고 부르는 상시 파랑 조건은 조사·설계자에 따라 주관적으로 결정되어 자주 혼동을 초래한다. 이러한 파랑 조건에는 다음과 같은 것들이 있다.

① 16방위별로 파고가 상위 2.5%에 해당되는 파 : 항만가동율 약식 평가에 사용
② 계절별 대표 파향의 파고를 평균한 파 : 퇴적물이동 수치실험에 사용
③ 풍랑주의보 발효 기준인 파고 3m인 파 : 소파 또는 해수소통 구조물 설계에 사용
④ 기타의 용도로 설계자가 산정하는 통계적인 파

항만가동율, 소파시설물 평가 및 설계 등에 이용되는 상시 파랑의 특성에 대하여는, 해당 수역에 영향을 줄 수 있는 파향을 대상으로 파고-주기 계급별 출현빈도 분포표 또는 파향별 파고-주기 결합분포도를 작성하여 최다 빈도를 보이는 파고-주기 구간을 기준으로 용도에 맞도록 검토·적용한다.

나. 이상시(異常時) 파랑

설계파는 이상시 파랑자료에 대하여 적절한 통계처리방법으로 발생확률을 추정하고, 재현빈도에 상응하는 파랑으로 결정한다. 확률 파고를 추정할 때 파고 자료는 극치(極値) 시계열 분포에서 구하는 방법과 매년의 최대치를 사용하는 방법이 있다. 일반적으로 장기간의 연최대치를 극치분석하여 확률파고를 분석한다. 재현빈도는 상정한 값을 초과하는 파랑이 나타날 수 있는 평균적인 년수이다. 예를 들면, 6 m 이상의 파고가 M년에 1회 비율로 나타난다면 파고 6 m의 재현빈도는 M년이다.

파랑자료의 극치분석을 통하여 발생확률을 추정하고 재현빈도에 상응하는 빈도별 설계파를 결정한다. 확률 파고에 대응하는 주기에 대해서는 극치분석에 사용된 파랑자료의 파고와 주기 관계로부터 적정하게 결정한다. 확률 파고 추정방법을 이용하여 임의 재현빈도에 대한 파고를 추정하기 위한 통계 자료의 특성, 후보 분포함수의 선정, 자료와의 관계식 도출, 분포함수의 적합성을 측정하는 통계지표 등에 대하여는 Goda(合田, 1988) 또는 ACES Technical Reference(1992) 등에 상세하게 기술되어 있으며 프로그램 이용도 가능하다.

해안, 항만시설물의 천해설계파를 구하기 위한 심해설계파는 한국해양연구원(2005)이 제시한 결과를 참고할 수 있으며, 실제로 적용할 때는 대상 시설의 위치, 시설물 입구가 열린 방향, 시설물 주변의 해저지형 등 현장 특성을 고려하여 적용한다.

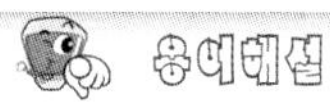

1) 월파(越波, overtopping) : 고파랑에 의하여 해수가 방파제 등 구조물의 마루를 넘는 현상.

5. 파의 추산

5.1 파의 발생과 발달

가. 바람에 의한 초기파의 발생(Phillips(필립스) 이론, 1957)

수면 위의 바람은 균일하게 부는 것처럼 보이지만, 실제로는 난류(亂流)로서 복잡하게 변화한다. 초기 수면이 유리와 같이 매끄럽다고 가정할 때 바람의 난류 성분에 의하여 수면에 연직 방향의 풍속 즉, 수면에 작용하는 바람의 압력에 변동이 생긴다. 이 압력 변동의 주기에 대응하여 매우 작은 표면장력파가 발생한다. 바람에 의한 압력 변동의 주기가 표면장력파의 진동 주기와 일치하면 수면 진동이 증폭되어 파고가 증가한다. 이 때 파고는 시간이 지남에 따라 선형으로 증가한다.

나. 바람에 의한 파랑의 발생(Miles(마일즈) 이론, 1959)

파랑이 존재할 때 수면 부근에서는 풍속 분포가 달라진다. 즉, 파랑의 전면(바람이 불어오는 쪽)에서 압력이 높고 후면(바람이 불어가는 쪽)에서 압력이 낮다. 이러한 압력 분포는 파랑을 바람이 불어가는 쪽으로 미는 역할을 해서 바람 에너지를 파랑에 공급하고 이에 따라 파고가 증가한다. 파랑이 커질수록 전면과 후면의 압력차가 커지므로 파랑 에너지는 시간이 지남에 따라 지수함수적으로 증가한다.

다. 에너지 평형에 의한 파랑의 성숙

파랑이 어느 정도 발달하면 백파[1](白波, whitecapping)가 발생하면서 파 에너지가 일부 소실된다. 파랑이 계속 발달하면 백파가 증가하면서 에너지 소산도 커지게 되므로 바람에 의한 에너지 공급과 쇄파에 의한 에너지 소산이 평형을 이루면서 파랑은 정상상태에 도달한다. 바람이 일정시간 이상 충분히 지속적으로 불면 주기가 짧은 성분파부터 정상상태에 도달하고 순차적으로 주기가 긴 성분파가 정상상태에 도달한다. 이 상태에서 유의파의 파속(위상속도)은 풍속의 약 1.37배에 달한다.

라. 취송시간과 취송거리

파가 발달하기 위하여는 바람이 일정시간 동안 계속 불어야 한다. 파를 발생·발달시키는 장소를 풍역(風域, wind sea)이라 하고, 바람이 계속 불고 있는 시간을 취송시간(吹送時間, duration)이라 한다. 파랑은 한 점에 정지하면서 발달하는 것이 아니므로 충분한 시간동안 바람의 작용을 받기 위해서는 파랑이 진행하는 거리의 수역이 필요하다. 바람이 부는 해역에서 그 바람의 영향을 받는 수평거리를 취송거리(吹送距離, fetch 또는 fetch length)라고 한다.

임의의 취송거리에서 파랑이 충분히 발달하기 위해서는 바람이 일정 시간 이상 계속해서 불어야 하며, 이 시간을 「최소 취송시간」이라 한다. 한편 바람이 일정시간 동안 계속 부는 경우에 파랑이 그 시간에 대응하는 한계까지 발달하기 위해서 필요한 수역의 길이를 「최소 취송거리」라고 한다.

5.2 파랑 추산법

발생역에서 파의 추산은 경험식에 의한 방법, 유의파법 및 파랑 스펙트럼법의 세 가지로 대별된다.

가. 경험식에 의한 방법

경험식에 의한 방법은 바람과 파랑 관측치의 상관관계를 직접 구하는 것이다. 일반적인 추산법으로 적용하기에는 무리가 따르지만, 특정 상황에 대한 간편한 방법으로서 유용한 결과를 주는 경우도 있다.

나. 유의파법(有義波法)

유의파법은 실제의 불규칙파를 유의파고 $H_{1/3}$와 유의파 주기 $T_{H_{1/3}}$로 표현하고 이를 풍속, 취송거리 및 취송시간에 결부시킨 것이다. 대표적인 방법으로 SMB법이 있고, 이를 보다 일반적인 풍역에 적용할 수 있도록 확장한 Wilson(윌슨)법, 천해파 추정법인 Bretschneider(브렛슈나이더)법 등이 있다.

다. 스펙트럼법

스펙트럼법은 파랑의 에너지 평형방정식에 기초한 스펙트럼의 발달과 감쇠를 계산하여 파랑을 추산하는 방법으로서, 1955년에 PNJ법이 최초로 제안되었다. 파의 발달과 감쇠에 대한 이론식과 경험식에는 여전히 개선의 여지가 있지만, 이 방법을 통하여 너울을 포함한 파 스펙트럼의 발달과 변형 양상을 파악할 수 있다는 장점이 있다. 최근에는 파의 발생과 발달에 관한 이론적인 성과에 기초한 파 에너지 스펙트럼의 평형방정식을 수치 모델에 의해서 계산하는 방법이 개발되어 이상시 파랑의 추산 및 파랑 예보도 작성에 이용되고 있다.

5.3 바람의 추산

가. 바람 관측자료의 이용

파를 추산하기 위해서는 먼저 풍향, 풍속과 풍역을 추정하여야 한다. 이를 위하여 바람 관측자료를 가능한 많이 수집·분석하여야 한다. 바람 관측자료를 해석할 때에는 다음 사항에 유의하여야 한다.

1) 지형의 영향

바람은 될 수 있는 대로 평탄하고 장애물이 없는 곳에서 관측된 자료를 이용한다. 관측지점의 지형에 따라 풍향과 풍속이 국지적으로 크게 왜곡될 수 있다.

2) 해안으로부터의 거리

육상에서 관측된 바람은 지면과의 마찰에 의해서 해상에서 관측된 바람보다 풍속이 작아지는 경향이 있다. 이 감소율은 바람의 방향, 해안으로부터의 거리, 지형 등에 의하여 달라지며, Shore Protection Manual (미국 육군 해안공학연구센터, 2002)에서는 [표 1.2]와 같은 해상풍 보정을 제시하고 있다.

3) 관측지점의 고도(高度)

파랑 추산에서는 해면상 10 m에서의 풍속을 적용하는 것을 원칙으로 한다. 고도가 높을수록 풍속이 커지므로 관측지점의 고도에 대한 보정을 하여야 한다. 고도가 10 m와 크게 차이가 나지 않을 경우에는 〈식 1.35〉와 같은 간략식을 적용할 수 있다. 여기서 U_{10}은 고도 10 m에서의 풍속이고, U_z은 고도 zm에서의 풍속이다.

$$U_{10} = U_z \left(\frac{10}{z}\right)^{1/7} \tag{1.35}$$

[표 1.2] 해상풍속에 대한 관측풍속의 비율

바람의 방향	관측 지점	비율
바다 ➡ 육지	외해 3~5 km 해안 내륙 8~16 km	1.0 0.9 0.7
육지 ➡ 바다	해안 외해 16 km	0.7 1.0

※ 풍속은 해면상 또는 지면상 10 m의 값임.

나. 일기도에 의한 바람의 추산

해안역이나 만의 파를 추산할 때에는 해안 또는 육상의 바람 관측자료를 이용하여 해상풍을 추정할 수 있다. 그러나 외해역의 파를 추산할 때에는 일기도로부터 해면 위 10m 높이에서의 풍속 U_{10}과 풍향을 산정하여야 한다.

1) 경도풍(傾度風)의 산정

바람은 고기압에서 저기압쪽으로 분다. 이 때 바람의 세기는 일차적으로 수평 방향의 기압 변화율, 즉 기압 경도(氣壓傾度, barometric gradient)에 의하여 결정된다. 만일 바람을 일으키는 힘이 기압 경도력뿐이라면 바람은 등압선(等壓線)에 직각으로 불 것이다. 그러나 지구 자전효과에 의하여 바람의 방향이 북반구에서는 오른쪽으로 편향하고, 남반구에서는 왼쪽으로 편향한다. 이 편향력(偏向力)을 코리올리의 힘(Coriolis force)이라고 한다. 또한 등압선이 곡선일 경우에는 바람도 휘어지므로 원심력이 작용한다. 편향력과 원심력은 바람이 등압선을 따라서 불어가는 작용을 한다.

등압선상에서 기압경도력, 편향력 및 원심력이 균형을 이루면서 등압선을 따라서 발생하는 가상의 바람을 경도풍(gradient wind)라고 한다. 경도풍속을 U, 등압선의 곡률 반경을 r, 지구 자전 각속도를 ω(= 7.29×10^{-5}/s), 위도를 ϕ, 공기 밀도를 ρ(= 1.1×10^{-3}g/cm^3), 기압경도를 $\Delta p/\Delta r$이라고 하면 세 힘의 평형은 〈식 1.36〉 및 〈그림 1.23〉과 같이 나타낼 수 있다. 식에서 「+」는 저기압일 때이고, 「−」는 고기압일 때이다. 〈식 1.36〉을 경도풍속 U에 대하여 풀면 〈식 1.37〉과 같이 된다.

$$\underbrace{2\omega\sin\phi\, U}_{\text{편향력}} \pm \underbrace{\frac{U^2}{r}}_{\text{원심력}} = \underbrace{\frac{1}{\rho}\left|\frac{\Delta p}{\Delta r}\right|}_{\text{기압경도력}} \tag{1.36}$$

$$U = \pm r\left(\sqrt{\omega^2\sin^2\phi \pm \frac{1}{\rho r}\left|\frac{\Delta p}{\Delta r}\right|} - \omega\sin\phi\right) \tag{1.37}$$

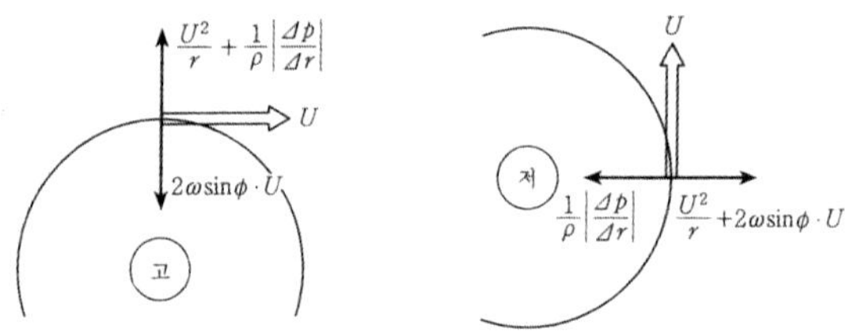

〈그림 1.23〉 북반구에서 경도풍의 모식도

2) 해상풍의 추산

실제의 바람은 수면 또는 지면과의 사이에 작용하는 마찰에 의하여 경도풍에 비하여 풍속이 감소하고, 풍향도 등압선의 접선과 임의의 각도를 이룬다〈그림 1.24〉. 따라서 북반구에서는 〈그림 1.25〉와 같이 바람이 저기압의 중심을 향하여 반시계방향으로 유입되고, 고기압의 중심으로부터 시계방향으로 유출된다. 바람의 방향과 등압선의 접선이 이루는 각을 α라 하면, α는 위도와 기압배치에 따라 달라진다. 위도에 따른 α 값, 그리고 경도풍속에 대한 수면상 10 m에서의 해상풍속의 비를 [표

1.3]에 제시하였다. 이 풍속비는 기온과 수온의 차에도 영향을 받으며, 수온이 높으면 풍속비가 약간 커진다.

실제 해상풍은 이 외에도 여러 요인의 영향을 받기 때문에 정확하게 추정하는 것이 쉽지 않다. 간이적으로 α를 20°, 풍속비를 0.67로 적용하는 경우가 많다.

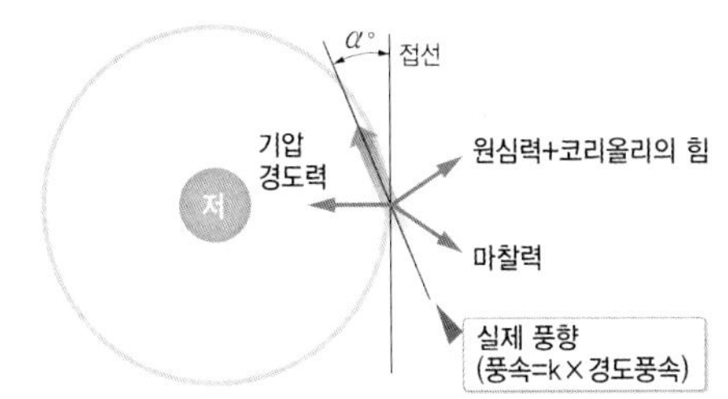

〈그림 1.24〉 북반구에서 바람을 일으키는 힘의 균형과 풍향 모식도

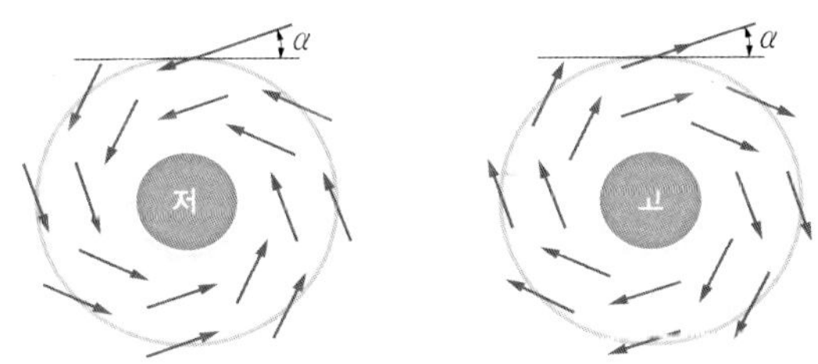

〈그림 1.25〉 북반구에서 바람의 유입과 유출 모식도

[표 1.3] 경도풍과 해상풍의 관계

위도(°)	편각, α(°)	풍속비, U_{10}/U
10	24	0.51
20	20	0.60
30	18	0.64
40	17	0.67
50	15	0.70

3) 태풍역의 풍속 분포

태풍은 북태평양 서부나 남중국해에서 발생한 열대성 저기압(tropical depression)이 발달하여 형성된, 중심 최대풍속 17 m/s 이상인 열대성 폭풍(tropical storm)이다. 태풍의 특징은 기압의 현저한 강하와 강풍이며, 등압선은 거의 동심원 형태인 경우가 많다. 태풍 내의 바람은 큰 기압
경도에 의한 경도풍이 주를 이루며, 태풍 중심으로부터 r만큼 떨어진 지점에서의 기압 $p(r)$은 아래의 Myers(마이어스) 식으로 구할 수 있다. 여기서, p_c는 태풍 중심의 기압(hPa), Δp는 태풍 외측의 기압과 p_c의 차(hPa), r_o는 태풍의 중심부터 최대 풍속이 나타나는 지점까지의 거리(km)이다.

$$p(r) = p_c + \Delta p \exp(-\frac{r_o}{r}) \tag{1.38}$$

〈식 1.38〉을 r에 대하여 미분하면 〈식 1.39〉가 얻어지며, 〈식 1.39〉를 〈식 1.37〉에 대입하면 태풍역에서의 경도풍속을 〈식 1.40〉과 같이 계산할 수 있다. 최대 풍속은 태풍 중심부터 40~50 km 떨어진 곳에서 나타난다.

$$\frac{\Delta p(r)}{\Delta r} = \Delta p \frac{r_o}{r^2} \exp(-\frac{r_o}{r}) \tag{1.39}$$

$$U = \sqrt{(r\omega \sin\phi)^2 + \frac{\Delta p}{\rho}\frac{r_o}{r}\exp(-\frac{r_o}{r})} - r\omega\sin\phi \tag{1.40}$$

태풍은 시속 수십 km의 속도로 이동하므로 실제 풍속은 이동 속도의 영향을 받는다. 북반구에서 태풍 진로의 오른쪽에서는 해상풍의 방향과 진로 방향이 일치하여 풍속과 파랑이 커지고(위험반원, 危險半圓), 진로의 왼쪽에서는 해상풍의 방향과 진로 방향이 반대이기 때문에 풍속과 파랑이 약해진다(가항반원, 可航半圓).

다. 풍역의 결정

바람이 불어서 파랑이 발생, 발달하고 있는 수역을 파랑의 발생역 또는

풍역(風域)이라고 한다. 파랑이 발생역을 벗어나서 너울로 진행하면 점차 파고가 감소한다. 너울로 진행하는 수역을 감쇠역(減衰域)이라고 한다. 파랑 추산 작업에서는 파랑의 진행방향에 대해서 풍향이 ±30°범위 내의 바람이 부는 수역을 풍역으로 간주한다.

일기도에서 풍역을 추정할 경우에는 다음 사항을 참고한다.

① 풍속이 10 m/s 이하인 수역은 풍역으로 간주하지 않을 수 있다.

② 등압선이 넓어지는 수역에서는 풍속이 급격하게 감소하므로 풍역의 경계로 볼 수 있다.

③ 등압선이 불연속적인 수역에서는 풍향이 급변하므로 풍역의 경계로 볼 수 있다.

호수나 만에서는 태풍 통과시를 제외하면 전체 수역을 풍역으로 볼 수 있다. 수역의 지형이 복잡한 경우에는 〈식 1.41〉의 Saville(사빌) 공식에 의하여 유효 취송거리 F_{eff}를 구한다. 여기서 F_i는 방향 i에서의 대안(對岸) 거리, θ는 주풍향이다.

$$F_{eff} = \frac{\sum_{i=1}^{n} F_i \cos(\theta_i - \theta)\Delta\theta_i}{\sum_{i=1}^{n} \cos(\theta_i - \theta)\Delta\theta_i} \qquad (1.41)$$

5.4 유의파법

가. SMB(Sverdrup, Munk and Bretschneider) 법

파랑의 발생과 발달에 지배적인 영향을 미치는 요인은 풍속 U와 취송거리 F(또는 취송시간 t)이다. Sverdrup과 Munk(1947)는 제2차 세계대전 동안과 종전 후에 대서양에서 취득한 바람과 파랑 자료를 이용하여 파고 H와 주기 T, 그리고 U, F와 t를 조합한 무차원 파라메타 gF/U^2, gH/U^2, gT/U, gt/U간의 관계식을 제안하였다. 그 후에 Bretschneider (1952, 1958)가 관측 자료를 추가하여 개선하였다. 이 관계식은 다수의 관측 및 추산 실적에 기초하고 있기 때문에 관측 자료가 부족한 경우 빠른 시간에 파랑을 추산할 수 있는 편리한 방법이다.

1) 풍속과 취송거리가 일정한 경우

해면상 10 m에서의 풍속 U(m/s)와 취송거리 F(m)를 이용하여 유의파고 H_s(m), 유의파 주기 T_s(sec) 및 최소 취송시간 t(hour)를 산정하는 개정 추산식은 각각 〈식 1.42〉, 〈식 1.43〉 및 〈식 1.44〉와 같다(Shore Protection Manual, 2001). 여기서 g는 중력가속도(=9.81m/s^2)이다.

$$\frac{gH_s}{U^2} = 0.283 \tanh\left[0.0125\left(\frac{gF}{U^2}\right)^{0.42}\right] \tag{1.42}$$

$$\frac{gT_s}{2\pi U} = 1.20 \tanh\left[0.077\left(\frac{gF}{U^2}\right)^{0.25}\right] \tag{1.43}$$

$$\frac{gt}{U} = 6.5882\left\{\left[0.0161\,(\ln(\frac{gF}{U^2}))^2 - 0.3692\ln(\frac{gF}{U^2}) + 2.2024\right]^{1/2} + 0.8798\ln(\frac{gF}{U^2})\right\} \tag{1.44}$$

2) 풍속과 풍역이 변화하는 경우

풍속과 풍역이 시간에 따라 변화하는 경우에는 〈그림 1.26〉에 제시한 파랑 추산도를 이용하는 것이 편리하다. 풍파를 추정하려면 우선 풍역을 결정하고 평균 풍속 U, 취송시간 t, 취송거리 F를 정한다. 파랑의 발달은 취송거리 또는 취송시간 중 어느 하나에 의해서 제한되므로 U와 F 및 U와 t를 조합하여 추산도에서 각각 H와 T를 읽은 후, 두 값 중에서 작은 값을 택한다.

풍속이 중간에 변하면 처음에 발달한 파랑 에너지에 그 다음 바람에 의한 에너지가 공급된다. 이 때의 파랑은 에너지 소산이 없는 것으로 가정하고 다음과 같이 구한다. 처음 바람 U_1에 의한 파랑 추정점에서 등에너지선(H^2T^2= constant)을 따라 다음 풍속 U_2의 높이까지 이동하고, 그 점의 취송시간 t'를 읽는다. 이 t'는 처음부터 U_2의 바람이 분 경우에 같은 에너지를 파랑에 공급하는데 필요한 최소 취송시간이다. 따라서 풍속 U_2의 취송시간 t_2에 t'를 더한 유효 취송시간 t_2'를 구해서 t_2'에 대한 파랑을 구한다. 또한 U_2의 취송거리 F_2에 대한 파랑을 구하여 두 파랑 중에서 작은 값을 택한다.

가상의 일기도 상황에 대한 파랑 변화를 〈그림 1.26〉을 이용하여 다음과 같이 추정할 수 있다. 0시의 일기도에 U_1= 15 m/s, F_1= 200 km의 풍역이 처음으로 나타나고, 12시의 일기도에서 U_2= 20 m/s, F_2= 300 km, 24시의 일기도에서 U_3= 15 m/s, F_3= 400 km로 가정한다.

① 일기도가 12시간 간격이므로 U_1은 전날 18시에 불기 시작한 것으로 가정하고 0시의 파랑을 먼저 구한다. U_1= 15 m/s, t_1= 6 h에 대한 최소 취송거리 F_{min}= 69 km이다. F_{min} 〈 F_1이므로 파랑은 t_1에 의해 제한되며, H= 2.2 m, T= 5.6 s이다.

② U_1에서 U_2로의 변화가 0시와 12시의 중간인 6시에 일어났다고 가정하고 6시의 파랑을 구한다. U_1= 15 m/s, t= 12 h에 대한 최소 취송거리 F_{min}〈 F_1이므로 파랑은 t에 의해 제한되며, H= 3.1 m, T= 6.8 s이다.

③ 6시의 파랑을 U_2가 발생시키는데 필요한 최소 취송시간은 6시의 파랑 추정점에서 등에너지선에 평행하게 U_2의 높이까지 이동하여 t'= 5.2 h를 얻는다.

④ 12시의 파랑은 U_2가 t_2'= 5.2 + 6.0 = 11.2 h 지속되거나 또는 F_2 = 300 km인 것으로 추정한다. U_2= 20 m/s, t_2'= 11.2 h에 대한 최소 취송거리 F_{min}〈 F_2이므로 파랑은 t_2'에 의해 제한되며, H= 4.8 m, T= 8.3 s이다.

⑤ U_2에서 U_3로의 변화가 12시와 24시의 중간인 18시에 일어났다고 가정하고 18시의 파랑을 구한다. 18시의 파랑은 U_2가 t_2'= 5.2 + 12.0 = 17.2 h 지속되거나 또는 F_2= 300 km인 것으로 추정한다. U_2= 20 m/s, t_2'= 17.2 h에 대한 최소 취송거리 F_{min}〉 F_2이므로 파랑은 F_2에 의해 결정되며, H= 5.5 m, T= 9.0 s이다.

⑥ 18시의 파랑을 U_3가 발생시키는데 필요한 최소 취송시간은 18시의

파랑 추정점에서 등에너지선에 평행하게 U_3의 높이까지 이동하여 t'= 65 h를 얻는다.

⑦ 24시의 파랑은 U_3가 t_3'= 65 + 6 = 71 h 지속되거나 또는 F_3= 400 km인 것으로 추정한다. U_3= 15 m/s, t_3'= 71 h에 대한 최소 취송거리 F_{min}〉 F_3이므로 파랑은 F_3에 의해 결정되며, H= 4.0 m, T= 8.1 s이다.

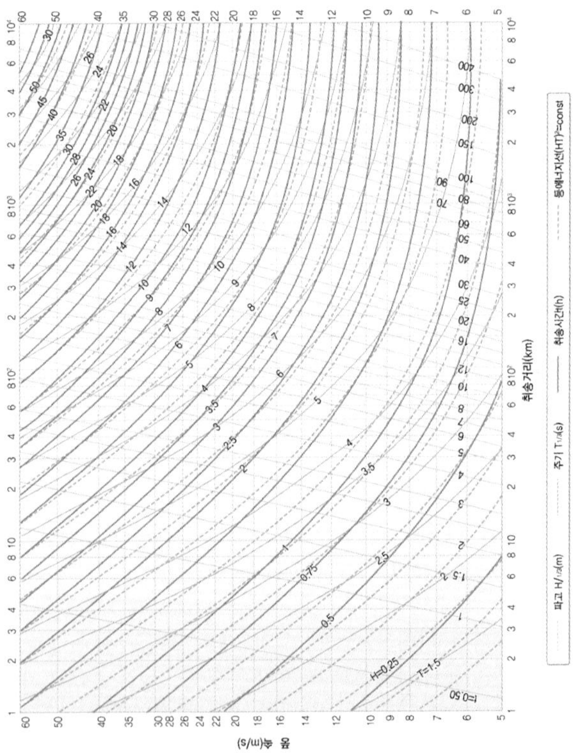

〈그림 1.26〉 SMB법에 의한 풍파 추산도

나. Wilson(윌슨) 법

태풍과 같이 풍역이 빠르게 이동하고 풍향과 풍속의 변화가 크면 SMB법을 적용하기 어렵다. Wilson법은 SMB법을 개선하여 파랑이 발달하면서 진행하는 과정을 추적하여 파고와 주기의 변화를 구하는 방법이다. 〈그림 1.27〉에 제시한 $H-t-F-T$ 관계도를 사용하여 $F-t$면에서 파의 진행을 추적하고 $H-F$면과 $T-t$면에서 각각 유의파의 파고와 주기의 발달을 추적한다. $H-t-F-T$ 관계도에서 무차원 파라메타간의 관계는 〈식 1.45〉, 〈식 1.46〉, 〈식 1.47〉과 같다. 〈식 1.47〉에서 x는 거리, C_G는 군속도이다.

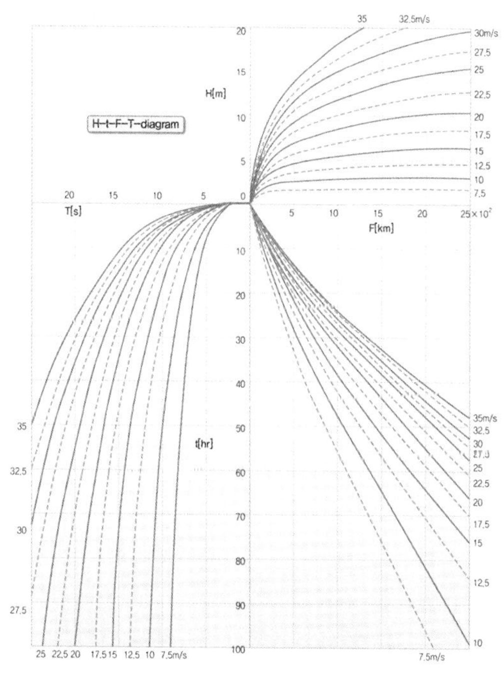

〈그림 1.27〉 Wilson법에서 $H-t-F-T$ 관계도

$$\frac{gH_{1/3}}{U^2} = 0.0040\left(\frac{gF}{U^2}\right)^{0.4} \tag{1.45}$$

$$\frac{gT_{H_{1/3}}}{2\pi U} = 0.085\left(\frac{gF}{U^2}\right)^{0.26} \tag{1.46}$$

$$t = \int_0^F \frac{dx}{C_G} \tag{1.47}$$

다. 천해파의 추산

천해역에서는 외해역에서와 같이 큰 파랑이 발생하지 못한다. 그 이유는 해저 마찰에 의한 파랑의 감쇠와 쇄파 때문이다. Bretschneider(1954)는 실용적인 목적으로 천해역의 파랑 추산법을 제안하였으며, 이 방법에서 천해역에서의 파랑 발달을 바람으로부터의 에너지 공급과 해저 마찰에 의한 에너지의 손실 과정으로 보았다. 따라서 풍역을 몇 개의 구간으로 분할하여 각 구간의 파고 증가를 SMB법으로 추정한다. 한편 파랑이 각 구간의 거리를 진행하는 동안 해저 마찰에 의한 파고 감소를 계산하고, 파고 증가치에서 그 감소분을 빼서 그 구간 끝에서의 파고로 한다. 또한 파랑이 충분히 발달했을 때에는 유의파고 $H_{1/3}$과 유의파 주기 $T_{H_{1/3}}$ 간에 〈식 1.48〉과 같은 관계가 성립함을 제시하였다.

$$T_{H_{1/3}} = 3.86\sqrt{H_{1/3}} \tag{1.48}$$

Bretschneider법은 풍역이 급격하게 변하는 경우에는 적용하기 어려우므로 사카모토(坂本)와 이지마(井島)는 1960년대에 Wilson법을 수정한 일련의 도식 해법을 제안하였다. 이 방법은 Wilson법의 $H-t-F-T$도에서 주기 T 대신에 군속도 C_G를 사용해서 $H-t-F-C_G$ 관계도를 사용한다. 풍속 U와 취송거리 F로부터 파고 H와 주기 T는 각각 〈식 1.49〉 및 〈식 1.50〉과 같이 구한다.

$$\frac{gH_{1/3}}{U^2} = 0.30A\left[1 - \frac{1}{\left\{1 + \frac{0.004}{A}\left(\frac{gF}{U^2}\right)^{1/2}\right\}^2}\right],\ A = \tanh\left[0.578\left(\frac{gh}{U^2}\right)^{3/4}\right] \tag{1.49}$$

$$\frac{gT_{H_{1/3}}}{2\pi U} = 1.37B\left[1 - \frac{1}{\left\{1 + \frac{0.008}{B}\left(\frac{gF}{U^2}\right)^{1/3}\right\}^5}\right],\ B = \tanh\left[0.520\left(\frac{gh}{U^2}\right)^{3/8}\right] \tag{1.50}$$

5.5 너울(swell)의 추산

파랑이 풍역에서 벗어나 바람과 관계없이 진행하는 파를 너울이라고 한다.

가. 너울의 특징

풍파와 비교할 때 너울은 다음과 같은 특징이 있다.

- 주기가 길고 파고가 작다. 풍파의 파형경사가 약 0.03 이상인 것에 비하여 너울의 파형경사는 0.005~0.02 정도이다.
- 파봉이 길게 연하여 있고 파형의 요철이 작아서 매끄럽다.
- 개별 파봉의 진행방향이 대체로 일치한다.
- 큰 파가 몇 개 연이어 진행하고 그 후에 작은 파가 몇 개 연이어 진행하는 현상이 반복된다.
- 주파수 스펙트럼의 폭이 좁고 첨두가 뾰족하다.
- 방향 분포함수의 폭이 좁고, 방향 집중도 파라메타가 큰 값을 갖는다.

나. 너울의 전파 과정

1) 파의 속도 분산(速度分散)

전술한 너울의 특징은 그 전파 과정에 의하여 설명된다. 풍파는 넓은 범위의 주파수대에 걸쳐 에너지가 분포하며, 각 성분파는 주기에 비례하는 군속도로 진행한다. 따라서 주기가 긴 성분파는 앞서고, 주기가 짧은 성분파는 뒤처지게 된다. 따라서 전체 파가 진행방향으로 길게 퍼져 에너지 밀도가 점차 감소한다. 이 현상을 파의 속도 분산이라고 한다. 임의 지점에서 특정 시각에 도달하는 너울은 좁은 범위 주파수의 성분파로 제한되므로 주파수 스펙트럼의 폭이 좁고 첨두가 뾰족하게 된다.

또한 너울로서 전파해 가는 사이에 역풍을 받기도 하고, 내부 마찰이나 파의 상호 간섭 등의 영향을 받기도 해서 주로 단주기파 성분의 에너지가 손실된다. 이 때문에 너울의 파형은 풍파의 파형과 달리 둥근 모양을 하게 된다.

2) 파의 방향 분산(方向分散)

풍파가 풍역을 벗어날 때에는 에너지의 방향 분포도 넓고 성분파가 여러 방향으로 퍼져 나간다. 이에 따라 파의 에너지 밀도가 감소하는 것을 파의 방향 분산이라고 한다. 임의 지점에서 너울이 내습하는 범위는 풍역의 폭에 한정되므로 방향 분포함수의 폭이 좁게 된다.

다. 너울의 추산

1) 너울 추산법의 종류

너울의 추산법에는 Bretschneider(브렛슈나이더)법(1968), PNJ법(1955) 및 파랑 스펙트럼법 등이 있다. PNJ법은 너울의 진행에 따른 파고와 주기의 변화를 스펙트럼 성분파의 진행 과정을 계산해서 구하는 방법이다. 그러나 계산시간이 오래 걸리고 간단한 개략값을 구하기에는 불편하다. 파랑 스펙트럼법은 후술하는 바와 같이 수치모델을 이용하여 풍파와 너울을 구별하지 않고 여러 주파수에 대해 동시에 수치계산을 한다. 파랑 발생역에서 파의 추산에 유의파법을 사용한 경우에는 너울을 추산할 필요가 있으며, 이 경우에는 비교적 간단하며 사용하기 쉬운 Bretschneider법을 이용한다.

2) Bretschneider법

Bretschneider가 이론적 검토 및 실측치를 정리하여 제안한 실험식은 〈식 1.51〉, 〈식 1.52〉, 〈식 1.53〉과 같다. 여기서 $F_{\min}$은 풍파를 발생시킨 풍역의 길이(최소 취송거리), D는 너울의 감쇠거리, H_F와 T_F는 풍역 끝에서의 유의파의 파고와 주기, H_D와 T_D는 감쇠거리 D를 진행한 너울의 유의파의 파고와 주기이다. 또한 t_D는 너울이 감쇠거리 D까지 진행하는데 필요한 시간 또는 너울의 도달 시간이고, C_{GD}는 T_D에 대응하는 군속도이다.

$$\frac{H_D}{H_F} = \left(\frac{0.4F_{\min}}{0.4F_{\min} + D}\right)^{1/2} \tag{1.51}$$

$$\frac{T_D}{T_F} = \left(2.0 - \frac{H_D}{H_F}\right)^{1/2} \tag{1.52}$$

$$t_D = \frac{D}{C_{GD}} = \frac{4\pi D}{g T_D} \tag{1.53}$$

너울에 대해서는 신뢰할 수 있는 관측 자료가 충분히 확보되어 있지 않기 때문에 발생역에서의 파의 추산 결과보다도 추산의 정확도는 낮다. 따라서 실측치와 비교 검토하여 사용할 필요가 있다.

5.6 스펙트럼법

가. 스펙트럼법의 개요

과거에는 파고, 파장, 풍속, 취송시간, 취송거리 간의 경험식에 기초한 유의파법에 의하여 파랑을 추산하였으나, 최근에는 파랑 스펙트럼 이론이 발전함에 따라 방향성을 고려하여 각 성분파의 발달과 감쇠를 수치모델로 산출할 수 있게 되었다. 바람에 의한 파랑의 생성 과정, 파랑의 특성과 스펙트럼, 그리고 파랑의 상호 작용에 대하여 상세하게 파악하고 있기 때문에 수치 기상모델을 이용하여 계산된 바람장을 이용하여 파랑 스펙트럼을 예보할 수 있다. 실제의 바다에서는 국지적인 바람에 의한 풍파(wind wave sea)와 다른 해역에서 생성되어 전파되어온 너울(swell)이 혼재되어 있다. 따라서 국지적인 파랑 조건을 추산할 때 풍파와 너울을 함께 고려할 수 있는 스펙트럼 모델의 적용이 필요하다.

1) 스펙트럼법과 파라메타법

스펙트럼법은 크게 스펙트럼법과 파라메타법으로 구분된다.

스펙트럼법은 주파수 및 방향 스펙트럼의 각 성분이 평형상태에 도달할 때까지 독립적으로 발달하는 것으로 가정한다. 파랑의 발달은 스펙트럼의 각 성분파에 바람으로부터의 에너지 유입과 성분파 간의 약한 비선형 상호작용에 의해 표현된다.

파라메타법은 스펙트럼의 발달과 감쇠를 일부 파라메타로 표현하는 방법이다. 파랑의 발달은 성분파 간의 강한 비선형 상호작용으로 표현된다. 파랑장에 일종의 상사 발달기구를 상정하고 그 발달과 변형과정에 대한 법칙성을 파라메타를 이용하여 수식화하여 계산한다.

2) 스펙트럼법의 정확도

스펙트럼법에 의한 파랑 추산 정확도는 해상풍의 추정 정확도에 크게 의존하므로, 현재로서는 유의파법과 같은 정도라고 볼 수 있다. 또한 같은 파랑 스펙트럼 모델을 사용하여도 계산격자, 경계조건, 경험계수 등의 차이에 따라 계산 결과가 10~20% 차이가 날 수 있으므로 주의가 필요하다. 따라서 관측치와 비교하여 추산 결과의 타당성과 정확도에 대하여 검토해 볼 필요가 있다.

현재의 스펙트럼법은 파랑 발달의 극한으로서 평형 스펙트럼을 사용하고 있으며, 이 가정된 평형 스펙트럼의 정확도가 계산 결과에 큰 영향을 미친다. 따라서 주파수 스펙트럼과 방향 스펙트럼의 정확도에 대하여 충분히 검토할 필요가 있다.

3) 스펙트럼법의 장점

- 풍향과 풍속의 변동에 대한 물리적 특성을 명확하게 고려할 수 있다.
- 파의 발달과정에서 유의파 주기가 시간에 따라 변화하는데, 풍역이 파의 군속도와 같은 속도로 파의 전파방향으로 이동하는 경우에도 타당한 추산 결과를 얻을 수 있다.
- 풍파와 너울이 혼재하는 경우에도 풍파 발달 및 너울 감쇠 과정의 계산을 분리하지 않고 하나의 모델로 계산할 수 있다.

나. 에너지 평형방정식

스펙트럼 모델에서 기본이 되는 것은 〈식 1.54〉에 제시된 에너지 평형방정식이다. 수식의 복잡성을 피하기 위하여 파의 에너지 밀도를 시각과 위치의 변수 t와 x를 생략하여 $E(f,\theta)$로 표시하고, 에너지 밀도 $E(f,\theta)$를 전(全) 방향($-\pi < \theta < \pi$)에 대하여 적분한 것을 $E(f)$로 표시하기도 한다.

$$\frac{\partial}{\partial t}E(f,\theta;t,x) = -C_G(f)\cdot\nabla E(f,\theta;t,x) + \alpha(f,U) + \beta(f,U) + F_3 + F_4 + F_5 \qquad (1.54)$$

여기서, $E(f,\theta;t,x)$: 파의 에너지 밀도 함수

f,θ : 성분파의 주파수와 진행각

t : 시간

x : 위치 벡터

$C_G(f)$	: 군속도 벡터
∇	: 미분 연산자
$\alpha(f, U)$	: 필립스의 공명 이론(Phillips, 1957)에서 선형 증폭계수
$\beta(f, U)$	: 마일즈의 shear 불안정 이론(Miles, 1959)에서 지수형 증폭계수
U	: 풍속
F_3	: 쇄파에 의한 에너지 소모
F_4	: 파가 전파될 때의 내부마찰 등에 의하여 잃어버리는 에너지
F_5	: 성분파간의 비선형 상호작용에 의한 에너지 교환

〈식 1.54〉는 Hasselman(하셀만, 1968)이 제안한 것이다. 좌변은 파 에너지 밀도의 시간적 변화를 나타내고, 우변의 제1항은 성분파가 군속도로 전파하는데 따른 에너지의 유출·유입을 표현하며, 제2항과 제3항은 바람으로부터 에너지의 공급을 나타낸다. 실제의 계산을 위하여는 우변 제2항 이하를 정식화하여야 한다.

다. 스펙트럼 모델의 분류

1960년대부터 다양한 파랑 모델이 개발되어 왔으며, 현재까지 제안되어 있는 모델은 비선형 상호작용 항의 취급 방법에 따라 DP(Decoupled Propagation) 모델, CH(Coupled Hybrid) 모델 및 CD(Coupled Discrete) 모델의 세 가지로 분류된다.

1) DP 모델

DP 모델에서는 성분파 간의 비선형 상호작용에 의한 에너지 교환을 고려하지 않는다. 따라서 각 성분파는 독립적으로 전파한다. 이 모델은 비교적 단순하지만 계산시간이 적고 파고 계산치가 실용적으로 허용될 수 있는 정확도를 가지고 있기 때문에 현재도 사용되고 있다.

2) CH 모델

CH 모델에서는 풍파의 스펙트럼이 상사형(相似形)을 유지하면서 발달한다는 관측 사실에 근거하여 풍파 성분을 몇 개의 파라메타로 표현하고,

너울 성분에 대하여는 DP 모델과 마찬가지로 독립적으로 전파하는 것으로 계산한다. 이 모델은 풍파 스펙트럼의 성분파 간 비선형 상호작용이 간접적으로 고려되어 있으나, 풍파와 너울의 분리가 인위적이고, 풍파 성분과 너울 성분의 시·공간적인 분포가 불연속적인 단점이 있다.

3) CD 모델

CD 모델에서는 성분파 간 비선형 상호작용을 직접 고려한다. 비선형 에너지 수송식의 엄밀한 계산 방법을 실용적인 파랑 모델에 포함하는 것이 어려우므로, 비선형 에너지 수송항의 엄밀 계산 결과를 파라메타화하는 연구가 진행되어 왔다. 그러나 실제의 복잡한 스펙트럼에 대한 비선형 에너지 수송항을 표준적인 스펙트럼에 대한 파라메타화 결과로 표현하는 것은 한계가 있으며, 경우에 따라 비현실적이고 불안정한 스펙트럼이 계산될 수도 있다.

이와 같은 결점을 해소하기 위하여 Hasselmann과 Hasselmann(1985)은 비선형 에너지 수송항의 보다 직접적인 근사 방법을 제안하고 WAM 모델을 개발하였다. WAM 모델은 기존의 CD 모델에 비하여 비선형 에너지 수송항에 대한 계산 방법의 자유도가 높고 형식적으로는 표준적인 스펙트럼 형상의 제약을 벗어났다는 점에서 새로운 세대의 모델이며, 제3세대 파랑추산 모델이라고 부른다. 한편 1960년대부터 1970년대 초기에 걸쳐 개발된 DP 모델을 제1세대 모델, 1970년대부터 1980년대에 걸쳐서 개발된 CH 모델 및 CD 모델을 제2세대 파랑추산 모델이라고 부른다. 파랑 추산의 정밀도는 파랑 모델뿐만 아니라 일기도의 정확도와 바람 추산의 정확도 등 많은 다른 요소에 의존하기 때문에 파랑관측 자료에 의한 보정과 검정이 반드시 필요하다.

최근에 일부 모델은 보다 향상된 방법을 적용하고 있는데, 인공위성에서 관측된 풍속과 파고 자료를 동화(assimilation)[2)]하여 예보 정확도를 높이는 기법이다. ECMWF(European Center for Medium-range Weather Forecasts, 유럽중규모기상예보센터)에서 이러한 위성자료동화기법을 적용하여 파랑 예보를 수행하고 있다. 미국 해양대기청(NOAA, National Oceanic and Atmospheric Administration)에서도 Cycle-4 WAM 모델에 기반한 제3세대 모델을 적용하여 지역해 및 전구(全球) 규모의 파랑 예보를 실시하고 있다〈그림 1.28〉.

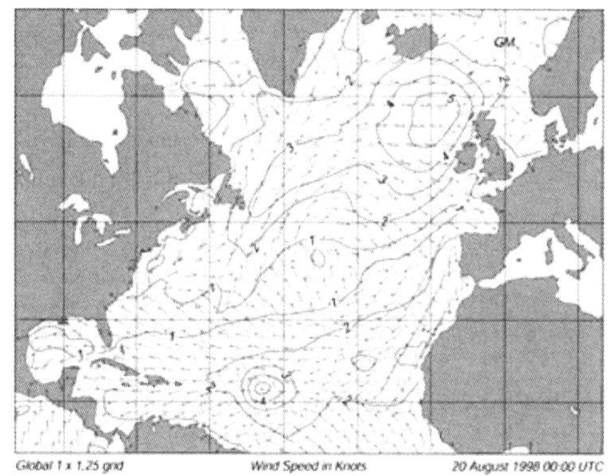

〈그림 1.28〉 미국 NOAA의 제3세대 파랑 예보모델 결과
(등치선: 파고, 화살표: 파향, 새깃: 풍향과 풍속)

용어해설

1) 백파(白波, whitecapping) : 바람에 의하여 하얗게 부수어진 파의 머리.

2) 자료 동화(資料同化, data assimilation) : 수치모델의 초기 조건을 개선시키거나 모델링 결과의 오류를 줄이기 위하여 관측자료를 모델에 이용하는 과정.

6. 파랑의 변형

해안·항만시설물의 설계시에는 파가 외해로부터 해안으로 진행하면서 수심과 흐름의 변화 및 구조물 등에 의해 일어나는 굴절, 회절, 반사, 천수 변형 및 쇄파 등의 여러 변형을 고려하여야 한다.

6.1 천수(淺水, shoaling) 변형

가. 수심 감소에 의한 파고의 변화

파랑이 외해로부터 수심이 얕은 천해역으로 전파되면 해저면의 영향을 받아서 파속이 느려지고 파장이 짧아지며 파고도 변화한다〈그림 1.29〉. 이러한 현상을 천수라 하며, 수심이 더 얕아져서 쇄파 수심에 도달하면 쇄파가 일어난다.

〈그림 1.29〉 천수 변형 모식도

심해파가 등심선에 직각 방향으로 해안을 향해서 진행할 때 해저 마찰과 같은 에너지 손실이 없다고 가정하면, 미소진폭파 이론으로 구한 단위 폭당의 에너지 플럭스 E_F가 보존되므로 〈식 1.55〉와 같이 쓸 수 있다. 군속도와 파 에너지를 각각 파속과 파고로 표현하면 〈식 1.56〉과 같다. 여기서 $C_{G,o}$, E_o, C_o, H_o는 심해파의 군속도, 파 에너지, 파속, 파고를 나타내고, C_G, E, C, H는 각각 천해파에 상응하는 기호이다. 〈식 1.56〉에서 심해 조건 $n_o = 1/2$을 대입하고, 심해파고에 대한 천해파고의 비로 표현하면 〈식 1.57〉과 같으며, 이를 천수계수(淺水係數, shoaling coefficient) K_s라고 한다.

$$F_F = C_{G,o} E_o = C_G E \tag{1.55}$$

$$(n_o C_o)\left(\frac{1}{8}\rho g H_o^{\,2}\right) = (nC)\left(\frac{1}{8}\rho g H^2\right) \tag{1.56}$$

$$H/H_o = \sqrt{\frac{1}{2n}\frac{C_o}{C}} = K_s \tag{1.57}$$

미소진폭파 이론에서 심해파속에 대한 천해파속의 비는 〈식 1.58〉과 같고, 천해파속에 대한 군속도의 비 n은 〈식 1.59〉와 같다. 〈식 1.58〉과 〈식 1.59〉를 〈식 1.57〉에 대입하여 정리하면, 천수계수를 〈식 1.60〉과 같이 계산할 수 있다. 여기서 L_o와 L은 심해파와 천해파의 파장이고, h는 천해파 지점의 수심이다.

$$L/L_o = C/C_o = \tanh(2\pi h/L) \tag{1.58}$$

$$n = \frac{1}{2}\left(1 + \frac{4\pi h/L}{\sinh 4\pi h/L}\right) \tag{1.59}$$

$$K_s = 1/\sqrt{\left(1 + \frac{4\pi h/L}{\sinh 4\pi h/L}\right)\tanh 2\pi h/L} \tag{1.60}$$

〈식 1.60〉에 의한 천수계수를 h/L 및 T^2/h에 대하여 그린 것이 〈그림 1.30〉이다. 심해에서는 $K_s = 1$이며, 수심이 감소하면서 점차 감소하다가 $h/L \simeq 0.19$ 지점에서 최소값인 $K_s \simeq 0.913$이 된다. 이후 점차 증가하여 $h/L \simeq 0.1$ 지점에서 $K_s = 1$로 회복되어 이후 계속 증가한다. 천수계수가 중간에서 감소하는 것은 천해로 천이하는 해역에서 군속도가 심해역보다 빨라지기 때문이다.

나. 실제 파의 천수변형

불규칙파가 천해역으로 진입하면 불규칙파 중의 각 성분파의 파속은 장파의 속도에 수렴하여 주파수에 따른 파속의 차이가 거의 없기 때문에 파군의 형태는 거의 변하지 않고 진행한다. 이 경우에 쇄파 이전의 파랑만을 대상으로 한정하면 불규칙한 파군 중의 개별파에 대하여 비선형 변형이론이 적용될 수 있다. 따라서 규칙파에 대한 비선형 파랑의 변형식은 불규칙파에도 적용할 수 있다.

앞 절의 〈식 1.60〉으로 제시한 천수계수는 미소진폭파 이론에 의하여 산정한 것이다. 실제의 파랑은 다수의 주파수 성분을 포함하고 있기 때문에 〈식 1.60〉으로 계산한 것과는 2~3% 정도 차이가 있으며, 이 정도의 차이는 유의하지 않은 것으로 보아 무시할 수 있다.

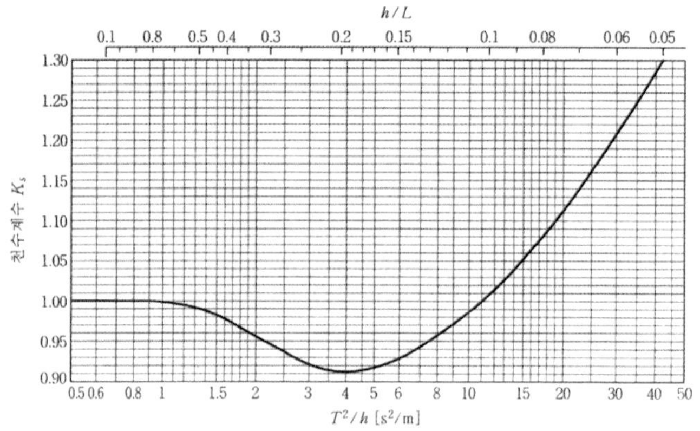

〈그림 1.30〉 미소진폭파 이론에 의한 천수계수의 산정도

그러나 수심 h가 심해파장 L_o의 1/10 정도 보다 작게 되면 유한진폭 효과에 의한 천수계수의 증가를 무시할 수 없다. 〈그림 1.31〉은 슈토(首藤, 1974)의 비선형 장파 이론에 근거하여 고다(合田, 1975)가 작성한 실제 파랑의 천수계수 산정도이다. 곡선들은 파형경사 H_o'/L_o에 따른 천수계수의 변화를 나타내며, 가장 아래에 있는 $H_o'/L_o = 0$의 곡선이 〈식 1.60〉에 의한 미소진폭파 이론에 의한 값이다. H_o'는 환산심해파고(換算深海波高, equivalent deepwater wave height)로서 6.6절에 상세하게 기술되어 있다. 심해파장 L_o는 〈식 1.61〉을 이용하여 구할 수 있다. 천수 변형만을 고려하는 경우, 환산심해파고와 심해파고는 동일하다.

$$L_o = \frac{g}{2\pi} T_{1/3}{}^2 \tag{1.61}$$

〈그림 1.31〉에서 1점쇄선, 2점쇄선, 3점쇄선은 쇄파로 인하여 유의파고가 2% 이상 감소한 지점을 나타내며, 각각 해저 경사가 1/10, 1/20, 1/100인 경우이다. 이 선보다 위에 위치하게 되면 쇄파에 의하여 파고가 크게 감소하며, 천수 변형만으로는 파고 변화를 추정할 수 없다.

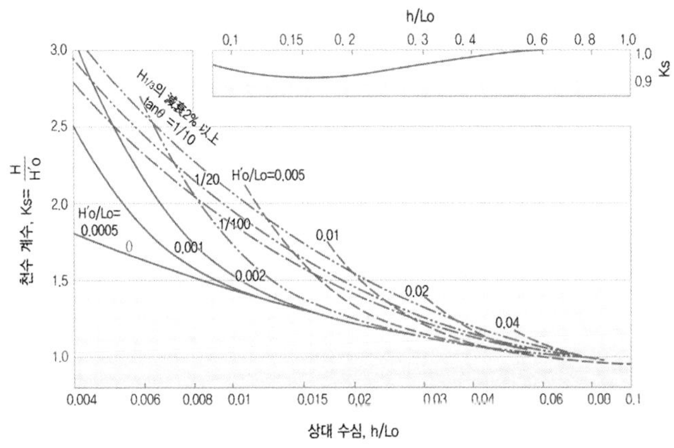

〈그림 1.31〉 유한진폭 효과를 고려한 천수계수의 산정도

6.2 굴절(屈折, refraction) 변형

가. 굴절의 원리

파가 천해역을 진행할 때 해저지형의 영향을 받아서 파향과 파고가 변화하는 현상을 파의 굴절이라 하며, 빛의 굴절과 같이 파의 진행속도(파속)의 차이에 의하여 생긴다.

〈그림 1.32〉의 왼쪽 그림과 같이 수심이 h_1에서 h_2로 얕아지는 직선 경계면에 파가 α_1의 각도로 입사하는 경우를 가정한다. 여기서 α_1은 경계면의 직각방향과 파향이 이루는 각이다. 두 파향선[1] 중에서 왼쪽 파향선이 경계면에 도달하였을 때의 파봉선[2]은 점선으로 표시한 바와 같다. 천해역에서 파속은 수심의 제곱근에 비례하므로 $C_1 > C_2$이다. 따라서 오른쪽 파향선이 경계면에 도달할 때까지 진행한 거리보다 왼쪽 파향선이 수심 h_2에서 α_2의 각도로 진행한 거리가 짧기 때문에 파가(파봉선이) 경계면에서 굴절하고 파향선 폭이 증가하게 된다. 굴절한 후의 파향 α_2는 Snell(스넬)의 법칙에 의해 〈식 1.62〉와 같다.

$$\frac{\sin\alpha_2}{\sin\alpha_1} = \frac{C_2}{C_1} \tag{1.62}$$

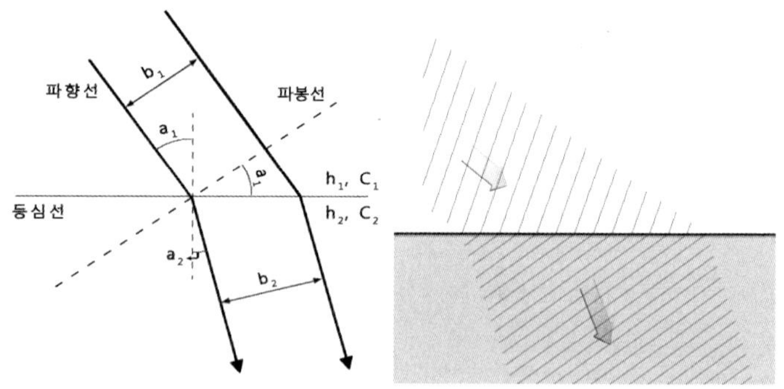

〈그림 1.32〉 파랑 굴절 모식도

나. 규칙파의 굴절

파랑이 굴절하면 파향선의 폭이 변화한다. 파 에너지가 파향선의 외부로 유출되지 않는다고 가정하고 마찰 등에 의한 에너지 감소를 무시하면 두 파향선 사이의 에너지 수송량이 보존된다. 수심 h_1에서의 군속도를 C_{G1}, 수심 h_2에서의 군속도를 C_{G2}라 하고, 수심 h_1에서의 파봉선 폭 b_1이 수심 h_2에서 b_2로 변하면, 파봉선 폭 사이의 에너지가 일정하므로 〈식 1.63〉의 관계가 성립하고, 수심 h_1에서의 파고 H_1과 수심 h_2에서의 H_2는 〈식 1.64〉와 같이 표시할 수 있다. 〈식 1.64〉에서 군속도 비의 제곱근은 앞에 정의한 천수계수 K_s이며, 파향선 폭 비의 제곱근을 굴절계수 K_r이라고 한다. 〈그림 1.32〉에서 삼각함수를 적용하면 〈식 1.65〉의 관계가 성립하므로, 굴절계수 K_r는 〈식 1.66〉과 같이 표현된다.

$$E_1 b_1 C_{G1} = E_2 b_2 C_{G2} \tag{1.63}$$

$$\frac{H_2}{H_1} = \sqrt{\frac{b_1}{b_2}} \sqrt{\frac{C_{G1}}{C_{G2}}} = K_r \cdot K_s \tag{1.64}$$

$$\frac{b_1}{\cos \alpha_1} = \frac{b_2}{\cos \alpha_2} \tag{1.65}$$

$$K_r = \sqrt{\frac{b_1}{b_2}} = \sqrt{\frac{\cos \alpha_1}{\cos \alpha_2}} \tag{1.66}$$

파속 C_1, C_2와 입사각 α_1으로부터 굴절계수 K_r을 구하려면, 〈식 1.62〉를 〈식 1.66〉에 대입하고 굴절각 α_2를 소거한 〈식 1.67〉로 계산할 수 있다. 〈그림 1.33〉은 직선 해안에서 수심, 파장과 입사각이 주어졌을 때 굴절각과 굴절계수를 구하는 도표이다.

$$K_r = \left[1 + \left\{1 - \left(\frac{C_2}{C_1}\right)^2\right\} \tan^2 \alpha_1\right]^{-1/4} \tag{1.67}$$

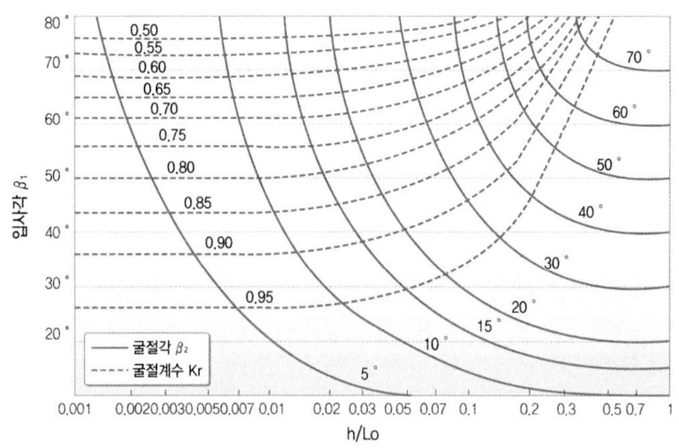

〈그림 1.33〉 직선 해안에서 굴절각과 굴절계수 산정표

〈그림 1.34〉와 같이 해저골에서는 파향선이 발산하여 파고가 감소하며, 돌출부에서는 파향선이 집중되어 파향선 폭이 좁아져서 파고가 증가한다. 해안선에 평행한 직선 등심선을 갖는 해안에서 너울 또는 쓰나미[3]와 같이 방향 분산이 적고 주파수대가 좁은 파랑에 대하여는 규칙파의 굴절 계산 결과를 이용할 수 있다. 주파수대가 넓은 파에 대해서는 불규칙파에 의한 굴절 계산을 해야 한다.

천퇴(淺堆, shoal)와 같은 지형의 배후에서는 파향선 폭이 좁아지며, 때로는 교차하는 경우도 발생한다. 파향선 폭이 매우 좁아지면 파고가 무한대로 되어 굴절 계산을 할 수 없다. 실제로는 파향선을 가로질러 파 에너지가 이동되는 회절 현상이 강해져서 파고가 감소한다.

다. 불규칙파의 굴절

불규칙파의 굴절 계산으로는 파의 방향 스펙트럼을 여러 개의 성분파로 분할하고 각 성분파에 대하여 완경사방정식[4]을 풀어서 불규칙파의 굴절계수를 구하는 성분파법과 파의 에너지 평형방정식을 수치해석하여 직접 계산하는 방법이 있다.

심해파가 섬이나 갑(岬) 등에 의해 굴절된 경우에는 파의 표준형 스펙트럼과 차이가 있기 때문에 회절 후의 스펙트럼을 사용하여 굴절 계산을 하여야 한다. 수심이 심해파고의 1/2 보다 얕은 수역에서는 파랑의 성질보다 쇄파에 의한 흐름으로서의 성질이 우세하므로 굴절 계산법을 적용할 수 없다.

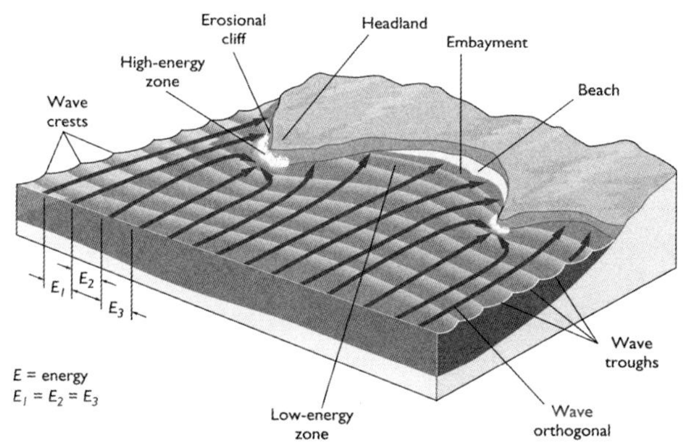

〈그림 1.34〉 해안선 및 등수심선 형태에 따른 굴절변형 모식도

6.3 회절(回折, diffraction) 변형

가. 회절 현상과 회절도

파랑이 방파제나 섬 등의 배후 수역으로 돌아서 전파되는 현상을 파의 회절이라 한다〈그림 1.35와 1.36〉. 파의 굴절에서는 파향선을 가로지르는 파랑 에너지의 흐름이 없다고 가정하지만 이는 에너지의 차이가 작은 경우에만 성립하며, 방파제 선단부와 같이 차폐로 인한 에너지의 차이가 큰 곳에서는 회절현상이 뚜렷하게 나타난다.

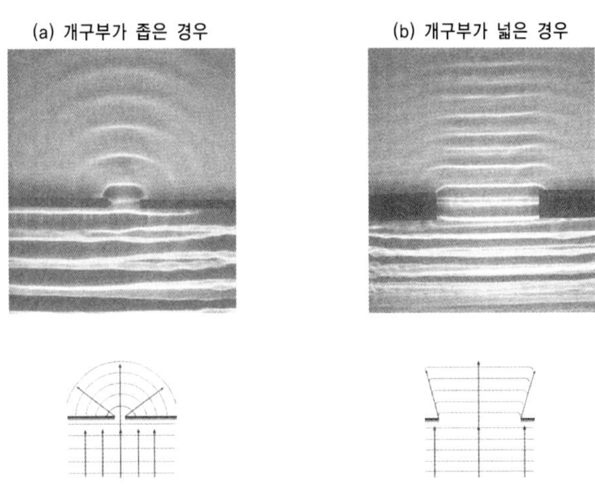

〈그림 1.35〉 파의 회절 실험(위)과 에너지 전파 모식도(아래)

입사파고에 대한 회절파고의 비를 회절계수(K_d)라고 한다. 〈그림 1.37〉은 반무한(半無限) 방파제에 파가 직각으로 입사하는 경우의 회절도로서, 좌표축은 파장(L)에 대한 비로 표시하고 있다. 회절계수는 방파제 선단부터 파의 진행방향인 y축을 따라 거의 0.5의 값을 가지며, 차폐역에서는 축선에서 멀어지면서 급격하게 감소한다. 파의 진행영역에서는 회절계수가 약간의 진동을 하면서 1.0의 값으로 수렴한다.

〈그림 1.38〉과 〈그림 1.39〉는 방파제 개구폭(開口幅) B가 각각 $0.1L$과 $5.0L$일 때 파랑이 방파제에 직각으로 입사하는 경우의 회절도이다. 여기서 L은 입사파의 파장이다. 이 외에도 다양한 경우에 대한 회절도가 있는데 회절도 중에서 B/L이 거의 같은 것을 택해서 차폐역에서의 회절계수를 읽는다.

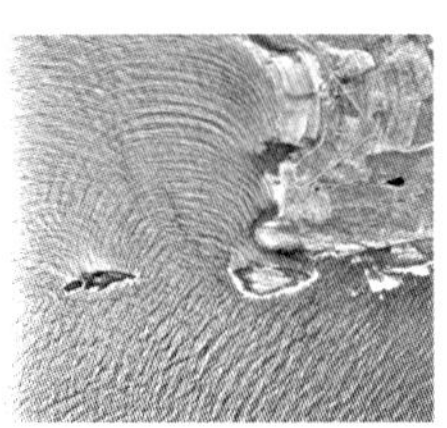

〈그림 1.36〉 곶과 섬 배후에서의 회절 현상

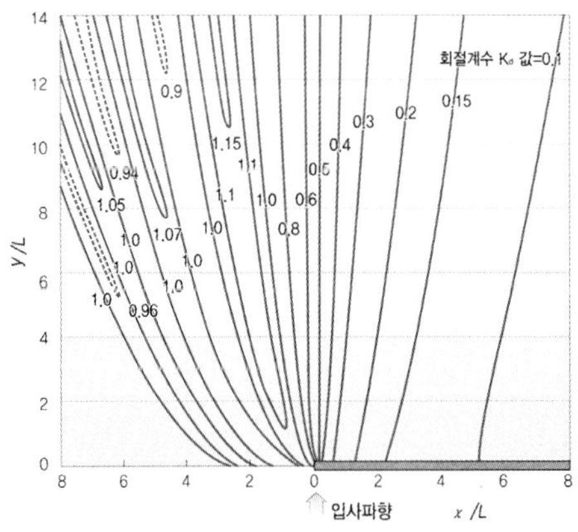

〈그림 1.37〉 반무한(半無限) 방파제에 의한 규칙파의 회절도

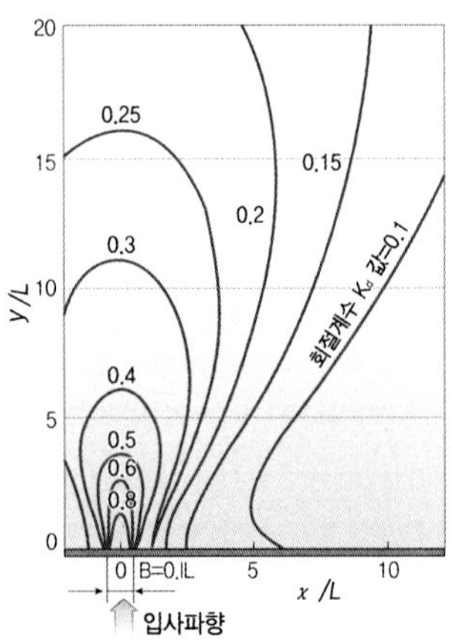

〈그림 1.38〉 방파제 개구부에서 규칙파의 회절도(B/L=0.1)

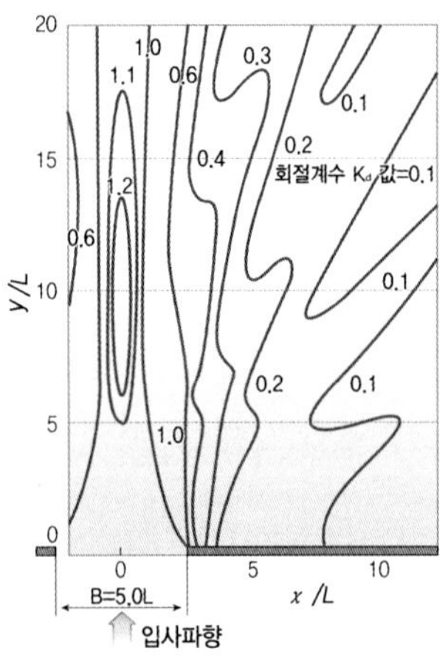

〈그림 1.39〉 방파제 개구부에서 규칙파의 회절도(B/L=5.0)

나. 입사파향이 직각이 아닌 경우

개구(開口) 방파제에 파랑이 사각(斜角)으로 입사할 경우의 회절도는 컴퓨터에 의한 수치계산으로 구하는 것이 바람직하나, 다음과 같이 근사적으로 구할 수도 있다. 〈그림 1.40〉에서 θ는 입사 방향, θ'는 회절파의 축선 방향, B는 실제 개구폭, B'은 가상 개구폭이다. 불규칙파의 경우에 개구폭 비 및 입사 방향에 대한 회절파의 축선 방향 θ'는 [표 1.4]를 이용하여 구하고, θ'에 대한 가상 개구폭의 비 B'/L은 〈식 1.68〉을 이용하여 구한다.

$$B'/L = (B/L)\sin\theta' \qquad (1.68)$$

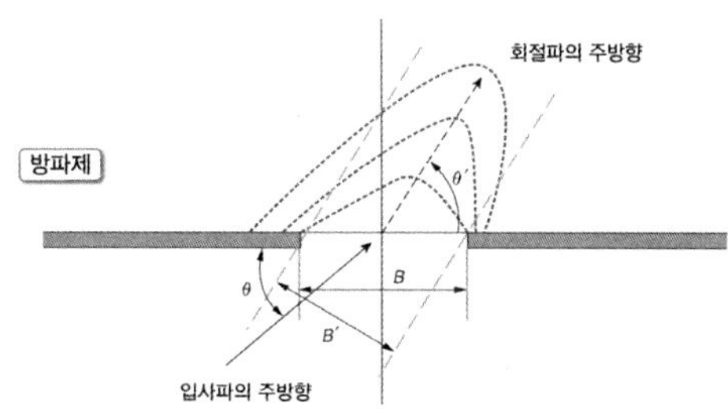

〈그림 1.40〉 가상 개구폭 B'와 회절파의 축선 방향 θ'

[표 1.4] 불규칙파의 경우에 회절파의 축선 방향(θ')

S_{max}	B/L	방파제와 입사 방향이 이루는 각 θ			
		15°	30°	45°	60°
10 (풍파)	1.0	53° 38°)	58° 28°)	65° 20°)	71° 11°)
	2.0	46° 31°)	53° 23°)	62° 17°)	70° 10°)
	4.0	41° 26°)	49° 19°)	60° 15°)	70° 10°)
25 (감쇠 초기의 너울)	1.0	49° 34°)	52° 22°)	61° 16°)	70° 10°)
	2.0	41° 26°)	47° 17°)	57° 12°)	67° 7°)
	4.0	36° 21°)	42° 12°)	54° 9°)	65° 5°)
75 (너울)	1.0	41° 26°)	45° 15°)	55° 10°)	66° 6°)
	2.0	36° 21°)	41° 11°)	52° 7°)	64° 4°)
	4.0	30° 15°)	36° 6°)	49° 4°)	62° 2°)

※( )안의 각도는 입사각에 대한 편각

다. 회절파의 산정

회절파의 영향을 크게 받을 것으로 예상되는 영역 내의 파고는 회절도, 수치실험 또는 수리실험에 의하여 산정한다. 파랑의 회절에서 주기의 변화보다 파향 변화의 효과가 크므로 파장에 비하여 큰 섬 등에 의한 회절에 대하여는 파 에너지의 방향 분산만을 고려할 수도 있다.

파랑의 차폐 구역에서 수심이 크게 변화할 때는 적절한 방법으로 파랑의 굴절도 동시에 고려하여야 한다. 회절된 불규칙파의 유의파 주기는 회절 전과 다르므로 주의하여야 한다. 회절 후의 파랑이 안벽 등에 의해서 반사될 때는 반환 회절도법이나 다른 적절한 방법으로 반사의 효과를 계산하여야 한다.

다방향 불규칙파 조파기의 발달로 인하여 방향 분산성을 갖는 파를 평면수조 내에서 재현할 수 있으므로 회절 실험을 비교적 간단하게 실시할 수 있다. 유효 조파영역 내에 항만 모형의 개구부를 설치하고 관측은 항내의 여러 지점에서 동시에 실시한다. 회절계수는 항내 유의파고를 항 입구의 적어도 2개 지점에서 관측한 유의파고의 평균치로 나눈 값으로 정한다.

6.4 굴절·회절 변형

방파제 또는 이안제 및 해안 측의 수심이 크게 변하는 경우에는 굴절과 회절 변형이 동시에 일어난다. 이 경우에 다음과 같이 파고와 파향을 근사적으로 추정할 수 있다〈그림 1.41〉.

① 입사 파장의 3~4배 지점까지의 회절도를 작성하고 회절계수를 읽는다.

② 이 지점부터 해안까지 또는 쇄파 지점까지 새로운 굴절도를 작성한다. 시작 지점의 파향선은 회절파 파봉선에 직각으로 하고, 파고는 $K_d H_i$ 로 정한다.

③ 굴절도에서 해안 지점 또는 쇄파 지점의 파고와 파향을 산정한다.

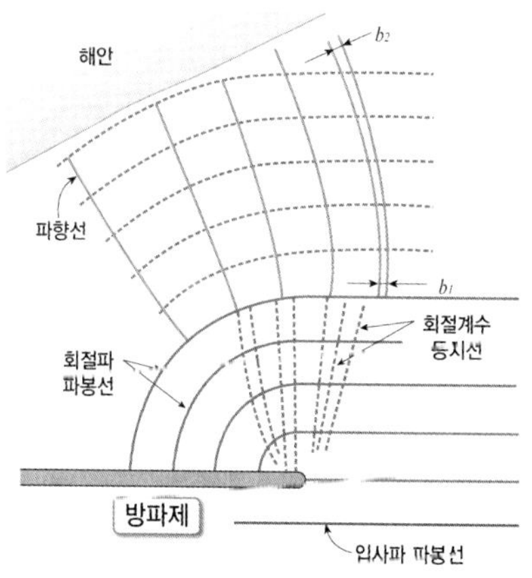

〈그림 1.41〉 굴절·회절 변형의 근사 계산 모식도

굴절·회절 변형을 동시에 나타내는 완경사 파랑식을 이용하여 수치실험으로 파랑을 계산할 수 있다. 파랑 수치실험 결과는 수리실험 또는 실측치와 비교하여 신뢰도를 검증하여야 한다. 수치모형의 가정과 장·단점을 충분히 이해하지 못하는 경우에는 실험결과를 잘못 해석할 수 있으므로 주의하여야 한다.

6.5 반사(反射, reflection) 변형

가. 반사에 따른 에너지의 변화

파랑이 구조물이나 지형이 급변하는 곳에 부딪치면 에너지의 일부는 반사되고〈그림 1.42〉, 일부는 전달파의 에너지가 되며, 나머지는 쇄파, 점성, 마찰 등에 의하여 소실된다. 입사파가 구조물에 의해서 반사파와 전달파로 변환될 때에 파랑의 주기가 변해서 짧은 주기의 파랑이 새로 생성될 수 있다. 그러나 주기의 변화를 무시한다면 입사파고 H_I, 반사파고 H_R, 전달파고 H_T 및 에너지 손실량 $\overline{W_d}$ 사이에 〈식 1.69〉의 관계가 성립한다.

$$\frac{1}{8}\rho g {H_I}^2 = \frac{1}{8}\rho g {H_R}^2 + \frac{1}{8}\rho g {H_T}^2 + \frac{\overline{W_d}}{C_G} \tag{1.69}$$

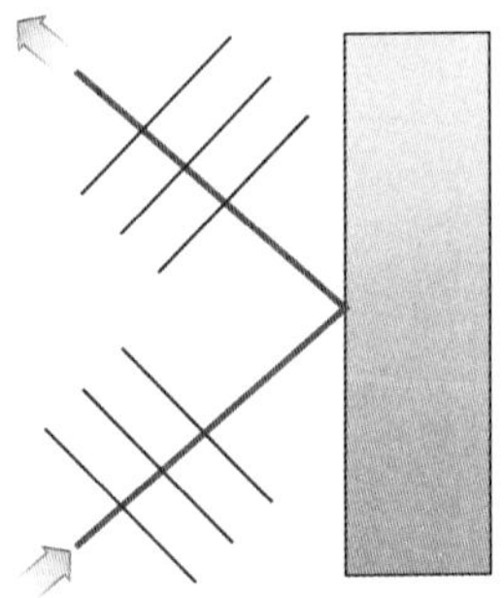

〈그림 1.42〉 파의 반사 모식도

〈식 1.69〉를 입사파고에 대한 비로 표시하면 〈식 1.70〉과 같다. 여기서 K_R은 반사율(= H_R / H_I), K_T는 전달율(= H_T / H_I), K_{loss}는 에너지 손실율이다.

$${K_R}^2 + {K_T}^2 + K_{loss} = 1 \tag{1.70}$$

완전중복파의 경우 K_R = 1.0이고 K_T = K_{loss} = 0.0이다. 해안 제방이나 호안의 경우에는 K_T = 0.0이어야 하므로 구조물의 구조 형식에 따라 K_R과 K_{loss}가 달라진다.

나. 반사율

파랑이 구조물에서 반사되면 중복파가 형성되어 수역의 동요가 심해지고 정박지가 소란해질 수 있으므로, 파랑은 가급적 소파시키는 것이 좋다. 파랑을 소멸시키는 가장 유효한 방법은 쇄파시키는 것이지만, 파형 경사가 매우 작은 파랑은 쇄파가 잘 되지 않고 완만한 사면에서도 완전 반사된다. Miche(미쉐)는 사면으로부터 완전 반사되는 한계 파형경사를 〈식 1.71〉과 같이 제시하였다. 여기서 θ는 사면과 수평면 간의 각도(°)이다. 파형 경사가 한계 파형경사보다 크면 파랑이 사면에서 쇄파되어 에너지의 일부가 소모되므로 반사율이 1보다 작게 된다.

$$\left(\frac{H_o}{L_o}\right)_{crit} = \sqrt{\frac{\theta}{90^\circ}}\frac{\sin^2\theta}{\pi} \qquad (1.71)$$

반사파에 의해 여러 파군이 존재할 경우의 파고는 〈식 1.72〉로 산정할 수 있다. 여기서 H_s는 파군 전체의 유의파고, H_1, H_2, ···, H_n는 각 파군의 유의파고이다. 이 방법은 반사면에서 0.7 파장 이상 떨어진 지점에서 적용할 수 있다.

$$H_s = \sqrt{H_1^{\ 2} + H_2^{\ 2} + \cdot\cdot\cdot + H_n^{\ 2}} \qquad (1.72)$$

반사율은 구조물의 형태, 조도, 공극율과 같은 구조물 특성과 파형 경사, 상대 수심과 같은 파랑의 특성에 따라 변하므로, 정확한 반사율을 구하기 위해서는 수리모형실험을 수행하여야 한다. 일반적인 파랑에 대한 반사율의 개략치는 [표 1.5]와 같다. 구조 형식에 따른 반사율의 상한(上限)은 너울과 같이 파형 경사가 작은 파랑에 대응하는 것이고, 하한(下限)은 풍파와 같이 파형 경사가 큰 파랑에 대응하는 것이다.

입사각이 45° 보다 작은 경우에 반사각은 입사각과 같다. 입사각이 45°~70°인 경우에 반사각은 입사각보다 크게 되고, 구조물 인근에 Mach-stem(마하 스템)이라는 새로운 파형이 형성된다. Mach-stem의 진폭은 입사파의 진폭보다 크다. 입사각이 70° 이상인 경우에는 구조물로부터 직각 방향으로 형성되는 Mach-stem만이 존재한다. Mach-stem의 폭은 입사파 진행 방향으로 점차 증가하고 진폭도 커지게 되므로 돌제의 마루높이 결정시에 이를 고려하여야 한다.

[표 1.5] 반사율의 개략치

구조 형식	반사율
직립벽(마루가 정수면 위)	0.7 ~ 1.0
직립벽(마루가 정수면 아래)	0.5 ~ 0.7
사석 사면(1:2~1:3 경사)	0.3 ~ 0.6
이형 소파블록 사면	0.3 ~ 0.5
직립 소파 구조물	0.3 ~ 0.6
자연 해빈	0.05~ 0.2

6.6 환산 심해파고

쇄파, 파의 처오림, 월파 등의 현상을 심해파와 관련시키기 위하여 환산 심해파고(換算 深海波高, equivalent deepwater wave)의 개념이 사용된다. 이것은 굴절이나 회절 등에 의한 평면적인 파고 변화의 영향을 설계 계산 또는 수리모형실험에서 다루기 쉽게 하기 위한 가상적인 파고로서, 2차원 수조에서의 수리실험결과를 활용하기 위한 방안으로 도입된 것이다.

환산 심해파고는 〈식 1.73〉과 같이 주어지며, 환산 심해파의 주기는 심해 유의파의 주기와 같다고 본다. 여기서 K_r, K_d, K_f는 각각 굴절계수, 회절계수 및 해저면 마찰에 의한 파고 감소율이며, $(H_{1/3})_o$과 $(T_{H_{1/3}})_o$는 각각 심해 유의파고와 유의파 주기이다. 해저경사가 완만하고 파랑이 상당한 거리를 진행하면 해저면 마찰에 의한 파고 감쇠를 무시할 수 없기 때문에 파고 감소율 K_f를 도입하였다.

$$H_o' = K_r K_d K_f \,(H_{1/3})_o\,,\ T_{H_{1/3}} = (T_{H_{1/3}})_o \qquad (1.73)$$

예를 들어, 외해 방향으로 열린 수심 15m 지점에서 관측된 $H_{1/3}$=3.5m, $T_{H_{1/3}}$=9.0초의 파에 대한 심해 유의파고와 환산 심해파고를 다음과 같이 구할 수 있다. 여기서 파의 회절은 일어나지 않은 것으로 하고, 해저면 마찰에 의한 파고 감소는 무시한다. 즉 관측 파고는 굴절 변형과 천수 변형만을 받았으며, 굴절계수 K_r=0.94로 가정한다. 먼저 〈그림 1.30〉을 이용하여 천수계수를 산정한다.

$$T^2/h = 9.0^2 / 15.0 = 5.4$$

이므로, 이 값에 대한 y축의 천수계수를 읽으면 K_s=0.92이다. 〈그림 1.31〉을 참조하면 유한진폭 효과는 무시할 수 있음을 알 수 있다.

심해 유의파고는 다음과 같이 추정된다.

$$(H_{1/3})_o = H_{obs}/(K_rK_s) = 3.5\text{m} / (0.94 \times 0.92) \simeq 4.05\text{m}$$

따라서 환산 심해파고는 아래와 같이 산정된다.

$$H_o' = 0.94 \times 4.05\text{m} \simeq 3.81\text{m}$$

이 예제에서 보듯이 천해역에서 관측된 유의파고는 환산 심해파고와 같지 않다는 것에 유의하여야 한다. 그리고 유의파고가 수심의 약 30%보다 크면 쇄파에 의한 파고 감소가 나타날 수 있으므로 심해 유의파고를 추정하기 어렵다.

용어해설

1) 파향선(wave orthogonal 또는 wave ray) : 파의 진행방향을 나타내는 선으로서 파봉선의 접선에 직교한다.
2) 파봉선(wave crest line) : 파의 봉우리를 연결한 선으로서 파향과 직각을 이룬다.
3) 쓰나미(tsunami, 지진해일) : 해양성 지진에 의하여 지반의 융기 또는 함몰에 따라 해수면이 융기 또는 함몰됨으로써 발생하는 장주기 파를 말한다. 주기는 수분~수십분이다.
4) 완경사방정식(mild-slope equation) : Laplace 파랑 방정식을 수심적분하여 지배방정식을 유도하는 과정에서 수심이 변화가 완만하다고 가정하고 고차의 수심 변화항을 무시하여 구한 식.

7. 장주기파와 부진동

7.1 장주기파와 부진동의 개요

항(만)내 또는 외해의 관측점에서 주기가 1분에서 수 분인 장주기의 수위 변동이 나타나는 일이 있는데 이를 장주기파라고 부른다. 외해로부터 장주기파가 전파되어 항(만)내 수역에서 주기가 수 분~수십 분의 공진(共振)을 일으켜서 증폭되는 현상을 조석 진동에 대한 2차 진동이란 의미에서 부진동(副振動, secondary undulation) 또는 seiches(쉐이쉬)라고 한다〈그림 1.43〉. 부진동의 원인이 되는 장주기파는 태풍, 저기압 또는 이동하고 있는 전선(前線) 등에 수반되는 작은 기압 진동에 의해서 발생하고, 대륙붕 또는 항(만)내에서 증폭된다. 부진동은 항(만)의 제1 또는 제2 고유진동주기[1)]에 집중되어 나타나며, 그 파고는 보통 수십 cm 이하이지만 1 m를 초과하는 경우도 있다.

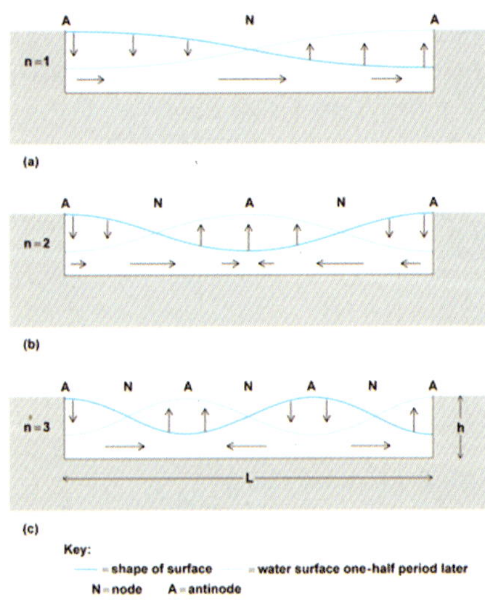

〈그림 1.43〉 항내 부진동 모식도
(수평방향 화살표는 해수 이동방향을 나타냄)

항내에서 부진동의 파고는 수십 cm이지만 파장이 길기 때문에 수평방향의 유속이 커서 선박의 계류나 하역작업에 장해를 일으키는 수가 있다. 특히 굴입식(掘込式) 항만처럼 좁고 길며 안벽으로 둘러싸인 항만에서 발생하기 쉽다. 또한 선박과 계류삭으로 구성되는 진동계의 고유진동주기와 장주기파의 주기가 거의 같을 때에는 파고가 작아도 공진현상에 의해 큰 전후 이동(surge)을 일으켜 항만 가동율에 영향을 준다.

〈그림 1.44〉는 포항신항에서 장주기 조석 변동에 수반되는 단주기 부진동 관측기록을 보여준다. 영일만의 제1공진 주기는 80분이고, 포항신항의 공진 주기는 제1모드 21.3~31.2분, 제2모드 8.1분, 제3모드 5.0분으로 분석되었다. 포항신항에서 빈번하게 발생하는 하역 중단의 직접적인 원인은 주기 15초 이하의 단주기 파랑이며, 부진동 현상은 하역 중단과 상관성이 크지 않은 것으로 나타났다(포항지방해양항만청, 2010).

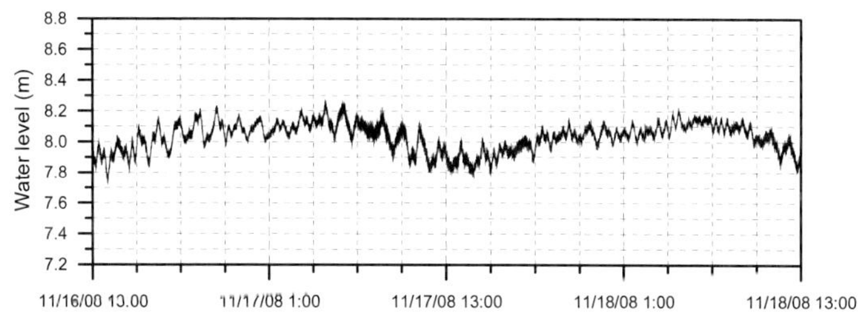

〈그림 1.44〉 포항신항의 부진동 관측기록 (2008. 11. 16 – 18)

7.2 장주기파와 부진동의 산정방법

부진동이 예상되는 항만에서는 설계조위의 결정이나 항내 정온도 검토를 위하여 부진동을 고려하여야 한다. 장주기파의 항내 전파는 외해쪽에 입사경계를 설정하고 완경사방정식, Boussinesq(부시네스크) 방정식 또는 선형 장파에 의한 계산법 등을 이용하여 계산한다. 장주기파가 전파하는 경우에는 해안에서의 반사파와 중복되는 경우가 많아서 파향을 결정하기 어렵지만, 장주기파의 주 에너지는 풍파의 주 파향과 일치하는 것으로 간주할 수 있다.

가. 고유진동 주기

1) 좁고 긴 직사각형 항만

좁고 긴 직사각형 항만 내의 고유진동 주기 T의 근사식은 〈식 1.74〉와 같이 표시된다. 여기서 l은 항의 길이, m은 항내 절[2)](節, node)의 수(= 0, 1, 2, ···), h는 항의 평균수심, g는 중력가속도이다.

$$T = \frac{4l}{(2m+1)\sqrt{gh}} \tag{1.74}$$

실제의 항만에서는 만 내의 해수가 정상파[3)](定常波, standing wave) 와 같이 진동할 뿐만 아니라 만구(灣口) 부근의 외해수도 다소 진동하므로 고유진동 주기를 보정하여야 한다. m= 1일 때 보정된 고유진동 주기는 〈식 1.75〉와 같이 계산된다. 여기서 α는 만구(灣口) 보정계수이고, 〈식 1.76〉으로 계산한다. 〈식 1.76〉에서 b는 만의 폭이다. b/l에 대한 만구 보정계수는 [표 1.6]과 같다.

$$T = \alpha \frac{4l}{\sqrt{gh}} \tag{1.75}$$

$$\alpha = \left\{1 + \frac{2b}{\pi l}\left(0.9228 - \ln\frac{\pi b}{4l}\right)\right\}^{1/2} \tag{1.76}$$

[표 1.6] 만구(灣口) 보정계수

b/l	1	1/2	1/3	1/4	1/5	1/10	1/25
α	1.320	1.261	1.217	1.187	1.163	1.106	1.064

2) 폭이 넓은 직사각형 항만

만구 폭이 좁은 직사각형 항의 고유진동 주기는 근사적으로 〈식 1.77〉로 계산할 수 있다. 여기서 n과 m은 각각 폭 방향 및 길이 방향의 절 수이다. 실제의 고유진동 주기는 항 입구의 영향 때문에 〈식 1.77〉로 계산된 값보다 약간 작다.

$$T = \frac{2}{\sqrt{gh\ \left[(m/l)^2 + (n/b)^2\right]}} \tag{1.77}$$

나. 진폭

부진동의 진폭은 그 원인이 되는 장주기 너울의 진폭과 그 주기에 대한 진폭 증폭율에 따라 결정된다. 증폭율은 항 입구에서의 교란파에 의하여 반출되는 발산 에너지, 그리고 와류와 저면 마찰 등에 의한 손실 에너지에 의하여 제한된다. 따라서 내습하는 너울의 주기가 항의 고유진동 주기와 일치하더라도 부진동이 무한히 증폭되지 않는다. 그러나 마찰 등에 의한 에너지 손실이 매우 적을 때에는 항 입구 폭을 줄여 항내 정온도를 개선할 목적으로 항 입구 폭을 좁힘에 따라 항내의 진폭이 증대되는 항만 모순(harbour paradox) 현상이 일어나므로 주의하여야 한다.

항 입구에서의 손실을 무시할 경우, 직사각형 항의 가장 안쪽에서 진폭 증폭율 R은 파장에 대한 항의 길이의 비에 의해서 〈그림 1.45〉와 〈그림 1.46〉과 같이 구해진다. 그림에서 m은 l방향을 횡단하는 절의 수이고, n은 $2b$방향을 횡단하는 절의 수이다. 좁고 긴 직사각형 항에 대한 〈그림 1.45〉의 경우에 증폭율은 일반적인 공진 조건 즉, l/L= 1/4, 3/4, 5/4, ··· 보다는 약간 작은 값에서 첨두를 나타낸다. 폭이 넓은 항에 대한 〈그림 1.46〉의 경우에 공진점은 완전 폐쇄된 직사각형 호(湖)의 공진점과 거의 일치하며, 〈식 1.78〉과 같이 근사할 수 있다.

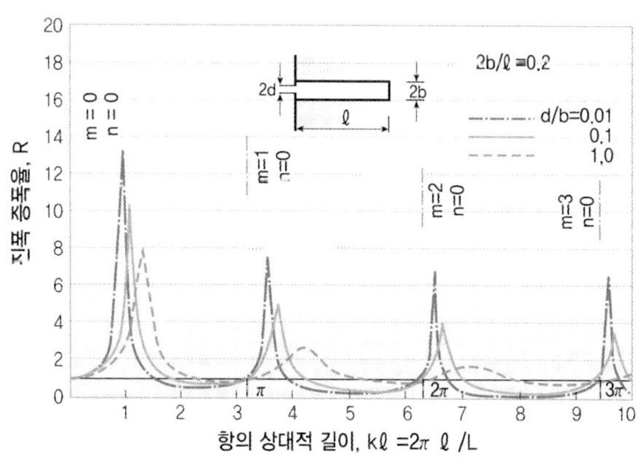

〈그림 1.45〉 좁고 긴 직사각형 항의 공진스펙트럼

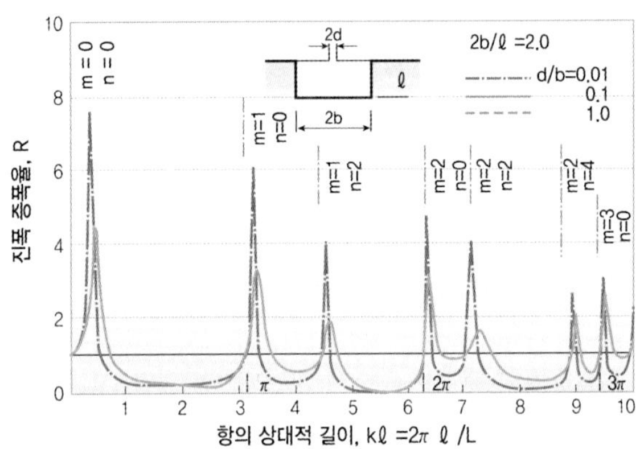

〈그림 1.46〉 폭이 넓은 직사각형 항의 공진스펙트럼

$$\frac{l}{L} = \sqrt{m^2 + \frac{n^2}{(\frac{2b}{l})^2}} \quad (m,\ n\ =\ 0,\ 1,\ 2,\ \cdots) \tag{1.78}$$

7.3 장주기파와 부진동에 대한 대응

항내의 장주기파 또는 부진동에 대해서는 되도록 현지관측을 실시하고 그 결과에 따라 적절하게 대응하여야 한다. 안벽 전면의 장주기파는 공진에 의해 진폭이 수 m에 달하는 선박의 전후 이동(surge)을 발생시키는 경우가 있어 충분한 검토가 필요하다. 장주기파의 하역 한계파고는 주기, 선박의 제원, 계류 상황, 재하 조건 등에 따라 다르지만, 일부 항만의 경우 관측에 의하면 유의값이 10~15 cm이다(平石(히라이시), 1997).

장주기파가 현저한 수역에서는 항내로의 장주기파의 침입을 억제하도록 방파제 배치계획을 세우는 것이 바람직하다. 사석부의 재료 입경이 클 경우에는 장주기파의 에너지가 거의 투과되므로 방파제 또는 사석부 구조에 대하여 적절하게 검토하여야 한다. 선박의 전후 이동을 억제하기 위해서는 계류계의 고유주기를 침입 장주기파의 주기와 약간 다르게 한다. 이를 위해서는 계류삭의 부착 위치나 초기 장력의 변경 또는 로프의 재질 개선이 바람직하나 적절한 수치계산에 의해서 그 효과를 사전에 검토하여 적절하게 대응하여야 한다.

장주기 파고의 분포는 항내에서 일정하지 않으므로 계획 단계시 대상 부두에서 장주기 파고가 한계치를 확실히 초과할 것으로 예상될 때 부두의 위치를 변경하는 것도 바람직하다. 수치모형실험 등에 의해 주기가 수 분~1시간 정도의 파를 입사시키고, 항내의 증폭율을 산정하여 항만계획 수립시에 그 영향을 검토하는 것이 바람직하다. 외해에서 진폭이 수 cm인 미소 장파(微小 長波)가 항내에서 10배 이상으로 증폭되는 항만 형태는 피하는 것이 바람직하다.

부진동은 항 입구로부터 침입하여 온 장주기의 너울이 항내에서 완전반사를 반복하면서 진폭을 증가시키는 것이므로, 부진동의 진폭을 억제하기 위하여 항의 안 둘레에서 불완전반사를 시키거나, 항내에서의 에너지 손실을 증가시켜야 한다. 이러한 측면에서 항내의 전 둘레를 직립 안벽으로 하는 것은 바람직하지 않다. 그리고 방파제를 투과성이 있는 완경사의 경사제로 하면 반사파를 다소 감소시킬 수 있고, 또 경사제 내부에서의 에너지 손실을 기대할 수 있다. 그리고 항내의 부진동의 절(節)에 해당되는 위치 부근에 파제제를 설치함으로써 진폭을 어느 정도 감소시킬 수 있다. 반의 형태는 기하학적으로 정형인 것보다는 불규칙한 형태의 것이 좋다.

용어해설

1) 고유진동주기(固有振動週期, natural period) : 항만 또는 해안 구조물이 파랑 등 주기적인 외력을 받을 경우에 공진(共振)을 일으키는 주기로서 항만의 형상과 수심에 따라 결정된다.
2) 절(節, node) : 상하로 진동하는 선 또는 면 위의 움직이지 않는 위치.
3) 정상파(定常波, standing wave) : 파형(波形)이 매질을 통해 더 진행하지 못하고 일정한 곳에 머물러 진동하는 파동을 말한다. 진행파와 반사파가 서로 겹쳐 간섭하게 되는 경우에 발생하며 에너지를 수송하지 않는다.

8. 항내정온도 및 항만가동율

8.1 항내 파랑의 교란 요소

항내 정온도(靜穩度)와 항만 가동율(可動率) 산정시에는 항내 수면을 교란시키는 요소를 적절히 설정하여야 한다. 항내 정온도 문제는 파랑, 바람, 선박 동요 또는 작업기기의 내풍성(耐風性), 내파성(耐波性) 등의 물리적인 요소뿐 아니라 선박 입출항의 어려움, 기상 악화시 피박(避泊), 해상작업의 한계조건과도 관련되고, 또한 하역 효율, 항만 가동율, 정온도 향상을 위한 제반 시설의 건설비 등의 경제적 요인과도 관계되는 매우 복잡한 과제이다.

항내 교란파의 원인에는 다음과 같은 요소가 있다. 이외에 대형 항만에서는 항내 발생 풍파, 소형 선박에 관해서는 대형 선박의 항주파[1)]가 문제가 될 수 있다.

① 항 입구 침입파

② 항내로의 전달파

③ 반사파

④ 장주기파

⑤ 부진동

8.2 항내정온도

이상시의 항내 정온도를 평가하기 위한 대상 파랑은 일반적으로 50년 빈도 확률파를 적용한다. 확률파의 산정방법은 「4.1 심해설계파」에 기술되어 있다. 항내 수역이 넓어서 항내 풍파의 영향을 무시할 수 없는 경우에는 「5.3 바람의 추산」에 기술한 바와 같이 설계 해상풍을 추산하여 항내 풍파의 영향을 검토하여야 한다.

항내 수역과 선석 전면의 파고 분포는 「10.2 파랑변형 실험」에 기술한 파랑변형 수치모형실험을 수행하거나 평면 파랑 수리모형실험을 수행하여 산정한다. 구조물 형식별 반사율은 「6.5 반사 변형」에 제시되어 있는 실험값을 참조하여 적용한다.

선박 규모에 따른 하역[2] 한계 파고는 500GT[3]급 미만의 소형선이 0.3m, 중·대형선이 0.5m, 50,000GT급 이상의 초대형선이 0.7~1.5m이다. 또한 10,000GT급 이상의 대형선에 대한 계류[4] 한계 파고는 주로 1.5m를 적용한다. 이상시의 선석별 파고가 한계 파고를 초과하는 경우에는 방파제를 연장하거나 소파 시설물을 배치하여 파고를 한계치 이하로 저감시킬 수 있는 방안을 강구하여야 한다.

이상시 항내 정온도 평가의 예로서 새만금신항의 정온도 수치실험 결과를 소개한다(국토해양부, 2010). 〈그림 1.47〉은 새만금신항 완공 후 평면을 나타내며, 〈그림 1.48〉과 〈그림 1.49〉는 WNW 파향의 50년 빈도 이상파 내습시의 파랑 벡터도와 파고 등치선도이다. [표 1.7]은 파향별로 각 선석 전면의 유의파고 평균과 최대치를 정리한 것으로서, 모든 선석에서 대형선의 계류 한계 파고인 1.5m 이하로 유지되는 것을 확인할 수 있다.

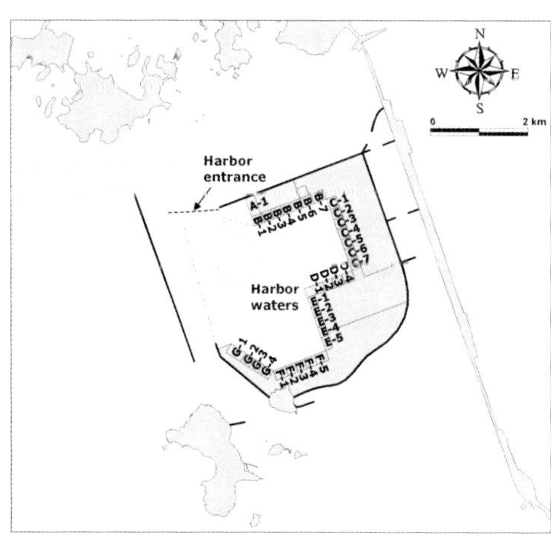

〈그림 1.47〉 새만금신항 완공 후의 선석 배치

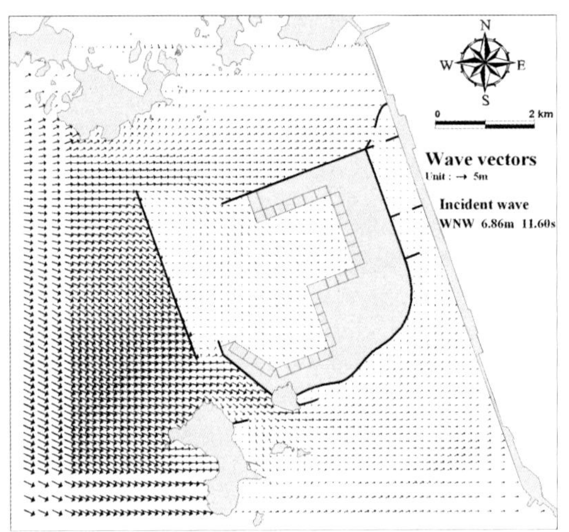

〈그림 1.48〉 새만금신항 완공 후의 파랑 벡터도

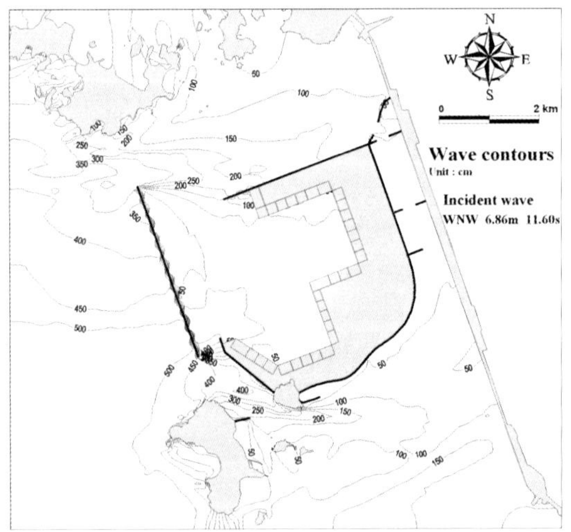

〈그림 1.49〉 새만금신항 완공 후의 파고 등치선도

[표 1.7] 50년 빈도 설계파 내습시 새만금신항 선석별 유의파고의 평균과 최대

(단위 : m)

구 분		NW		WNW		W		WSW		SW		SSW	
		평균	최대	평균	최대	평균	최대	평균	최대	평균	최대	평균	최대
안벽전면	A-1	0.57	1.00	0.71	1.24	0.66	1.15	0.58	0.98	0.68	1.12	0.65	1.06
	B-1	0.44	0.58	0.56	0.73	0.56	0.70	0.55	0.65	0.65	0.74	0.62	0.70
	B-2	0.39	0.39	0.50	0.50	0.51	0.51	0.52	0.53	0.63	0.65	0.61	0.63
	B-3	0.37	0.38	0.48	0.50	0.50	0.51	0.52	0.54	0.64	0.66	0.63	0.65
	B-4	0.37	0.38	0.49	0.50	0.52	0.53	0.55	0.56	0.68	0.69	0.67	0.69
	B-5	0.37	0.38	0.48	0.50	0.51	0.53	0.54	0.56	0.68	0.69	0.67	0.69
	B-6	0.35	0.36	0.46	0.47	0.50	0.51	0.54	0.55	0.68	0.68	0.68	0.68
	B-7	0.34	0.35	0.45	0.46	0.49	0.50	0.55	0.55	0.68	0.69	0.68	0.69
	C-1	0.34	0.35	0.45	0.47	0.49	0.50	0.53	0.54	0.66	0.67	0.66	0.67
	C-2	0.37	0.39	0.49	0.52	0.52	0.54	0.55	0.56	0.67	0.67	0.66	0.66
	C-3	0.41	0.43	0.54	0.56	0.56	0.57	0.57	0.58	0.68	0.69	0.67	0.67
	C-4	0.44	0.46	0.58	0.59	0.59	0.59	0.58	0.58	0.68	0.69	0.66	0.67
	C-5	0.48	0.50	0.61	0.63	0.61	0.62	0.58	0.59	0.68	0.68	0.65	0.65
	C-6	0.52	0.54	0.66	0.68	0.64	0.65	0.60	0.60	0.68	0.68	0.64	0.65
	C-7	0.54	0.55	0.68	0.69	0.65	0.66	0.59	0.60	0.67	0.68	0.63	0.64
	D-1	0.49	0.51	0.64	0.66	0.63	0.64	0.59	0.60	0.69	0.70	0.66	0.68
	D-2	0.52	0.52	0.66	0.66	0.64	0.64	0.59	0.59	0.68	0.68	0.65	0.65
	D-3	0.53	0.54	0.67	0.68	0.65	0.65	0.59	0.59	0.67	0.67	0.64	0.64
	D-4	0.54	0.54	0.68	0.68	0.65	0.65	0.59	0.59	0.66	0.67	0.63	0.63
	E-1	0.44	0.46	0.58	0.61	0.58	0.61	0.53	0.57	0.64	0.67	0.61	0.64
	E-2	0.43	0.44	0.57	0.58	0.57	0.58	0.52	0.53	0.63	0.63	0.60	0.61
	E-3	0.44	0.44	0.58	0.58	0.57	0.58	0.53	0.53	0.63	0.64	0.61	0.62
	E-4	0.45	0.45	0.59	0.59	0.58	0.58	0.53	0.54	0.64	0.65	0.62	0.62
	E-5	0.45	0.45	0.59	0.60	0.58	0.59	0.53	0.54	0.64	0.65	0.62	0.63
	F-1	0.42	0.42	0.55	0.56	0.54	0.55	0.49	0.50	0.59	0.60	0.57	0.57
	F-2	0.43	0.43	0.56	0.56	0.55	0.55	0.50	0.50	0.60	0.60	0.57	0.58
	F-3	0.43	0.43	0.57	0.57	0.55	0.56	0.50	0.51	0.61	0.61	0.58	0.59
	F-4	0.43	0.43	0.57	0.57	0.56	0.56	0.51	0.51	0.61	0.62	0.59	0.60
	F-5	0.43	0.44	0.57	0.58	0.57	0.57	0.52	0.52	0.63	0.63	0.60	0.61
	G-1	0.39	0.40	0.48	0.50	0.47	0.49	0.44	0.46	0.53	0.55	0.52	0.53
	G-2	0.38	0.39	0.48	0.50	0.47	0.48	0.44	0.45	0.53	0.55	0.51	0.53
	G-3	0.36	0.36	0.46	0.46	0.44	0.45	0.41	0.42	0.50	0.51	0.48	0.49
	G-4	0.37	0.40	0.48	0.52	0.47	0.52	0.43	0.47	0.51	0.56	0.49	0.54
항 입구		0.86	1.24	1.05	1.54	1.02	1.47	0.90	1.28	1.05	1.44	1.01	1.36

8.3 항만가동율

가. 파랑 자료

대상 항만의 외측에서 1년 이상의 장기간에 걸친 파랑 관측자료가 있는 경우에는 이 자료를 분석하여 방향별 파고, 주기 출현율 등을 구함으로써 항만 가동율 산정의 기초 자료로 활용할 수 있다. 장기 관측자료가 없는 경우에는 한국 근해에서 1979년부터 2002년까지 매 시별 파고, 주기, 파향을 역추산한 해양수산부(2004)의 연구결과를 이용할 수 있다.

나. 입사파 제원

항만 외측의 파랑 관측 또는 추산자료로부터 파향-주기 계급별 출현율 표를 작성하고, 출현율이 높거나 항내 파고에 영향을 미칠 수 있는 수 개의 입사파향을 선정한다. 통상 1초 또는 2초 간격의 주기 계급별로 중간 주기를 택하여 각 파향과 주기를 조합한 입사파 제원을 결정한다. 파고는 1m를 적용하는 것이 일반적이다.

[표 1.8]은 새만금신항의 선석별 항만가동율 산정을 위한 외해 입사파 제원을 정리한 것이다(국토해양부, 2010). 새만금신항은 항내 수역이 넓기 때문에 추가로 풍파에 의한 가동율을 산정하였으며, [표 1.9]는 항내 풍파 실험에 적용한 바람 제원을 나타낸다.

[표 1.8] 새만금신항 항만가동율 산정을 위한 입사파 조건

주기 계급 (s)		〈 5	5~6	6~7	7~8	8~9	9~10	10~11	11~12	12~13	13~14	14 ≤
입사 파고 (m)							1.0					
입사 주기 (s)		4.0	5.5	6.5	7.5	8.5	9.5	10.5	11.5	12.5	13.5	15
파향	SSW	○	○	○	○	○	○	○	○	○	○	○
	SW	○	○	○	○	○	○					
	WSW	○	○	○	○	○						
	W	○	○	○	○	○	○					
	WNW	○	○	○	○	○	○	○				
	NW	○	○	○	○	○	○					
	NNW	○	○	○								

[표 1.9] 새만금신항 항만가동율 산정을 위한 바람 조건

풍속 계급 (m/s)		〈 4	4~6	6~8	8~10	10~12	12~14	14 ≤
적용 풍속 (m/s)		3.0	5.0	7.0	9.0	11.0	13.0	15.0
보정 풍속 (m/s)		3.3	5.5	7.7	9.9	12.1	14.3	16.5
풍향	N	○	○	○	○			
	NNE	○	○					
	NE	○	○					
	ENE	○	○	○	○			
	E	○	○	○	○			
	ESE	○	○	○				
	SE	○	○					
	SSE	○	○	○				
	S	○	○	○				
	SSW	○	○	○				
	SW	○	○	○				
	WSW	○	○	○	○			
	W	○	○	○	○			
	WNW	○	○	○	○	○		
	NW	○	○	○	○	○	○	○
	NNW	○	○	○	○	○		

다. 선석별 파고비

각 입사파 제원을 입력하여 파랑 변형 수치실험을 수행하고 선석별 파고비(=선석 파고/입사 파고)를 구한다. 선서 파고는 선석 내의 파고 평균치를 적용하거나, 보수적으로 선석 내의 파고 중 최대치를 적용할 수 있다. 선박의 작용 부위에 따라 파고가 다를 수 있는 점을 감안하면 평균 파고를 적용하는 것은 과소 평가의 소지가 있으나, 파고의 평면적인 분포가 중복파로 인하여 매우 불규칙한 점을 감안하면 최대파고보다는 평균파고를 사용하는 것이 보다 합리적일 수도 있다.

〈그림 1.50〉은 [표 1.8]에 제시한 외해 입사파 제원별로 A-1 선석에서의 파고비를 구한 후, 해양수산부(2004)의 장기 파랑 추산자료를 이용하여 A-1 선석에서 1979년부터 2002년까지의 매 시별 파고 시계열을 추산한 결과이다. 또한 〈그림 1.51〉은 [표 1.9]에 제시한 바람 제원별로 F-1 선석에서의 파고를 구한 후, 군산기상대의 장기 바람 관측자료를

이용하여 F-1 선석에서 2000년부터 2009년까지의 매 시별 파고 시계열을 추산한 결과이다.

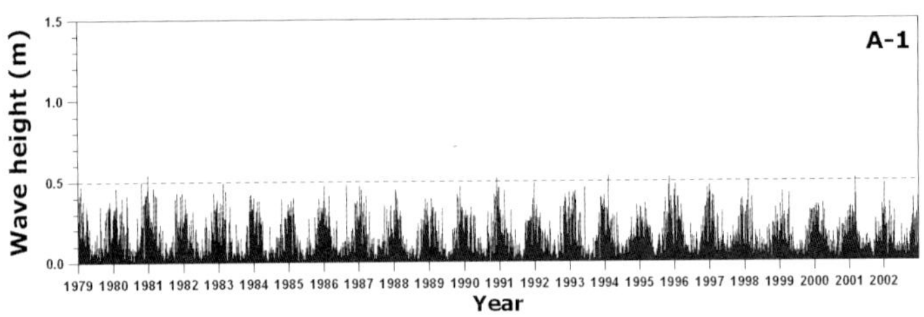

〈그림 1.50〉 새만금신항 A-1 선석의 외해 내습파 시계열

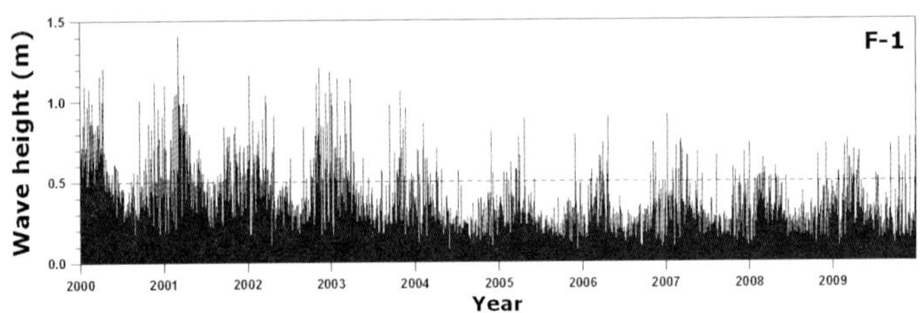

〈그림 1.51〉 새만금신항 F-1 선석의 항내 풍파 시계열

라. 선석별 항만가동율

선석별 하역 한계 파고를 설정하고, 하역 한계 파고를 선석별 파고비로 나누어, 하역 한계를 유발하는 하역 한계 심해파고를 산출한다. 관측 또는 추산 심해파 통계자료를 산출된 하역 한계 심해파고와 대비하여 각 파향 및 주기 계급별로 하역 한계 심해파고를 초과하는 파의 수를 계산한다.

파향 및 주기 계급별로 하역 한계 심해파고를 초과하는 파의 수를 합하고, 이를 전체 파랑자료 수로 나누어 하역 불능 백분율을 구하고, 이로부터 선석별 항만가동율을 산정한다. 박지의 항만가동율은 연간 97.5% 이상이 되어야 한다.

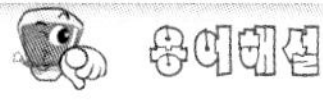

1) 항주파(航走波, ship wake) : 선박이 항해하면서 물을 밀어냄으로써 발생하는 파.

2) 하역(荷役, cargo handling 또는 loading and unloading) : 항만에서 취급되는 화물의 이동, 적재, 회전 및 선택 등을 총칭하는 말.

3) GT (총톤수, gross tonnage) : 배의 측도갑판(1층 또는 2층 갑판을 가진 선박에서는 상갑판, 3층 이상을 가진 선박에서는 최하층 갑판으로부터 제2층에 있는 갑판) 하의 적량(積量)에 측도갑판상 위폐된 장소의 적량을 합한 값에서, 상갑판상에 있는 기관실, 조타실, 취사실 등 선박의 안전, 위생 및 항해 등에 필요한 장소의 적량을 제외한 총적량.

4) 계류 (繫留, mooring) : 선박이 화물을 적하하고 여객이 승강하기 위하여 접안하는 것 또는 선박이 부두에 접안하기 위해 박지에 대기하거나 선박이 검사나 수리를 할 때 등 일시 운항을 정지하고 고정시키는 것.

9. 폭풍해일 및 지진해일

9.1 폭풍 해일

가. 폭풍해일의 정의

천체의 운동에 의하여 생기는 규칙적인 조석을 천문조(天文潮, astronomical tide)라 하고, 태풍 등 강풍이나 저기압 통과 등의 기상 요인에 의해 생기는 조위의 변화를 기상조(氣象潮, meteorological tide)라고 한다. 실제 수위의 변동은 천문조, 기상조, 부진동, 해류, 수온, 하천 유량, 파랑에 의한 평균해면의 상승과 하강(wave setup and setdown) 등의 합성으로 나타난다. 이러한 요인 중 고·저기압의 통과에 수반되는 기압 변동이나 바람 등의 기상에 기인하는 해수면의 변동을 조위 편차 또는 폭풍해일고(暴風海溢高, storm surge height)라고 부른다〈그림 1.52〉. 폭풍해일은 태풍 등의 통과에 의해 나타나는 이상 조위를 뜻하며, 그 요인은 기압 강하에 따른 조위 상승, 이것이 장파로 변형하는 경우의 상승, 이에 유발되는 부진동 그리고 바람에 의한 해수의 퇴적에 따른 상승 등이 있다.

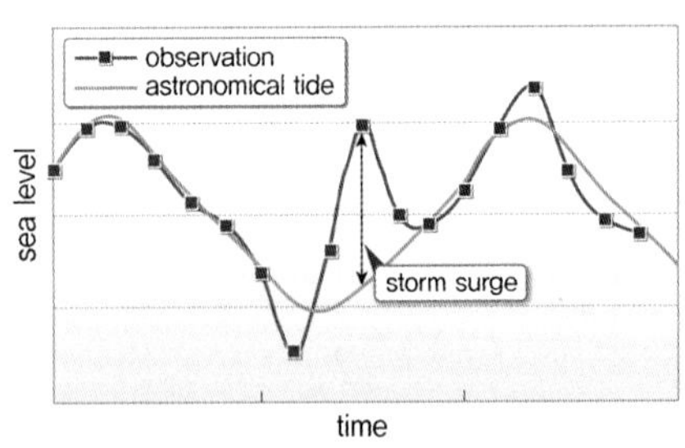

〈그림 1.52〉 폭풍 해일고의 정의

제1장

나. 폭풍해일의 산정방법

1) 바람에 의한 해면 상승

수심이 얕은 항만 등에서 태풍이 장시간 계속될 때에는 해수의 수송이 일어나고 이것이 해안으로 향하면 퇴적이 생겨 해면이 상승한다〈그림 1.53〉. 취송거리를 F(km), 풍향과 해안선 직각 방향간의 교각을 α라 할 때 해안선에서의 해면 상승량 Δh_W(cm)는 〈식 1.79〉와 같이 계산된다. 여기서 W는 풍속(m/s), h는 평균수심(m)이다. Colding(콜딩)은 발틱해의 관측자료로부터 $K= 4.8\times10^{-2}$를 제안하였는데, 각 항만에 따라 계수가 다르므로 해당 항만에 대하여 결정하여야 한다.

$$\Delta h_W = K\frac{F}{h}(W\cos\alpha)^2 \tag{1.79}$$

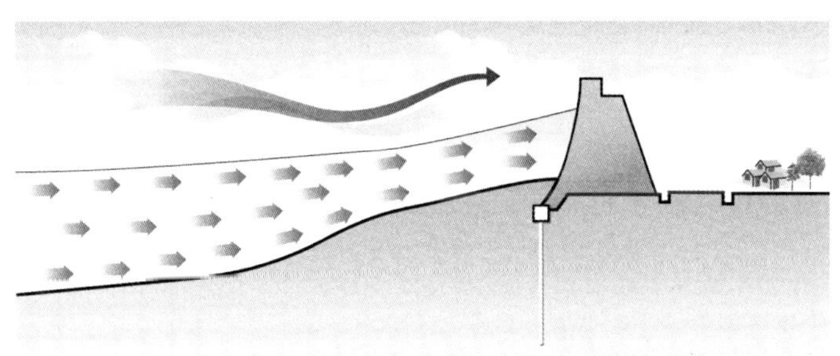

〈그림 1.53〉 바람에 의한 해수 퇴적 모식도

2) 기압 강하에 의한 해면 상승

기압이 천천히 ΔP(hPa)만큼 강하하면 그 부근의 해역은 주위의 기압이 강하하지 않은 해역과의 기압차에 의해 수면이 상승하게 된다〈그림 1.54〉. 이 상승량을 Δh_S(cm)라 하면 〈식 1.80〉과 같이 주어진다.

$$\Delta h_S = 0.991\Delta P \tag{1.80}$$

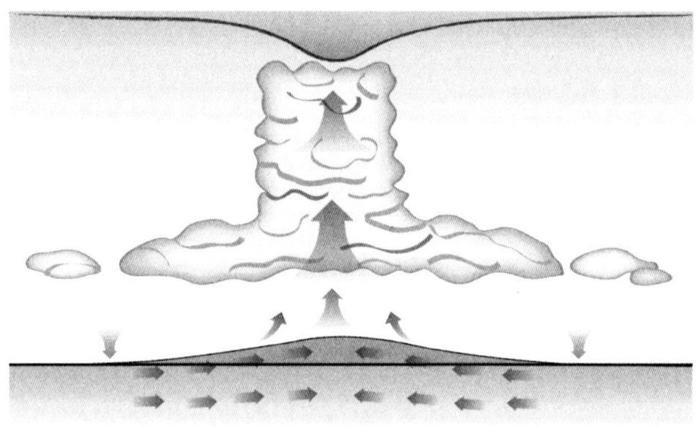

〈그림 1.54〉 기압 강하에 의한 해면 상승 모식도

따라서 기압 변화 및 바람 등 기상 교란에 기인하는 폭풍해일고 Δh는 Δh_S와 Δh_W의 합으로 〈식 1.81〉과 같이 표현된다.

$$\Delta h = \Delta h_S + \Delta h_W \tag{1.81}$$

3) 폭풍해일의 추산식

폭풍해일의 최대 조위편차를 추산하기 위해서는 기압 강하에 의한 해수면 상승과 바람에 의한 해수 퇴적을 포함한 〈식 1.82〉에 의하여 계산할 수 있다. 여기서 Δh는 최대 조위편차(cm), P는 최대 기압 강하량(hPa), W는 최대 풍속(m/s), α는 주풍향과 최대풍속시 풍향 간의 교각(°)이다. 계수 a, b, c는 각 지점마다 과거 관측된 조위편차와 기압, 바람간의 관계로부터 결정한다.

$$\Delta h = a\,(1{,}010 - P\,) + b\,W^2 \cos\alpha + c \tag{1.82}$$

다. 폭풍해일에 대한 대책

폭풍해일의 관측기간은 될 수 있는 한 장기간일수록 좋은데, 필요한 최소 관측기간은 30년 정도이다. 수십 년 이상의 장기간에 걸쳐 폭풍해일의 기록이 정리되어 있는 검조소는 많지 않으므로 기상조건으로부터의 추산 및 기왕 폭풍해일 재해자료 등의 수집을 통하여 될수록 장기간의 폭풍해일에 대한 검토를 하여야 한다.

1) 설계조위의 결정법

설계조위는 시설물이 가장 위험하게 되는 조위로 하는 것이 원칙이다.

시설물의 목적에 따라, 그리고 같은 목적의 시설물이라도 설계 계산의 목적에 따라 다른 설계조위를 적용하는 경우가 있다. 예를 들면, 폭풍해일 대책시설에 있어서 마루높이는 월파량에 의하여 결정되므로 월파량이 최대가 되는 조위를 설계조위로 하지만, 안정 계산에 있어서는 보다 낮은 조위에서도 위험한 경우가 있으므로 이 경우에는 그 조위를 설계조위로 하여야 한다. 방파제 안전 계산의 경우에는 그 구조물이 가장 불안정하게 되는 조위를 적용한다.

2) 폭풍해일, 지진해일, 부진동의 동시 발생

폭풍해일과 지진해일은 모두 드물게 발생하는 현상이므로, 일반적으로 동시에 발생하지 않는 것으로 취급한다.

부진동은 폭풍해일 또는 지진해일에 의하여 유발되는 경우가 많다. 부진동을 협의(狹義)로 해석하여 폭풍해일 또는 지진해일이 일어나는 경우 이외에 발달하는 장주기 수면 진동으로 본다면, 폭풍해일 또는 지진해일의 경우에는 부진동을 특별히 고려하지 않는다.

3) 폭풍해일 대책에 대한 설계조위

① 기왕고극조위 또는 이것에 약간의 여유를 더한 조위 : 기준검조소[1)]가 없는 곳에서는 인근 기준검조소의 기왕고극조위[2)]와 약최고고조위[3)]의 편차를 해당 지점의 약최고고조위에 더하는 방법으로 계산한다.

② 기왕 이상조위의 발생확률곡선을 산정하고, 외삽법으로 구한 어떤 재현년도의 조위 : 기준검조소가 없는 곳에서는 인근 기준검조소의 어떤 재현년도 조위와 약최고고조위의 편차를 해당 지점의 약최고고조위에 더하는 방법으로 계산한다.

③ 해일 수치실험 등에 의해 해일고를 추산하는 경우는 약최고고조위와 해일고를 더한 조위

④ 이상고조위의 발생확률과 각 조위에 대한 배후지의 피해액 및 해일대책시설의 건설비를 감안하여 결정

이러한 방법은 어느 것이나 장단점이 있다. 먼저 방법 ①은 가장 간단하지만 장기간의 자료를 필요로 하며, 기왕고극조위 이상의 고조위가 발생하지 않는다는 보장이 없다. 방법 ②는 확률적인 사고방식에 의한 것으로 설계에 쓰이는 고조위가 어느 정도의 발생확률을 갖고 있는가는 명확하나, 비교적 단기간의 자료로부터 장기간의 예측을 하기 때문에 신뢰성에 문제가 있다. 방법 ③은 해일의 주요 특성인 조위편차에 착안하고 있는 점은 다른 방법보다 우월하나 약최고고조위를 기준으로 하기 때문에 장래에 대한 보장이 없는 것은 방법 ①과 같다. 방법 ④는 합리적이고 경제적으로 가장 유익한 방법이나 피해액의 추정 등에 상당한 기술과 노력이 필요하다. 어느 방법을 채용하는가는 책임기술자의 판단에 따라 각각의 수치를 비교·검토하고 실측기간, 발생빈도, 시설의 중요성 및 경제성 등을 고려하여 결정하여야 한다.

9.2 지진 해일

가. 지진해일의 원인 및 전파 양상

쓰나미(tsunami)라고 불리는 지진 해일(地震海溢, seismic sea wave)은 해양성 지진이나 해저화산 폭발시 해저지반의 융기 또는 침강에 의하여 해수가 급격하게 교란되었다가, 중력에 의하여 해수면이 평형상태로 회복되는 과정에서 발생한다〈그림 1.55〉. 쓰나미의 초기 규모를 결정하는 요인은 해저의 초기 수직 변위이며, 이는 지진 규모, 진원 깊이, 단층 특성 등의 영향을 받는다. 해안역에서의 쓰나미 규모는 해안선과 해저지형의 형태에 따라 크게 달라진다.

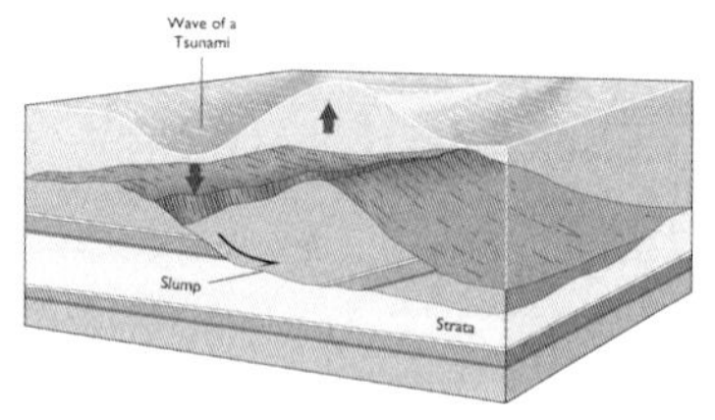

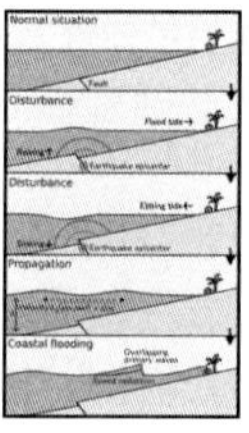

〈그림 1.55〉 지진해일의 발생 및 전파 모식도

쓰나미가 심해에서 전파될 때는 파장이 수백 km에 달하는 반면에 파고는 수십 cm 또는 수 m에 불과하다. 따라서 배 위에서 또는 하늘에서 쓰나미를 파악할 수는 없다. 쓰나미의 주기는 10분에서 2시간의 범위로서 파장이 매우 길기 때문에 심해에서는 파 에너지가 거의 손실되지 않은 채로 매우 빠른 속도로 전파된다. 장파의 파속은 $C = \sqrt{gh}$로 주어지므로 심해에서 더 빠르게 전파한다. 예를 들면 평균 수심이 4,300 m인 태평양을 진행하는 쓰나미의 전파 속도는 205 m/s(=739 km/h)로서 항공기의 속도와 비슷하며, 이는 태평양의 한쪽 끝에서 다른 끝까지 하루 안에 전파된다는 의미이다〈그림 1.56〉. 2004년 12월 26일에 수마트라섬 북서측에서 진도 9.15M의 지진에 의해 발생한 쓰나미는 7시간 후에 아프리카 동해안에 도달하였다〈그림 1.57〉. 파장은 $L = T\sqrt{gh}$이므로 주기를 20분이라고 하면 246 km가 된다. 천해역에서는 천수 효과에 의하여 파속과 파장이 감소하고 파고가 증가하여 엄청난 파괴력를 갖는다. 현재까지 기록된 지진해일의 최대 파고는 1964년 알라스카에서 관측된 75m이다.

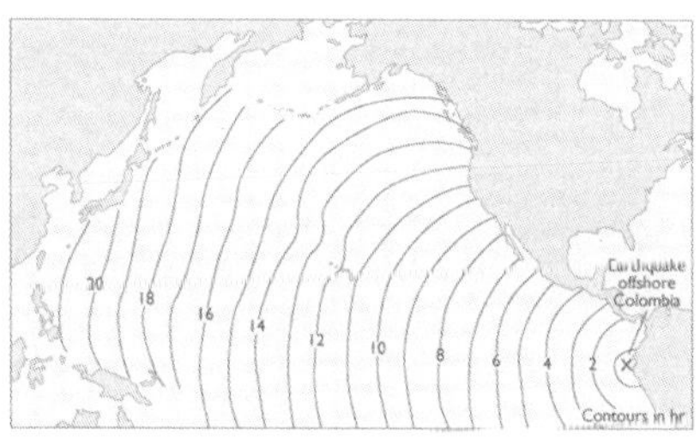

〈그림 1.56〉 1979년 콜롬비아 지진해일의 전파시간

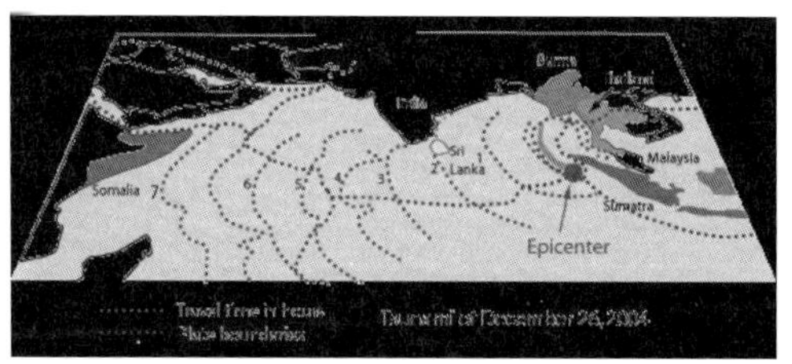

〈그림 1.57〉 2004년 인도네시아 지진해일의 전파시간

나. 용어 정의

지진해일의 제원을 표시하는 용어로서 최고조위, 최저조위, 지진해일 편차, 지진해일의 파고 및 주기 등이 있다〈그림 1.58〉.

① 추산 조위 : 검조기록상에서 지진해일이라고 생각되는 주기 성분 및 이보다 짧은 부진동을 평활화하여 제거한 천문조위. 기본수준면[4)](D.L) 상의 값으로 표시한다.

② 흔적고 : 육상 시설물에 나타난 지진해일의 처올림 높이. 흔적조사를 기초로 결정한다.

③ 편차 : 실측 조위와 추산 조위의 차. 실측 조위가 추산 조위 보다 높을 경우에 편차의 최대치를 최대편차라 한다.

④ 최고조위 : 실측 조위의 최고치.

⑤ 지진해일 파고 : 지진해일 파형의 최고 수위와 최저 수위의 차. 풍파와 같이 영점 상향교차 방법으로 처리할 수 있다. 연속된 지진해일 기록 중 최대인 것을 최대 지진해일 파고라고 한다.

⑥ 초동(初動) : 지진해일이 관측지점에 도달하여 수위가 추산 조위와 어긋나기 시작하는 시각.

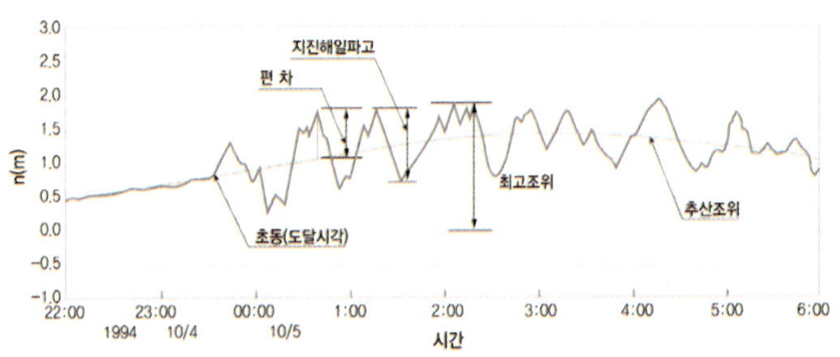

〈그림 1.58〉 지진해일 용어의 설명도

다. 한국 연안에서 지진해일 기록

검조 기록은 지진해일의 기록으로서 매우 유효하지만, 검조소가 항내에 있는 경우에는 방파제 등 구조물의 영향 때문에 항 외측의 지진해일 상황과 다를 가능성이 높다. [표 1.10]은 1983년 5월 26일의 동해중부 지진시에 동해안 각 검조소의 지진해일 기록을 나타낸다. 〈그림 1.59〉는 동해중부 지진의 진앙[5](震央)을 포함한 일본 동해안에서 발생한 주요 지진의 진앙 위치를 나타내고, 〈그림 1.60〉은 동해중부 지진시 내습한 지진해일에 의해 임원항이 피해를 입은 모습이다.

[표 1.10] 동해안의 지진해일 기록(동해중부 지진, 1983. 5. 26)

항 목	울릉도	속초	묵호	포항	울산	부산
최대파고(cm)	126	156	400 〈	62	44	50
최고조위(DL상, cm)	79	124	240	48	64	141 〈
도달시각(시:분)	13:18	13:42	13:45	13:52	14:20	14:53

※ 묵호와 부산에서는 기록이 자기지(自記紙)에서 벗어남.

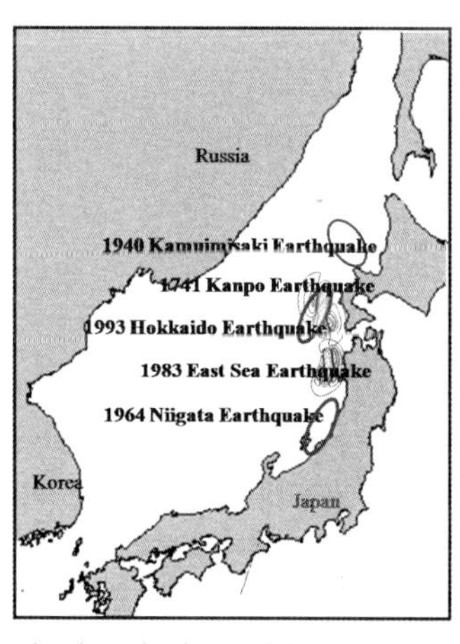

〈그림 1.59〉 일본 동해안의 진앙 위치

〈그림 1.60〉 동해중부지진(1983)에 의한 지진해일시 임원항의 피해 사례

라. 지진해일에 대한 대책

1) 만내에서 지진해일의 변형

만내의 지진해일 변형 중에서 중요한 것은 단면적의 감소에 따른 파고와 유속의 증가 및 만내 부진동의 유발에 의한 파고의 증가이다. 미소진폭파의 경우 단면적 변화의 영향은 근사적으로 〈식 1.83〉으로 표현되는 Green의 식으로 계산할 수 있다. 여기서 H는 폭 B, 수심 h인 단면에서의 장파 파고(m)이고, H_o는 폭 B_o, 수심 h_o인 단면에서의 장파 파고(m)이다. 이 식은 폭과 수심이 모두 매우 완만하게 변화하고 외해로 향하는 반사파가 발생하지 않는다는 조건하에 성립하는 것으로서 마찰에 의한 에너지 손실을 고려하지 않는다. 따라서 수심이 얕은 곳이나 만 안쪽에서 반사의 영향을 받는 경우에는 적용할 수 없다.

$$\frac{H}{H_o} = \left(\frac{B_o}{B}\right)^{1/2} \left(\frac{h_o}{h}\right)^{1/4} \qquad (1.83)$$

2) 지진해일의 주기

만내에서 관측되는 지진해일의 주기는 지진의 규모, 진원으로부터의 거리, 만의 공진 특성 등에 따라 변화한다. 또한 만내의 지진해일의 파고는 지진해일의 주기에 크게 영향을 받는다. 따라서 해안·항만시설물 설계 시에는 실측 주기뿐만 아니라 항만의 고유 진동주기와 같은 주기의 지진해일에 대하여도 검토하는 것이 바람직하다.

3) 지진해일의 파력

지진해일에 의한 파력은 장파에 의한 파력으로 주어지며, 〈그림 1.61〉과 같이 나타낼 수 있다. $H/L < 0.04$의 비쇄파 조건에 대한 파력은 정수면부터 $\eta = 1.5H$의 높이에서 0, 정수면에서 $P(= 1.1\ \rho_o g H)$인 선형 분포를 하고, 정수면부터 바닥까지의 파력은 균일한 것으로 본다. 파고 H는 진행파로서의 지진해일 파고이다. 방파제가 있는 경우에는 반사에 의하여 파고가 약 2배로 증가하므로, 제체 전면에서 정수면부터 측정한 최고수위를 입사파고로 적용하거나, 파고의 1/2을 입사파고로 사용할 수도 있다.

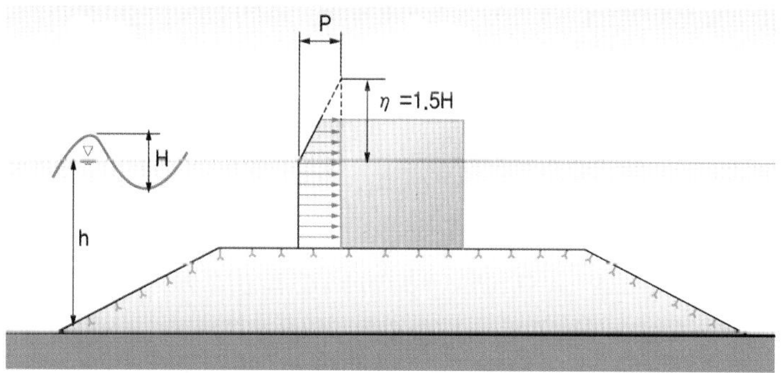

〈그림 1.61〉 지진해일의 파력 모식도

4) 지진해일 재해의 방지

방파제를 월류한 지진해일에 의한 침수 피해뿐만 아니라 항내에서 소형 계류선의 유출, 방파제 개구부의 세굴, 방파제의 활동(滑動), 전도(轉倒) 등에 대한 검토가 중요하다. 방파제, 방조제 등의 정비뿐만 아니라 경보

시스템의 설치, 피난 훈련, 지진해일 정보의 제공 등이 필요하다.

지진이 언제 발생할지 예측할 수 없기 때문에 쓰나미가 언제 발생할지 정확하게 알 수 없다. 그러나 과거의 지진해일 기록과 수치모형실험을 통하여 쓰나미가 발생할 가능성이 높은 지역을 상정하고, 특정 해안역의 지진해일고, 도달 시각과 처오름 높이를 추정할 필요가 있다. 지진해일 수치실험을 수행할 때 초기 파형을 정의하기 위하여 지진을 가정하여야 한다. 가상 지진은 시설물의 내진성, 주변 지역의 상황 및 다음 사항을 고려하여 신중하게 상정하여야 한다.

① 대상 지역의 기왕 최대 지진해일

② 관측 자료가 있는 근년의 지진 중에서 방재계획상 적절한 규모의 것

③ 지진 공백역에서의 가상 지진

 용어해설

1) 기준 검조소 : 국립해양조사원이 장기간 운영하고 있는 검조소. 1년 이상의 조석 관측 자료를 분석하여 각종 조위면을 제시한 것을 해당 검조소의 기준조석(reference tide)이라고 하며, 설계와 측량의 기준으로 적용한다.

2) 기왕고극조위(既往高極潮位, Highest High Water) : 각 검조소의 조위 관측자료 중에서 최고 조위.

3) 약최고고조위(略最高高潮位, Approximate Highest High Water) : 각 검조소의 국지 평균해면으로부터 주요 4개 분조(M_2, S_2, K_1, O_1) 진폭의 합만큼 올라간 조위면. 한국에서 해안선은 약최고고조위가 육지와 만나는 선으로 정의한다.

4) 기본수준면(基本水準面, Datum Level) : 수심 및 조위가 0이 되는 기준면. 한국에서는 약최저저조위(略最低低潮位, Approximate Lowest Low Water)를 기본수준면으로 채택하고 있다. 약최저저조위는 각 검조소의 국지 평균해면으로부터 주요 4개 분조(M_2, S_2, K_1, O_1) 진폭의 합만큼 내려간 조위면이다.

5) 진앙(震央, epicenter) : 지진이 실제로 발생한 위치(진원, 震源, earthquake focus)의 바로 위 지표면 위치.

10. 연안·하구역의 수치모형실험

10.1 수치모형실험 개요

연안·하구역에서 발생하는 자연현상을 재현 또는 예측하는 모형실험은 수리(또는 물리) 모형실험(physical modeling)과 수치모형실험(numerical modeling)으로 구분된다. 수리모형실험은 실제 상황을 축소한 수조에서 상사법칙(相似法則, similarity law)을 적용하여 현상을 해석하는 것이고, 수치모형실험은 자연현상을 나타내는 미분방정식을 수치적으로 해석하는 것이다.

수치모형실험과 수리모형실험의 제한사항과 장점은 [표 1.11]에 정리되어 있다. 수치모형실험은 격자망을 충분히 상세하게 구성하면 비교적 정확한 해를 빠른 시간에 구할 수 있고, 퇴적물이동과 수질 등을 모의할 수 있다는 장점이 있다. 그러나 자연현상을 방정식으로 완벽하게 표현할 수 없고, 복잡한 미분방정식을 근사화하는 과정에서 오차가 수반되는 문제가 있다. 수리모형 실험은 복잡한 지형과 국부적인 현상을 재현하는데 유리하고, 너울과 같은 단주기 파 변형의 재현성이 우수하다. 그러나 시간과 경비가 많이 소요되고 넓은 해역을 소규모로 축소할 때 수심이 얕은 경우에는 수평 방향과 연직 방향 축척이 달라지는 왜곡 모형을 구성하게 되므로 정확도가 떨어질 수 있는 단점이 있다.

[표 1.11] 수치모형과 수리모형의 제한사항 및 장점

항 목	수치 모형	수리 모형
제한 사항	저장 용량 계산 속도 방정식의 불완전성 난류(亂流) 모형	모형의 크기에 제한 펌프 용량 상사 법칙 계측 또는 측정 방법
장점 (적용 범위)	대규모 현상 재현 단순한 지형 장파 3차원 흐름 부유사 모의 수질 모의	국부적인 현상 재현 복잡한 지형 단주기 파 재현성

이 장에서는 해안·항만시설물의 설계시 일반적으로 수행되고 있는 파랑변형, 해수유동, 폭풍해일, 지진해일, 부진동, 해빈류, 해안선변형 및 퇴적물이동 수치모형실험의 개요와 실험과정을 최근 국내에서 많이 사용되고 있는 모델링 프로그램을 중심으로 소개한다.

10.2 파랑변형 실험

해안수리 현상 중에서 해안 구조물에 가장 크게 영향을 미치는 외력은 파랑이다. 1970년대 이후 컴퓨터 계산속도의 급속한 향상에 따라 천해역에서 파랑의 변형을 계산하는 다양한 수치모형이 개발되어 왔다. 파랑변형 모형은 외곽시설물의 설계파, 항내 정온도와 항만가동율을 산출하여 항만 배치 및 설계 조건을 제공하는데 필수적으로 사용되고 있으며, 해빈류, 퇴적물이동, 해안선변형 실험을 위한 파랑장을 제공하기 위하여 운용된다.

가. 파랑변형 모형의 분류

천해에서의 파랑변형 수치모형을 파랑 방정식을 기준으로 분류하면, Stokes(스토크스) 파랑식 모형, 천수방정식 모형, 에너지 평형방정식 모형의 세 가지로 구분된다.

1) Stokes 파랑식 모형

Stokes 파랑식은 파형 경사(H/L)를 비선형의 매개변수로 하여 유도한 식으로서 심해나 중간 수심 해역에서 파랑의 변형을 비교적 정확하게 예측할 수 있다. 지배방정식은 비압축성 비회전류의 연속방정식인 Laplace(라플라스) 방정식이다. 식을 유도하는 과정에서 수심의 변화가 완만하다고 가정하여 고차의 수심 변화항 즉, 수심 경사의 제곱항 ($O(\nabla h)^2$)과 곡률항($O(\nabla^2 h)$)을 무시하여 구한 식을 완경사방정식 (mild-slope equation)이라고 한다.

Berkhoff(버코프, 1972)가 처음으로 규칙파에 대한 타원형 완경사방정식 모형[1)]을 개발하였는데, 얕은 수심에서 파고가 파장이나 수심에 비하여 상당히 큰 경우에 파랑의 비선형성이 커져서 정확도가 떨어진다. 이후 Nishimura(니시무라) 등(1983)과 Copeland(코플란드, 1985)가 시간에 따라 파랑의 전파 양상을 계산할 수 있는 쌍곡선형 완경사방정식 모형[2)]을 개발하였다. 이후 불규칙파에 대한 쌍곡선형 완경사방정식 모형이 Radder and Dingemans(래더와 딩게만스, 1985)에 의하여 개발되었고, Kirby(커비) 등(1992)은 이 식에 비선형 항을 추가하여 비선형 쌍곡선형 식을 개발하였다. Nadaoka(나다오까) 등(1994)은 심해부터 천해까지의 수심에 적용할 수 있는 비선형의 포물선형 완경사방정식 모형[3]을 개발하였다.

국내에서 1980년대까지는 파랑 변형을 예측할 수 있는 수치실험이 활성화되지 않았고, 주로 굴절도법에 의하여 외해의 내습 파랑을 계산하고, 항내 파랑은 기존 회절도를 이용하여 계산하였다. 1980년대 후반부터 Copeland (1985) 모형을 근간으로 쌍곡선형 모형이 개발, 적용되기 시작하였고, 미군 공병단에서 개발한 RCPWAVE를 사용하기도 하였다. 1990년대 중반부터는 포물선형 모형인 REF/DIF 모형을 적용하였다. 〈그림 1.62〉는 쌍곡선형 방정식 모형을 적용하여 평택·당진항의 파랑 전파 양상을 계산한 결과이다.

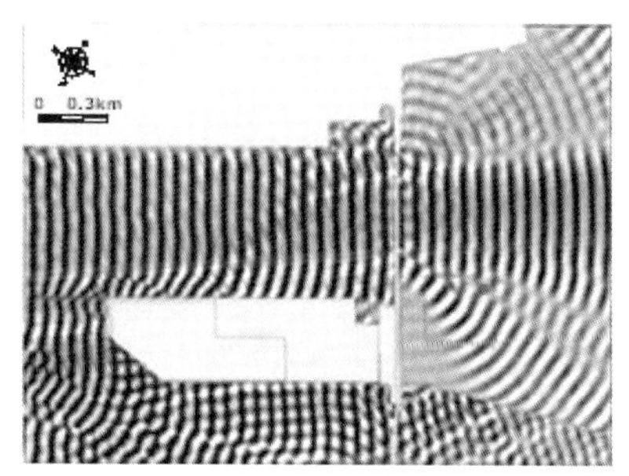

〈그림 1.62〉 쌍곡선형 완경사방정식 모형에 의한 파랑 전파도(평택·당진항)

2) 천수방정식 모형

천수방정식은 상대 파고(H/h)를 비선형의 매개변수로 하고, 상대 수심(h/L)을 분산성의 매개변수로 하여 유도한 식이다. 수심이 일정한 것으로 가정하여 유도된 Boussinesq(부시네스크, 1877) 식은 $O(H/h) \simeq O(kh)^2$의 관계를 만족시키는 경우에 적용된다. 수심이 변화하는 경우에 대하여는 Peregrine(페러그린, 1967)이 개발하였으며, 수심이 얕고 파고가 큰 해역에서 비교적 정확한 결과를 얻을 수 있다.

3) 에너지 평형방정식 모형

에너지 평형방정식 모형은 파 위상을 무시하고 굴절, 천수 효과에 의하여 에너지 스펙트럼의 형태가 달라지는 현상을 모의한다. 이 식은 Karlsson(칼슨, 1969)이 처음 개발하였고, 제3세대 WAM(왐) 모형에서는 바람으로부터의 파랑 생성, 전파, 변형, 소멸 양상을 계산할 수 있다. WAM 모형을 기반으로 개선된 SWAN(스완) 모형은 회절과 반사를 모의할 수 있는 기법을 추가하여 천해 변형 양상을 보다 정확하게 모의할 수 있다.

나. SWAN(스완) 모델

1) 모델 개요

SWAN(Simulating WAve Nearshore) 모델은 화란 델프트 공과대학에서 개발한 파랑 수치모델로서 주어진 입사파, 바람과 해저면 및 해류 조건으로부터 연안역, 호수 및 하구의 파랑을 계산한다. 이 모델의 기본 방정식은 〈식 1.84〉로 표현되는 파랑 작용 평형방정식(wave action balance equation)이다. 파랑 에너지 스펙트럼 $E(\sigma,\theta)$를 사용하지 않고 파랑 작용 스펙트럼 $N(\sigma,\theta)$을 사용하는 이유는 흐름이 존재하는 경우에 파랑 에너지 스펙트럼은 보존되지 않지만 파랑 작용 스펙트럼은 보존되기 때문이다. 파랑 작용 스펙트럼은 〈식 1.85〉와 같이 파랑 에너지 스펙트럼을 각 주파수(角 周波數, angular frequency)로 나눈 것으로 정의된다.

$$\frac{\partial N}{\partial t} + \frac{\partial c_x N}{\partial x} + \frac{\partial c_y N}{\partial y} + \frac{\partial c_\sigma N}{\partial \sigma} + \frac{\partial c_\theta N}{\partial \theta} = \frac{S_{tot}}{\sigma} \tag{1.84}$$

$$N(\sigma,\theta) = \frac{E(\sigma,\theta)}{\sigma} \tag{1.85}$$

〈식 1.84〉에서 좌변 제1항은 작용 밀도의 시간 변화를 나타내고, 제2항과 제3항은 지형 공간 x, y에서 작용 밀도의 전파속도이다. 제4항은 수심과 흐름 변화에 따른 상대 각 주파수[4)]의 천이를 나타내고, 제5항은 수심과 흐름 변화에 따른 파랑의 굴절을 나타낸다. 우변의 S_{tot}는 파 에너지의 모든 생성·소산항을 포함한다.

천해역에서 S_{tot}는 〈식 1.86〉과 같이 표현된다. 우변의 제1항은 바람에 의한 파랑의 성장, 제2항과 제3항은 각각 3파 상호작용과 4파 상호작용에 의한 파랑 에너지의 비선형 전파, 제4항은 백파에 의한 파랑의 감쇠, 제5항은 해저면 마찰, 그리고 제6항은 수심에 의한 쇄파를 나타낸다. 또한 이 모델은 방파제나 잠제 같은 구조물에 의한 파랑의 전달과 반사, 그리고 구조물 배후로의 회절을 계산할 수 있도록 개선되었다.

$$S_{tot} = S_{in} + S_{nl3} + S_{nl4} + S_{ds,w} + S_{ds,b} + S_{ds,br} \qquad (1.86)$$

2) 실험 과정

먼저 대상 시설물을 중심으로 계산 격자망을 구성한다. SWAN 모델은 직선 가변 격자망 또는 직교 곡선 격자망을 구성할 수 있으므로 대상 시설물 주변에서 격자 간격을 좁게 하여 전체 격자수를 크게 늘이지 않으면서 지형 및 공간 해상도를 높일 수 있다. 격자 구성이 완료되면 해도와 수심도를 이용하여 각 격자의 수심을 입력한다.

SWAN 모델에서는 외해 경계에서 파랑을 입사하거나 해수면에 해상풍을 작용시키거나, 또는 입사파와 해상풍을 동시에 작용시킬 수 있다. 초기 해수면을 지정하고, 외해 경계 부근에서 파랑 관측자료 또는 추산자료를 이용하여 입사파의 파향, 파고, 주기를 입력하면 지정된 주파수 및 파향 스펙트럼으로 변환되고, 이 스펙트럼의 진파 및 변형을 준정상상태에 노날할 때까지 계산한다. 일기도로부터 해상풍 모델을 이용하여 해상풍 분포를 추정하거나 해안 지역의 바람 관측자료를 해상풍으로 변환하여 SWAN 모델에 입력하면 바람 에너지에 의한 파랑 스펙트럼의 생성, 전파 및 변형이 계산된다. 계산이 완료되면 스펙트럼의 통계적 특성에 의하여 각 격자의 유의파고, 첨두 주기, 파향 등을 구할 수 있다.

수치실험 결과의 정확도를 제고하기 위하여 대상 해역의 내·외측 2개소 이상의 위치에서 파랑 관측을 실시하고, 주파수 및 방향 스펙트럼의 형태, 파향과 유의파고 등에 대한 보정을 수행하는 것이 바람직하다. 〈그림 1.63〉은 SWAN 모형을 적용하여 계산한 파랑 벡터도이다.

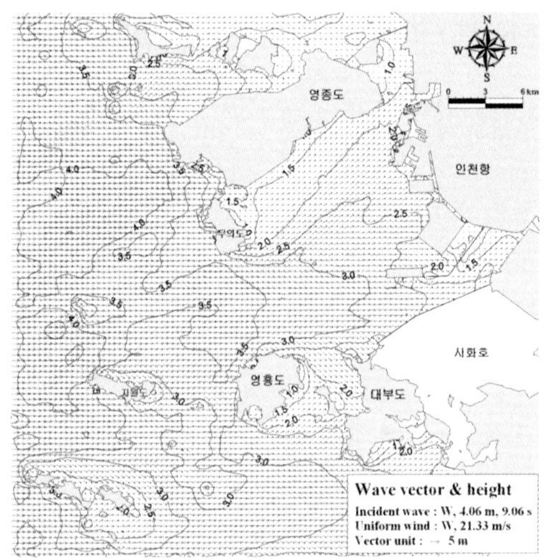

〈그림 1.63〉 SWAN 모형에 의한 파랑 벡터도(경기만)

다. 수치파동수조 실험

방파제와 호안 등 해안·항만시설물의 반사율, 파압 분포, 월파량과 같은 성능을 검토하기 위하여 전통적으로 단면 수리모형실험이 시행되어 왔으나, 최근에는 다양한 단면 형상에 대하여 빠르게 평가할 수 있는 수치모형실험을 병행하고 있는 추세이다. 국내에서는 일본 연안개발연구센터가 개발한 CADMAS-SURF를 주로 적용하고 있다.

1) CADMAS-SURF 모델 개요

모델의 기본방정식은 x-z 방향의 2차원 비압축성 점성 유체를 대상으로 한 연속방정식과 Porous 모델을 기반으로 확장한 Navier-Stokes(나비어-스토크스) 운동방정식으로 구성된다. Porous 모델을 사용하여 구조물 형상의 근사 정도를 높였고, 축소 모형이 아닌 실제 크기의 구조물에 대하여 직접적인 수리실험을 수행할 수 있어 상사에 의한 오차가 발생하지 않는다. 또한 VOF(Volume Of Fluid) 방법을 사용하여 자유 표면의 이동을 셀 내부에서도 정의하여 사용하므로 실제 현상과 유사한 유체운동을 모의할 수 있다. 그리고 Sommerfeld(좀머펠트) 방사경계와 에너지 감쇠대의 설치로 구조물로부터의 반사파를 배면(背面)으로 통과시키는 무반사 모델을 적용하여 조파판에 의한 재반사 문제가 발생하지 않는다.

기본방정식은 검사체적법(control volume method)으로 이산화(離算化, discretization)된다. 시간방향의 이산화는 Euler(오일러) 방법을 기본으로 하고, 운동방정식과 연속방정식의 압력항을 음해법으로 계산하는 SMAC(Simplified Marker And Cell)법을 채용하고 있다. 이류항 이외의 공간방향의 차분화(差分化, differencing)에는 2차 정도의 중앙차분, 선형 보간 및 면적 보간을 사용한다. 자유표면의 거동 해석에는 VOF 방법을 적용하고, Donor-Acceptor 방법을 사용하여 표면의 방향에 따라 전방차분(upwind difference)과 후방차분(downwind difference)을 각각 적용한다.

2) 실험 과정

수치 수조의 구성은 일반적으로 다음과 같이 한다. 구조물의 축척은 1:1로 하여 상사에 의한 오차를 제거한다. 수치 수조의 총길이는 입사주기에 따른 파장(L)을 고려하여 약 10L로 한다. 조파판과 구조물의 거리는 약 4L로 설정하고 에너지 감쇠대(damping zone)의 길이는 약 2L로 설정하여 수조의 양 끝단에 설치함으로써 수조에 의한 반사파를 최소화한다 〈그림 1.64〉. 입사파의 파장이 긴 경우에는 에너지 감쇠대의 길이를 3~4L로 설정한다. 구조물 전면으로부터 약 2L 떨어진 거리에 3개의 파고계를 설치하여 반사계수 산정에 사용하며, 구조물 배후에 파고계 1개를 설치하여 전달계수를 산정한다.

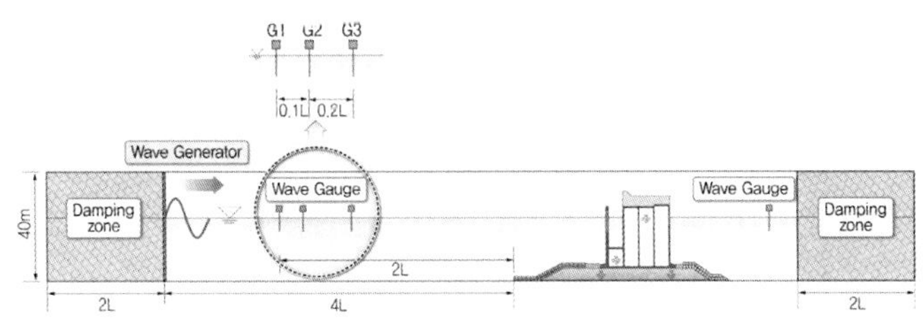

〈그림 1.64〉 수치 파동수조의 구성 예

실험은 구조물 단면 형상을 입력한 모형 수조를 구성한 후에 초기 해수면을 지정하고, 조파 위치에서 파고와 주기를 입력하여 수행한다. 모형 수조 구성시 격자간격은 x, y 방향으로 1m 이내로 구성하고, 구조물의 공극율을 입력한다. 〈그림 1.65〉는 순간 물입자 유속 벡터의 예이다.

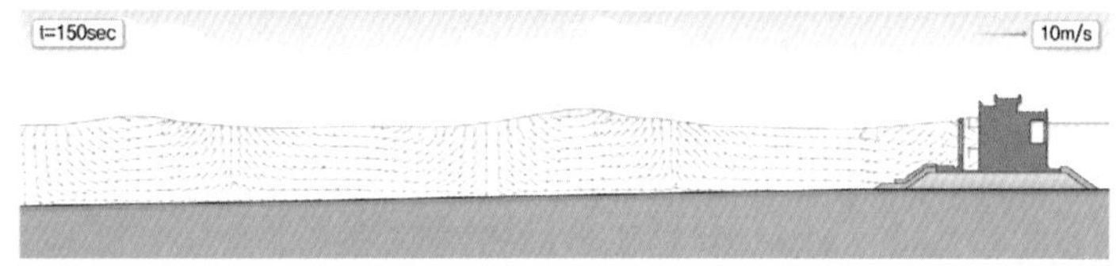

〈그림 1.65〉 수치파동수조 실험 예

라. 항주파 실험

항내에 직립식 구조물이 다수 설치되어 있거나 항내 수면적이 좁은 항만에서는 항주파(航走波)에 의한 항내 교란 정도 및 계류 선박의 안정성을 검토할 필요가 있다. 항주파의 검토는 주로 완전 3차원 유체역학 모형인 FLOW-3D 모형 또는 Boussinesq 파랑 모형을 이용하여 수행된다.

1) FLOW-3D 모델

FLOW-3D는 1968년에 미국 Los Alamos(로스 알라모스) Lab에서 개발되었으며, VOF 방법에 기반을 둔 범용 계산유체역학 프로그램으로 자유수면, 열전달, 3차원의 수리특성과 퇴적물이동 등을 모의할 수 있다. 이 모델은 3차원 Navier-Stokes 방정식을 수치해석하며 유체와 유체 또는 유체와 구조물간의 경계면 추적을 위해 VOF 방법을 이용한다. 또한 계산영역내의 복잡한 경계를 표현하기 위해 FAVOR(Fractional Area/Volume Obstacle Representation) 방법을 사용한다. FAVOR를 이용하여 모델 영역내의 구조물과 경계의 변화를 모의할 수 있으므로, 구조물의 방향 및 위치 변화 또는 해저면의 변화 등을 모의하는데 활용할 수 있다.

2) 실험 과정

먼저 3차원 격자망을 구성하고 지형과 수심 분포를 입력하여 대상 항만의 모형을 구축한다. 구축된 모형에 초기 해수면과 구조물에서의 반사율을 지정하고 선박의 항주 노선, 항주 속도, 선박 제원(길이, 폭, 흘수)을 입력하면 항주 노선을 따라 파랑이 생성되고 시간에 따른 파랑의 전파, 변형이 계산된다. 〈그림 1.66〉은 대산항에서 FLOW-3D를 이용하여 항주파 분포를 계산한 예이다.

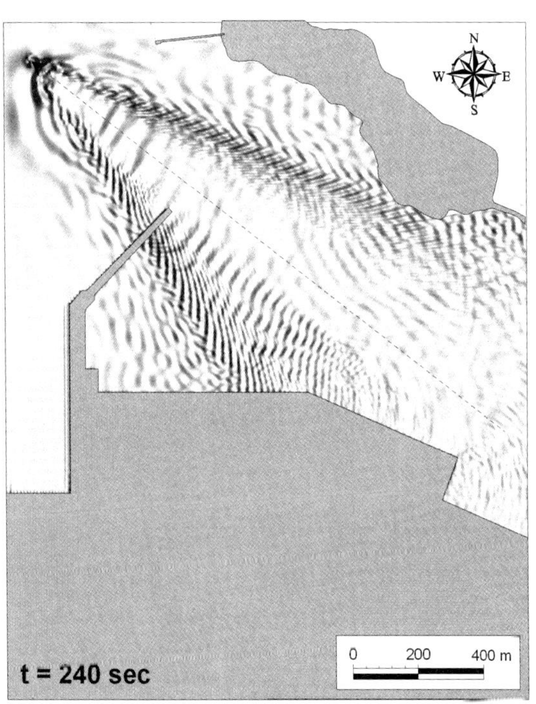

〈그림 1.66〉 FLOW-3D 모형에 의한 항주파 계산 예(대산항)

10.3 해수유동 실험

가. 실험 개요

하구둑 건설, 해안 매립, 항만 건설, 수로 준설 등 대규모 해안·항만 개발사업을 설계함에 있어서 해안 및 해저지형 변화에 따른 유동 현상의 변화를 수치모형실험을 통하여 정확하게 예측하여야 한다.

조류와 다양한 원인의 해류가 합성되어 나타나는 해·조류(海潮流)는 시·공간적으로 매우 불규칙하고 복잡하기 때문에 모형실험으로 이를 재현하거나 예측하는 것이 쉽지 않다. 해조류 수치모형실험에서는 흐름을 일으키는 여러 요인들 예를 들면 조석, 수온, 염분, 하천수 유입, 바람, 기압 분포와 그 시간적 변화 등을 초기 및 경계 조건으로 입력하고 이를 적절하게 수치 해석하여야 한다. 조류는 해저마찰에 의해 저층으로 갈수록 유속이 약간씩 감소하는 외에는 연직방향으로 유속·유향의 변화가 크지 않으나, 밀도류나 취송류와 같은 흐름은 연직방향으로 유속·유향의 변화가 크다. 따라서 통상적인 연직적분 2차원 수치모형으로는 실제 현상을 정확하게 재현하기 어려우며, 3차원 수치모형을 적용해야 하는 경우가 많다. 3차원 수치모형 운용시에는 특히, 연직방향 운동량과 열염(熱鹽)의 난류확산(亂流擴散) 현상을 실제적으로 수치 해석하는 것이 관건이 된다.

일반적인 수심 적분된 2차원 해수유동 방정식은 〈식 1.87a〉와 같은 연속방정식과 〈식 1.87b〉 및 〈식 1.87c〉와 같은 x, y방향의 운동량 보존 방정식으로 구성된다. 여기서 η는 평균해면상의 순간 조위, H는 순간 총 수심, u와 v는 x, y방향의 수심평균 유속, f는 Coriolis 계수(=$2\omega\sin\phi$), ω는 지구의 자전각속도, ϕ는 위도, g는 중력가속도, τ_{sx}와 τ_{sy}는 x, y방향의 해수면 마찰응력, τ_{bx}와 τ_{by}는 x, y방향의 해저면 마찰응력이다.

$$\frac{\partial \eta}{\partial t} + \frac{\partial Hu}{\partial x} + \frac{\partial Hv}{\partial y} = 0 \tag{1.87a}$$

$$\frac{\partial u}{\partial t} + u\frac{\partial u}{\partial x} + v\frac{\partial v}{\partial y} - fv + g\frac{\partial \eta}{\partial x} - \frac{\tau_{sx}}{\rho_o H} + \tau_{bx}u = 0 \tag{1.87b}$$

$$\frac{\partial v}{\partial t} + u\frac{\partial v}{\partial x} + v\frac{\partial v}{\partial y} + fu + g\frac{\partial \eta}{\partial y} - \frac{\tau_{sy}}{\rho_o H} + \tau_{by}v = 0 \tag{1.87c}$$

해수유동을 표현하는 편미분방정식의 수치해석 방법은 크게 특성곡선법(method of characteristics), 유한차분법(finite difference method) 그리고 유한요소법(finite element method)으로 구분된다. 유한차분법에서는 재현하고자 하는 현상 또는 지형 규모와 형상에 따라 수평적으로 직교(rectangular), 극(polar), 직교곡선(orthogonal curvilinear) 좌표계를 적용한다. 요한요소법은 다양한 크기의 삼각형 격자망을 구성하여 굴곡되거나 복잡한 해안선과 해저지형을 실제와 유사하게 재현할 수 있는 장점이 있다.

제1장

나. 실험 과정

해수유동실험은 수립, 보정·검정 및 예측실험의 3단계로 수행된다.

1) 모형 수립

모델 수립은 격자망을 구성하고 해도와 수심도를 이용하여 각 격자에 수심을 입력하는 과정이다. 모델의 경계조건과 보정, 검정에 필요한 해저지형, 조석, 조류, 조량[5] 등 관측 자료의 수집·분석이 선행되어야 한다. 〈그림 1.67〉은 모형의 외해경계면을 조석 전파방향 및 조류의 유향에 직각으로 하여 외해 영역의 조석, 조류 현상을 실제적으로 계산할 수 있고, 사업대상 해역의 격자간격을 좁게 하여 해상도를 높인 직교 곡선 격자망의 구성 예이다.

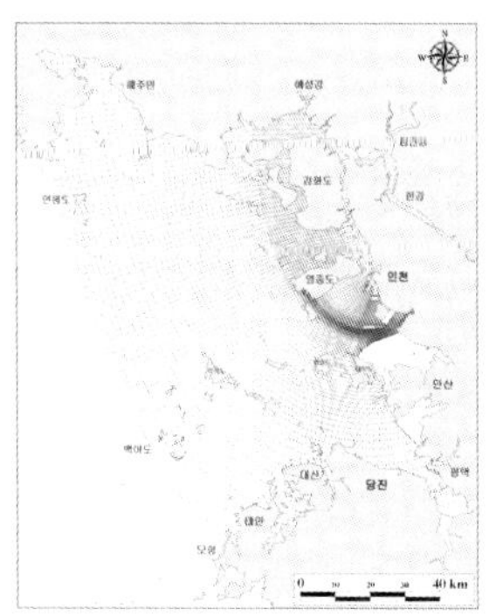

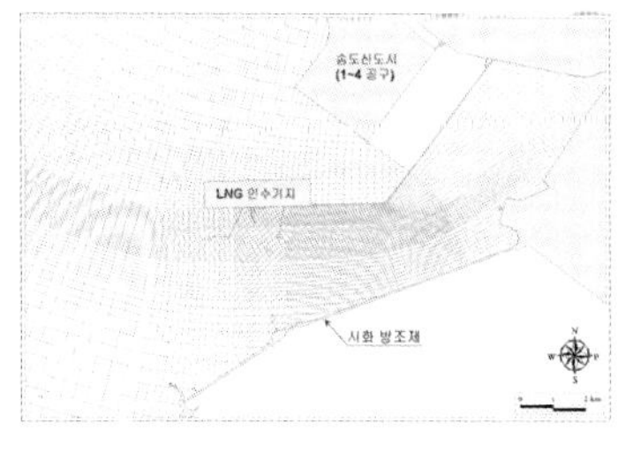

〈그림 1.67〉 직교 곡선 격자망의 예(경기만 및 인천신항)

2) 모형 보정 및 검정

모형의 보정(calibration 또는 tuning)은 모델의 불확정 파라메타를 조정하면서 모델 계산치를 관측치에 맞추어가는 과정이고, 검정(validation)은 충분한 보정 과정을 거친 후, 모델 계산치를 관측치와 정량적, 통계적으로 비교하여 수치모델의 정확성을 확인하는 과정이다. 수치실험을 수행하기 이전에 검정 자료를 우선적으로 확보하여야 하며, 실험결과를 관측결과와 비교, 검정함으로써 정확한 예측실험이 이루어지도록 하여야 한다. 검정은 대·중·소조기 및 홍수시에 대하여 조석, 조류, 조량, 수온, 염분 등 해수유동에 영향을 미치는 모든 요소에 대하여 수행하는 것이 바람직하다. 〈그림 1.68〉은 조석 검정의 예이다.

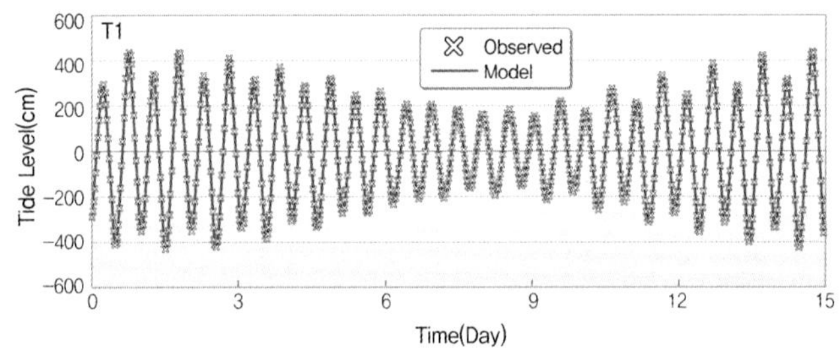

〈그림 1.68〉 조석 검정의 예(인천신항)

3) 예측 실험

예측실험 과정에서는 개발사업에 따른 해안선과 해저지형의 변화를 모델에 입력하고 여러 조석 조건과 하천유량 조건에 대한 실험을 실시하여 조석, 조류 및 조량의 변화량을 파악하고 이에 따른 영향을 분석한다. 개발사업에 따른 조석, 조류, 조량의 변화가 현상태와 비교하여 악영향이 예상되는 경우에는 대안을 도출하여 영향이 최소화되도록 반복 실험을 수행할 필요가 있다.

특히 하구역에서 수로 폭의 감소 등으로 홍수 배제에 영향을 줄 우려가 있는 경우에는 대조기 및 50년 또는 100년 빈도 홍수가 동시에 발생하는 상황에 대하여 수위 상승을 예측하여야 한다. 이 때 하천과 해양의 지형과 유동 특성이 모델에 정확하게 반영 및 재현되어야 한다. 〈그림 1.69〉는 하구역에 인공 구조물이 설치되는 경우에 조류와 북향 해류, 하천 홍수가 동시에 발생하는 상황의 실험 결과를 보여준다.

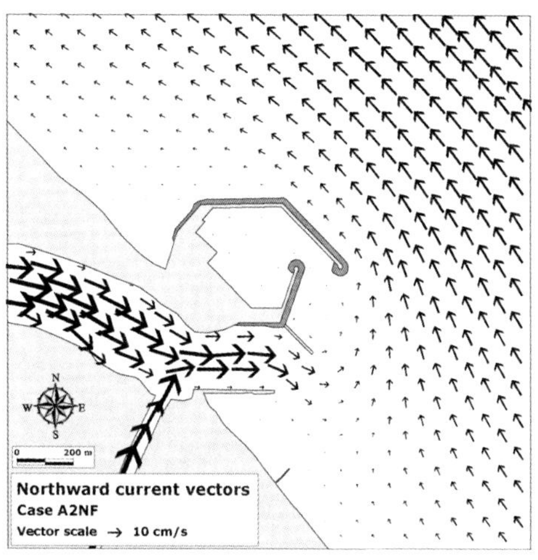

〈그림 1.69〉 홍수시 해수유동 실험 예(강릉항)

10.4 폭풍해일 실험

가. 실험 개요

1997년 9월의 백중 사리 기간에 태풍 Winnie(위니)가 내습하여 서해안 전역에 걸쳐 해일이 발생하였고, 2003년에는 태풍 Maemi(매미)가 마산만을 중심으로 남해안 일대에 해일과 범람 피해를 초래하였다. 2005년에는 허리케인 Catrina(카트리나)가 미국 뉴올리언즈를 비롯한 멕시코만 일대 해안 도시를 강타하여 많은 재산 및 인명 피해를 초래한 바 있다. 해안역에는 주요 도시뿐만 아니라 항만시설, 발전소 등 주요 시설물들이 밀집되어 있기 때문에 장래에 발생할 수 있는 폭풍 해일고를 정확하게 예측하여 시설물 방어 대책을 수립하여야 한다.

폭풍해일 현상을 상세하게 해석하기 위해서 수치모형실험을 수행한다. 이것은 기압강하에 따른 해수면 상승과 바람에 의한 해수면의 전단응력 및 점성에 의한 해저면의 전단응력을 외력으로 하고, 해수의 운동량 보존 방정식과 연속방정식에 따라 각 지점의 조위와 유속의 변화를 일정 시간 간격마다 순차적으로 계산해 나가는 방법이다. 기본방정식은 앞에 설명한 해수유동의 기본방정식과 같으나, 기압 강하에 따른 수면 상승 효과를 고려하기 위하여 운동량 보존 방정식에 거리에 따른 대기압 변화항이 추가된다. 태풍 내의 기압과 풍속 분포는 Myers(마이어스)의 식과 같은 이론모델로 계산하거나, 일기도를 이용한 해상풍 모델을 이용하여 계산한다.

나. 실험 과정

1) 모형 수립

동중국해와 서·남·동해를 포함하는 광역 모형을 구축하여 해역 전체의 조석과 해일의 최대 높이를 산정하여야 한다. 관심 해역은 둥지 격자 기법(nested grids)을 적용하여 고해상도의 지형, 수심 및 해일 재현이 필요하다. 〈그림 1.70〉은 여수신항의 폭풍해일을 재현하기 위하여 격자간격 32.4 km의 동중국해 격자망부터 격자간격 50 m의 여수신항 격자망까지 총 7개의 격자망을 구성하고, 네스팅 기법을 적용하여 해양부터 해안역까지 폭풍해일을 순차적으로 계산할 수 있도록 모형을 수립한 예이다.

2) 예측 실험 및 모형 검정

과거의 폭풍 해일 사상을 재현하기 위해서는 우선 신뢰성 있는 연안역의 조석 관측자료와 태풍 풍역의 DB 수립이 관건이다. 시설물 건설에 따른 해일고 분포 변화를 예측하기에 앞서 과거 사상을 재현하여 수치모형의 신뢰성을 확인하여야 한다. 〈그림 1.71〉은 태풍 Rusa(루사)의 경로를 나타내고, 〈그림 1.72〉는 Rusa 통과시의 기상 조건을 입력하여 산정된 해상풍 분포이다. 〈그림 1.73〉은 태풍 Maemi 통과시의 해일고 모델 결과이다. 〈그림 1.74〉는 Rusa 통과시 여수신항에서 관측 및 모델 해일고의 시계열을 비교한 예이다.

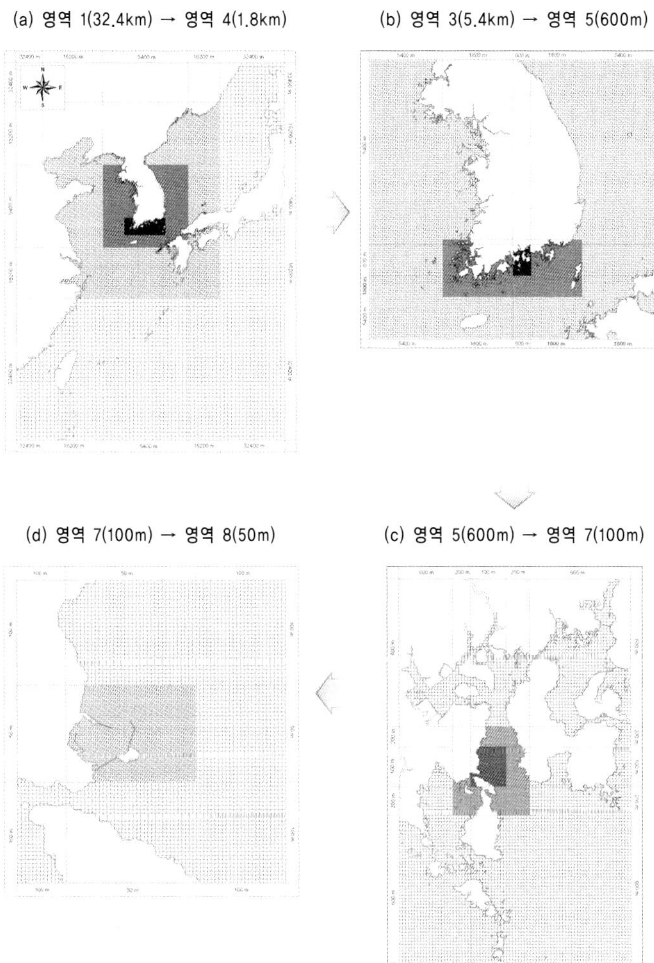

〈그림 1.70〉 여수신항 폭풍해일 모델의 둥지 격자체계

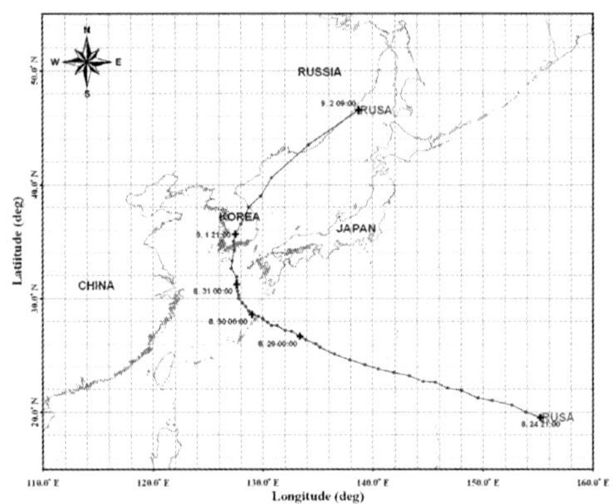

〈그림 1.71〉 태풍 Rusa의 경로

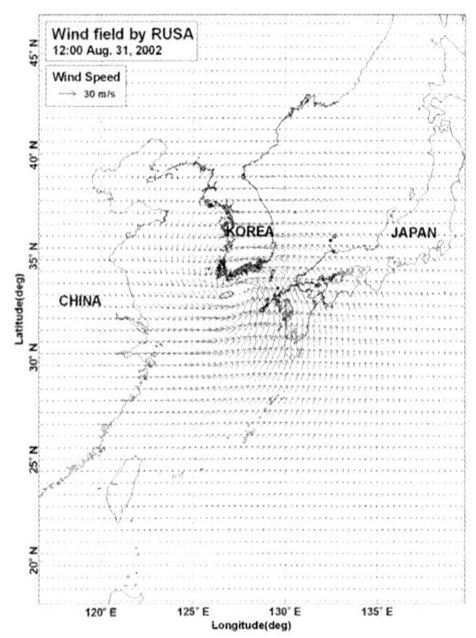

〈그림 1.72〉 태풍 Rusa 통과시 해상풍 모델 결과

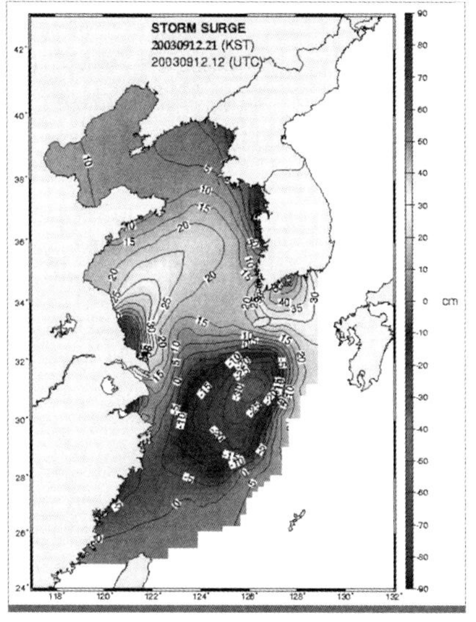

〈그림 1.73〉 태풍 Maemi 통과시 해일고 계산결과(2003.9.12. 21h)

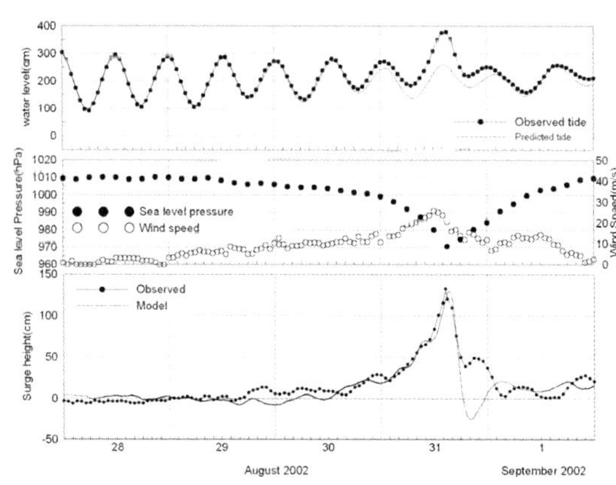

〈그림 1.74〉 태풍 Rusa 통과시 여수신항의 해일고 관측치와 모델치 시계열

10.5 지진해일 실험

가. 실험 개요

1983년의 동해 중부지진과 1993년의 일본 홋카이도 지진시에 한국 동해안을 내습한 지진해일을 비롯하여 1990년대 이후 환태평양 지진대의 활동이 활발해짐에 따라 지진해일의 발생이 빈번해져서, 환태평양 각국에서는 지진해일의 발생, 전파 과정 및 처오름 현상을 이해하고 수치예측하기 위한 노력을 경주하고 있다. 한국에서 지진해일에 대한 연구는 1990년대에 본격화되었는데, 수치해석 분야는 선진국 수준과 대등하지만, 지진해일 방어기술은 선진국보다 상당히 낙후되어 있다.

나. 실험 과정

지진해일 모델에서는 입사파형을 사전에 정의하고 지진단층 모델의 해저지반 변동량과 초기의 수위 변동량 간의 관계를 가정하는 방법으로 해일파형을 입력하여 해일파의 전파와 변형을 계산한다. 지진해일을 모의하는 대부분의 수치모형은 천수방정식에 기초하고 있으며, 근역 지진해일을 모의하는데 큰 문제가 없다. 원역 지진해일을 모의하기 위해서는 분산 효과를 고려하기 위하여 선형 Boussinesq(부시네스크) 방정식을 해석하는 모형을 적용하여야 한다. 처올림(run-up) 현상은 전통적인 비선형 천수방정식 또는 완전 Boussinesq 방정식을 해석하여 평가할 수 있다. 〈그림 1.75〉는 동해에서 발생한 가상 지진에 의한 지진해일의 전파 경로와 도달 시간을 계산한 예이다.

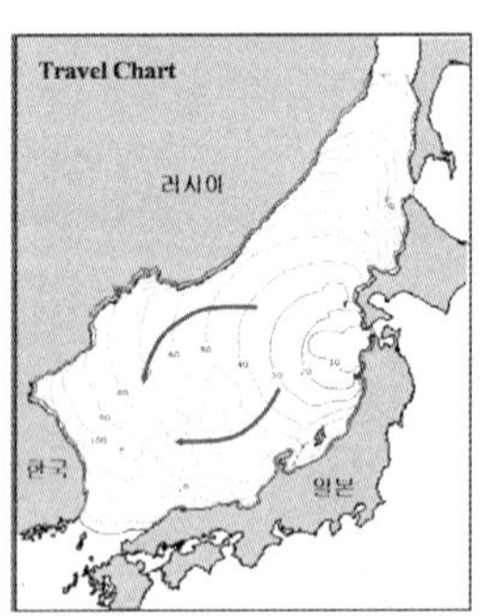

〈그림 1.75〉 가상 지진해일의 전파 경로 계산결과

10.6 부진동 실험

가. 실험 개요

부진동 실험에서는 해당 항만의 탁월주기를 계산하고 항만계획안에 대한 예측실험을 실시하여 부진동 현상으로 인한 하역 작업의 지연과 계류삭의 절단 등 악영향을 최소화하는 대안을 수립하여야 한다. 부진동 모형의 지배방정식은 기존의 완경사방정식(Berkhoff(버코프), 1972) 대신 고차(高次)의 수심 변화항과 저면에서의 마찰 손실이 포함된 확장형 완경사방정식이 사용된다.

나. 실험 과정

부진동 모형은 항내 지형과 구조물 반사 및 개방경계에서의 입사 등을 실제적으로 모의하기 위하여 삼각형 유한요소 격자망을 구성하는 것이 일반적이다. 단주기파의 변형에 관한 일련의 수치실험과 수리모형실험 결과와의 비교를 통하여 파장 당 필요한 삼각형 요소의 수는 10개 정도이다. 경사진 해안선이나 방파제와 같은 해안 경계는 일반적으로 파 에너지 흡수체(吸收體)로 작용하며, 이를 고려하기 위하여 고체 경계면을 따라서 부분반사 경계조건을 적용한다.

장주기파의 입력 조건을 보다 정확하게 설정하기 위해서는 입사 경계 인근의 다수 정점에서 파고와 파향을 동시에 관측한 자료가 필요하다. 그러나 장주기파의 파향을 정확하게 측정할 수 있는 기기나 그 분석 방법이 확립되어 있지 않다. 또한 파고의 경우도 다수의 측정 기기가 필요하고 측정 센서의 반응 속도 등 여러 가지 요인으로 관측이 쉽지 않다. 따라서 수치모형의 수립·보정시에는 파향과 조위를 가정하고 실험을 실시하는 것이 일반적이다. 즉 여러 파향에 대하여 항내 공진 특성을 검토하여 부진동에 가장 큰 영향을 미치는 파향을 검토하여야 한다.

주 파향이 결정되면 장주기파의 주기별로 항만 완공 후의 공진 특성을 실험하여, 평면 배치의 변경 또는 소파시설 설치 등, 부진동 영향이 최소화될 수 대안을 검토하여야 한다. 〈그림 1.76〉은 울산신항내 임의 정점에서 장주기파의 주기 및 파향에 따른 증폭비 변화를 계산한 결과이고, 〈그림 1.77〉은 울산신항 남방파제 건설후 파향 ESE, 주기 8.11분의 장주기파가 입사할 때의 증폭비 분포를 계산한 결과이다.

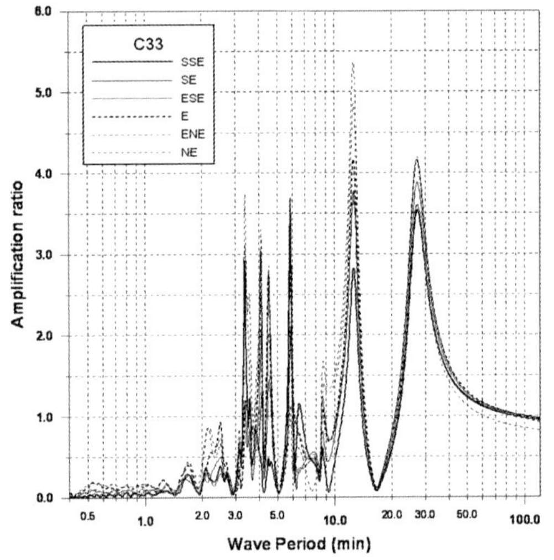

〈그림 1.76〉 장주기파의 주기와 파향에 따른 증폭비 계산 예(울산신항)

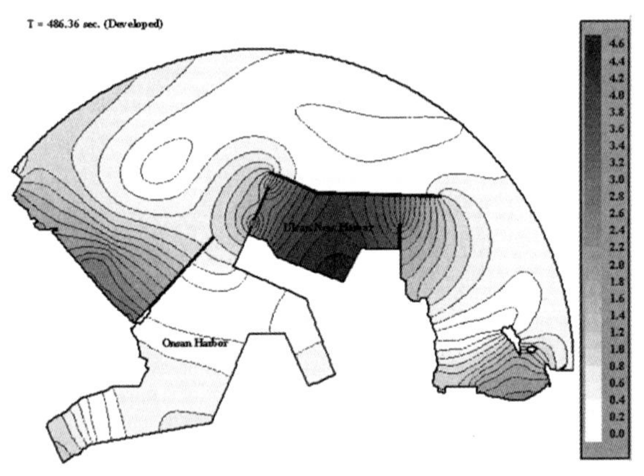

〈그림 1.77〉 장주기파의 증폭비 분포 계산 예(울산신항)

10.7 해빈류 실험

제1장

가. 해빈류의 생성 원인

1) 파에 의한 질량 수송(Stokes drift)

파랑이 천해역을 진행할 때 수면 아래의 물입자는 타원 운동을 하지만, 실제로 물입자는 파랑의 진행방향으로 이동한다. 이러한 현상을 파에 의한 질량 수송이라고 하며, 질량 수송의 속도는 파고의 제곱에 비례한다. 질량 수송이 생기는 원인은 다음과 같이 설명할 수 있다. 임의 지점에서 물입자는 파봉이 통과할 때 파의 진행방향으로 이동하고 파곡이 통과할 때는 반대 방향으로 이동하며, 이동 속도는 거의 같다. 그러나 파봉이 통과할 때의 수심이 파곡이 통과할 때의 수심보다 깊기 때문에 파의 진행 방향으로 해수의 잔여 이동량이 발생하게 된다.

2) 잉여 응력(剩餘應力, radiation stress)

파랑 주기 동안의 파 운동량을 평균하면 운동량의 잉여량 또는 잔여량이 발생하며, Longuet-Higgins(롱깃 히긴스)와 Stewart(스튜어트)는 1961년에 이를 파의 전파에 수반되는 힘이라는 의미에서 radiation stress라고 명명하였다. 즉 잉여응력은 질량 수송의 개념을 보다 정량화한 것으로서 파의 순간 운동량을 1 파랑 주기 동안 평균하고 수심 적분한 것이다. 해안선에 직각 방향을 x축, 해안선 방향을 y축으로 잡고, 파랑의 진행방향이 x축과 이루는 각을 θ라고 할 때 x, y방향의 잉여응력 S_{xx}와 S_{yy}, 그리고 y방향 운동량에 의한 x방향 잉여응력 성분 S_{xy}와 x방향 운동량에 의한 y방향 잉여응력 성분 $S_{yx}(=S_{xy})$는 〈식 1.88〉과 같이 표현된다. 여기서 E는 파랑 에너지, $n=\frac{1}{2}\left(1+\frac{2h/k}{\sinh 2h/k}\right)$, k는 파수($=2\pi/L$)이다.

$$S_{xx}=E\left[n\left(\cos^2\theta+1\right)-1/2\right]$$

$$S_{yy}=E\left[n\left(\sin^2\theta+1\right)-1/2\right] \qquad (1.88)$$

$$S_{xy}=S_{yx}=\frac{1}{2}En\sin 2\theta$$

3) 파에 의한 평균수면의 변화

해안으로 진행하는 파는 쇄파점에 접근할수록 파고가 커지고 쇄파 후 해안선으로 가면서 파고가 감소한다. 잉여응력은 파고의 제곱에 비례하므로 쇄파대 외측에서는 쇄파점으로 갈수록 잉여응력이 증가하여 평균수면이 하강하고, 쇄파대 내측에서는 해안선으로 갈수록 잉여응력이 감소하여 평균수면이 상승한다. 전자를 파에 의한 setdown, 그리고 후자를 setup이라고 한다.

해안선 방향의 파고 분포가 다르면 쇄파대 내측에서 파랑에 의한 setup 높이가 달라진다. 이 평균수면 경사에 따라 해안선에 평행한 흐름이 형성되며 이를 연안류(沿岸流, longshore current)라고 한다. 연안류가 setup이 상대적으로 낮은 지점에서 수렴하면 해안선에 직각방향의 강하고 좁은 흐름이 형성되며 이를 이안류(離岸流, rip current)라고 한다. 이안류는 쇄파대를 가로질러 외해로 유출되며 외해에서는 유속이 급격하게 감소한다. 연안류와 이안류를 포함한 해안 순환류를 해빈류(nearshore current) 또는 파랑류(wave-induced current)라고 한다〈그림 1.78〉. 해빈류는 잉여응력이 크고 또한 잉여응력의 공간 변화율이 크며 수심이 얕은 지역에서 강하게 발생한다. 방파제 선단부와 같이 파랑의 전파가 급격하게 차단되는 지역에서도 강한 해빈류가 발생할 수 있다.

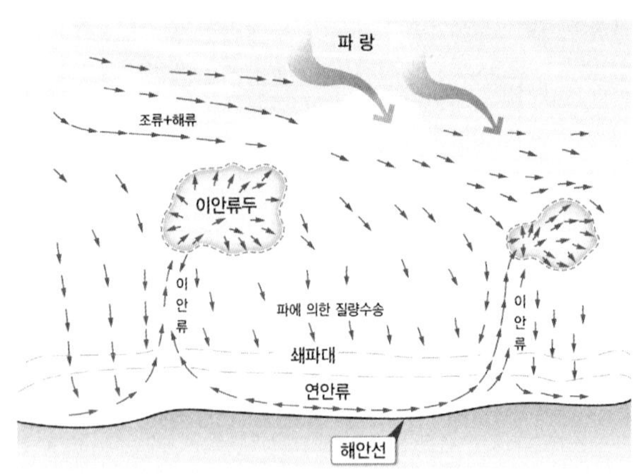

〈그림 1.78〉 해빈류 모식도

제1장

나. 실험 개요

해빈류 수치실험을 위하여는 먼저 파랑 수치실험을 수행하여 파고와 파향 분포를 산정하여야 한다. 해빈류 모형의 기본방정식은 해수유동 방정식과 동일하나, 여기에 파랑 분포에 의한 잉여응력항이 추가된다. 잉여응력은 해수유동 실험에서 바람에 의한 해수면 전단응력을 처리하는 것과 같은 방법으로 수치해석한다.

최근에 미국에서 개발된 SWAN-SHORECIRC 접합모델은 파랑 모형인 SWAN과 해빈류 모형인 SHORECIRC를 접합시켜 시간에 따른 파랑과 흐름의 상호작용을 모의할 수 있도록 개발되었다. SWAN에서 계산된 잉여응력의 공간분포가 SHORECIRC의 외력으로 작용하며, SHORECIRC에서 계산된 유속과 수위 분포가 SWAN의 흐름 조건으로 다시 입력되어 반복 계산된다. 기존의 해빈류 모형은 파랑 모델에서 계산된 대표파고와 파향을 입력하여 해빈류를 계산하였는데, 이 접합모형은 다방향 불규칙파에 의한 해빈류를 계산할 수 있어서 더욱 실제적인 해빈류를 모의할 수 있다.

다. 실험 과정

해빈류 실험은 대상 해역의 해빈류 분포 양상을 파악하고 구조물 설치에 따른 해빈류 분포의 변화를 예측하기 위하여 수행한다. 해빈류 실험결과는 퇴적물의 이동경로를 예측하기 위한 기초자료로 활용되며, 퇴적물 이동 실험의 직접적인 입력자료로도 사용된다. 해빈류는 쇄파대 내측에서 강하게 형성되기 때문에 쇄파대 내·외측의 급격한 파랑 및 수심 분포 변화를 정확하게 모의하기 위해서는 격자 크기를 충분히 작게 구성하여야 한다. 또한, 이안류가 저층에서만 형성(undertow)되기도 하므로 이를 실제적으로 재현하기 위해서는 3차원 모형을 운용할 필요도 있다.

해빈류 모형의 신뢰성을 확보하기 위하여 해빈류 관측 결과와 수치모형을 검정할 필요가 있다. 해빈류 관측은 평상시 부표 추적에 의한 관측보다 이상시 유속계에 의한 관측이 더 바람직하다. 〈그림 1.79(a)〉는 강릉항 전면에서 ADCP에 의한 해빈류 관측자료 중 취송류 성분을 배제하기 위해 바람의 영향을 덜 받고, 유의파고가 1.5 m 이상이 되는 2009년 2월 18일 20시 ~ 19일 1시까지의 기간을 선택하여 해빈류 수치모의 결과와 비교한 결과이다. 입사파는 동 기간의 관측 파향(ENE), 파고(1.90m), 주기(8.5초)를 입력하였다. 〈그림 1.79(b)〉는 2.5 m 이상의 고파가 발생하여 해빈류 유속이 증가하는 2008년 1월 12일 5시 ~ 19시까지의 기간을 선택하여 해빈류 수치모의 결과와 비교한 결과이다. 해빈류 실험을 위한 입사파는 파랑 관측결과로부터 파향 ENE, 파고 3.02m, 주기 9.4초를 입력하였다. 수치 모형 결과와 비교할 층별 해빈류 관측 자료는 관측 수심의 중층에 해당하는 결과를 사용하였다.

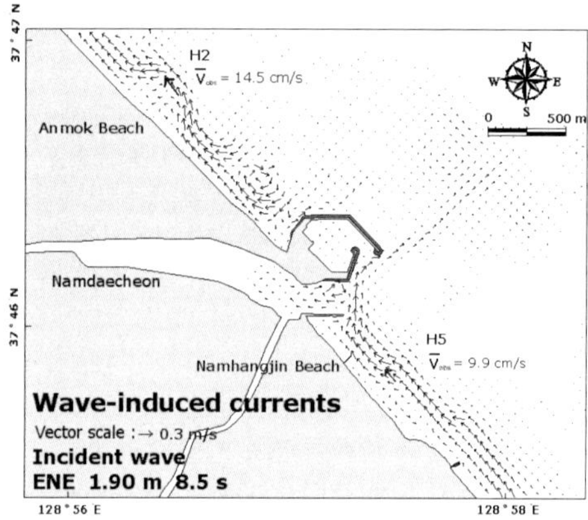

(b) 2008.1.12. 05~19h

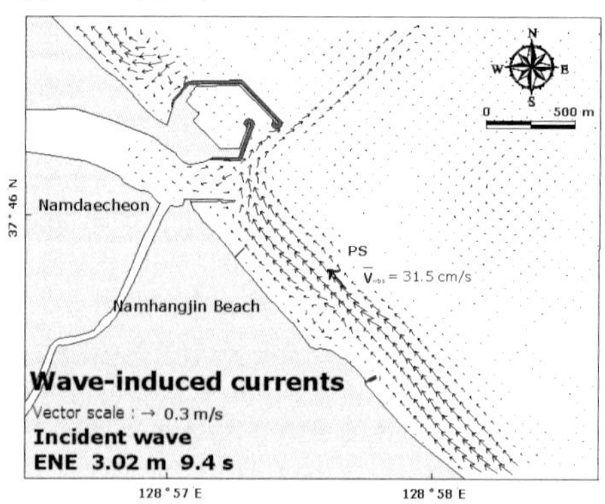

〈그림 1.79〉 해빈류 관측 결과와 수치실험 결과 비교(강릉항 인근)

10.8 해안선변형 실험

제1장

가. 실험 개요

해안선의 변형을 예측하는 경우에는 적절한 방법에 의한 예측결과 및 과거의 해빈 변형 상황 등을 고려하여 종합적으로 검토한다. 해안선 변형을 예측하는 방법으로는 경험공학적 예측, 이동상 수리모형실험에 의한 예측, 수치모형실험에 의한 예측이 있다. 해안선의 변형 상황은 해당 지역의 특성에 크게 지배되므로 한 가지 예측방법에 의존하는 것 보다는 두 개 이상의 방법을 종합하고 그밖에 현지의 가능한 한 많은 정보를 종합적으로 검토하여 해빈의 변형을 예측하여야 한다.

1) 수리모형실험

이동상(移動床) 모형실험에 의한 해안선 변형 예측에서는 퇴적물 입자의 상사법칙(相以法則) 문제가 아직 해결되어 있지 않다. 그러나 구체적인 지형 변화가 수조 내에서 재현되기 때문에 변형 양상을 시각적으로 이해할 수 있는 장점이 있다. 해안선 변형의 재현성을 검토하는 예비실험이 충분히 주의 깊게 수행된다면 특히 다음과 같은 문제에 대하여 공학적으로 유효한 예측이 가능하다.

① 해안에 구조물이 설치되었을 때 지형 변화의 정성적 영향 범위

② 돌제, 이인제 등의 해안 침식방지 효과에 관한 대책안의 상대 비교

③ 대규모 해양 구조물 배후의 해안선 변화에 대한 정성적 평가

2) 수치모영실험

수치모형실험의 경우 쇄파에 의한 해빈류와 같이 아직 충분히 해명되지 않은 현상이나 이에 수반되어 일어나는 해안 침식, 항내 매몰에 대하여는 지배적 현상에 주목하여 여러 가정을 도입하고 모델화할 필요가 있다. 따라서 장래 예측을 실시하기 전에 대상 해안에서 과거에 나타난 지형 변화를 재현하기 위한 계산을 실시하여 모델의 타당성을 검정하여야 한다.

해안선 변동 예측모델은 해안선에 직각방향의 표사(on-offshore sediment transport)를 무시하고 해안에 평행한 연안 표사(longshore sediment transport)만을 고려하여 해안선의 장기 변화를 예측한다. 이

모델에서는 에너지 플럭스(flux)의 연안 방향 성분에 의해 생기는 연안 표사 수지(沿岸 漂砂 收支, longshore sediment budget)에 따라 해안선의 전진 또는 후퇴를 계산한다. 이 모델은 비교적 일반적으로 적용되고 있으며, 예측결과도 많이 실용화되고 있다. 그러나 예측 정도를 높이려면 충분히 장기적인 해안선 변화 자료를 축적하고 이에 대한 보정 및 검정이 필요하다.

나. 해안선 변화 예측모델

해안선의 장기적인 변화를 예측하기 위한 모델로는 미 육군 공병단에서 개발한 GENESIS(GENEralized model for SImulating Shoreline change) 모델이 대표적이다. 이 모델은 방파제, 돌제, 도류제 등의 구조물 및 양빈 등에 의한 해안선 변화를 모의할 수 있다.

GENESIS는 파랑변형 모델로부터 쇄파 지점에서의 파고, 파향, 수심을 계산한다. 해안선 변화에 대한 지배방정식은 모래의 체적 보존을 공식화한 것이다. 직교좌표계에서 외해쪽으로 y, 해안선에 평행한 축을 x로 할 때 해안선의 위치변화율에 대한 지배방정식은 〈식 1.89〉와 같다. 여기서 D_B는 모래 사면(berm)의 높이, D_C는 종단 수심(closure depth), Q는 해안 방향의 모래 수송율이고, q는 단위 폭당 가감되는 모래의 체적이다〈그림 1.80〉.

$$\frac{\partial y}{\partial t} + \frac{1}{(D_B + D_C)}\left[\frac{\partial Q}{\partial x} - q\right] = 0 \tag{1.89}$$

GENESIS에서 채택하고 있는 해안방향의 모래 수송율에 대한 경험식은 〈식 1.90〉과 같다. 여기서 H는 파고, C_G는 군속도, b는 쇄파 상태를 나타내는 첨자, θ_{bs}는 해안선에 대한 쇄파의 각도이고, a_1과 a_2는 경험계수로서 모래의 입경, 밀도, 공극율, 저면 경사와 관련된다.

$$Q = (H^2 C_G)_b \left[a_1 sin 2\theta_{bs} - a_2 \cos\theta_{bs} \frac{\partial H}{\partial x}\right]_b \tag{1.90}$$

(a) 단면 모식도

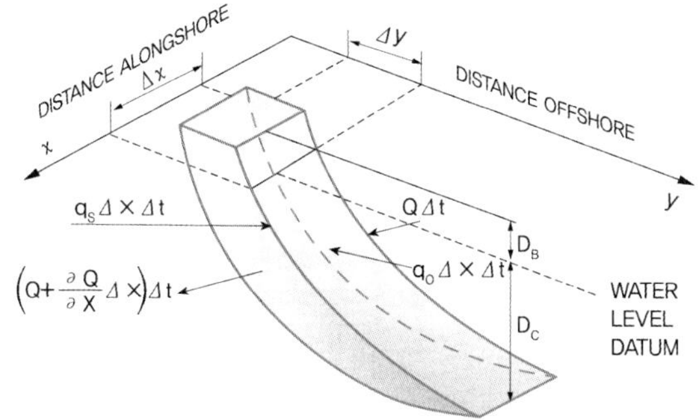

(b) 평면 모식도

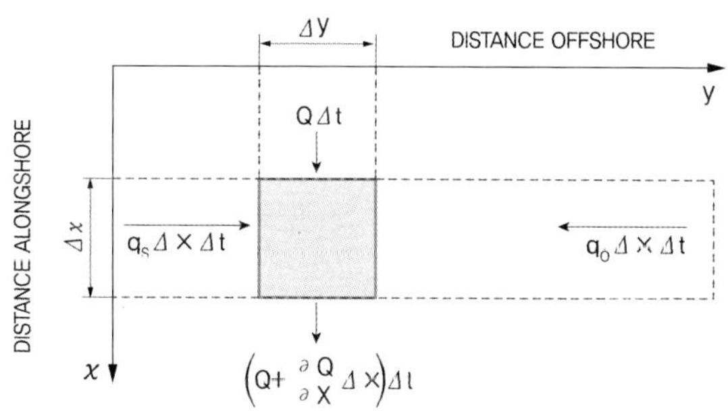

〈그림 1.80〉 해안선변형 모델의 수치계산 모식도

다. 실험 과정

이 실험은 장기간에 걸친 해안선 변형을 모의하므로 가능하면 장기간에 걸친 파랑 관측 또는 추산 시계열자료를 사용하는 것이 바람직하다. 또한 장래 예측실험을 수행하기에 앞서 해안선 측량성과와 수치실험 결과를 비교하여 보정 및 검증을 수행하여야 한다.

〈그림 1.81〉은 강릉항 북측의 안목 해수욕장을 대상으로 2007년 2월

부터 2009년 2월까지 해안선 측량 결과와 수치시험 결과를 비교한 것이다. 안목 해수욕장의 해빈 침식을 방지하기 위한 잠제 및 돌제 조합안에 대한 예측 실험결과의 예는 〈그림 1.82〉와 같다.

(a) 구간 0 ~ 1,300m

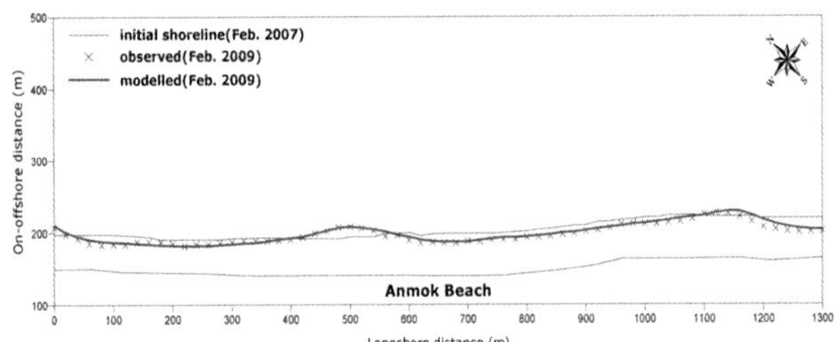

(b) 구간 1,000 ~ 2,200m

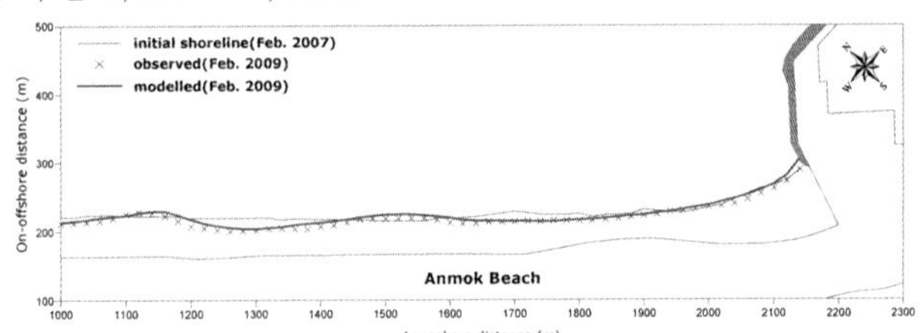

〈그림 1.81〉 해안선변형 모델 검정 예(안목 해수욕장)

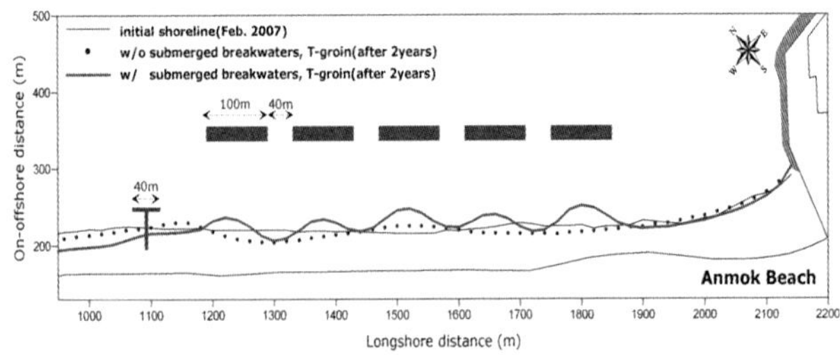

〈그림 1.82〉 장기 해안선변형 실험 예(안목 해수욕장)

10.9 퇴적물이동 실험

가. 실험 개요

해안·하구역에서는 소류사(掃流砂, bed load)와 부유사(浮遊砂, suspended load) 형태로 이동하는 퇴적물에 의한 침식, 퇴적 현상을 적절하게 재현·예측하여 시설물 완공 후 선단부의 침식이나 항로·박지의 매몰과 같은 문제를 최소화하여야 한다.

공간적인 퇴적·침식 분포 양상을 모의하기 위해서는 조류, 해류, 풍성류, 하천류 등의 해수유동을 기본 외력으로 하고 필요시 파랑과 해빈류를 고려하여 부유사와 소류사를 재현할 수 있는 2차원 또는 3차원 퇴적물이동 실험을 수행한다. 수치 모형은 흐름에 의한 퇴적물의 침강, 퇴적, 침식, 재부유, 이류, 확산 및 소류 현상을 모의하고, 흐름과 파랑에 의한 합성 저면 전단응력을 고려하여야 한다.

1) 부유사 모델

수심 적분된 형태의 부유사 이류·확산 방정식은 〈식 1.91〉과 같다. 여기서 t는 시간, u와 v는 x, y 방향의 유속 성분, C는 부유사 농도, K_H는 수평 난류확산계수, Q^E는 부유사의 외부 생성·소멸항, Q^I는 부유사의 내부 생성·소멸항이다. Q^E는 모델 경계를 통한 부유사의 유입과 유출을, Q^I는 모델 내에서의 부유사의 침식(재부유)과 퇴적을 나타낸다.

$$\frac{\partial C}{\partial t} + \frac{\partial uC}{\partial x} + \frac{\partial vC}{\partial y} = \frac{\partial}{\partial x}\left(K_H \frac{\partial C}{\partial x}\right) + \frac{\partial}{\partial y}\left(K_H \frac{\partial C}{\partial y}\right) + Q^E + Q^I \quad (1.91)$$

수주(水柱)로부터 해저면으로의 점성 부유 퇴적물의 플럭스는 $\tau_b < \tau_d$ 인 경우에 〈식 1.92〉와 같이 표현된다. 여기서 w_s는 퇴적물의 침강속도, S_c는 수주 내의 퇴적물량, τ_d는 침강이 발생하기 시작하는 퇴적한계 전단응력, τ_b는 해저면에 가해지는 전단응력이다.

$$S_D = w_s S_c \left(\frac{\tau_d - \tau_b}{\tau_d}\right) \quad (1.92)$$

해저면으로부터 수주로의 퇴적물 플럭스는 $\tau_b > \tau_e$ 인 경우에 〈식 1.93〉과 같이 표현된다. 여기서 dm_e/dt는 기준 침식율, τ_e는 침식이 발생하기 시작하는 침식한계 전단응력, β는 실험계수이다.

$$S_E = \frac{dm_e}{dt}\left(\frac{\tau_b - \tau_e}{\tau_e}\right)^{\beta} \tag{1.93}$$

2) 소류사 모델

흐름과 파랑을 동시에 고려하는 소류사 이동량 공식 중에서 널리 사용되고 있는 Bijker(바이커) 식은 〈식 1.94〉와 같다. 각 격자에서 매 계산시각마다 유속과 파랑에 의한 소류사 이동량을 계산하고, 연속방정식을 풀어서 소류사에 의한 해저면 변화를 계산한다. 여기서 S_b는 공극을 포함한 퇴적물 이동량, A는 경험계수, d_{50}은 중앙입경, V는 수심평균 유속, C_{d50}은 중앙입경에 대한 Chézy 계수, s는 퇴적물의 비중, μ는 사련(ripple) 계수, τ_{cw}는 파랑과 흐름의 상호작용에 의한 해저면 전단응력이다.

$$S_b = Ad_{50}\frac{V}{C_{d50}}\sqrt{g}\exp\left[\frac{-0.27(s-1)d_{50}\rho g}{\mu\tau_{cw}}\right] \tag{1.94}$$

소류사 이동량 공식에 의하여 산정된 각 격자의 소류사 이동량은 Bagnold (배그놀드, 1966)의 경사 계수(slope factor)를 적용하여 매 계산시간마다 〈식 1.95〉와 같이 보정한다. 여기서 S_b는 해저면 경사 보정 전의 소류사 이동량, θ는 안식각[6], β는 흐름 방향의 해저면 경사이다.

- 오르막일 경우 : $S_{b,1} = \dfrac{\tan\theta}{\cos\beta(\tan\theta + \tan\beta)}S_b$ (1.95a)

- 내리막일 경우 : $S_{b,1} = \dfrac{\tan\theta}{\cos\beta(\tan\theta - \tan\beta)}S_b$ (1.95b)

나. 실험 과정

실험 전에 해수유동, 하천유량, 파랑, 해빈류 등의 외력 조건과 그 지속 기간을 설정하여야 하며, 전체 실험기간은 1년 이상의 장기간으로 하는 것이 바람직하다. 퇴적물의 초기 및 경계 조건과 각종 파라메타는 관측치를 기반으로 하되, 관측치가 부족한 경우에는 보정 실험을 통하여 결정한다.

퇴적물이동 실험은 충분한 검정을 수행하지 않을 경우 매우 비현실적인 결과를 도출할 수 있으므로 관측자료와의 검정에 유의하여야 한다. 검정 방안으로는 부유사 농도 시계열 자료의 검정, 단면 측량에 의한 단면 변화의 검정, 그리고 퇴적·침식율이 큰 해역에서는 공간적인 퇴적·침식 분포의 검정을 수행할 수 있다.

〈그림 1.83〉은 수심측량을 통하여 산정된 강릉항 일대의 연간 퇴적율 분포와 현상태 재현 실험을 통해 산출된 연간 퇴적율 분포를 나타낸다. 강릉항 부근에서 현상태의 퇴적율 분포와 방사제 건설 후의 퇴적율 분포 계산 예는 〈그림 1.84〉에 도시한 바와 같다.

(a) 수심측량 결과 (b) 수치실험 결과

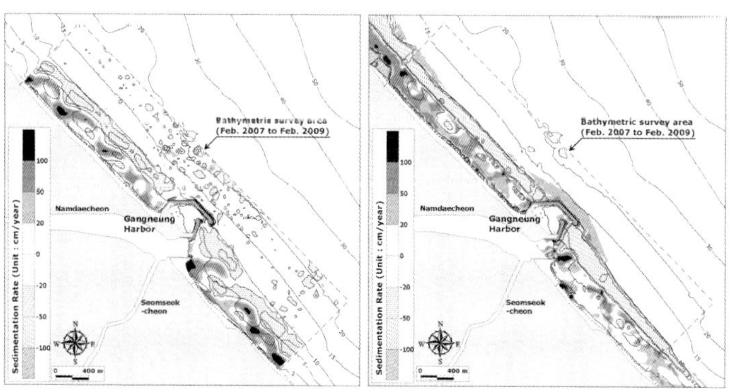

〈그림 1.83〉 퇴적물이동 실험의 검정 예(강릉항)

(a) 현상태

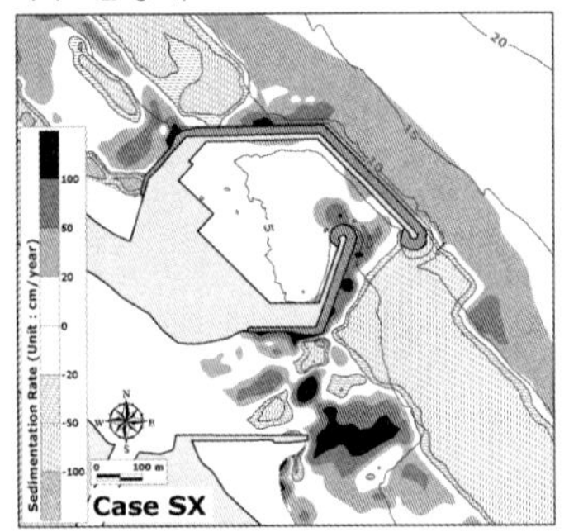

(b) 방사제 건설 후

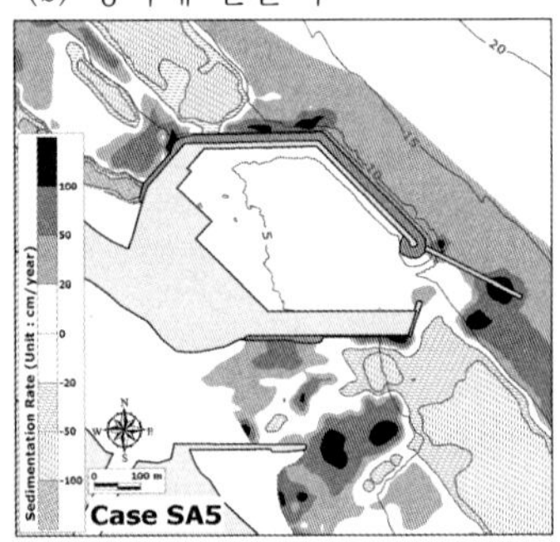

〈그림 1.84〉 퇴적물이동 예측 실험 예(강릉항)

용어해설

1) 타원형 방정식 모형(elliptic equation model) : 규칙파의 경우에 쌍곡선형 방정식의 시간 변화항을 변형시킨 식으로서 쌍곡선형 방정식 모형과 마찬가지로 경계조건을 지정하여야 한다.

2) 쌍곡선형 방정식 모형(hyperbolic equation model) : 쌍곡선형 방정식 모형은 전 영역에 걸쳐 정수면 상태에서 계산을 시작하는데, 입사 경계에서 매 계산시간마다 파의 위상 정보를 주고 전 영역에서 파가 정상상태에 도달할 때까지 계산을 진행한다.

3) 포물선형 방정식 모형(parabolic equation model) : 계산영역 내의 파향이 입사 경계에서의 파향과 큰 차이가 없을 때 적용할 수 있다. 이 모형은 반사파를 해석할 수 없고 파향의 변화가 심할 때 오차가 크게 발생하는 단점이 있다.

4) 상대 각 주파수(相對 角周波數, relative angular frequency) : 상대 각주파수 σ는 절대 각 주파수(絕對 角周波數, absolute angular frequency) ω와 다음과 같은 관계가 있다.

$$\omega = \sigma + \vec{k}\vec{u}$$

5) 조량(潮量, tidal prism) : 1 조석 주기 동안 임의 단면을 통과하여 유입되는 해수의 양

6) 안식각(安息角, angle of repose) : 퇴적물이 자연상태에서 그 경사를 유지할 수 있는 최대 경사각

제2장

쇄파/월파/파력

1. 쇄파
2. 처오름
3. 월파
4. 전달파고
5. 파력
6. 수리모형실험

집 필 위 원 : 안 익 성 (주)항도엔지니어링 부사장
이 종 인 전남대학교 교수
감 수 위 원 : 이 달 수 한국해양연구원 책임연구원

제 2 장 쇄파/월파/파력

1. 쇄파

1.1 쇄파의 개요 및 형태

가. 쇄파의 개요

심해파가 해안에 전파되면서 수심(h)이 파장(L)의 반 이하($\frac{h}{L} < \frac{1}{2}$)인 해역을 지나면, 파랑은 바닥의 영향을 받게 되어 파의 변형이 발생(천수변형)하며, 파장이 짧아지고 파봉은 점점 뾰족해진다.

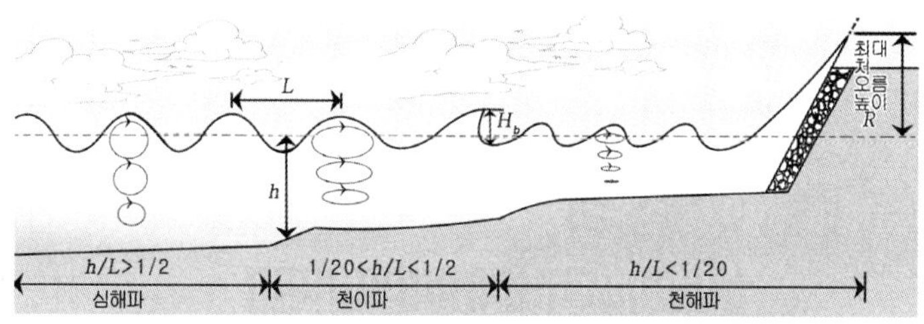

〈그림 2.1〉 파랑의 변형

- 바다에서 일반적으로 파랑은 파고대 파상의 비(= $\frac{H}{L}$), 즉 파형경사가 최대 1:7을 넘지 못하며, 파봉의 각은 최대 120도를 넘지 못한다.
- 만일, 파형경사가 이보다 커지면, 파는 깨어지고, 파랑에너지의 일부분은 소산되어 흐름 등 다른 에너지로 변환된다.

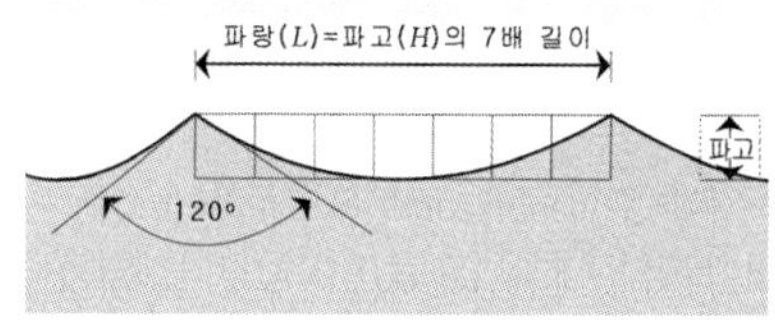

〈그림 2.2〉 파형경사

- 쇄파한계조건 (Danel, 1952)
  - 심해: $(H_o/L_o)_{max} = 1/7$
  - 천해: $(H/L)_{max} = 1/7(\frac{2\pi h}{L})$

    $(H/h)_{max} = 0.9$

나. 쇄파의 형태

1) 권파(倦波, Plunging breakers)

- 해안의 바닥경사에 따라 쇄파의 형태가 다르게 나타나는데, 권파란 해저경사가 급한 해안에 파랑이 진입할 때 파봉이 말려 파 앞쪽 수면 위로 일시에 쏟아지는 형태의 가장 급격하게 깨지는 쇄파형태를 말한다.

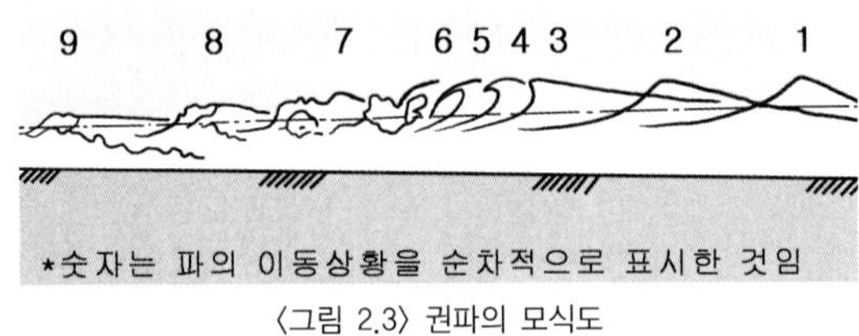

〈그림 2.3〉 권파의 모식도

〈그림 2.4〉 권파

해안구조물에 가장 강한 파력을 미치는 쇄파형태이며, 대부분의 파력 공식들은 이 쇄파에 대한 식이다.

하와이 해안의 파도타기 등도 이러한 쇄파형태를 이용하는 것이라 할 수 있다.

해안에 가까울수록 파도의 파장이 짧아져 마루끼리, 골끼리 합쳐진다. 파도언덕의 경사가 급해지면서 서퍼가 서핑을 즐길 수 있는 속도를 얻을 수 있다.

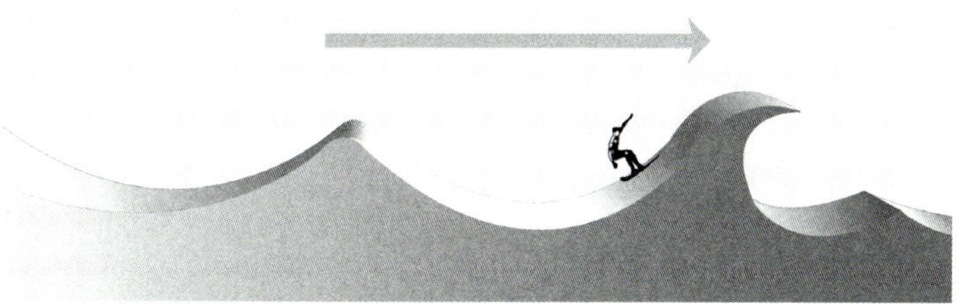

〈그림 2.5〉 권파의 한 형태

용어해설

- 쇄파(Surf) : 파의 부서짐
- 쇄파대(Surf zone) : 해상에서 파랑이 부서지는 점(쇄파지점)에서부터 해안선까지 이르는 구역
- 쇄파수심(h_b) : 쇄파지점의 수심
- 쇄파파고(H_b) : 쇄파 지점에서의 파고

2) 붕괴파(崩壞波, Spilling breakers)

붕괴파란 해저경사가 보다 완만한 경우 파형이 진행함에 따라 비대칭이 되고, 파봉이 파의 전면을 타고 내려, 파봉부분의 일부에 하얀 거품이 생기며 점차적으로 깨져 파의 전면이 무너져 가는 형태의 쇄파를 말한다.

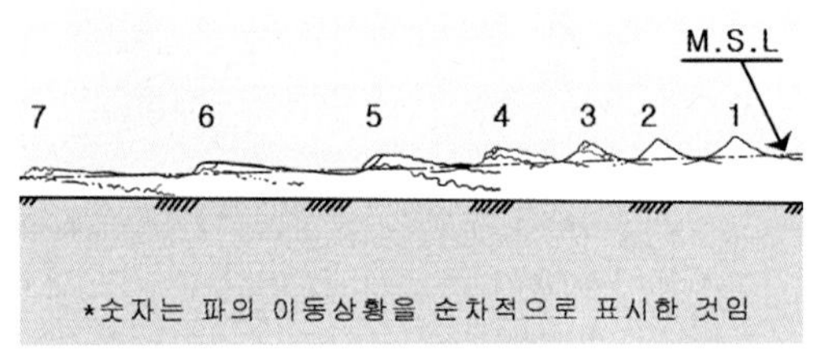

〈그림 2.6〉 붕괴파 모식도

〈그림 2.7〉 붕괴파

3) 쇄기파(Surging breakers)

쇄기파란 권파와 같이 일시에 파랑 전체가 깨지는 것이 아니고, 파랑의 하부쪽에서부터 부서지기 시작하여 파의 전면 대부분이 깨어져 해안선에서 공기를 혼입시키면서 사면을 타고 올라가는 쇄파형태를 말한다.

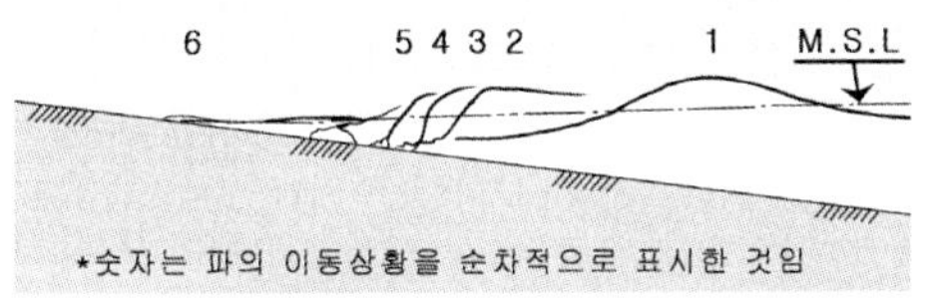

〈그림 2.8〉 쇄기파 모식도

〈그림 2.9〉 쇄기파

참고사항

- 쇄파의 발생위치나 형태는 해저경사와 등수심선의 분포에 따라 각각 다르게 나타난다. 해안구조물이 쇄파대 내에 있는 경우, 쇄파후의 파랑이 구조물에 작용하는 것으로 설계한다.

1.2 규칙파의 쇄파 한계파고

주어진 수심에서 파가 부서지기 시작하는 파고를 쇄파한계파고(H_b)라 한다.

가. 쇄파한계파고(H_b) 산정식 및 도표(Goda, 1970)

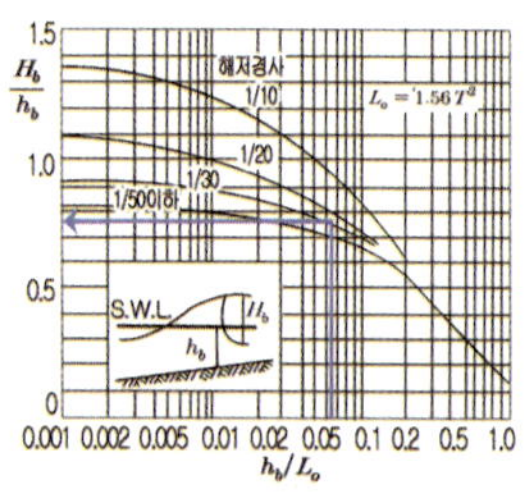

〈그림 2.10〉 쇄파한계파고 산정도표

쇄파한계파고는 Goda가 제시한 경험식이나, 수리모형실험을 통해서 산정한다.

$$\frac{H_b}{L_o} = 0.17\left[1 - \exp\left\{-1.5\frac{\pi h}{L_o}\left(1 + 15\tan^{4/3}\theta\right)\right\}\right]$$

H_b : 쇄파한계파고

L_o : 심해파장

h : 수심

$\tan\theta$: 해저경사

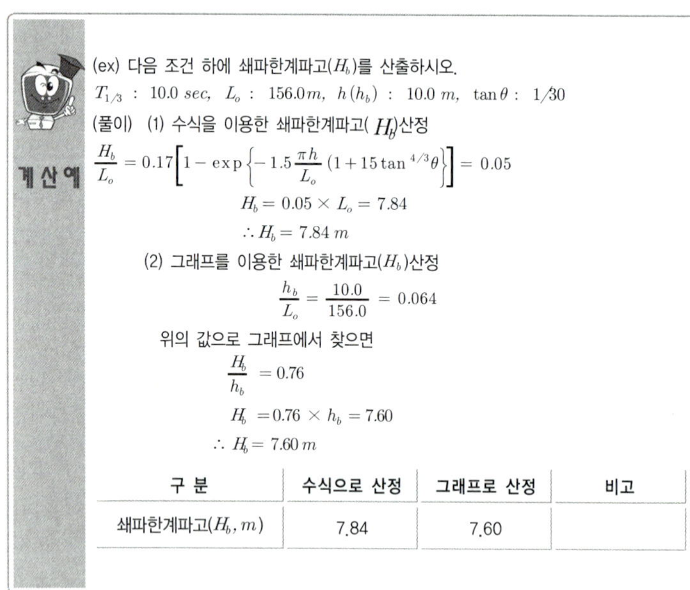

계산예

(ex) 다음 조건 하에 쇄파한계파고(H_b)를 산출하시오.

$T_{1/3}$: 10.0 sec, L_o : 156.0 m, $h(h_b)$: 10.0 m, $\tan\theta$: 1/30

(풀이) (1) 수식을 이용한 쇄파한계파고(H_b)산정

$$\frac{H_b}{L_o} = 0.17\left[1 - \exp\left\{-1.5\frac{\pi h}{L_o}\left(1 + 15\tan^{4/3}\theta\right)\right\}\right] = 0.05$$

$$H_b = 0.05 \times L_o = 7.84$$

$$\therefore H_b = 7.84\ m$$

(2) 그래프를 이용한 쇄파한계파고(H_b)산정

$$\frac{h_b}{L_o} = \frac{10.0}{156.0} = 0.064$$

위의 값으로 그래프에서 찾으면

$$\frac{H_b}{h_b} = 0.76$$

$$H_b = 0.76 \times h_b = 7.60$$

$$\therefore H_b = 7.60\ m$$

구 분	수식으로 산정	그래프로 산정	비고
쇄파한계파고(H_b, m)	7.84	7.60	

1.3 쇄파에 의한 파고변화

수심이 환산심해파고의 약 3배 이하($h < 3H_o'$) 조건의 지점에서는 쇄파에 의한 파고 변화를 고려한다.

가. 간편식

Goda(合田, 1975)의 쇄파이론에 근거한 해저경사별 쇄파대 내의 파고 변화 산정식

1) 유의파고($H_{1/3}$)

$$H_{1/3} = \begin{cases} K_s H_o' & (h/L_o \geq 0.2) \\ \min\{(\beta_o^* H_o' + \beta_1^* h),\ \beta_{max}^* H_o',\ K_s H_o'\} & (h/L_o < 0.2) \end{cases}$$

여기서,

$$\beta_o^* = 0.028 (H_o'/L_o)^{-0.38} \exp[20(\tan\theta)^{1.5}]$$

$$\beta_1^* = 0.52 \exp[4.2 \tan\theta]$$

$$\beta_{max}^* = \max\{0.92,\ 0.32 (H_o'/L_o)^{-0.29} \exp[2.4 \tan\theta]\}$$

계산예

(ex) 다음 조건 하에 유의파고($H_{1/3}$)를 산출하시오.

$h = 10.0m,\ L_o = 200.0m,\ H_o' = 4.0m,\ \tan\theta = 1/50$

(풀이) $H_{1/3} = \begin{cases} K_s H_o' & (h/L_o \geq 0.2) \\ \min\{(\beta_o^* H_o' + \beta_1^* h),\ \beta_{max}^* H_o',\ K_s H_o'\} & (h/L_o < 0.2) \end{cases}$

여기서, $h/L_o = 10.0m / 200.0m = 0.05 < 0.2$

$$\beta_o^* = 0.028 (H_o'/L_o)^{-0.38} \exp[20(\tan\theta)^{1.5}]$$

$$\beta_1^* = 0.52 \exp[4.2 \tan\theta]$$

$$\beta_{max}^* = \max\{0.92,\ 0.32 (H_o'/L_o)^{-0.29} \exp[2.4 \tan\theta]\}$$

$$\therefore H_{1/3} = \min\{(\beta_o^* H_o' + \beta_1^* h),\ \beta_{max}^* H_o',\ K_s H_o'\}$$

$$\beta_o^* = 0.028 (4.0/200.0)^{-0.38} \exp[20(1/50)^{1.5}] = 0.13$$

$$\beta_1^* = 0.52 \exp[4.2 \times 1/50] = 0.57$$

$$\beta_{max}^* = \max\{0.92,\ 0.32 (4.0/200.0)^{-0.29} \exp[2.4 \times 1/50]\} = 1.04$$

천수계수 산정도에서 $H_o'/L_o = 0.02 \rightarrow K_s = 1.06$

$$\therefore H_{1/3} = \min\{(0.13 \times 4.0 + 0.57 \times 10.0),\ 1.04 \times 4.0,\ 1.06 \times 4.0\} = 4.16m$$

2) 최대파고(H_{max})

$$H_{max} = \begin{cases} 1.8K_sH_o' & (h/L_o \geq 0.2) \\ \min\{(\beta_o^* H_o' + \beta_1^* h),\ \beta_{max}^* H_o',\ 1.8K_sH_o'\} & (h/L_o < 0.2) \end{cases}$$

여기서,

$$\beta o^* = 0.052(H_o'/L_o)^{-0.38}\exp[20(\tan\theta)^{1.5}]$$

$$\beta_1^* = 0.63\exp[3.8\tan\theta]$$

$$\beta_{max}^* = \max\{1.65,\ 0.53(H_o'/L_o)^{-0.29}\exp[2.4\tan\theta]\}$$

계산예

(ex) 다음 조건하에 최대파고(H_{max})를 산출하시오.

$$h = 10.0m,\ L_o = 200.0m,\ H_o' = 4.0m,\ \tan\theta = 1/50$$

(풀이)

$$H_{max} = \begin{cases} 1.8K_sH_o' & (h/L_o \geq 0.2) \\ \min\{(\beta_o^* H_o' + \beta_1^* h),\ \beta_{max}^* H_o',\ 1.8K_sH_o'\} & (h/L_o < 0.2) \end{cases}$$

여기서, $h/L_o = 10.0m / 200.0m = 0.05 < 0.2$

$$\beta_o^* = 0.052(H_o'/L_o)^{-0.38}\exp[20(\tan\theta)^{1.5}]$$

$$\beta_1^* = 0.63\exp[3.8\tan\theta]$$

$$\beta_{max}^* = \max\{1.65,\ 0.53(H_o'/L_o)^{-0.29}\exp[2.4\tan\theta]\}$$

$$\therefore H_{max} = \min\{(\beta_o^* H_o' + \beta_1^* h),\ \beta_{max}^* H_o',\ 1.8K_sH_o'\}$$

$$\beta_o^* = 0.052(4.0/200.0)^{-0.38}\exp[20(1/50)^{1.5}] = 0.24$$

$$\beta_1^* = 0.63\exp[3.8\times 1/50] = 0.68$$

$$\beta_{max}^* = \max\{1.65,\ 0.53(4.0/200.0)^{-0.29}\exp[2.4\times 1/50]\} = 1.73$$

천수계수 산정도에서 $H_o'/L_o = 0.02 \rightarrow K_s = 1.06$

$$\therefore H_{max} = \min\{(0.24\times 4.0 + 0.68\times 10.0),\ 1.73\times 4.0,\ 1.8\times 1.06\times 4.0\} = 6.92m$$

나. 산정도표에 의한 파고변화

1) 유의파고($H_{1/3}$)

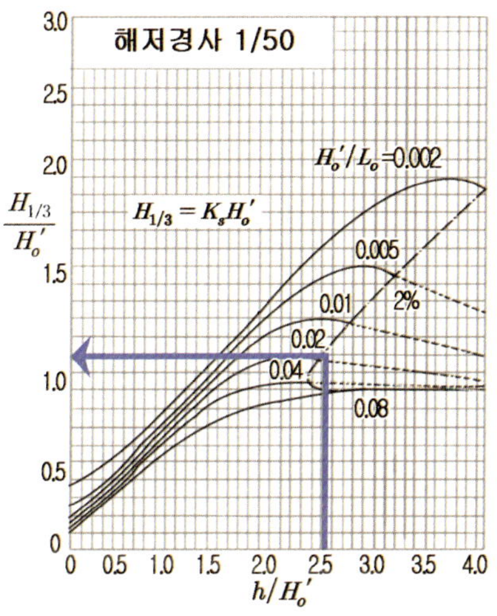

〈그림 2.11〉 유의파고 산정도표

계산예

(ex) 다음 조건 하에 유의파고($H_{1/3}$)를 산출하시오.

$$h = 10.0m,\ L_o = 200.0m$$
$$H_o' = 4.0m,\ \tan\theta = 1/50$$

(풀이)

$$\frac{H_o'}{L_o} = \frac{4.0}{200.0} = 0.02$$

$$\frac{h}{H_o'} = \frac{10.0}{4.0} = 2.5$$

$$\frac{H_{1/3}}{H_o'} = 1.09\ (< \text{그림}2.11 > \text{으로부터})$$

$$H_m = 1.09 \times H_o'$$
$$= 1.09 \times 4.0 = 4.36m$$

2) 최대파고(H_{max})

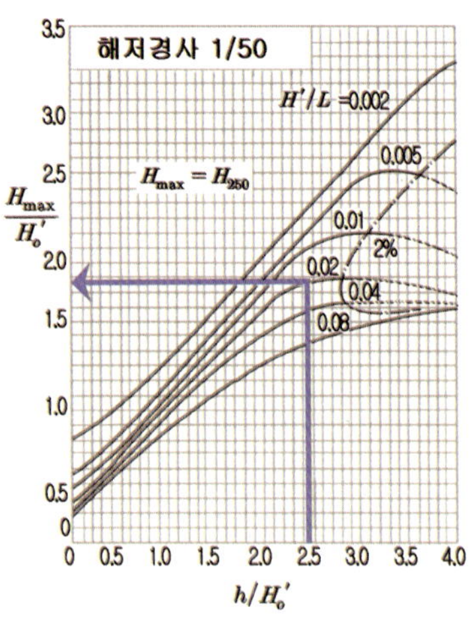

〈그림 2.12〉 최대파고 산정도표

계산예

(ex) 다음 조건 하에 최대파고(H_{max})를 산출하시오.

$h = 10.0m,\ L_o = 200.0m$

$H_o' = 4.0m,\ \tan\theta = 1/50$

(풀이)

$\frac{H_o'}{L_o} = \frac{4.0}{200.0} = 0.02$, $\frac{h}{H_o'} = \frac{10.0}{4.0} = 2.5$

$\frac{H_{max}}{H_o'} = 1.79$ (그림2.12으로부터)

$H_{max} = 1.79 \times H_o' = 1.79 \times 4.0 = 7.16m$

산정도표 적용시 유의사항

- 일점쇄선(2% 감쇠선)의 좌측영역에서 적용(우측영역은 천수변형의 천수계수 적용)
- 해저경사는 1.5 ≤ h/H_0' ≤ 2.5 인 범위에서의 평균해저경사 적용
- h/H_0'〈0.5인 경우는 h/H_0'=0.5 일 때의 파고 적용

1.4 쇄파고와 쇄파수심

Goda(合田, 1975)가 제안한 쇄파지표 곡선을 적용한다.

가. 쇄파고(H_b)

- 쇄파대 내에서 유의파고의 최대치, $(H_{1/3})_{peak}$

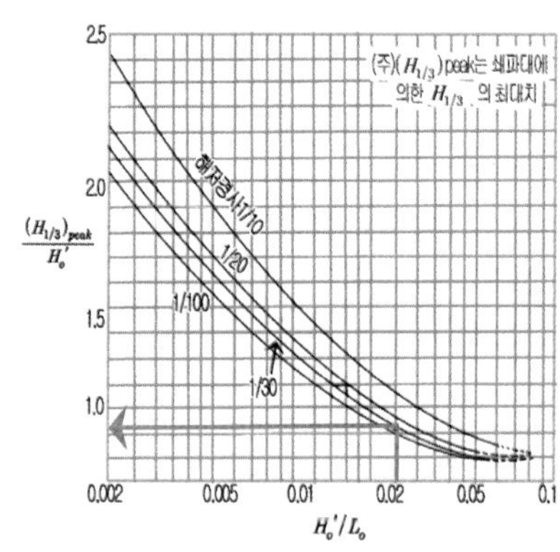

〈그림 2.13〉 쇄파고 산정도표

계산예

(ex) 다음 조건 하에 쇄파고($(H_{1/3})_{peak}$)를 산출하시오.

해저경사 m = 0.02
파형경사 H_o'/L_o= 0.025
H_o'=6.59m

(풀이)

$\frac{(H_{1/3})_{peak}}{H_o'}$ = 1.02

$\therefore (H_{1/3})_{peak}$ = 6.72m

나. 쇄파수심

- 쇄파대 내에서 유의파고가 최대로 되는 수심, $(h_{1/3})_{peak}$

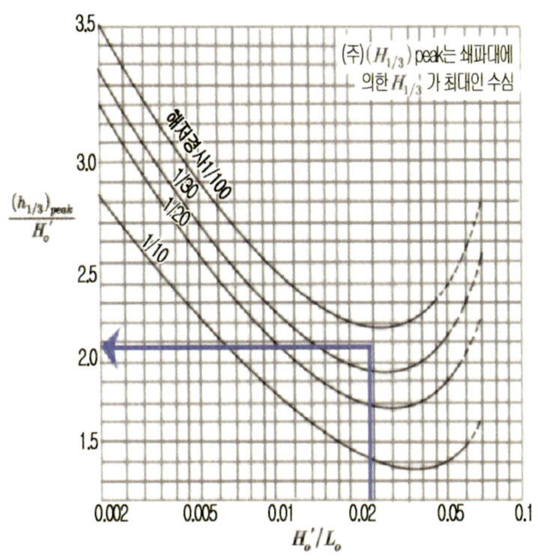

〈그림 2.14〉 쇄파수심 산정도표

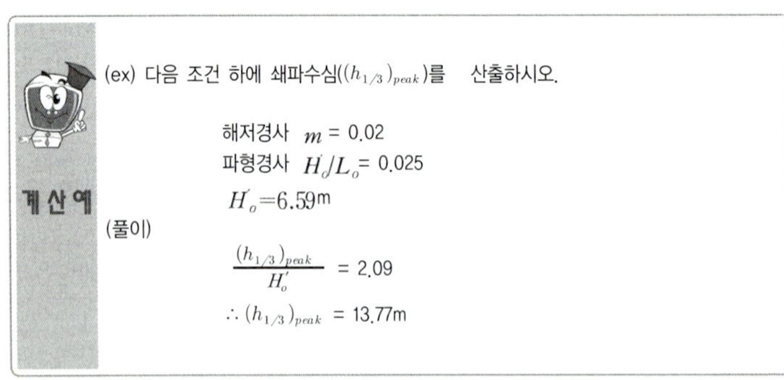

계산예

(ex) 다음 조건 하에 쇄파수심($(h_{1/3})_{peak}$)를 산출하시오.

해저경사 m = 0.02

파형경사 H_o'/L_o = 0.025

$H_o' = 6.59$m

(풀이)

$$\frac{(h_{1/3})_{peak}}{H_o'} = 2.09$$

$$\therefore (h_{1/3})_{peak} = 13.77\text{m}$$

1.5 쇄파에 의한 평균수면 상승

가. 적용기준

쇄파대내에서 쇄파에 의한 평균수위 상승요인을 구조물 설계시에 고려한다.

제2장

나. 평균수면 상승(Wave setup)

파랑이 진행할 때 운동량의 수송과 관련한 방사응력(Radiation stress)이 작용하여 정선을 향해 거의 일직선으로 수위가 증가하는 현상을 말한다. 방파제 및 물양장의 마루높이 산정시 이를 고려한다.

평균수위 상승량은 해저경사가 급할수록, 그리고 파형경사가 작은 너울성 파랑(Swell)에서 큰값을 나타내는데, 항내의 조위관측 결과에서 보면 높은 파랑내습시 평균수위 상승이 확인되기도 한다.

1) 방사응력(Radiation stress)

해안으로 파랑 전파시, 파 에너지뿐만 아니라 물입자(해수)도 함께 움직여 이에 의한 운동량의 수송이 이루어지며, 운동량의 유동(Flux)을 방사응력이라고 한다.

2) 평균수면($\bar{\eta}$) 계산

$$\frac{d\bar{\eta}}{dx} = -\frac{1}{\bar{\eta}+h}\frac{d}{dx}\left[\frac{\overline{H^2}}{8}\left(\frac{1}{2}+\frac{4\pi h/L}{\sinh\,(4\pi h/L)}\right)\right]$$

• 평균수면 상승량은 해저경사별로 도표화 된 그림을 이용하여 구한다.

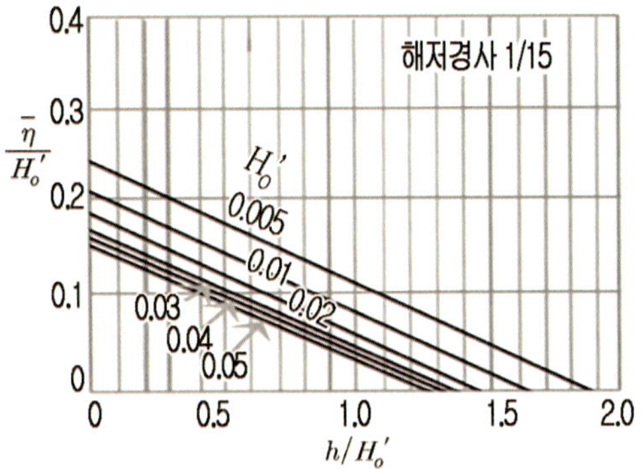

〈그림 2.15〉 (a) 평균수면 산정도

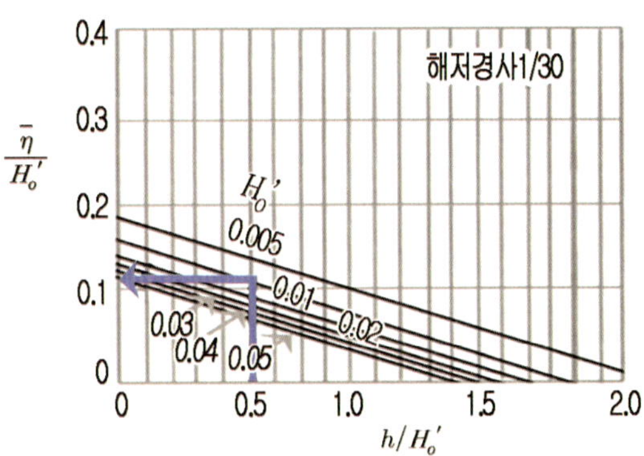

〈그림 2.15〉 (b) 평균수면 산정도

계산예

(ex) 다음 조건 하에 평균수면을 산출하시오.

$$H_o' : 2.0m,\ h\ : 1.0m,\ L_o : 156.0m,\ \frac{h}{H_o'} = \frac{1.0}{2.0} = 0.50,\ \tan\theta = 1/30$$

(풀이) 여기서 〈그림 2.15〉 (b)의 그래프의 값을 읽으면

$$\frac{H_o'}{L_o} = \frac{2.0}{156.0} = 0.01$$

그러므로

$$\frac{\bar{\eta}}{H_o'} = 0.12$$

여기서 평균수면($\bar{\eta}$)을 구하면

$$\bar{\eta} - 0.12 \times H_o'$$

$$= 0.24\ m$$

∴ 쇄파에 의한 작용으로 0.24m 수면상승 효과 발생

다. 서프비트(Surfbeat)

파랑 간의 상호작용으로 생성되는 입사파 주기의 수배~수십배에 해당하는 해면의 불규칙적인 진동현상을 말한다. 서프비트의 진폭은 심해파 진폭의 30%이상 되는 경우가 있으며, 다음 식으로 계산한다.

서프비트는 고파랑시에 정선을 후퇴시킬 정도로 힘이 크고, 해안침식의 원인이 되기도 한다. 또한, 대형선이 안벽 계류시 계류색과의 고유주기를 가지게 되는데, 이것이 서프비트의 주기와 동조할 경우 안전계류에도 문제가 야기될 수가 있다.

$$\zeta_{rms} = \frac{0.01 H_0'}{\sqrt{\frac{H_0'}{L_0}\left(1 + \frac{h}{H_0'}\right)}}$$

여기서, ζ_{rms} 는 서프비트 파형의 평균제곱근 값이다.

계산예

(ex) 다음 조건 하에 서프비트 파형의 진폭(ζ_{rms})을 산출하시오.

$$H_o' : 3.0\,m,\ \ h : 7.0\,m,\ \ L_o : 156.0\,m$$

(풀이)

$$\zeta_{rms} = \frac{0.01 H_o'}{\sqrt{\frac{H_o'}{L_o}\left(1+\frac{h}{H_o'}\right)}}$$

$$= \frac{0.01 \times 3.0}{\sqrt{\frac{3.0}{156.0}\left(1+\frac{7.0}{3.0}\right)}} = 0.12\,m$$

∴ 파랑 간의 상호작용으로 0.12m 서프비트 진폭 발생

2. 처오름

2.1 처오름의 개요

파랑의 처오름 높이는 입사파의 파고, 파형경사, 구조물의 형상, 설치위치, 경사면의 조도, 해저지형 등에 따라 변화하며, 이론적으로 구하기는 어려우므로 실험을 통해 작성된 도표를 이용하여 산정한다.

파랑의 처오름 높이는 해안구조물, 해안제방, 호안시설 등의 마루높이 산정시 중요한 요소로 작용한다.

2.2 처오름 높이 산정방법

가. 상대수심(d_s/H_o')이 3이하인 경우 처오름 높이 산정식

$$(R/H_o') = (R/H_o')_{\text{매끈하고 불투과경사면}} \cdot \gamma \cdot K$$

여기서,
- R : 처오름 높이
- R/H_o' : 상대 처오름 높이
- H_o' : 환산심해파 파고
- γ : 조도 조정계수(표 2.1 이용)
- K : 축척 조정계수(인공콘크리트 피복재, k=1.03),(그림2.17 이용)

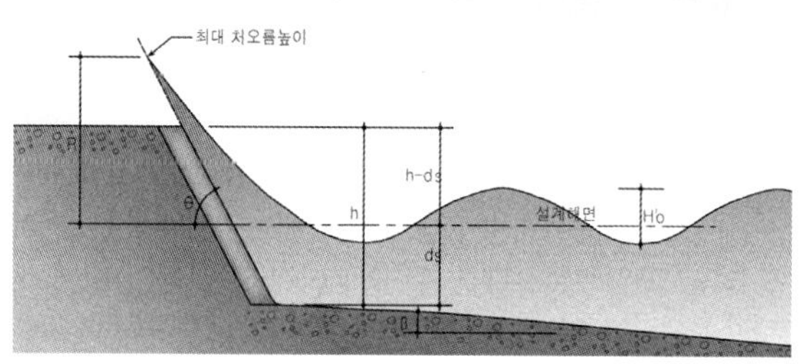

〈그림 2.16〉 파의 처오름

상대수심(d_s/H_o')가 3 이상인 경우는 축척 및 조도 조정계수를 적용하지 않는다.

[표 2.1] 콘크리트 피복의 조도 조정계수

피 복 재	층수	거치 방법	γ	사면경사($\cot\theta$)
돌로스(Dolos)	2	난적(random)	0.45	1.3~3.0
변형 입방체 (modified cube)	2	난적(random)	0.48	1.3~3.0
	1	정적(uniform)	0.62	1.5
	1	정적(uniform)	0.73	2.0
	1	정적(uniform)	0.55	3.0
쿼드리포드(Quadripod)	2	난적(random)	0.51	1.3~3.0
테트라포드(Tetrapod)	2	난적(random)	0.45	1.3~3.0
	2	정적(uniform)	0.51	1.3~3.0
트라이바(Tribar)	2	난적(random)	0.45	1.3~3.0
	1	정적(uniform)	0.50	1.3~3.0
고비 블록(gobi blocks)	1	정적(uniform)	0.33	1.3~3.0
계단경사면 (stepped slopes)	N.A.	vertical risers	0.75	1.3~3.0
		curved risers	0.36	1.3~3.0

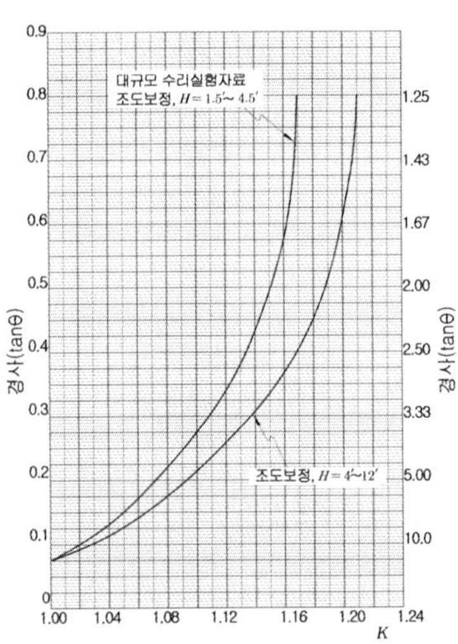

〈그림 2.17〉 처오름 보정계수

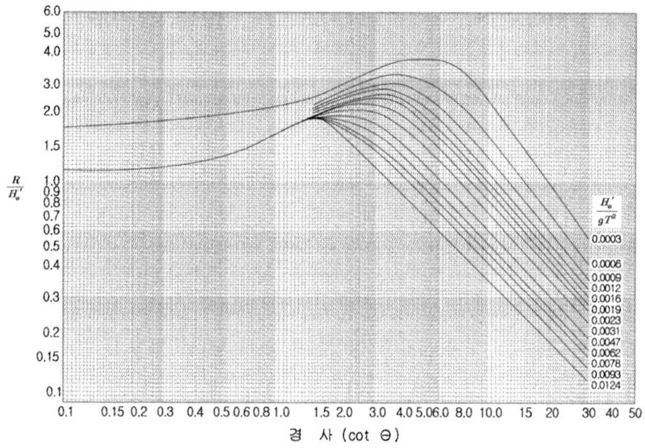

〈그림 2.18〉 파의 처오름(R/H_o')과 상대깊이(d_s/H_o' 〉 3.0)의 관련도
(매끈하고 불투과경사면)

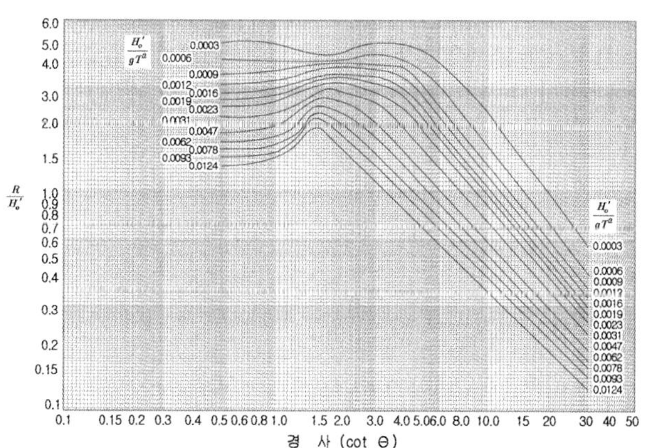

〈그림 2.19〉 파의 처오름(R/H_o')과 상대깊이(d_s/H_o'= 2.0)의 관련도
(매끈하고 불투과경사면)

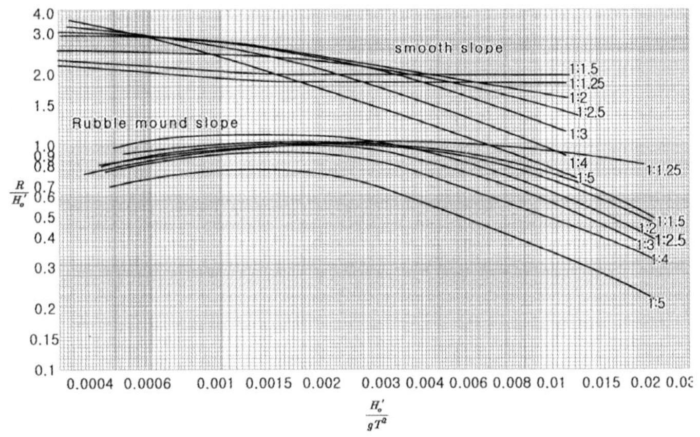

〈그림 2.20〉 매끈한 경사면과 사석경사면의 처오름 비교($d_s/H_o' > 3.0$)

나. ACES(미육군공병단, 1992)에 의한 처오름 높이 산정방법

$$R = H_i \frac{a\xi}{1 + b\xi}$$

여기서,

R : 처오름높이

H_i : 입사파고

θ : 사면경사

ξ : 쇄파지수($\frac{\tan\theta}{\sqrt{H_i/L_o}}$)

L_o : 심해파장

a, b : 피복재 종류에 대한 실험계수

[표 2.2] 피복재에 따른 경험 계수 (Smith, 1986)

Armor Material	a	b
Riprap	0.956	0.398
Rubble (Permeable-No Core)	0.692	0.504
Rubble (2Layer-Impermeable Core)	0.775	0.361
Modified Cubes	0.950	0.690
Tetrapods	1.010	0.910
Quadripods	0.590	0.350
Hexapods	0.820	0.630
Tribars	1.810	1.570
Dolosse	0.988	0.703

계산예

(ex) 다음 조건 하에 처오름 높이(R)를 산출하시오.

d_s : $13.94m$, H_o' ; $4.62m$, T : $11.38\,sec$, $\cot\theta$: 1.5
(피복재 : 테트라포드 (Tetrapod), 적치수 2단)

(풀이)

$$d_s/H_o' = \frac{13.94}{4.62} = 3.02 > 3.0$$ 이므로 축척 및 조도조성계수가 불필요함

$$H_o'/gT^2 = \frac{4.62}{9.8 \times 11.38^2} = 0.0036$$

〈그림 2.18〉의 d_s/H_o' 〉 3.0 그래프에서, $R/H_o' = 2.00$

$$\therefore R = 4.62 \times 2.00 = 9.24m$$

계산예

(ex) 다음 조건하에 처오름 높이(R)를 산출하시오.

d_s : 13.16m, H_o' : 4.59m, T : 11.38 sec, $\cot\theta$: 1.5

(피복재 : 테트라포드 (Tetrapod), 적치수 2단)

(풀이)

$d_s/H_o' = \dfrac{13.16}{4.59} = 2.87 < 3.0$ 이므로 축척 및 조도조정계수가 필요함

$H_o'/gT^2 = \dfrac{4.59}{9.8 \times 11.38^2} = 0.0036$

여기서, γ = 0.51 (T.T.P 정적배열, 표 2.1), K = 1.03(인공콘크리트 피복재)

〈그림 2.21〉의 d_s/H_o' 〉 3.0 그래프에서, $R/H_o' = 2.00$

〈그림 2.22〉의 d_s/H_o'= 2.0 그래프에서, $R/H_o' = 2.70$

보간법을 사용하여 적용하면,

$$R/H_o' = 2.70 - \frac{|2.70 - 2.00| \times |2.00 - 2.87|}{|2.00 - 3.00|} = 2.70$$

$$\therefore R = 4.59 \times 2.10 \times 0.51 \times 1.03 = 5.06m$$

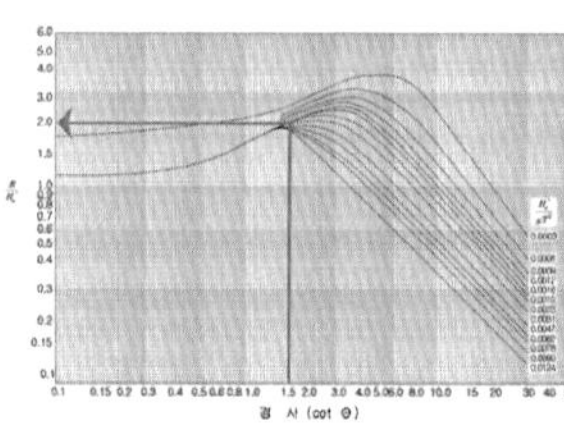

〈그림 2.21〉 d_s/H_o' 〉 3.0 인 경우

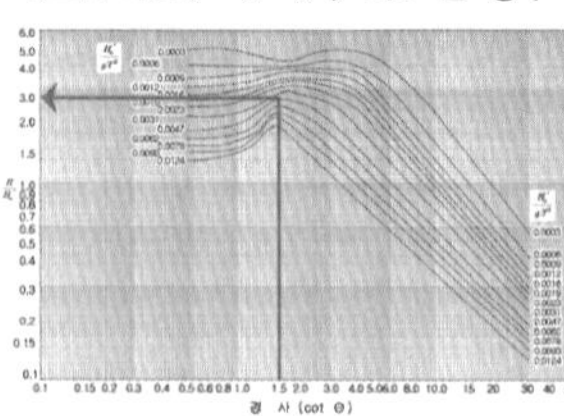

〈그림 2.22〉 d_s/H_o'= 2.0 인 경우

3. 월파

3.1 월파의 개요

월파란 해수가 방파제를 비롯한 항만구조물을 넘는 현상으로, 월파량은 월파된 해수의 양을 말하며, 통상적으로 단위시간당 월파한 해수의 단위폭당 부피($m^3/m/s$)로 계산한다.

항만구조물 설계시 파랑에 의한 월파량 산정은 불규칙파에 의한 수리모형실험이나 실험 결과로부터 작성된 도표를 사용하여 산정한다.

Goda(合田)는 불규칙파에 대한 월파량을 직립 및 소파호안에 대해 시행하여 도표로 제시하고 있다.

〈그림 2.23〉 월파광경

3.2 월파량에 영향을 미치는 각종 요인

① 반파공을 곡면 형태로 하면 월파량을 감소시킬 수 있다.
② 마루높이가 높을수록 월파량이 작아진다.
③ 소파공은 월파량을 감소시키고 따라서 마루높이를 낮출 수 있다.
④ 소파공의 폭을 확대할수록 마루높이를 낮출 수 있다.
⑤ 월파량이 적을 때에는 바람에 의한 월파량 증가가 현저하고 월파량이 많게 되면 바람의 효과가 점차로 감소한다.
⑥ 수심(h)이 환산심해파고(H_o')의 1.5~2.0 부근에서 월파량이 최대가 된다.
⑦ 주기(또는 파장)가 짧을수록 월파량은 감소한다.
⑧ 수심이 얕은 지점($h/H_o' < 2.0$)에서는 해저경사가 급할수록 월파량이 많다.
⑨ 직립벽보다 사면이 월파량이 많다.

용어해설

- 월파(越波, Wave overtopping) : 파의 작용에 의하여 해수가 구조물의 마루를 넘는 현상
- 마루높이(Crest elevation) : 안벽, 방파제, 제방 및 호안 등 항만 구조물의 최상부

3.3 월파량 산정방법

가. 규칙파에 의한 월파량 산정방법

규칙파 실험에 의한 경우 환산심해파고에 대한 월파유량 관계에 의해 월파유량곡선을 작성하여 불규칙파에 의한 추정치 산정

기대월파유량 = 임의 환산심해파고에 대한 월파량 × 각 파고의 출현율

[표 2.3] 월파유량의 추정치에 대한 정확한 값의 가정 범위

$q/\sqrt{2g(H_o')^3}$	직립호안	소파호안
10^{-2}	0.7~1.5배	0.5~2배
10^{-3}	0.4~2배	0.2~3배
10^{-4}	0.2~3배	0.1~5배
10^{-5}	0.1~5배	0.05~10배

나. 불규칙파에 의한 월파량 산정방법

직립 및 소파 호안시설에서는 불규칙파 실험으로 작성한 Goda(合田, 1975)의 월파량 추정도표를 이용하여 월파량을 산정한다.

여기서, h_c : 정수면에서 구조물 마루까지의 높이(m)

q : 단위시간, 단위길이당 월파량($m^3/m/s$)

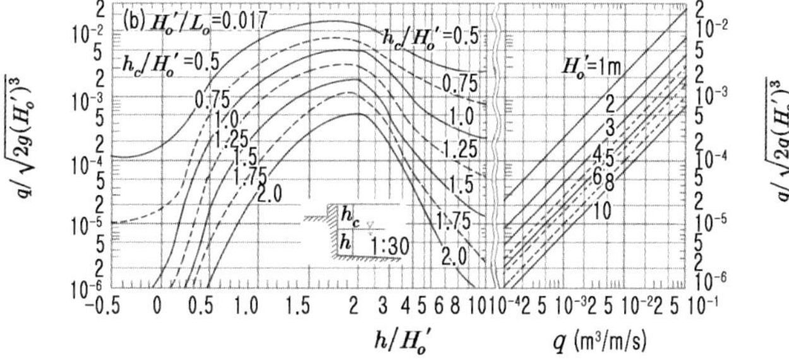

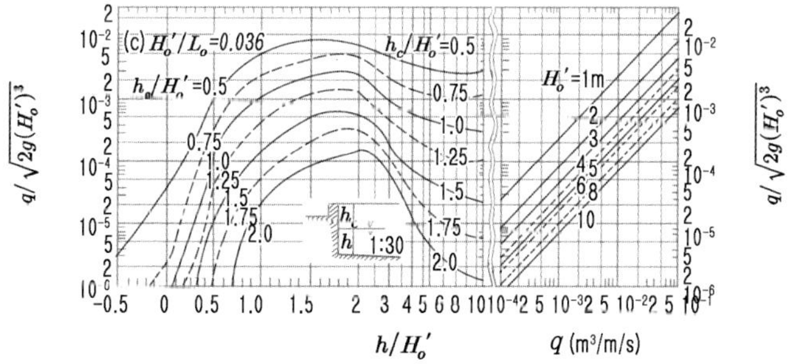

〈그림 2.24〉 직립호안의 월파유량 산정도(해저경사 1:30)

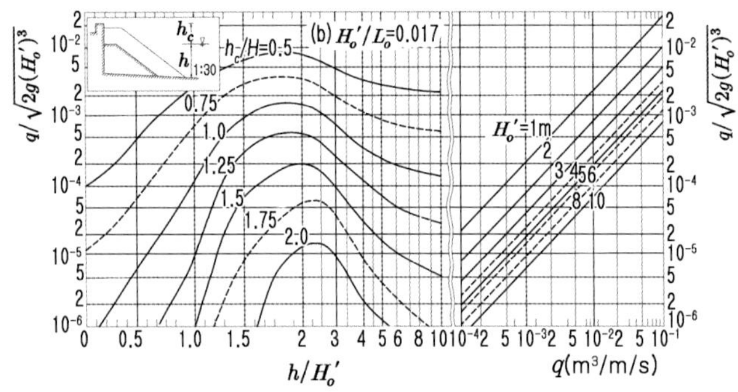

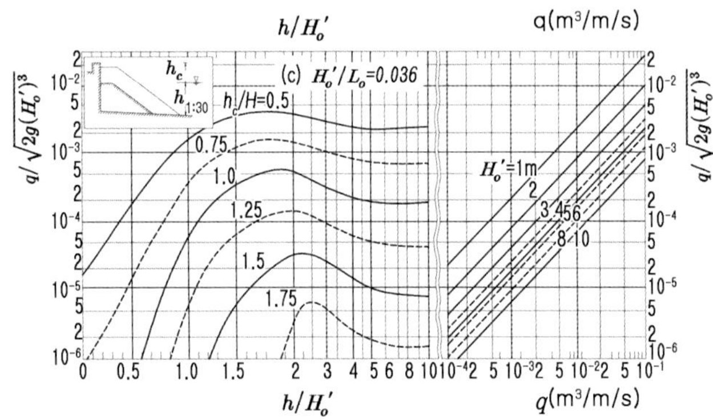

〈그림 2.25〉 소파호안의 월파유량 산정도(해저경사 1:30)

3.4 허용 월파량

항만구조물 배후지역의 이용측면상 허용월파량은 다음 표와 같다.

[표 2.4] 배후지의 중요도를 고려한 허용 월파량

요 건	월파량($m^3/m/s$)
배후에 민가, 배후시설 밀집으로 월파, 물보라 등의 유입으로 중대한 재해가 예상되는 지역	0.01 정도
기타 중요한 지역	0.02 정도
기타 지역	0.02~0.06

자료 : 후꾸다(福田) 등 1973, 나가이(永井) 등 1964

[표 2.5] 배후지 이용상황과 재해한계상 월파량

이용방법	상태(호안후면)	월파량($m^3/m/s$)
보 행	위험없음	2×10^{-4}
자동차	고속통행가능	2×10^{-5}
	운전가능	2×10^{-4}
가 옥	위험없음	7×10^{-4}

자료 : 후꾸다(福田) 등 1973

[표 2.6] 피재한계(被災限界)의 월파량

종 별	피 복 공	월파량($m^3/m/s$)
호 안	배후포장 있음 배후포장 없음	0.20 0.05
제 방	3면이 콘크리트 마루포장·뒷채움 미시공 마루포장 없음	0.05 0.02 0.005 이하

자료 : 고다(合田) 등 1970

(ex) 다음 조건 하에 직립호안과 소파호안의 경우 각각 월파량을 이용하여 마루높이를 산출하시오.

계산예

h : 13.94m, H_o': 4.62m, L_o : 202.03m, $\tan\theta$(해저경사) : 1/30
설계조위 : $DL(+)$3.932m,
허용월파량 : 0.02$m^3/m \cdot s$(배후지의 중요도 고려)

(풀이) 마루높이 = 설계조위 + h_c

$$H_o'/L_o = \frac{4.62}{202.03} = 0.023, \quad h/H_o' = \frac{13.94}{4.62} = 3.02$$

$$q/\sqrt{2g(H_o)^3} = \frac{0.02}{\sqrt{2\times 9.8\times 4.62^3}} = 0.00045$$

(1) 직립호안의 경우

아래 그래프에서, $H_o'/L_o = 0.017$ 일 때 → $h_c/H_o' = 1.50$
$H_o'/L_o = 0.036$ 일 때 → $h_c/H_o' = 1.25$

보간법을 사용하여 적용하면, $H_o'/L_o = 0.023$ 일 때

$$h_c/H_o' = 1.5 - \frac{|1.5-1.25|\times|0.017-0.023|}{|0.017-0.036|} = 1.42$$

$$h_c = 1.42\times 4.62 = 6.56m$$

$$\therefore 마루높이 = 3.932m + 6.56m = DL(+)10.492m$$

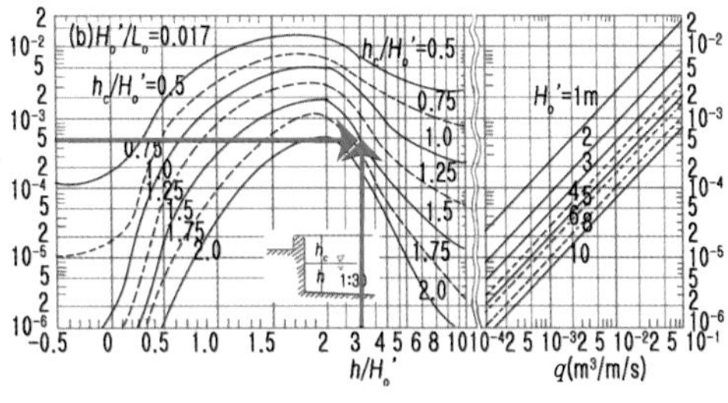

계산예

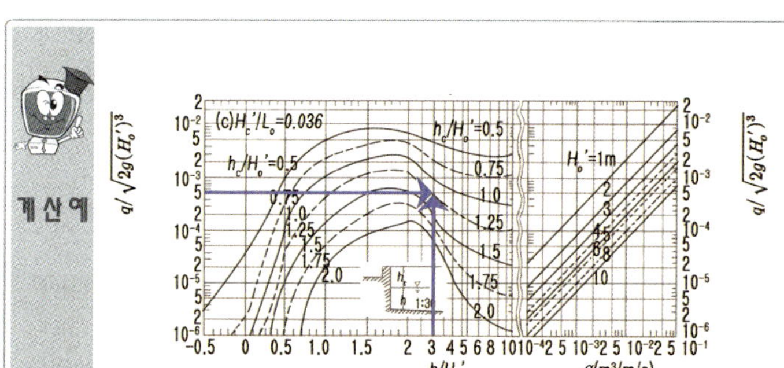

(2) 소파호안의 경우

〈그림 2.25〉 그래프에서, $H_o'/L_o = 0.017$ 일 때 $\rightarrow h_c/H_o' = 1.15$

$H_o'/L_o = 0.036$ 일 때 $\rightarrow h_c/H_o' = 1.00$

보간법을 사용하여 적용하면, $H_o'/L_o = 0.023$ 일 때

$$h_c/H_o' = 1.15 - \frac{|1.15 - 1.00|}{\times |0.017 - 0.023|} |0.017 - 0.036| = 1.10$$

$$h_c = 1.10 \times 4.62 = 5.08m$$

$$\therefore \text{마루높이} = 3.932m + 5.08m = DL(+)9.012m$$

4. 전달파고

4.1 전달파고의 개요

방파제를 월파한 파랑 또는 방파제 제체를 통과한 파랑에 의한 전달파의 파고는 수리모형실험의 결과나 기존의 자료를 참고하여 산정한다.

4.2 경사방파제의 전달파고

가. 파고 전달율

$$K_T = \sqrt{(K_{T_o})^2 + (K_{T_t})^2} = H_T/H_I$$

여기서,

- K_{To} : 월파에 의한 파고 전달율
- K_{Tt} : 투과에 의한 파고 전달율
- H_I : 입사파고
- H_T : 전달파고

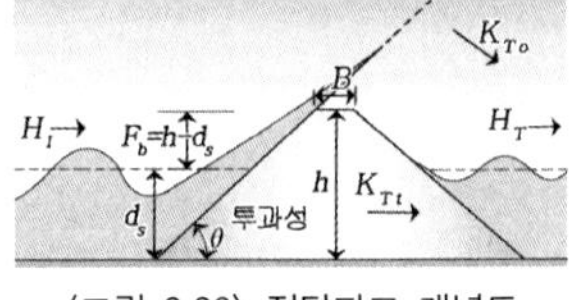

〈그림 2.26〉 전달파고 개념도

나. Seeling(1980)의 제안식

$$K_{T_o} = c(1 - h_c/F_b), \quad 0 \le (K_{T_o}) \le 1.0$$

여기서,

- F_b : 방파제의 정수면상 높이
- c : 경험계수 ($c = 0.51 - 0.11B/h$)
- d_s : 수심

4.3 혼성방파제의 전달파고

혼성방파제를 월파한 파랑 또는 제체를 통과하여 항내로 유입된 파랑에 의한 전달파고는 다음 그림을 이용하여 산정하여도 좋다.

여기서,

- d : 마운드에서 설계조위까지의 높이(m)
- h : 방파제 전면수심(m)
- h_c : 설계조위로부터의 마루높이(m)

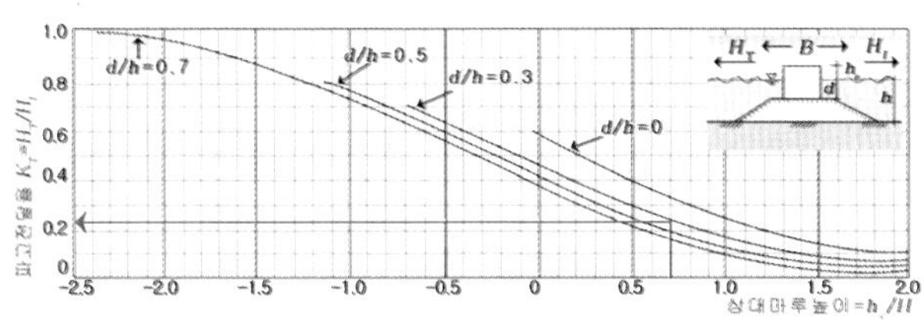

〈그림 2.27〉 혼성방파제의 전달파고계수

계산예

•(ex) 다음 조건 하에 혼성방파제의 마루높이를 허용 전달파고를 고려하여 산출하시오.

d : $9.07m$, h : $28.97m$, 설계파고 : $4.00m$, 설계조위 : $DL(+)3.07m$

(허용 전달파고 : 1.0m)

(풀이)

$$d/h = \frac{9.07}{28.97} = 0.30, \quad \text{마루높이는 } DL(+)6.00\text{으로 가정한다.}$$

$$h_c = 6 - 3.07 = 2.93m, \quad h_c/H = \frac{2.93}{4.00} = 0.73$$

〈그림 2.27〉 그래프에서, 전달율 $K_T = 0.23$

전달파고 $H_T = H_I \times K_T = 4.00 \times 0.23 = 0.92m$

마루높이를 DL(+) 6.00m로 가정하였을 때 $0.92m < 1.0m$(허용전달파고) 이므로

정리

[마루높이의 산정방법]

- 방파제 마루높이 결정기준에 의한 방법 : 설계조위 + (0.6~1.25)$H_{1/3}$
- 파랑의 처오름 높이에 의한 방법 : 설계조위 + 처오름 높이(R)
- 허용 월파량에 의한 방법 : 설계조위 + h_c
- 전달파고에 의한 방법
- 인근 지역의 마루높이 이용 방법 등

5. 파력

5.1 파력의 개요

항만구조물에 작용하는 파력은 구조물의 형상, 해저지형, 수심 및 파랑의 특성을 고려한 파력 계산식 또는 파랑의 불규칙성을 고려한 수리모형실험의 결과에서 산정한다.

수리모형실험으로 파력 산정시 대상 구조물의 파괴성을 충분히 고려한 실험법을 적용하고, 규칙파 실험의 경우에는 최대파에 대한 검토도 수행한다.

5.2 직립벽에 작용하는 파력

가. 직립벽에 작용하는 파력의 개요

1) 직립벽에 작용하는 파력의 주된 요인

파랑의 제원과 조위, 수심, 해저 경사, 사석부 마루의 수심 및 폭, 사석부의 경사, 직립벽의 마루 높이 및 전면수심등이 파력에 영향을 미친다.

각각의 요소에 대한 설명도는 다음 페이지의 그림(직립제의 설계파압분포)에 제시된 바와 같다.

2) 파랑의 형태에 따른 파력의 분류

중복파력은 수심에 비해 작은 파고의 파랑에 의해 생기고 파압의 시간적 변화는 완만하다.

쇄파력은 직립벽에서 약간 외해측에서 쇄파된 파가 직립벽에 충돌할 때 강한 파력이 생기며, 특히 급경사 해저면 상의 직립벽이나 완경사이지만 높은 마운드 위에 있는 직립벽에 쇄파가 작용할 때에는 매우 큰 충격 쇄파력이 발생한다.

• 전면수심(h)과 파고($H_{1/3}$)의 관계에 따른 분류

- 중복파 : $\dfrac{h}{H_{1/3}} > 2$
- 쇄　파 : $\dfrac{h}{H_{1/3}} < 2$

나. 무공 직립벽에 작용하는 파력

1) 벽면에 파봉이 있을 때

중복파에서 쇄파까지의 파력을 연속적으로 계산할 수 있으나, 〈고다(合田), 1973〉급경사 해저면 상이나 사석부가 높은 직립벽의 경우에는 파력의 과소평가가 우려되므로 충격 쇄파력을 고려해야 한다.

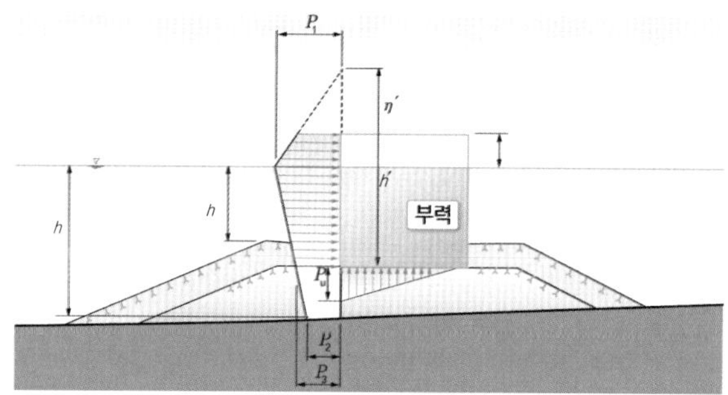

〈그림 2.28〉 직립제의 설계파압 분포

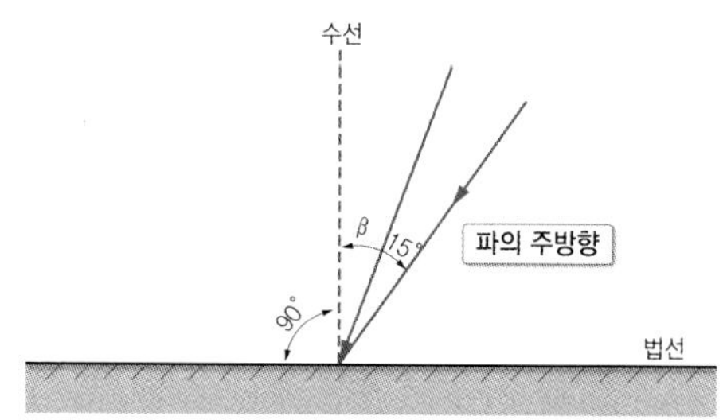

〈그림 2.29〉 제체의 수직선과 입사각의 보정각(β)

가) 전면파압

정수면의 높이에서 최대치 p_1, 정수면상 η *의 높이에서 0, 저면에서 p_2 가 되는 직선 분포로서 직립벽 저면으로부터 마루까지의 파압을 고려한다

$$\eta^* = 0.75(1+\cos\beta)\lambda_1 H_D$$

$$p_1 = \frac{1}{2}(1+\cos\beta)(\alpha_1\lambda_1+\alpha_2\lambda_2\cos^2\beta)\rho_o g H_D$$

$$p_2 = \frac{p_1}{\cosh(2\pi h/L)}$$

$$p_3 = \alpha_3 p_1$$

$$\alpha_1 = 0.6+\frac{1}{2}\left[\frac{4\pi h/L}{\sinh(4\pi h/L)}\right]^2$$

$$\alpha_2 = \min\left[\frac{h_b-d}{3h_b}\left(\frac{H_D}{d}\right)^2, \frac{2d}{H_D}\right]$$

$$\alpha_3 = 1-\frac{h'}{h}\left[1-\frac{1}{\cosh(2\pi h/L)}\right]$$

여기서,
- η^* : 정수면상에서 파압 강도가 0이 되는 점까지의 높이(m)
- p_1 : 정수면에서의 파압 강도(kN/m²)
- p_2 : 해저면에서의 파압 강도(kN/m²)
- p_3 : 직립벽 저면에서의 파압 강도(kN/m²)
- ρ_o : 해수의 밀도(tf/m³)
- g : 중력가속도(m/s²)
- λ_1, λ_2 : 파압의 보정계수(표준 1.0)
- h : 직립벽 전면의 수심(m)
- h_b : 직립벽 전면에서 외해(심해측)로 유의파고의 5배만큼 떨어진 지점의 수심(m)
- h' : 직립벽 저면의 수심(m)
- d : 사석부의 근고공 또는 피복공의 마루 중에서 작은 수심(m)
- H_D : 설계계산에 쓰이는 파고(m)
- L : 수심 h 에서의 설계계산에 쓰이는 파장(m)
- $\min(a, b)$: a 또는 b중 작은 값
- β : 파의 주방향에서 직립벽에 직각이 되는 방향으로 15°만큼 회전시킨 방향이 직립벽에 직각인 선과 이루는 각도(°), 파의 주방향과 직립벽에 직각인 선이 이루는 각도가 15°미만인 경우는 $\beta = 0°$ 를 사용함

나) 양압력

직립벽 저면에 작용하는 양압력은 외해측 끝부분에 p_u(kN/m²), 내해측 끝부분에서 0인 삼각형 분포로 하며, 이 경우 부력은 정수중의 배수체적에 대해서만 고려한다.

$$p_u = \frac{1}{2}(1 + \cos\beta)\alpha_1\alpha_3\lambda_3\rho_o g H_D$$

여기서, λ_3은 양압력의 보정계수이며 일반적으로 1.0이다.

다) 파력계산 적용파고 및 파장

파 주기에 대응하는 파장으로 하고, 파고는 다음의 최대파고 $H_{\max}$를 사용한다.

(1) 최대파고가 쇄파의 영향을 받지 않는 경우

$H_D = H_{\max} = 1.8H_{1/3}$

여기서, $H_{1/3}$은 직립벽 전면수심에서 진행파의 유의파고(m)

(2) 최대파고가 쇄파의 영향을 받는 경우

H_D = 불규칙파의 쇄파 변형을 고려한 $H_{\max}$

단, 이 때의 최대파고는 직립벽 전면에서 $5H_{1/3}$만큼 외해측에 떨어진 지점에서의 수심 h_b에 대한 값을 쓴다.

라) 고다(合田)식의 특징과 적용한계

설계계산에 적용하는 파고 H_D 및 파장 L은 최대파의 파고 및 파장으로 한다.

최대파의 파장은 유의고다식의 가장 큰 특징은 중복파에서 쇄파까지의 파력을 주기의 영향을 포함해서 연속적으로 계산할 수 있는 점이나.

파라미터 α_1은 주기(정확히는 h/L)의 영향을 나타내며 천해파에서 극한 값으로 1.1, 그리고 심해파에서 0.6이다.

그 밖에 주기의 영향은 최대파고 결정에도 영향을 주어 심해파고가 일정하더라도 주기가 길면 큰 최대파를 사용하게 된다.

또다른 특징은 사석부 높이와 해저 경사에 의한 파력의 변화를 파라메터 α_2로 나타내고 있는 것으로, H_D를 일정하게 하고 사석부의 높이를 해저면에서 서서히 높혀 가면 α_2값이 0에서 서서히 증가하여 극대치인 1.1에 달하고 그 이상이면 감소하여 d=0 에서 다시 α_2는 0이 된다.

따라서 α_1의 극한치 1.1과 합치면 정수면에서 파압강도는 $2.2\rho_o g H_D$가 된다.

해저 경사의 영향은 α_2의 식에서 h_D가 직립벽에서 설계유의파고의 5배 거리만큼 외해 쪽으로 떨어진 지점의 수심이므로 급경사일수록 마운드가 높은 경우와 같은 효과로 나타난다.

또, 쇄파의 영향을 받는 영역에서는 $5H_{1/3}$만큼 떨어진 지점의 최대파고를 설계파고로 한 것은 직립벽에 최대 파력이 작용하는 파가 진행파로서 외해에서 쇄파된 것을 반영한 것이며, 쇄파의 영향을 받는 곳에서는 해저 경사가 급할수록 큰 파고가 된다.

직립부 전면 사석부의 마루수평부분이 파장의 1/2보다 긴 경우에는 사석부 상단에서의 파고와 파장을 사용한다.(永井 등, 1965)

케이슨 등과 같은 확대기초가 있을 때는 파가 작용하는 쪽의 확대기초 상면에서 하향의 파력 또는 저면의 앞부분에서 p'_u, 뒷부분에서는 0의 양압력이 작용하는데, 그 합력은 확대기초가 없을 때의 양압력과 큰 차이가 없다. 따라서 확대기초를 무시하고 직립벽 전면의 연장점에서 p_u, 후면의 연장점에서 0의 삼각형 분포로 양압력을 산정하는 것으로 한다.

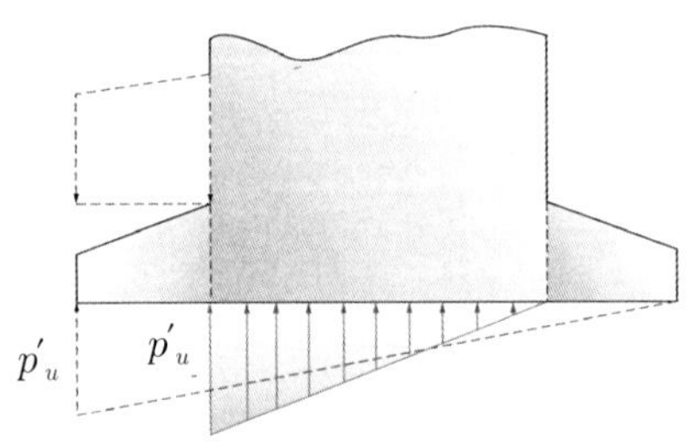

〈그림 2.30〉 케이슨 확대기초가 있는 경우의 양압력

2) 벽면에 파곡이 있을 때

면에 파곡이 있을 때의 벽 전면에서 부(負)의 파압은 정수면에서 0, 정수면하 $0.5H_D$에서 p_n, 그 이하 저면까지 일정한 직선 분포의 파압이 외해 측을 향해서 작용하는 것으로 한다.

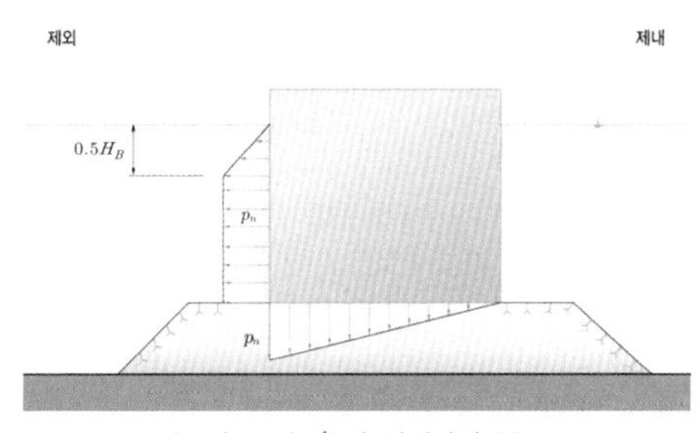

〈그림 2.31〉 負의 설계파압 분포

$$p_n = 0.5\rho_o g H_D$$

여기서, p_n : 균일파압 부분에 있어서 파압강도(kN/m²)

H_D : 설계계산에 쓰이는 (최대)파고(m)

대수심(大水深) 방파제에서는 파곡일 때의 부압력(負壓力)의 크기가 피봉이 있을 때의 정압력(正壓力)의 크기보다 크므로 벽체가 바다 쪽으로 미끄러지는 경우도 있다.

다. 충격쇄파력

1) 충격쇄파력 개요

입사 파랑이 직립제 전면에서 쇄파하기 시작하여 쇄파전면에 세워진 파면(波面)이 벽면에 부딪칠 때 조건에 따라 파고에 해당되는 정수압 $(1.0\rho_o g H_D)$의 수 배 내지 수십 배의 쇄파압이 작용하는 것을 말하며, 작용시간은 짧고 국소적이며 약간의 조건 변화에 따라서 변동이 매우 큰 특징을 가지며, 충격으로 인하여 구조물의 안정성이나 부재 응력에 미치는 영향이 클 수가 있다.

충격쇄파력에 대한 일반적인 산정법을 제시하기가 어려우므로 일반적으로 수리모형실험에 의해서 파력을 검토한다.

2) 발생조건

구조물 법선의 수직선과 파향과의 교차각 β가 20°이내에 있고 또 다음과 같은 경우에 충격쇄파력이 발생하기 쉽다.

① 급경사 해저의 경우

해저 경사가 1/30보다 급하고 직립벽보다 약간 심해측에서 쇄파될 경우, 환산심해파 파형경사가 0.03 정도 이하일 때 충격쇄파력이 발생하기 쉽다.

② 사석부가 높은 경우

사석부가 비교적 높고 또 전면 어깨폭이 적당히 넓거나 사면 경사가 완만하여 사석부 경사면 또는 경사의 어깨 부근에서 수벽(水壁) 모양의 쇄파가 충돌할 때 충격쇄파력이 생긴다. 해저 경사가 1/50보다 완만하고 설치수심에 대한 사석부 마루(피복공 포함) 상의 수심비가 0.6보다 큰 경우에는 매우 큰 충격쇄파력은 발생하지 않는다고 생각해도 좋다.

3) 대책공법

전면에 소파블록으로 충분히 피복하면 파력을 아주 완화시킬 수 있으며, 특히 사석부가 높은 경우에 소파블록으로 충분히 피복하거나, 사면케이슨 등과 같은 이형케이슨을 적용하면 충격 쇄파의 발생을 방지할 수 있다. 또한 방파제의 법선을 파향과 직각으로 하지 않는 것도 방안이다.

4) 수리모형실험에 의한 파력 검토

충격쇄파력이 작용하는 경우 수리모형실험에 의해 파력을 검토하기 위해서는 충격력에 대한 구조물의 응답 특성을 분석하는 것이 필요하다. 직립벽 전체의 안정성은 제체의 활동실험으로 검토하며, 파라페트 등의 부재 강도에 대한 검토는 응력측정실험 등으로 한다.

5) 직립벽에 작용하는 충격쇄파력

미수야수(光易)(1962)는 경사가 1/50, 1/25, 1/15인 일정한 경사면 상의 여러 수심에서 직립벽에 작용하는 규칙파의 쇄파력 실험을 광범위하게 수행한 결과, 충격쇄파력이 가장 현저한 수심 h_M의 산정식을 다음과 같이 제안하였다.

$$\frac{h_M}{H_o} = C_M \left(\frac{H_o}{L_o}\right)^{-1/4}$$

여기서,

C_M : 0.59−3.2$\tan\theta$

H_o : 심해파고(m)

L_o : 심해파장(m)

$\tan\theta$: 일정한 경사면의 경사

아래 그림은 파력의 작용 범위를 해저에서 정수면상 쇄파한계파고 H_b의 0.75배까지로 하고 평균 파압강도 $\bar{p}$를 구한후 $\rho_o g H_b$ 로 나누어 무차원화하여 심해파형경사(H_o/L_o)와 사면 경사에 따른 파력을 나타낸 것이다. 일반적으로 파형경사가 작을수록 강한 충격쇄파력이 발생하지만, 사면경사가 완만해지면 최대 충격쇄파력의 강도가 감소한다.

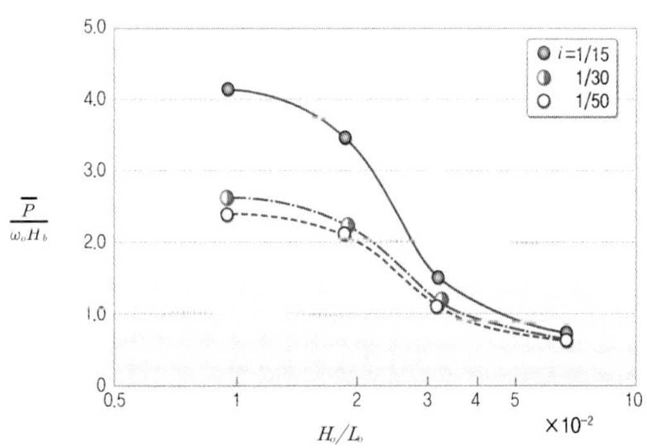

〈그림 2.32〉 최대 충격쇄파에 의한 평균파압강도(급경사 사면상의 직립벽)

6) 혼성제에 작용하는 충격쇄파력

가) 사석부 모양에 따른 충격쇄파력 계수

사석부가 높고 충격쇄파력이 작용하는 경우 그 파력의 정도를 나타내는 계수로서 다카하시(高橋) 등(1992)은 활동실험 결과를 기초로 충격쇄파력 계수 α_I 를 다음과 같이 제안하였다.

$$\alpha_I = \alpha_{I0}\alpha_{I1}$$

$$\alpha_{Io} = \begin{cases} H/d \ (H/d \leq 2) \\ 2 \ (H/d > 2) \end{cases}$$

여기서, H : 설계파고(최대파고)
d : 사석부 마루의 수심
α_{I1} : 충격쇄파력 계수(그림 2-33 참조)
h : 설치수심

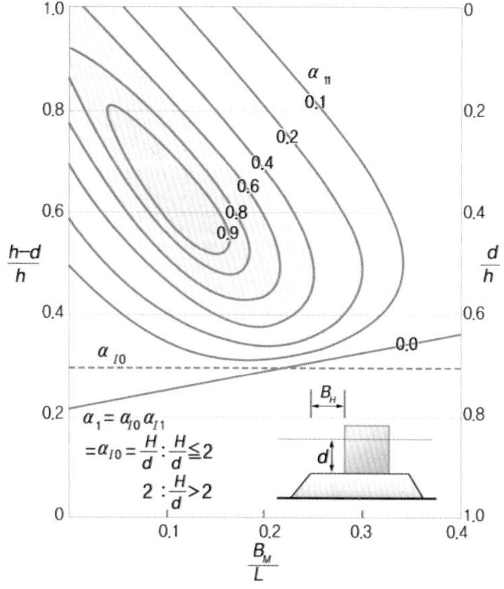

〈그림 2.33〉 충격쇄파력 계수

그림에서 충격쇄파력 계수 α_{I1}의 분포를 보면, d/h가 0.4, B_M/L이 0.12일 때 최대이며 그 값은 1이고, α_{I1}의 범위는 0~2이며, 이 값이 클수록 충격쇄파력이 커진다. 기존의 고다(合田)식을 사용하여 파력을 계산할 때에는 고다(合田)식의 α_2와 이 α_I 중에서 큰 값을 사용하는데, 여기서 α_I는 H/h가 0.6 이상인 경우의 활동실험 결과를 바탕으로 제안한 식이다.

제2장

나) 직립벽 마루높이의 영향

마루높이가 높을수록 충격쇄파력 발생의 위험성이 높으며, 마루높이가 높을 때에는 사석부가 비교적 낮은 경우에도 충격쇄파력이 발생할 수 있다

다) 파향의 영향

다니모토(谷本) 등(1981)의 실험결과 법선직각 방향에 대한 파향각 β가 0°일 경우 매우 강한 충격쇄파력이 발생하지만 β=30°, 45°일 때는 파력이 급격히 감소한다. 따라서 β=20°이내인 경우에 한해서 충격쇄파력을 고려한다.

라) 충격쇄파력에 대한 직립부의 동적 응답과 활동

충격쇄파력이 작용하는 경우 국소적인 순간치로서 파고에 해당되는 정수압의 수 배에서 수십 배에 날하는 파입이 기록되는데, 그 충격량의 변동은 크지 않고 강한 충격쇄파력의 작용시간도 매우 짧다. 이러한 충격쇄파력이 활동에 미치는 영향은 사석부나 지반의 변형을 고려한 동적 응답으로 해석한나.

실험 결과(고다(合田), 1973; 다카하시(高橋) 등, 1993) 극한적인 충격쇄파력의 등가 평균파압상도는 (2.5~3.0)$\rho_o gH$로 보는 것이 적당하며, 충격쇄파력 계수는 활동실험 결과를 이용하여 도출되었기 때문에 동적 응답 효과가 어느 정도 고려되었다고 할 수 있다.

라. 소파블록으로 피복된 직립벽에 작용하는 파력

1) 고다(合田,1979)의 제안식

직립벽의 전면에 이형 콘크리트 블록 등의 소파공을 설치하면 벽체에 작용하는 파력이 감소하는데, 이는 소파공의 구조에 따라 다르나 충분한 폭과 마루높이를 갖는 소파공으로 가능하며, 특히 소파공의 마루높

이가 설계해면보다 낮을 경우에는 파력이 크게 되는 경우가 있으므로 주의를 요한다.

소파공의 마루높이가 직립벽의 마루와 같은 정도이고 파의 작용에 대해 소파블록의 안정이 충분히 확보될 때 직립벽에 작용하는 파력은 다음과 같다.

쇄파압은 소파블록에 의해 현저히 저감되므로 쇄파압 저감계수 $\lambda_2 = 0$, 그리고 λ_1(중복파압 보정계수)과 λ_3(양압력 보정계수)는 파고 H에 의존한다고 생각하여 $\lambda_3 = \lambda_1$으로 하고 λ_1을 λ로 하여 다음 식이 제안되었다

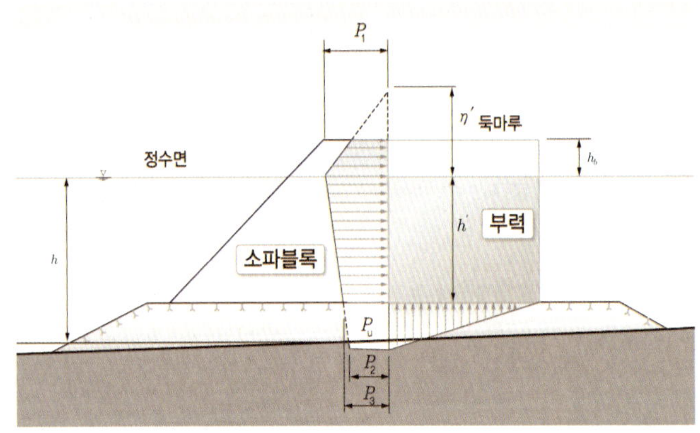

〈그림 2.34〉 소파블록으로 피복된 경우의 설계파압 분포(고다(合田)식)

$$\eta^* = 0.75(1+\cos\beta)\lambda H_D$$

$$p_1 = \frac{1}{2}(1+\cos\beta)\lambda\alpha_1\rho_o g H_D$$

$$p_u = \frac{1}{2}(1+\cos\beta)\lambda\alpha_1\alpha_3\rho_o g H_D$$

여기서, η^* : 정수면 상에서 파압강도가 0이 되는 점까지의 높이(m)

p_1	: 소파블록으로 피복되는 경우 정수면에서의 파압 강도kN/m²)
p_u	: 소파블록 케이슨 저면의 외해쪽 끝부분의 양압력 강도(kN/m²)
β	: 파의 주방향에서 직립벽에 직각이 되는 방향으로 15°만큼 회전시킨 방향이 직립벽에 직각인 선과 이루는 각도(°)
α_1, α_3	: 계수
H_D	: 설계계산에 쓰이는 파고, 최대파고(m)

$$\lambda \quad : \text{소파블록피복에 의한 파압의 저감률} = \begin{cases} 1.0 \ (H/h \le 0.3) \\ 1.2 - 2(H/h)/3 \ (0.3 < H/h \le 0.6) \\ 0.8 \ (H/h > 0.6) \end{cases}$$

2) 모리히라(森平, 1967) 제안식

소파블록으로 충분히 피복되고, 유의파고가 쇄파의 영향에 의해서 작아지는 쇄파대 내에 있는 경우에 적용한다.

가) 파력이 구조물에 직각으로 작용할 때

평균 파압강도가 직립벽 기부부터 정수면상 $1.0H_{1/3}$ 또는 직립벽 마루높이 가운데 낮은 편의 높이까지 일정하게 작용하는 것으로 간주한다

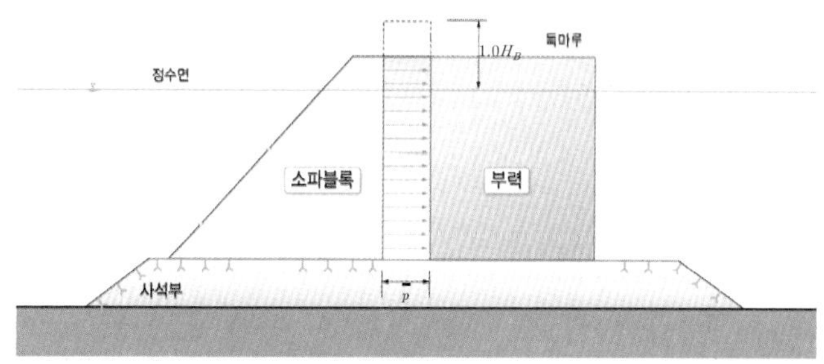

〈그림 2.35〉 소파블록으로 피복된 경우의 설계파압 분포〈모리히라(森平, 1967)〉

$$\bar{p} = 1.0\rho_o g H_{1/3}$$

여기서, $\bar{p}$: 소파블록을 피복했을 때의 직립벽에 작용하는 평균 파압강도(kN/m²)

$H_{1/3}$: 설계유의파고(m)

나) 파력이 구조물에 사각으로 작용할 때

이때 파력의 작용 높이는 변하지 않는다고 가정한다.

$$\begin{cases} \overline{p} = 1.0\rho_o g H_{1/3}\cos\beta,\ 0 \leq \beta \leq 45° \\ \overline{p} = 0.7\rho_o g H_{1/3},\ \beta > 45° \end{cases}$$

여기서, β : 파의 주방향에서 직립벽에 직각이 되는 방향으로 15°만큼 회전시킨 방향이 직립벽에 직각인 선과 이루는 각도(°)

마. 직립 소파케이슨에 작용하는 파력

1) 유수실(流水室)에 덮개판이 없을 때

직립 소파케이슨에 작용하는 파력은 소파부의 구조 조건에 따라서 다르므로 일반적으로 규정할 수는 없으나, 안전성의 검토에 쓰이는 파력은 고다(合田)식을 보정해서 사용한다. 이때의 부력은 소파부에 대해서는 전체, 케이슨 본체에 대해서는 정수시의 배수 체적에 대해서만 고려한다.

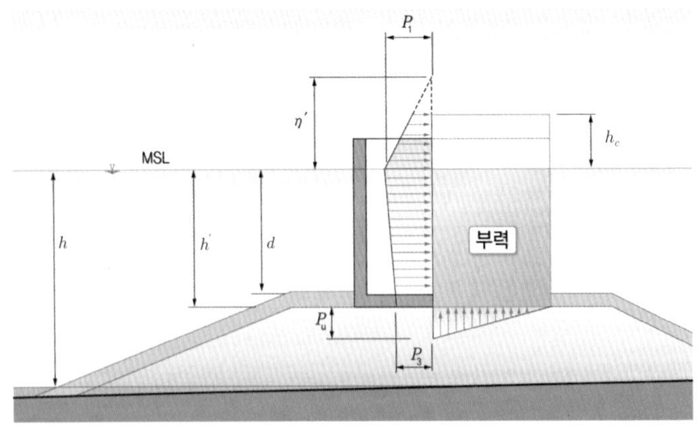

〈그림 2.36〉 안전성의 검토에 쓰이는 파압 분포(유수실의 덮개판이 없는 경우)

$$\eta^* = 0.75(1+\cos\beta)\lambda_1 H_D$$

$$p_1 = \frac{1}{2}(1+\cos\beta)(\alpha_1 + \lambda_2\alpha_2\cos^2\beta)\lambda_1\rho_o g H_D$$

$$p_u = \frac{1}{2}(1+\cos\beta)(\lambda_1\alpha_1\alpha_3\rho_o g H_D)$$

여기서, η^* : 정수면상에서 파압 강도가 0이 되는 점까지의 높이(m)

p_1 : 정수면에서의 파압 강도(kN/m²)

p_u : 소파부를 제외한 케이슨 본체부의 저면 전단에서의 양압력 강도(kN/m²)

β : 파의 주방향에서 직립벽에 직각이 되는 방향으로 15°만큼 회전시킨 방향이 직립벽에 직각인 선과 이루는 각도(°)

λ_1, λ_2 : 직립 소파케이슨의 구조에 따른 파압의 보정계수 (다공 케이슨, 종슬릿 케이슨에서는 평균적으로 $\lambda_1 = 1.0$, $\lambda_2 = 0$)

$\alpha_1, \alpha_2, \alpha_3$: 계수

ρ_o : 해수의 밀도(≒1.03kg · s²/m⁴)

g : 중력가속도(≒9.8m/s²)

H_D : 설계계산에 쓰이는 파고, 최대파고(m) H_{max}

2) 유수실에 덮개판이 있는 경우

유수실 내부에 파력 작용시 공기압에 의한 충격력이 발생하므로 부재 설계시 충격파력을 고려해야 한다. 이 충격파력을 줄이기 위해 파력이 벽체에 작용하지 않는 규모의 공기실을 설치한다.

5.3 경사제 제체에 작용하는 파력

경사제 또는 경사면을 가지는 투과성 구조물의 제체에 작용하는 파력은 제체 사면의 경사, 구조양식, 소파정도, 반사율, 제체의 투과성 등에 따라 다르므로 수리모형실험으로 결정하거나 다음과 같이 산정한다.

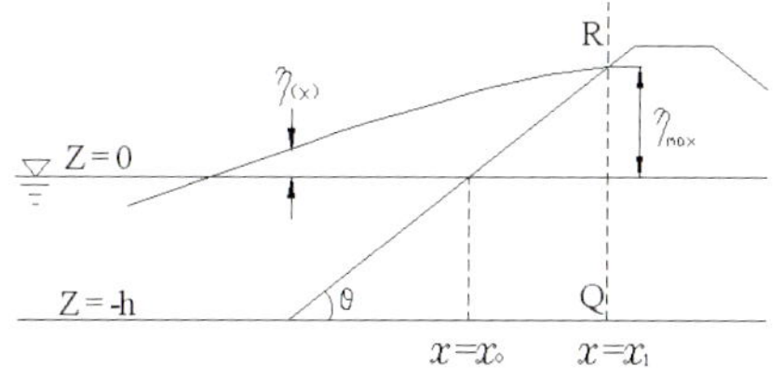

〈그림 2.37〉 사면상의 부분 중복파형[이달수 등, 2002; 고다(合田) 등, 2004]

가. 사면상의 수면파형 간략식

본 간략식으로 계산한 사면상의 처오름높이는 실제 처오름높이에 비하여 현저히 낮다.

$$\eta(x) = \frac{1}{2} H_{max} \sqrt{1 + 2K_R \cos 2k(x - x_1) + K_R^2}$$

여기서, $\eta(x)$	: 사면상의 수위(m)
H_{max}	: 경사제 전면에서의 최대 입사파고 (≒ 1.8H_{max})
$H_{1/3}$	: 경사제 전면에서의 설계 유의파고(m)
K_R	: 설계 유의파 주기의 규칙파에 대한 제체의 반사계수
k	: 파수(≒ $2\pi/L$)
L	: 경사제 전면에서의 설계 유의파의 파장(m)
x_1	: 경사제의 사면에서 수위(처오름)가 최대가 되는 점의 x축의 좌표
$\overline{RQ}$	: 반사계수가 제체의 반사계수와 동일한 가상의 연직평면

1) x_1값 추정

$$x_1 = x_0 + \eta_{max} \cot\theta$$

여기서, $\eta_{max} = \frac{1}{2}(1 + K_R) H_{max}$

η_{max}	: 경사제의 사면에서 간략 이론식에 의한 처오름높이(m)
x_0	: 경사제의 사면과 정지수면이 만나는 점의 x축의 좌표
θ	: 경사제의 사면이 수평면과 이루는 각(°)

2) 반사계수 K_R 값의 추정

수리모형실험을 수행하지 않은 경우 가상의 반사계수K_R^*를 추산한 후 이를 K_R의 값 대신 사용하는데, 아래식은 규칙파 실험 결과를 불규칙파 설계에 적용하기 위하여 편의상 수정한 것이다.

$$K_R^* = \frac{2\eta_{max}^*}{\alpha H_{max}} - 1R$$

여기서 K_R^* : 가상의 반사계수
η_{max}^* : 규칙파에 의한 처오름높이(m)
α : 처오름높이 보정계수

사면경사	1/1.5	1/2	비 고
α	1.9	1.6	피복재 : 사석, 테트라포드

나. 사면상의 파압분포

$$p(x,z) = \rho_0 g[\eta(x) - z] = \rho_0 g[\eta(x) - (x - x_0)\tan\theta] \quad : 0 \le z \le \eta_{max}$$
$$p(x,z) = \rho_0 g \eta(x) \frac{\cosh k(h+z)}{\cosh kh} \quad : -h \le z \le 0$$

여기서, h : 경사제 전면에서의 수심(m)
z : 연직좌표축
p : 경사제의 사면에 작용하는 파압강도(kN/m^2)
ρ_0 : 해수의 밀도(t/m^3)
g : 중력가속노(m/s^2)

다. 총파력의 수평 및 연직분력

$$F_H = \sin\theta \int_{-h}^{\eta_{max}} p(x,z)ds = \int_{-h}^{\eta_{max}} p(x,z)dz$$
$$F_V = \cos\theta \int_{-h}^{\eta_{max}} p(x,z)ds = \cot\theta \int_{-h}^{\eta_{max}} p(x,z)dz$$

여기서, F_H : 경사제의 길이 1 m당 작용하는 총파력의 수평분력(kN/m)
F_V : 경사제의 길이 1 m당 작용하는 총파력의 연직하향분력(kN/m)
ds : 경사제 사면의 미소 길이

규칙파 수리모형실험에 의하면, 이 간략 이론식은 총파력의 수평분력의 경우 다소 크게 예측되나, 충격쇄파력 및 불규칙파 실험의 결과 사이에 내재된 미확인 불균일성 등을 감안하여 산정파력을 그대로 사용할 것을 권장한다.

총파력의 연직분력의 경우는 사면경사가 1/1.5인 경우에 사석 피복제와 테트라포드 피복제에서 계측치보다 60% 정도, 사면경사가 1/2인 경우에는 사석 피복제에서 90%, 테트라포드 피복제에서는 60% 정도 크게 예측되는데, 역시 미확인 불균일성 등을 고려하여 위에 명시한 차이의 1/2 이내에서만 조정할 것을 권장한다.

또한, 수심이 매우 깊거나 설계파의 파장이 매우 짧을 경우, 사면의 깊은 위치에서 파압이 음(-)의 값을 가지는 경우가 발생하는데, 파압의 음(-)의 값은 0으로 바꾸어 적용함이 안전측이다.

라. 총파력의 연직분력(하향) 분포

- 경사제를 연약지반에 설치하거나 경사제를 설치하기 위하여 연약지반을 개량하고자 할 때 제체 중 전사면과 지반이 만나는 깊이까지 전달되는 파력의 정보가 필요한 경우가 있는데, 제체의 하부 지반에 전달되는 총 연직 하향파력의 수평분포는 그림에서와 같이 역삼각형의 모양으로 모사할 수 있다.

$$H_F = \frac{2F_V}{\overline{OB}}$$

$$\overline{OB} \simeq \overline{OU} = \frac{h + \eta_{\max}}{\sin\theta}$$

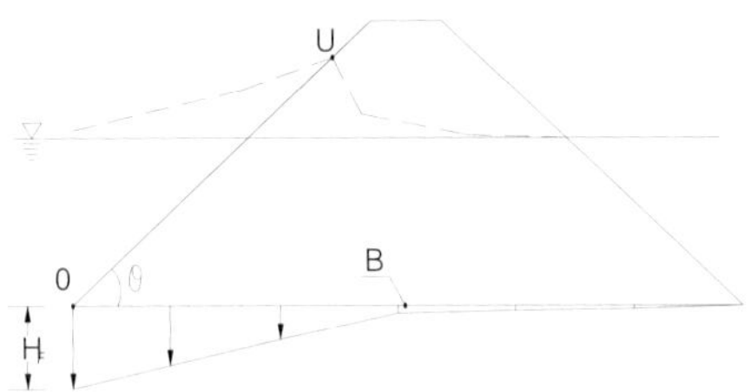

〈그림 2.38〉 최대파에 의해 제체의 하부 지반에 전달되는 연직파력의 분포

위에서,

H_F : 경사제의 길이 1 m당 지반에 전달되는 총 연직 파력의 분포삼각형의 높이(kN/m^2)

$\overline{OB}$: 지반에 전달되는 총 연직 파력 분포삼각형의 밑변의 길이(m)

$\overline{OU}$: 경사제 사면의 하부로부터 이론 처오름 높이가 최고가 되는 곳까지의 사면상의 길이(m)

제2장

5.4 부체에 작용하는 파력

가. 대형 고립구조물에 작용하는 파력

파장보다 큰 대형 고립구조물에 작용하는 파력은 보통 항력이 무시되고 관성력만 작용하기 때문에 속도 포텐셜(velocity potential)을 이용해서 산정할 수가 있다.

단순한 형상의 구조물에서는 해석적인 개략식으로 파력을 산정할 수 있으나, 구조물이 복잡하면 경계적분요소법이나 유한요소법에 의한 수치계산법으로 파력을 산정한다.

나. 수면 부근에 떠있는 물체에 작용하는 파력

1) 물체가 고정된 경우

파장에 비해 물체의 직경이 커지면 항력은 무시할 정도로 작아 파력은 질량력으로만 표시할 수 있으며, 그림에서와 같이 물체에 작용하는 전·후면의 압력을 계산하여 물체에 가해지는 힘을 신정는데, 폰툰형의 선박길이가 파랑의 1/2인 때에 최대의 파력이 생긴다.

가장 간단한 예로, 폰툰형 선박에 의한 파랑의 산란을 무시하고 선박의 앞면에 파봉이 있어 정수면에서 $0.6H$의 높이까지 수면이 상승하고, 후면에는 파곡이 있어 정수면 아래 $0.4H$의 깊이까지 수면이 하강한 상태를 생각하면 그 파력은 다음과 같다.

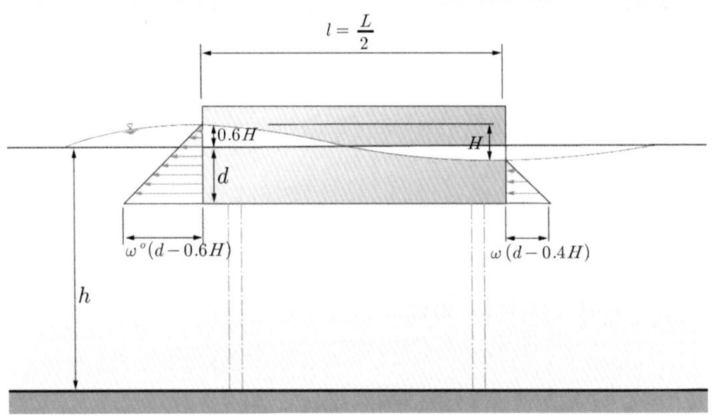

〈그림 2.39〉 폰툰형 선박에 작용하는 파력

$$P = \frac{1}{2}\rho_o B\{(0.6H+d)^2-(d-0.4H)^2\} \fallingdotseq \rho_o HBd$$

여기서, P : 폰툰형 선박에 작용하는 파력(kN)
ρ_o : 해수의 밀도(보통 1.03 t/m3)
H : 파고(m)
B : 폰툰형 선박의 폭(m)
d : 폰툰형 선박의 흘수(m)

단, 폰툰형 선박의 폭이 넓을 경우에는 그 앞면에서 산란파에 의한 파랑이 중복되어 수면이 높아지므로 상기식으로 구해지는 값보다도 20~30% 더 커지게 된다.

2) 다소 이동이 허용되는 경우

부유방파제 등과 같이 부체가 계류삭으로 계류되어 있을 때에 작용하는 파력은 가능한 수리모형실험으로 산정하고 (부체+계류밧줄)의 고유주기가 짧으면 파랑에 의한 공진현상 검토가 필요하다.

6. 수리모형실험

6.1 수리모형실험의 개요

수리모형이란 실제 물리계에 작용하는 지배적인 힘이 모형에서도 적용될 수 있도록 일정비율에 맞추어 축소하여 만든 물리계이다

〈원형〉 〈모형〉

〈그림 2.40〉 수리모형

6.2 수리모형실험의 목적 및 장단점

가. 수리모형실험의 목적

원형의 성능을 사전에 파악하기 위해 원형을 축소(또는 확대)하여만든 모형상에서 지배적인 주요 외력을 대상으로 실험을 실시하고 원형에서의 각종 현상을 관찰하는 것이다. 단, 연구하고자 하는 현상에 대한 기본적인 물리현상 및 이론 등을 충분히 이해하여야만 모형실험을 적절히 수행할 수 있다.

〈원형상〉

〈모형상〉

〈그림 2.41〉 원형상과 모형상 (단면)

나. 수리모형실험의 장점

해석적인 방법 및 수치모형으로 자연현상을 해석하고 예측하기 위해서는 지배방정식의 단순화 등과 같은 가정이 요구되지만, 수리모형실험에서는 이러한 가정이 필요 없다.

현장관측을 통해 자료를 수집하는 것보다는 비교적 적은 비용으로, 보다 쉽게 필요한 자료를 수집할 수 있다

다. 수리모형실험의 단점

축척효과(scale effect)와 실험실효과(laboratory effect)에 의한 오차가 존재한다

자연에서 발생할 수 있는 모든 조건을 적용할 수 없다

수치모형실험에 비해 비용이 더 소요된다

6.3 수리모형실험의 구분

가. 하상재료(Bottom Material)에 의한 구분

- 고정상모형(fixed bed model)
- 이동상모형(movable bed model)

나. 수동역학적 모형(Hydrodynamic model)에 의한 구분

- 단파모형(short wave hydrodynamic model)
- 장파모형(long wave hydrodynamic model)

다. 축척비(Ration of scale for vertical and horiziontal)에 의한 구분

- 정상모형(undistorted model)
- 왜곡모형(distorted model)

6.4 상사법칙

가. 상사법칙의 개요

- 원형과 모형간의 각종 물리량을 변환시키기 위해 필요한 환산율을 규정한 법칙이다
- 원형에 작용하는 지배적인 외력을 모형에 적용할 수 있도록 원형과 모형간의 상관관계를 맺어주는 법칙이다
- 원형에 작용하는 모든 외력을 모형에 적용할 수 없으므로 지배적인 외력 이외의 나머지 외력은 지배적인 외력에 비해 영향이 작다는 가정이 성립되어야 한다

나. 수리학적 상사(Hydraulic similitude)

- 기하학적상사(geometric similitude)
- 운동학적상사(kinematic similitude)
- 동역학적상사(dynamic similitude)
  - Froude상사 : 지배적인 외력이 중력인 경우의 상사
  - Reynolds상사 : 지배적인 외력이 점성력인 경우의 상사
  - Weber상사 : 지배적인 외력이 표면장력인 경우의 상사
  - Cauchy상사 : 지배적인 외력이 탄성력인 경우의 상사
  - Euler상사 : 지배적인 외력이 압력인 경우의 상사

※ 항만실험에 있어 대부분의 경우는 중력이 지배적인 외력이므로 Froude 상사를 적용한다

6.5 수리모형실험의 방법

- 사전 자료조사
  - 현지조사 및 대상해역의 수심자료
  - 수치해석 등을 통한 파랑자료 조사
- 자료검토
  - 실험시설 및 장비 검토
  - 평면배치안 및 표준단면 검토
  - 실험예산 검토
- 실험축척 및 실험영역 결정
- 모형제작
  - 대상해역의 해저지형 제작
  - 평면 및 단면모형 제작
- 실험준비
  - 예비실험
  - 실험파 설정
- 안별실험 및 최적안 도출
  - 평면배치안별 실험
  - 단면안별 실험
  - 결과분석
  - 최적안 도출

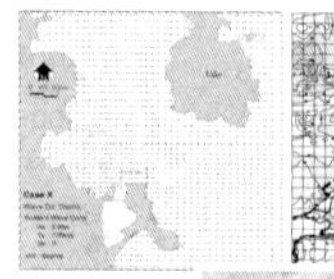
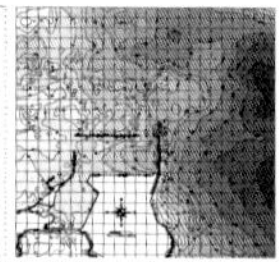

〈그림 2.42〉 사전 자료조사 내용

〈그림 2.43〉 모형제작

〈그림 2.44〉 예비실험 및 실험파 설정

〈그림 2.45〉 평면배치안별 정온도 실험

〈그림 2.46〉 단면안정성 실험

〈그림 2.47〉 평면안정성 실험

※ 실험예산은 실험축척, 실험영역의 크기, 모형재료 등에 따라 차이가 발생하며, 가능한 한 대축척을 적용하는 것이 결과의 신뢰도 측면에서 바람직하다

6.6 수리모형실험의 장비

〈그림 2.48〉 단면 실험장비

6.7 평면 수리모형시험의 주된 항목

- 천해설계파(구조물 설계파) 산정
- 항내정온도 검토(최적 평면배치안 도출)
- 구조물(제두부, 곡면부 등)의 3차원 안정성 검토 등

〈그림 2.49〉 천해설계파 계측

〈그림 2.50〉 평면배치안 도출

〈그림 2.51〉 제두부구간 안정성 실험

〈그림 2.52〉 블록식 구조물 안정성 실험

6.8 단면 수리모형시험의 주된 항목

- 제간부 단면 제체 안정성 검토
- 단면형식별 수리특성(반사율, 전달율, 월파량, 파압 등) 검토

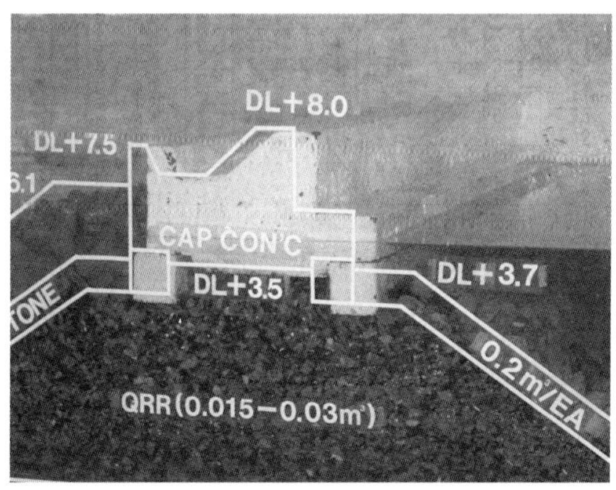

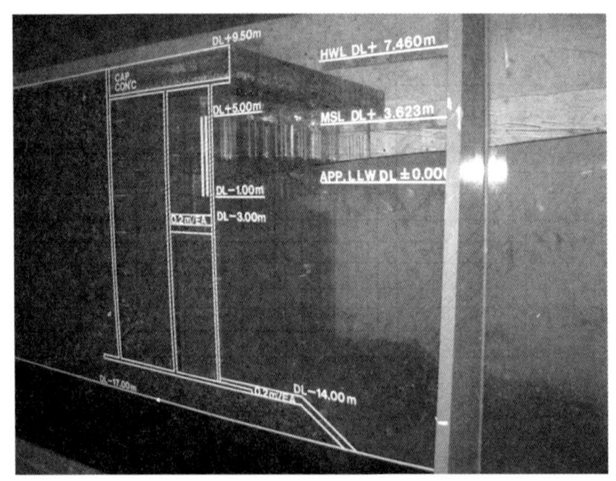

〈그림 2.53〉 단면 수리모형실험 사례

제3장

외곽시설

1. 방파제
2. 호안

집필위원 : 고 덕 형 (주)한국항만기술단 전무
감수위원 : 정 민 영 (주)경진엔지니어링 사장

1. 방파제

1.1 방파제의 개요

방파제 설계는 접안시설규모가 결정되고 부두배치계획이 완성된 후에 외해파랑크기 및 발생빈도등에 따라 방파제를 어떻게 배치할 것인가를 결정하고, 파랑등 외력조건에 따른 설계조건을 결정한후 지반조건등에 따라 단면을 가정하여 방파제에 작용하는 외력을 계산한 후 안정검토를 수행하게 된다.

항내 정온도 평가결과 만족할 만한 항내 정온도를 확보할 수 없을 경우 방파제 배치를 다시 조정하고, 안정검토결과 안정이 확보되지 못하거나 불필요하게 안전율이 높을 경우 단면을 좀더 경제적으로 조정하여 결정한후 기본설계를 시행하고 연차별 개발계획에 따라 세부설계(실시설계)를 시행하게 된다.

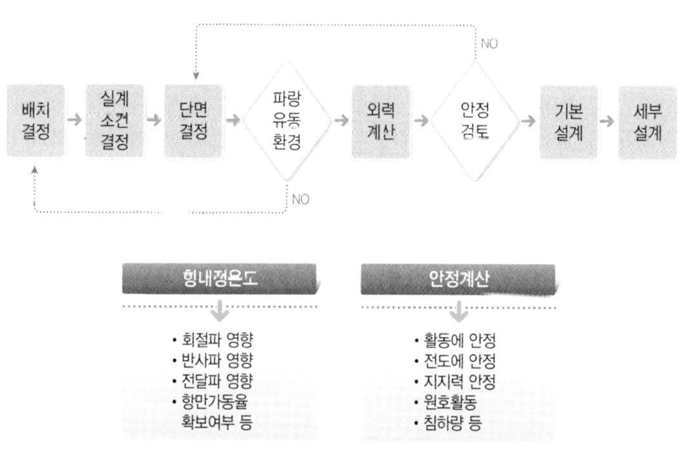

〈그림 3.1〉 방파제의 설계순서

1.2 방파제 배치

방파제 배치는 계류박지의 정온도를 만족시키기 위하여 파랑의 빈도와 크기, 파향등에 따라서 적절히 배치해야하겠지만 선박의 입출항을 위한 항구를 어떻게, 어느방향으로 위치하게 하느냐도 대단히 중요하다.

가. 정온도 확보

계류박지는 선박을 정박하거나 계류하기 위한 수역으로 통상 부두법선에서 해측으로 50m까지의 박지를 말하여 계류한계파고와 하역한계파고를 기준으로 정온도 확보여부를 판단하고 있다.

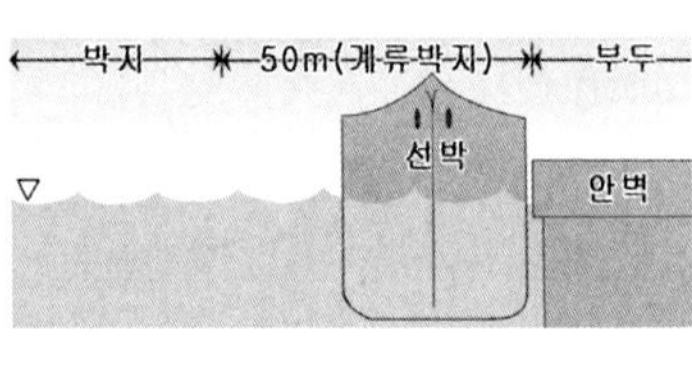

하역한계파고는 장기간 파랑관측자료를 이용하여 계류박지에서 연간 97.5%이상의 하역한계파고 출현여부를 기준으로 정온도 확보여부를 판단한다.

부두에 선박이 일년내내 정박해 있는것이 아니므로 연간 2.5%미만은 한계파고를 초과하더라도 부두운영에 지장이 없다

계류시설 전면박지의 하역한계 파고는 대상선박의 종류나 하역특성등을 고려하여 다음표와 같이 정할 수 있으며 이를 정온도의 참고기준으로 삼고 있다.

[표 3.1] 선형별 하역한계파고

선　형	하역한계파고($H_{1/3}$)
소형선(500GT급 미만)	0.3m
중·대형선(500GT급이상 50,000GT급 미만)	0.5m
초대형선(50,000GT급이상)	0.7~1.5m

계류한계파고는 50년빈도의 설계파인 유의파고($H_{1/3}$) 내습시 계류박지에서의 최대파고를 말하며 선박의 크기 및 계류삭(繫留索)의 능력등에 따라 다르지만 일반적으로 최대 1.5m정도를 기준으로 정온도 확보여부를 판단하고 있다.

또한 선박의 종류나 선형에 따라 하역시 허용가능한 선체의 동요기준이 예시되어 있으므로 설계자는 대상선박에 따라 하역한계기준을 적절하게 정하는 것이 바람직하다.

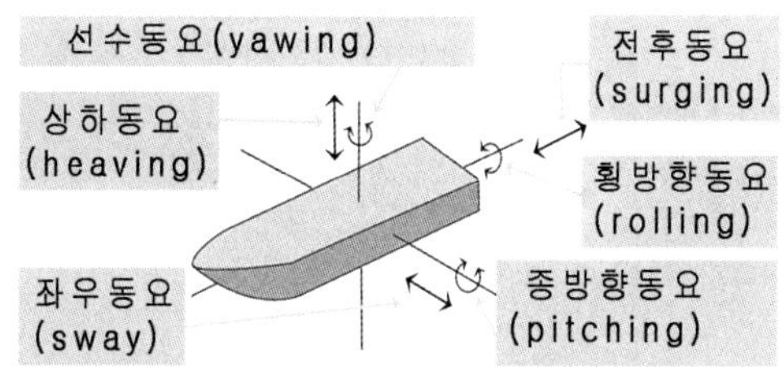

〈그림 3.2〉 선체의 운동성분

[표 3.2] 하역과 선체의 동요와의 관계(PIANC 제안내용)

선 종	전후동요 (m)	좌우동요 (m)	상하동요 (m)	횡방향동요 (°)	종방향동요 (°)	선수동요 (°)
일반화물선	±1.0	±0.75	±0.5	±2.5	±1.0	±1.5
곡물운반선	±1.0	±0.5	±0.5	±1.0	±1.0	±1.0
광석운반선	±1.0	±1.0	±0.5	±3.0	±1.0	±1.0
탱커(외항선)	±1.5	±0.75	±0.5	±4.0	±2.0	±2.0
탱커(외항선)	±1.0	±0.75	±0.5	±3.0	±1.5	±1.5
컨테이너선(LO/LO)	±0.5	±0.3	±0.3	±1.5	±0.5	±0.5
컨테니어선(RO/RO)	±0.3	±0.6	±0.3	±1.0	±0.5	±0.5

*PIANC(Permanent International Association of Navigation Congresses) 국제상설항해협회

정온도 평가 예시

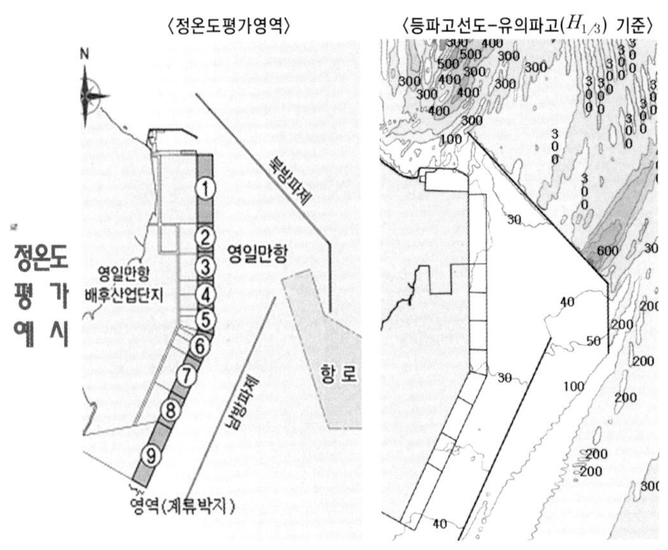

· A- 심해파에 대한 계류박지 유의파고($H_{1/3}$)

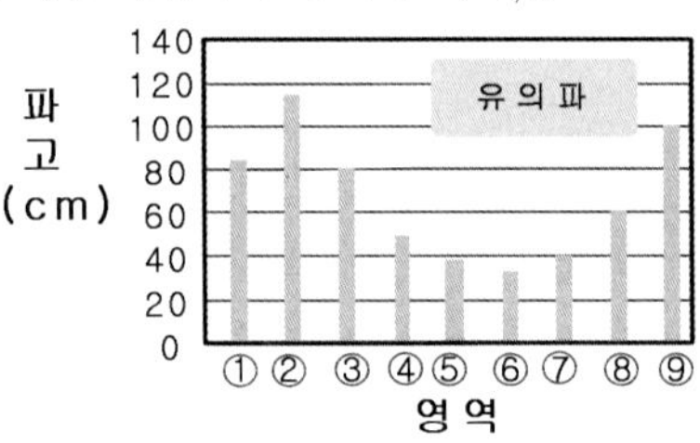

선석별(①~⑨) 부두전면 계류박지 최대파고 분포도(최대파고 1.5m 미만 충족)

· B- 장기파랑산출자료에 의한 계류박지 가동율

선 석	①	②	③	④	⑤	⑥	⑦	⑧	⑨	비 고
년간 가동율 (%)	99.6	99.3	99.7	99.9	100	100	100	99.8	99.5	하역한계 파고기준

년간항만가동율 평가결과 ③번선석에서 최소 99.3%(97.5%이상 충족)

일반적으로 A,B 모두 만족시켜야 항내정온도를 확보한 것으로 판단한다.

나. 방파제 배치조건

- 항입구는 주 파향을 향하지 않도록 하고 항입구를 통하여 항내침입파가 가장 작도록 한다.
- 방파제 법선은 설계파의 방향에 대하여 효과적으로 차단할 수 있도록 하고 가장 빈도가 높은 평상파와 가장 큰 설계파인 유의파를 모두 고려하여 항내정온도를 최대한 높이도록 한다.

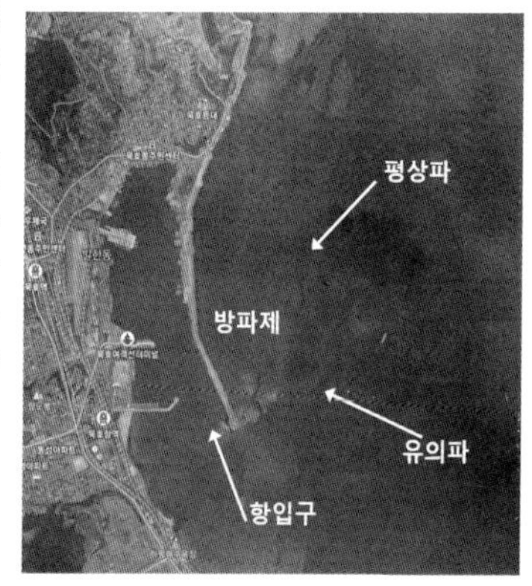

방파제 법선방향이 평상파와 유의파 모두와 직각방향에 가깝도록 배치

- 항 입구는 장래계획을 고려하여 이용선박의 항행에 지장이 없는 항입구 폭을 갖고 안전항행 조건을 가장 좋게 유지한다.

항입구폭은 가능한 크게하여 통항선박 항행조건을 좋게해야 함

- 항 입구 부근의 조류의 속도는 가급적 작게 하여 선박의 안전 입·출항에 유리하도록 한다.

항입구를 횡단하는 조류의 속도는 일반적으로 2~3노트(Knot) (1~1.5m/s) 이하가 바람직함

- 방파제 제체에 의한 반사파가 항내의 항로 및 박지의 정온도에 영향을 주거나 주변의 연안해역에 파랑 에너지의 집중현상을 유발시키는 등 파랑환경 변화에 의한 악영향을 최소화 한다.

  방파제 단면이 반사가 많이 발생하는 구조는 피하고 반사율을 최소화 할수 있는 소파구조(소파블록 피복, 소파케이슨 등)로 계획함.

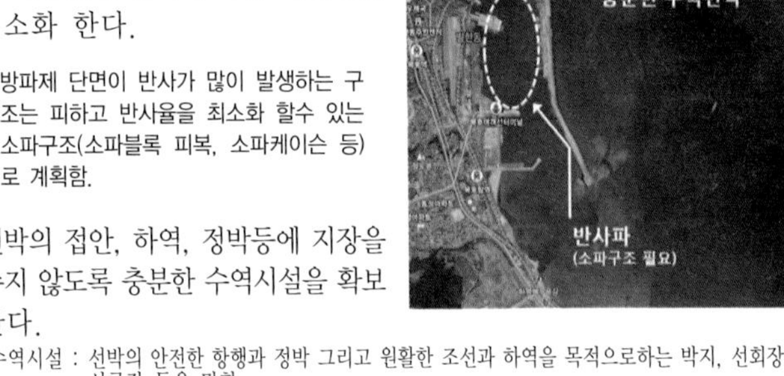

- 선박의 접안, 하역, 정박등에 지장을 주지 않도록 충분한 수역시설을 확보한다.

※ 수역시설 : 선박의 안전한 항행과 정박 그리고 원활한 조선과 하역을 목적으로하는 박지, 선회장, 항로, 선류장 등을 말함

(출처 : 항만법 제2조 6항 가. 기본시설)

다. 방파제 배치시 유의사항

경제적인 방파제를 건설하기 위해서는 항만입지 선정시에 방파제 배치조건을 동시에 고려하여야 한다.

- 파랑에너지의 집중을 일으키는 형상을 피한다.

  우각부에서는 파랑에너지 집중뿐만 아니라 파랑에너지가 복잡하게 작용하여 예상치 못하는 큰 에너지가 발생됨

- 지반이 특별히 나쁜 곳은 피하고 가급적 시공하기 쉬운 위치를 택한다.

  해상에서 지반개량을 해야하므로 시공이 복잡하고 공사비가 증가됨

- 곶(갑)이나 섬등 이용 가능한 자연 지형을 최대한 이용한다.

  공사비가 많이 절감되며 해안환경 훼손범위도 줄어듬

- 항내 해수정체에 의해 수질오염이 되는것을 방지하기 위한 해수순환 시설
- 모래질 해안에서는 항내에 표사가 유입하지 않도록 배치한다.

항내에 모래가 유입되면 운영중 유지준설비가 증가되고 항만가동율에 지장을 줌

- 방파제 설치후 인접해역에 대한 환경적 영향에 대하여 충분히 고려한다.

방파제 설치로 인해 인접해역의 조류방향이 바뀌는 등 해양환경이 변화되므로 인하여 여러가지 환경적 악영향을 발생시키고 있으며, 특히 모래질 해안에서는 방파제 구조물로 인해 표사이동 패턴이 바뀌어 인근 모래해안선이 급작스럽게 변해 큰 피해를 발생시키고 있음.

라. 기타 고려되어야 할 사항

- 방파제를 이용하는 이용객을 위한 친수, 편의, 안전시설
- 등대, 구조물 표시등 및 각종시설물 유지관리를 위한 유지관리 물품 보관창고, 간이접안시설
- 등대 및 구조물표시등 전력공급용 풍력, 파력, 태양력에너지등에 의한 자체 발전시설

(친수시설) (안전시설)

(간이접안시설) (풍력발전시설)

〈 그림 3.3 〉 방파제 시설

1.3 방파제 구조형식의 분류

가. 방파제 구조형식

방파제는 배치형식에 따라 육지와 연결되는 돌제식(또는 반무한제)과 육지와 떨어져 설치하는 이안제식으로 구분하며 대체로 단면의 구조형식에 따라 다음과 같이 분류된다.

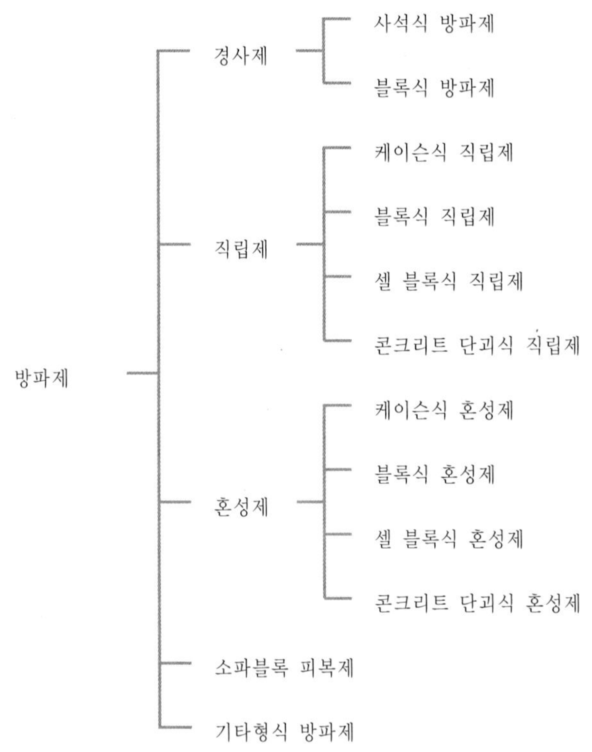

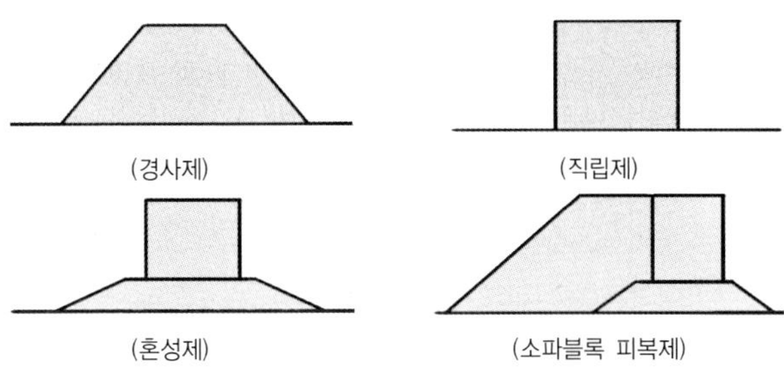

〈 그림 3.4 〉 방파제 구조형식

방사제(防砂堤)- 부유사를 제어하여 토사에 의한 항내 매몰을 방지하기 위한 시설이다
방조제(防潮堤)- 조석현상에 의한 조위를 제어하여 배후지의 해수침수등을 방지하기 위한 시설로 호안기능도 함께 가진다.
도류제(導流堤)- 하구등에서 하천류를 유도하여 흐름을 안정시키기 위한 시설로서 연안표사를 저지하는 방사제적 기능도 함께 가진다.
잠 제(潛 堤)- 상부가 평균수면보다 낮은 수중에 있는 시설물로써 파의 에너지를 한번 감쇄하여 해안 자체의 방어를 용이하게 하며 기존 경관을 해치지 않는다.

1) 경사제

경사제는 사석이나 콘크리트 소파블록을 사다리꼴 형상으로 쌓아올린 것으로서 주로 사면에서의 쇄파에 의해 파랑의 에너지를 소산시키며, 반사파의 영향을 최소화 할 수 있는 구조형식이다.

가) 경사제 형태

- 경사제는 사용되는 재료에 따라 구분하며 사석을 이용하여 블록으로 피복하는 경우 사석식 경사제, 블록을 이용하는 경우 블록식 경사제라 부른다

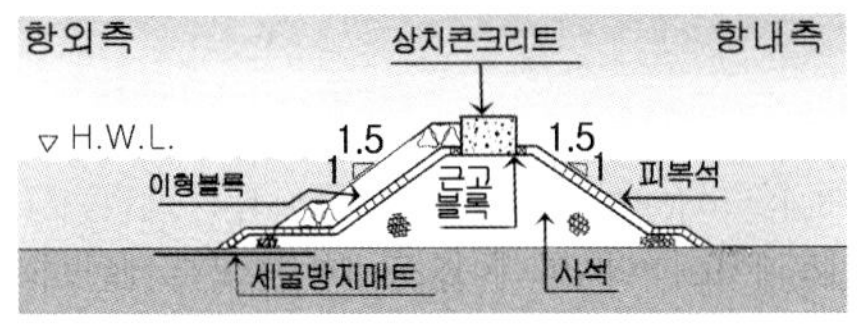

(사석식 경사제)

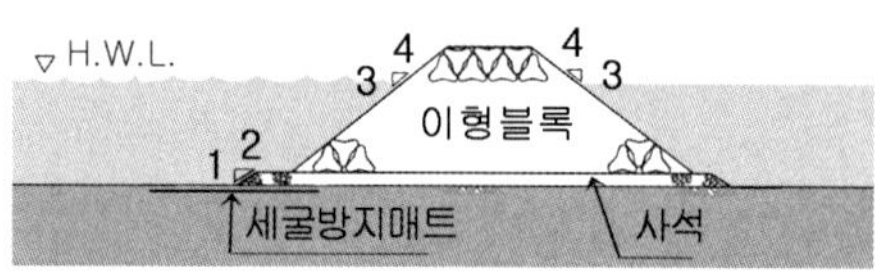

(블록식 경사제)

〈그림 3.5〉 경사제 형식

- 사석식 경사제는 사석으로 제체를 형성한후 피복석 및 이형블록으로 피복하여 파랑작용에 저항하는 형태로 사석 구득이 용이한 지역에서 경제적으로 이용될 수 있다.
- 블록식 경사제는 사석구득이 어렵거나 파랑작용이 커서 사석으로 제체형성이 어려운 해역에 주로 이용되는데, 공극이 커서 제체를 통과하는 투과파가 항내 정온도에 영향을 미칠 수 있으므로 그에 대한 대책도 함께 고려되어야 한다.

나) 경사제의 특징

- 경사제는 지반조건에 관계없이 제체를 형성할 수 있으며 시공이 단순하므로 수심이 얕은 곳에서 경제적으로 건설할 수 있다.
- 방파제의 마루높이는 설계조위에 유의파고($H_{1/3}$)의 0.6배이상의 적절한 높이로 하는 것을 표준으로 파의 처오름높이, 월파특성을 고려하여 결정하는것이 일반적이지만 월파량으로 인한 전달 파고가 클 경우 설계조위상 $1.25H_{1/3}$을 더한 높이로 결정할 수 있다.

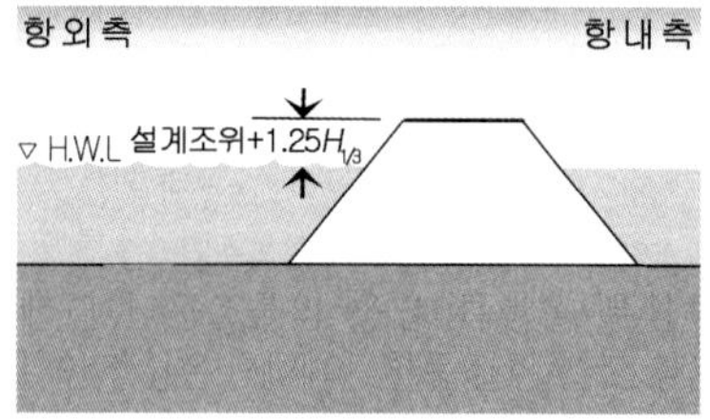

※ 설계조위 : 항만시설물 설계시 기준이 되는 수위면

"기왕고극조위", "삭망평균만조위+최대조위편차", "확률분석에 의한 고극조우", "약최고고조위+폭풍해일고" 등을 비교검토하여 가장 시설물에 위험하게 되는 조위를 선정함

• 마루폭, 사면경사 및 단면형상(복합단면 등)은 층별 재료의 조도, 공극율(투수계수)과 관련한 반사파, 월파 등 수리특성과 안정성의 허용범위를 고려하여 결정한다.
• 경사제의 피복층, 중간피복층 및 내부층(Core층) 등 각층의 투수성, 조도, 각 층간 및 사석간의 마찰특성의 변화도 피복재의 안정성과 파랑제어기능에 영향을 미치므로 주의하여 그 특성을 고려하여야 한다.

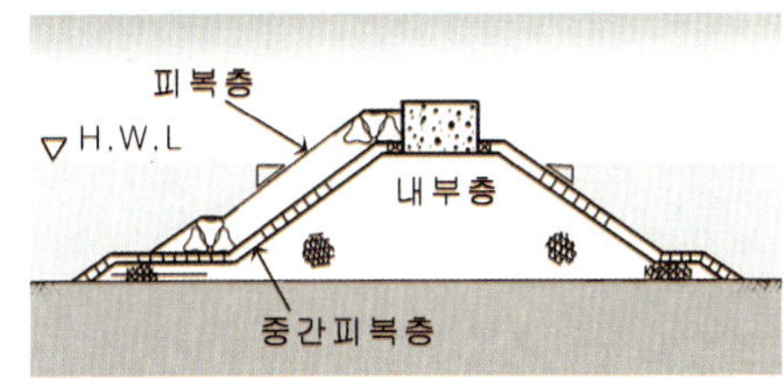

• 경사제의 파괴요인은 주로 직접적인 사면상의 파랑작용에 의한 피복재의 이탈, 상치콘크리트와 사석부의 수리적 불안정성에 기인한 국부세굴 및 상치구조물의 손상에 기인한 파괴, 월파에 기인한 배후면의 손상, 기부세굴에 의한 침하 및 사면붕괴에 의한 손상 등이 있으므로 각 손상요인에 따른 안정성의 점검 및 대책을 강구하고 실험적으로 확인할 필요가 있다.

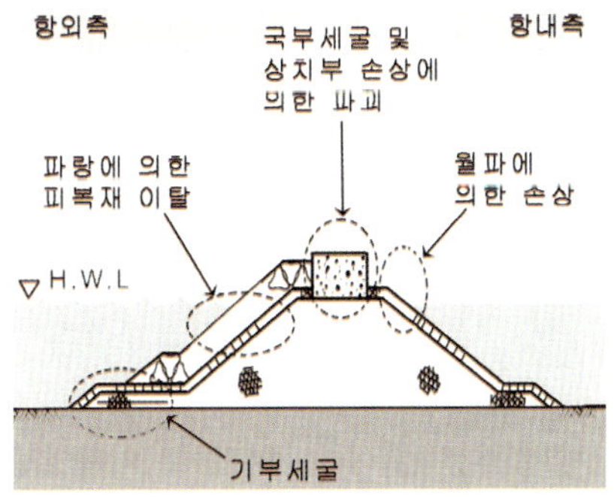

〈그림 3.6〉 경사제 파괴요인

제3장

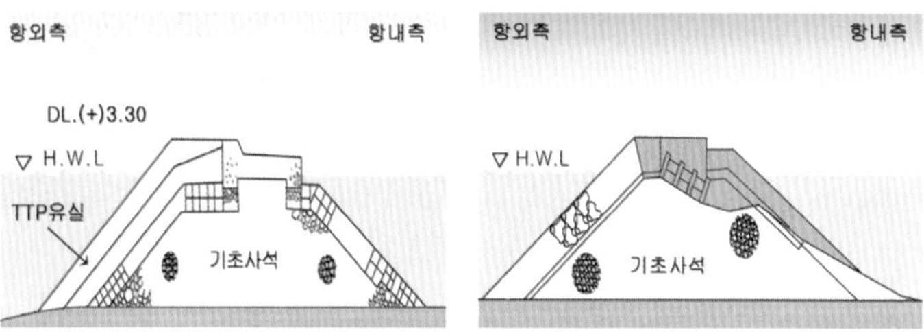

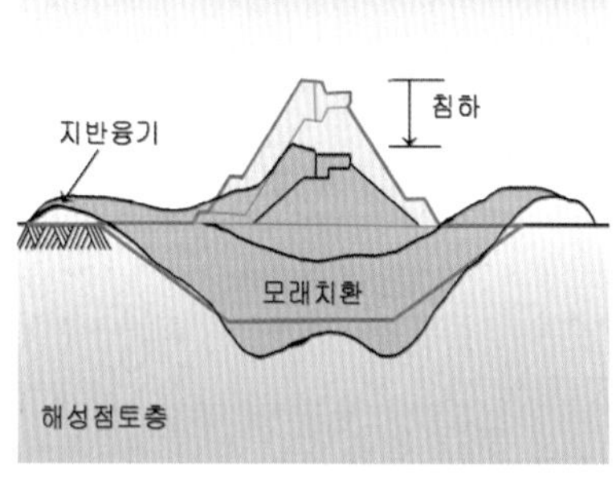

(상치콘크리트 활동, 전도 및 피복재)

(상치콘크리트 활동, 전도)

(피복블록 이탈)

(근고블록 이탈)

〈 그림 3.7 〉 경사제 파괴사례

- 특히 위 예시도면 및 사진과 같은 상치콘크리트 부설형 경사제의 피해사례에 의하여 상치구조물과 근고공 및 코아층의 연결부에서 세립재료의 흡출, 공동화 등에 의한 저항력 저하 등이 해일에 의한 수면상승과 연계하여 복잡하게 나타나므로 기부세굴저감대책 등과 연계한 실험적 검증을 통해 대책을 검토할 필요가 있다.
- 경사제는 투수성 제체를 통한 투과파가 있으므로 허용월파량을 직립제와 같이 한 마루높이를 결정하더라도 항내파고가 커지는 경우가 있으므로 주의가 필요하다. 따라서 이들 특성이 사면의 단면형상(경사, 복합단면 등), 투수성, 조도(재료특성), 마루높이 등 구조특성과 해양파의 불규칙성에 따라 많은 차이를 보일 수 있으므로 이에 대한 확률론적 검토가 필요하며, 이를 검증할 수 있는 수리모형실험과정을 거쳐야 한다.
- 월파를 허용할 경우 제체상부 피복재가 불안정해지므로 충분한 마루폭을 갖도록 할 필요가 있으며 이형 소파블록을 사용하는 경우 마루높이가 설계조위상 $0.6H_{1/3}$정도에서 마루폭은 소파블록 3개를 설치한 폭 이상을 권장한다.

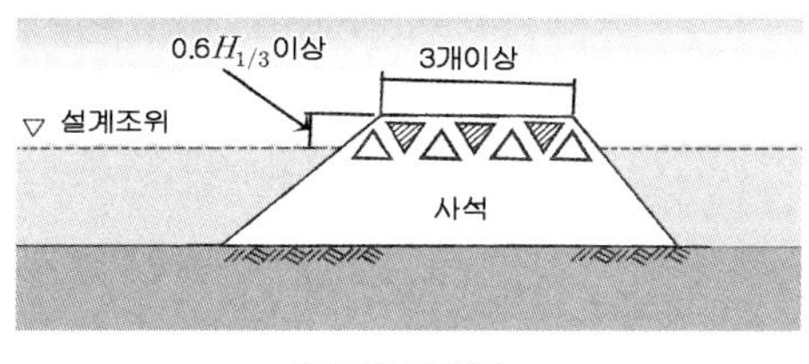

(경사제 마루폭)

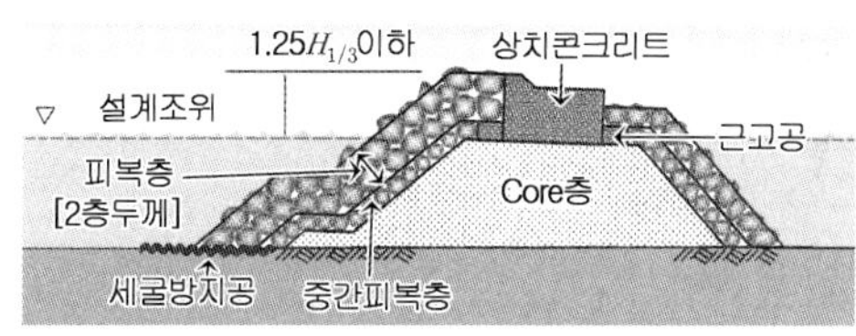

(전형적인 사석제 형상)

〈그림 3.8〉 경사제의 마루폭 및 마루높이

- 소파공의 마루폭은 충분한 소파효과를 얻기 위해서 소파블록 2개를 설치한 폭 이상으로 할 필요가 있으며 소파공의 마루높이는 직립부의 마루높이와 같게 하는 것이 바람직하다.

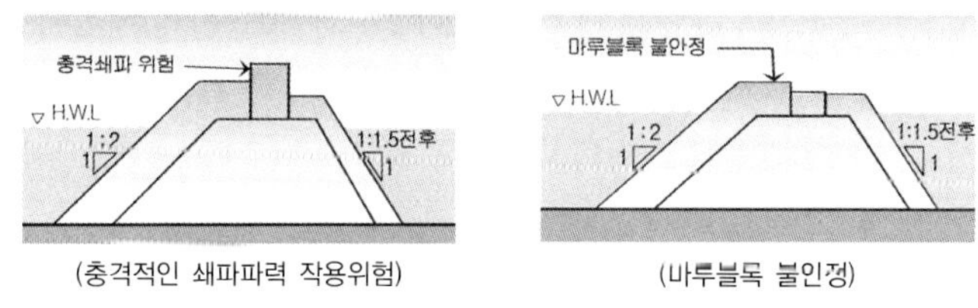

(충격적인 쇄파파력 작용위험) (마루블록 불안정)

〈그림 3.9〉 소파공과 직립부의 마루높이 관계

- 비탈경사는 안정계산에 의하여 적절히 결정하며 적용사례에서 보면 항외측 1:2, 항내측 1:1.5 전후가 많다. 또 항외측에서 비탈면의 상부와 하부의 경사와 피복재의 질량을 달리하는 경우에는 경사와 피복재의 질량이 바뀌는 지점을 최저설계 정수면 수면하 $2.0H_{1/3}$보다 깊은 곳으로 하는 것이 일반적이다.

사석크기	층별	사석크기의범위(%)
W	피복층	125 to 75
$W/2$ and $W/15$	수중피복층	125 to 75
$W/10$ and $W/300$	1차중간층	130 to 70
$W/200$	2차중간층	150 to 50
$W/4000 \sim W/6000$	속채움및 바닥깔기층	170 to 30

H = 설계파고

W = 피복재 개체의 질량

r = 층의 평균 두께

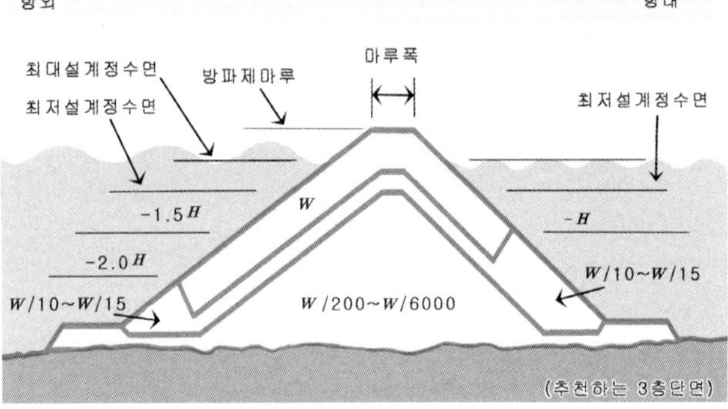

※ 자료 : 미육군 공병단 편람(C.E.M, 2004)

〈그림 3.10〉 경사제 단면도 제시예

2) 직립제

직립제는 전면이 연직인 벽체를 수중에 설치한 구조물로서 주로 파랑의 에너지를 반사시켜 파랑의 항내진입을 차단하는 구조형식이다.

가) 직립제 형태

- 직립제는 벽체에 사용되는 구조형식에 따라 구분하며 벽체에 사용되는 구조가 케이슨일 경우 "케이슨식 직립제", 블록일 경우 "블록식 직립제", 셀 블록일 경우 "셀블록식 직립제", 콘크리트 단괴일 경우 "콘크리트 단괴식 직립제" 라 부른다

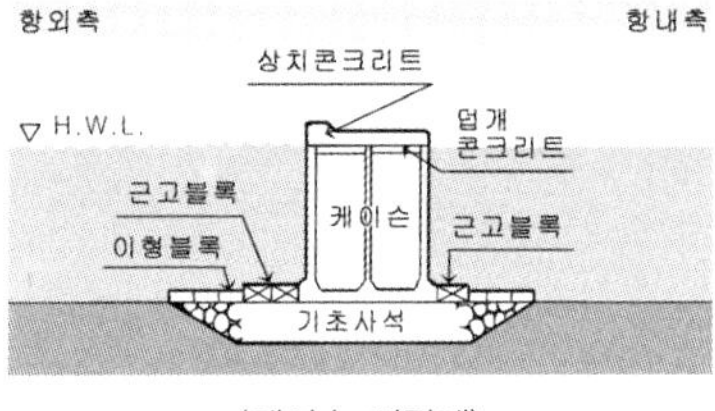

(케이슨 직립제)

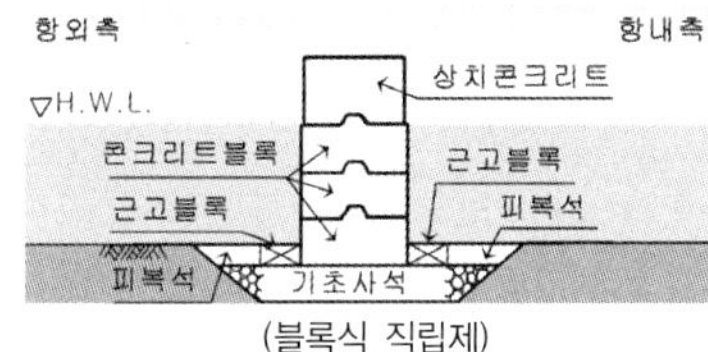

(블록식 직립제)

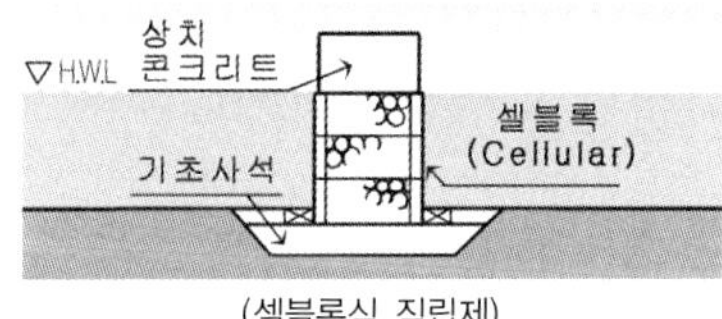

(셀블록식 직립제)

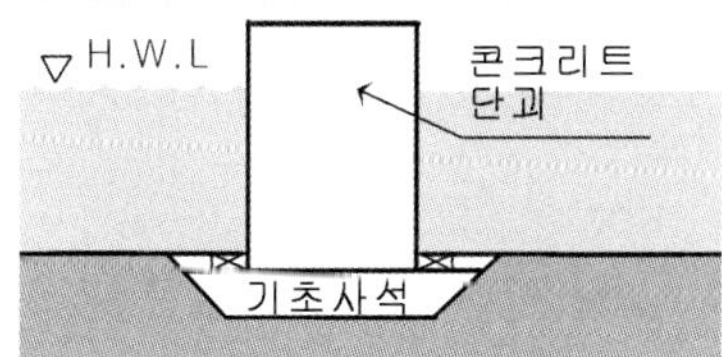

(콘크리트 단괴식 직립제)

〈그림 3.11〉 직립제 형식

- 케이슨 직립제는 케이슨을 미리 제작하여 기초사석위에 거치후 케이슨 격실에 모래등 속채움재로 채운후 상치콘크리트를 타설하여 완성하는 형태로서 구조일체성이 좋으며, 해상작업시간을 단축시킬 수 있다.
- 블록식 직립제는 미리 제작된 콘크리트 블록을 기초사석위에 여러단으로 적재하여 상부에 상치콘크리트를 타설하여 완성하는 형태로 소형

해상장비로도 작업이 가능하다.

- 셀블록식 직립제는 Cellular라는 중공블록을 미리 제작한후 기초사석위에 적재하여 셀내부를 사석등으로 채운후 상치콘크리트를 타설하여 완성하는 형태로 공종이 복잡하다.
- 콘크리트 단괴식 직립제는 기초사석위에 현장에서 직접 콘크리트를 타설하여 하나의 단괴를 형성시켜 완성하는 형태로 구조일체성이 좋으나 간조시 바닥이 드러나는 얕은 수심조건에서 적용가능한 방법이다.

나) 직립제의 특징

- 직립제는 구조물을 육상에서 제작하므로 해상작업을 줄일 수 있으며 지반조건이 양호하고 수심이 깊은조건에서 경제적으로 건설할 수 있다.
- 방파제의 마루높이는 설계조위에 유의파고($H_{1/3}$)의 0.6배이상의 적절한 높이로 하는 것을 표준으로 한다.
- 방파제 배후 박지에 정박하는 선박이 소형이고 박지면적이 좁아서 월파를 적극 억제하고 싶은 항만의 방파제에 있어서는 마루높이를 설계조위상 1.25$H_{1/3}$을 더한 높이로 결정할 수 있다.

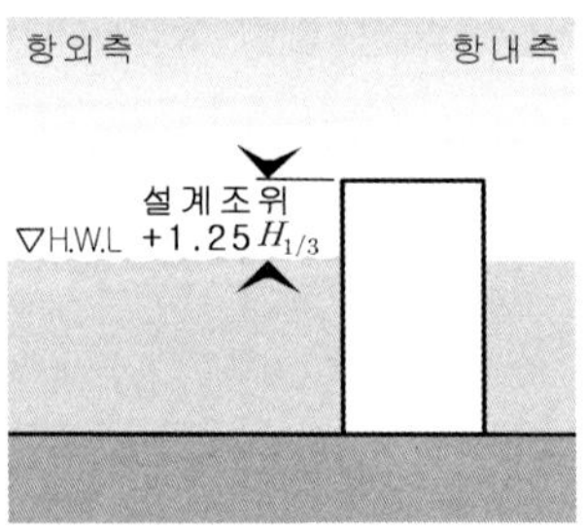

- 직립제체의 상부공(상치콘크리트)의 두께는 너무 얇으면 재해를 입게 되므로 설계파고 2m이상의 경우에는 1m이상으로 하고 파고 2m미만의 경우라도 최소두께는 50㎝이상으로 하는것이 바람직하다.
- 제체가 블록식인 경우 상부콘크리트는 제체 전체에 중량으로 작용하여 블록의 활동을 막는데 유효하므로 충분한 무게가 되도록 하는것이 바람직하다.

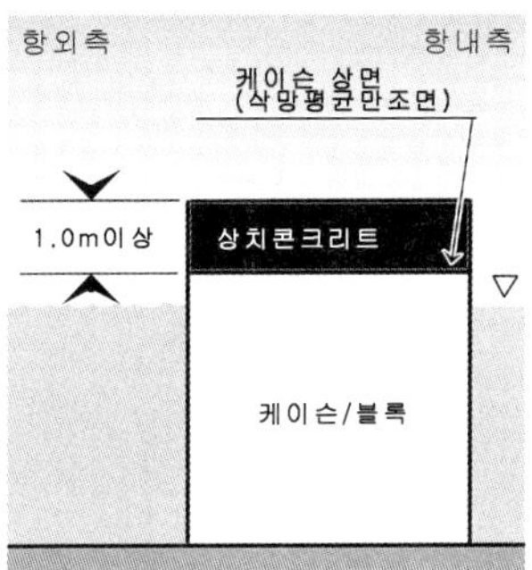

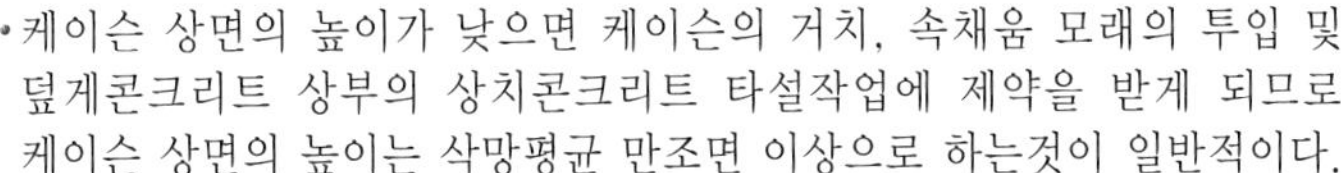

- 케이슨 상면의 높이가 낮으면 케이슨의 거치, 속채움 모래의 투입 및 덮게콘크리트 상부의 상치콘크리트 타설작업에 제약을 받게 되므로 케이슨 상면의 높이는 삭망평균 만조면 이상으로 하는것이 일반적이다.
- 블록식 직립제의 최상단의 블록 및 셀블록의 상면높이는 상부공을 시공하기 쉽도록 적어도 평균해면(M.S.L)이상 가급적이면 삭망평균 만조면 이상으로 하는것이 바람직하다.

3) 혼성제

혼성제는 비교적 수심이 깊은 해역에 경제적으로 방파제를 축조하기 위하여 기초사석을 쌓아 기초마운드를 형성시키고 그 위에 직립벽을 설치한 것으로 파고에 비하여 사석부 마루가 높은 경우에는 경사제에 가깝고 낮은 경우에는 직립제에 가깝다.

가) 혼성제 형태

- 혼성제는 벽체에 사용되는 구조형식에 따라 구분하며 벽체에 사용되는 구조가 케이슨일 경우 "케이슨식 혼성제", 블록일 경우 "블록식 혼성제", 셀 블록일 경우 "셀블록식 혼성제", 콘크리트 단괴일 경우 "콘크리트 단괴식 혼성제" 라 부른다.

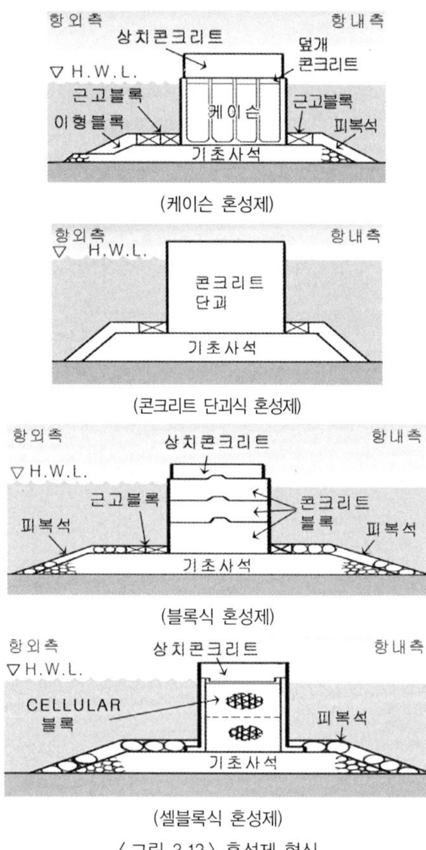

〈그림 3.12〉 혼성제 형식

- 형태별 차이점은 직립부에 따라 다르며 직립제와 유사하다(직립제 참조)

나) 혼성제의 특징

- 혼성제의 직립부 마루높이는 직립제에 준하여 결정한다
- 사석부의 마루는 충격쇄파력의 작용을 피하기 위하여 될수록 깊은 수심을 유지하도록 하는 것이 바람직하다. 단, 직립부가 케이슨인 경우에는 케이

슨의 높이와 연계하여 거치가 가능한 심도로 한다.

- 사석부의 어깨폭은 항외측의 경우 파고(파장)에 따라 충분한 넓이로 한다. 단, 입사파의 조건에 따라 어깨폭의 영향에 의한 충격적인 쇄파파력의 발생여부를 수리모형실험 등을 통해 검토하고 대책을 수립할 필요가 있다.
- 직립부의 활동저항을 증가시키기 위하여 배면에 사석을 높이는 경우가 있다. 이 경우에는 단면이 월파에 의해 변형되기 쉬우므로 충분히 짜물릴 필요가 있다. 필요한 경우 방괴 또는 콘크리트 블록 등으로 피복한다.

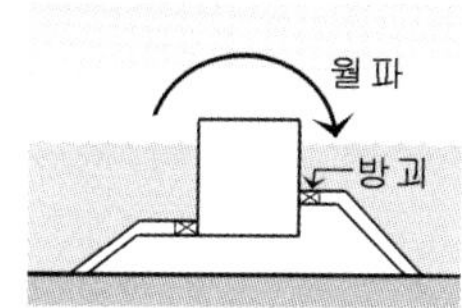

- 사석부는 직립부의 하중을 널리 분포시키고, 직립부의 거치를 위하여 지반을 잘 고르고 수평으로 하며, 파랑에 의한 세굴을 방지하는 등의 효과가 있으므로 1.5m이상의 두께로 하는것이 바람직하다.

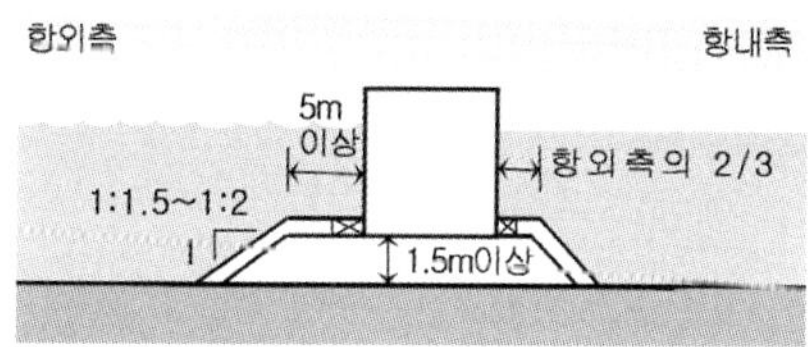

- 사석부의 어깨폭은 제체의 원호활동, 편심경사하중에 대한 소요안전율이 확보되도록 하며 파랑의 영향이 큰 곳에서는 항외측으로 적어도 5m이상 두는 것이 보통이다. 또, 항내측은 항외측의 2/3정도의 어깨폭으로 하는 경우가 많다.
- 사석부의 비탈경사는 안정성을 검토하여 결정하나 파랑의 영향을 고려하여 일반적으로 항외측 사면을 1:1.5~1:2정도로 하는 경우가 많다.

4) 소파블록 피복제

소파블록 피복제는 항외측 항행선박등에 반사파로 인한 영향을 저감시키기 위해 직립제 또는 혼성제의 전면에 소파블록을 설치한 것으로 소파블록으로 파랑의 에너지를 소산시키며, 직립부는 파랑의 투과를 억제하는 기능을 가진다.

가) 소파블록 피복제의 특징

- 직립부의 마루높이는 직립제를 참고로 하여 파랑제어기능을 만족시키는 높이로 한다.
- 소파공의 마루높이는 직립부의 마루높이와 같게하는것이 바람직하다.
- 상부공의 두께 및 케이슨 등의 마루높이는 직립제에 준하며 사석부의 두께는 혼성제에 준한다.
- 소파공의 마루폭은 충분한 소파효과를 얻기 위해서는 소파블록 2개를 설치한 폭 이상으로 할 필요가 있으며,
  소파공의 단면은 일양단면 또는 복합단면으로 구성할 수 있다.

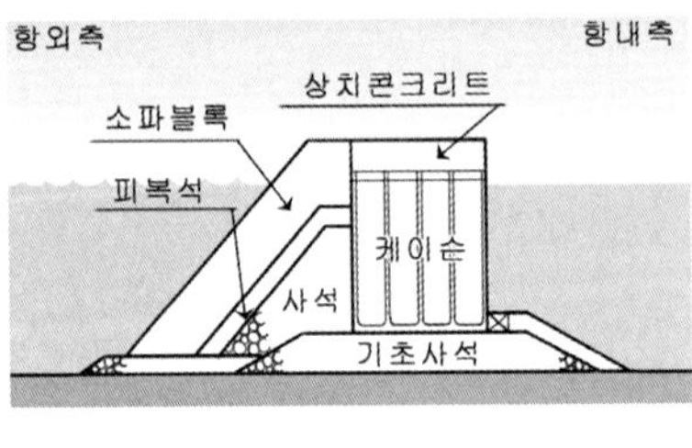

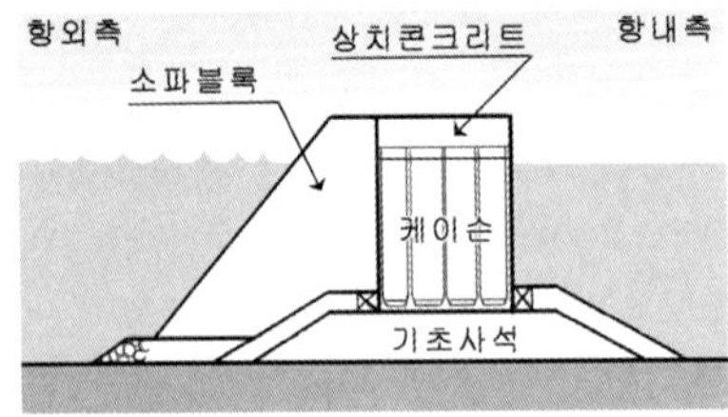

〈그림 3.13〉 소파블록 피복제 형식

나. 기타형식 방파제

기타형식 방파제는 저반사, 통수성능등 수리특성을 강조한 특수목적과 점토지반등 해저조건에 적용성을 강화한 특수한 방파제등이 있다.

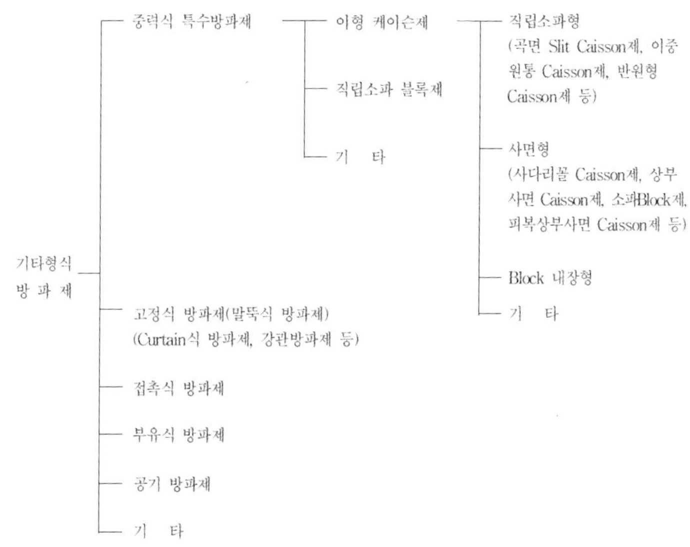

1) 중력식 특수방파제

중력식 특수방파제는 특수한 형상의 케이슨을 사용하는 이형케이슨제와 특수한 블록을 연식으로 쌓은 직립소파블록으로 대별하며 이형케이슨제는 다시 반사파를 저감시키기 위한 직립소파형과 파압을 저감시키기 위한 사면형 등으로 구별된다.

가) 직립소파형

- 직립소파형은 항내·외측 벽면에 소파기능을 갖는 Slit를 도입하므로써 반사파를 경감시켜 항내외 정박중이거나 통항선박등에 영향을 저감시키기 위해 고안된 형식으로 이중원통케이슨등 일부 특수케이슨을 제외하면 대부분 작은파랑을 제어하기 위해 설치한다.

(곡면슬릿케이슨-제주외항)

(곡면슬릿케이슨-영일만항)

(이중원통케이슨-일본)

〈 그림 3.14 〉 중력식 소파블록 피복수방파제

나) 사면형

- 사면형은 사면벽면에 작용파압(F) 사면특성을 이용하여 수평분력(F_{SH}) 연직분력(F_{SV})로 분리작용하므로써 수평파력을 저감하는 동시에 연직분력을 외력에 대해 저항할 수 있는 제체중량(W)으로 작용시켜 제체의 안정에 이용할 수 있는 구조형식이다.
- 직립제에 비하여 제체중량이 작아지므로 제체폭을 줄일 수 있으나 월파량이 증대되어 마루높이가 높아진다

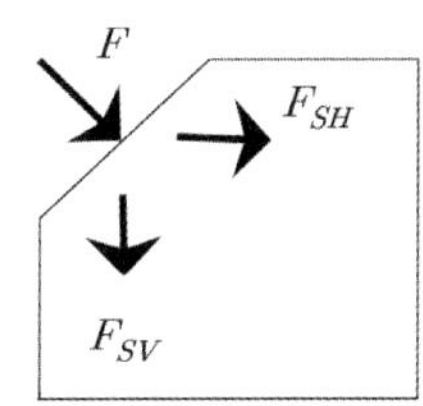

〈 그림 3.15 〉 파력분력 개념도

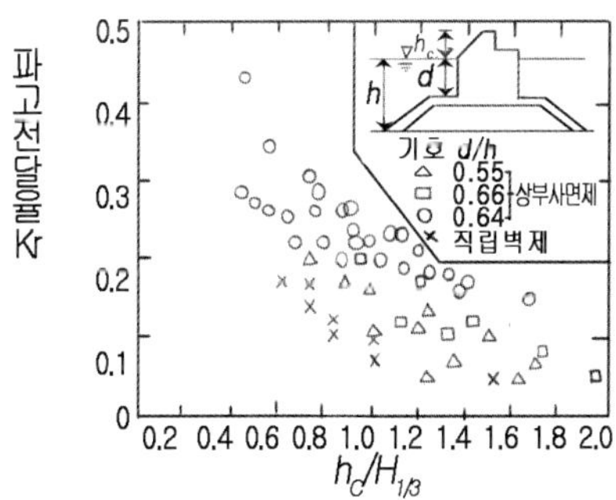

〈 그림 3.16 〉 파고전단율과 상대마루높이

2) 커튼(Curtain)식 방파제

가) 커튼식방파제 형태

- 커튼식 방파제는 고정식 말뚝방파제의 한 형식으로 해저지반이 연약한 해역에서 말뚝을 고정시키고 말뚝사이에 커튼을 설치하여 항내정온

도를 확보하기 위해 고안된 방파제로 말뚝사이로 어느정도 파랑이 투과되는 투과파를 허용하는 구조형식이다.

- 커튼식 방파제로부터 커튼부를 없애고 말뚝만으로 파를 막는 방파제를 강관방파제라고 부른다

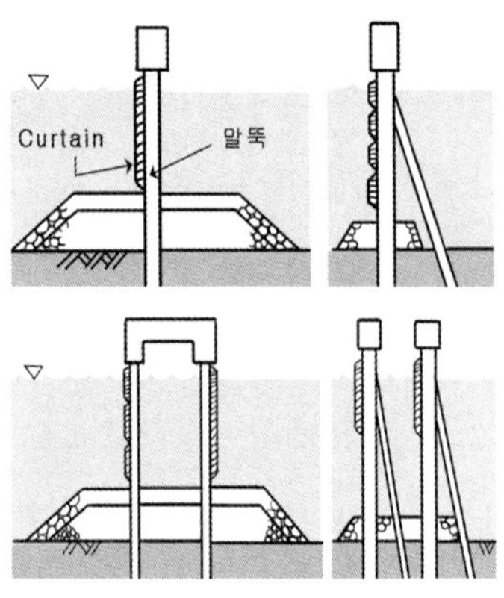

〈그림 3.17〉 커튼식 방파제

나) 커튼식 방파제 특징

- 반사율은 소파블록 피복제와 같은 정도 이하로 저감할 수가 있다.
- 커튼에 설치되는 슬릿(Slit) 또는 커튼하단과 해저간의 간격을 통하여 조석 및 파랑에 의한 해수교환을 기대할 수 있다.
- 말뚝의 타설, 커튼 설치용 철물의 부착, 커튼의 설치 등 현장에서의 공사가 많고 상당한 시공정밀도를 요구한다.
- 단일 및 2중 방파제를 비교하면 2중 방파제는 전후의 커튼사이에서 파랑에너지 감쇄효과가 기대되므로 단일 방파제보다 반사파 및 전달파를 더욱 효과적으로 저감시킬 수 있다.
- 커튼벽 밑을 통과하는 수류의 유속이 상당히 빨라지므로 적당한 세굴방지공을 고려해야 하는 경우가 있다.
- 강관방파제는 강말뚝 또는 강널말뚝을 사용한 방파제로서 경량구조이므로 연약지반을 가지는 비교적 파고가 작은 장소에 적합하다.

3) 접촉식 방파제

- 접촉식 방파제는 제체저면과 점토지반 표층의 점착력으로 수평파력에 저항하는 것으로 저항력이 부족한 경우에는 말뚝등 저항력을 부가시킬 수 있는 구조형상의 변형과 연계시켜 사용할 수 있다.
- 연약한 점토지반상에 방파제를 건설하기 위하여 고안된 것으로 연약점토층이 깊을 경우 지반개량이 불필요하므로 경제적이다.

〈 그림 3.18 〉 커튼식 방파제(일본 구마모토항)

4) 부유식 방파제

- 부유식 방파제는 부유물체를 앵커에 의해 계류시켜 파랑을 막는 구조형식으로 해수나 표사의 움직임을 방해하지 않고 조차나 지반상태에 영향을 받지 않으며 이동 가능한 이점 등이 있으나 상당한 전달파가 생기며 내파력에 한계가 있어서 작은파랑에서 적용가능한 구조형식이다.

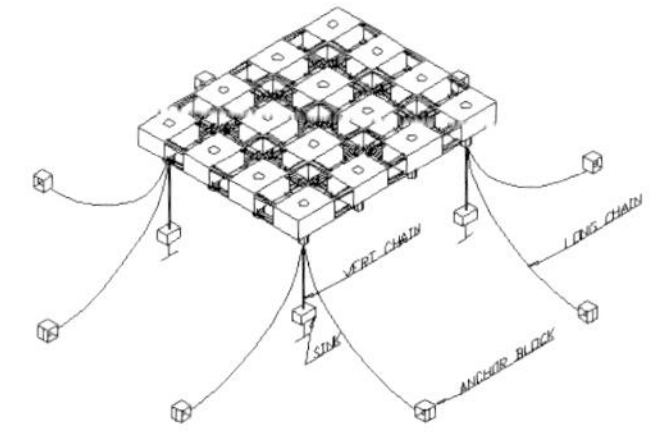

〈 그림 3.19 〉 부유식방파제 개념도

〈 그림 3.20 〉 원전항 부유식방파제

- 부유식 방파제의 형상은 부유체 재료에 따라 다양하며 부유체로는 철근콘크리트, 프리케스트 콘크리트, 강재, FRP등이 있다.

1.4 혼성식 방파제

가. 기본단면 설정

- 최근 방파제 축조해역이 점차 외해로 나아감에 따라 수심이 깊어지고, 파랑조건도 커져서 방파제 단면은 대부분 혼성식 방파제를 채택하고 있다.

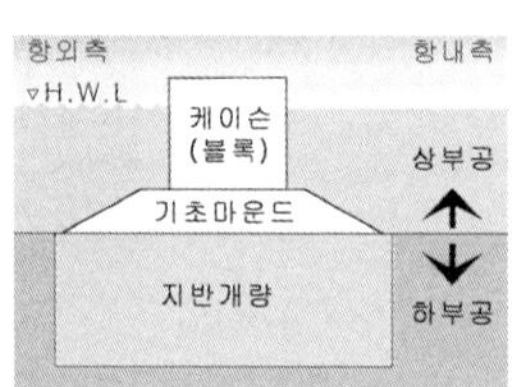

- 앞서 설명한대로 혼성식 방파제는 해저에 경사식형태의 기초마운드를 형성하고 그위에 직립식 구조물을 얹은 형태이다.
- 기본단면은 일반적으로 해저지표면을 기준으로 상부공과 하부공으로 구분하여 설정하는 것이 편리하다.

1) 방파제 마루높이

- 방파제 마루높이를 결정하기 위해서는 먼저 기준이 되는 설계조위를 설정해야 하는데, 설계조위는 구조물이 가장 위험하게 되는 조위로 함을 원칙으로 한다.
  - 제1방법 : 기왕의 고극조위(검조소에서 지금까지 관측된 조위중 가장 큰 조위)
  - 제2방법 : 약최고고조위+최대조위편차(관측치)
  - 제3방법 : 확률분석에 의한 고극조위(50년 재현빈도 예측치)
  - 제4방법 : 삭망평균만조위+폭풍해일고(예측치)

검조소

- 방파제 마루높이는 일반적으로 설계조위에 설계유의파고($H_{1/3}$)의 0.6배 이상의 높이로 하는 것을 표준으로 하고, 박지면적이 좁아서 월파를 적극 억제하고 싶을 경우에는 설계조위상 $1.25H_{1/3}$로 결정할 수 있다. 하지만 월파에 의한 항내전달파가 항내정온도 기준치보다 커서는 안되므로 수리모형실험에 의해 검토한 결과 월파에 의한 항내전달파가 항내정온도 기준치보다 클 경우 마루높이는 더 높여야 한다.
  - 항내 박지면적이 충분히 넓은 경우 : 설계조위$+0.6H_{1/3}+$여유고

- 항내 박지면적이 좁은 경우　　　: 설계조위+1.25$H_{1/3}$+여유고

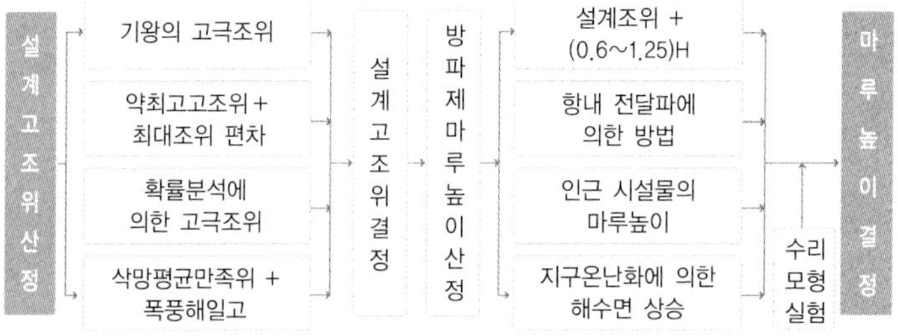

2) 기초마운드 높이(직립구조물 하단고)

- 기초마운드 높이는 높을수록 해수면에 가까워 파랑의 영향을 받으므로 피복재가 커지는 경향이 있고, 마운드 위에 얹히는 직립구조물은 높이가 작아 파력 받는 범위가 작아져 폭을 작게 할 수 있으나 해수면 부근에서 단위면적당 작용하는 파력이 최대가 되므로 직립구조물 폭이 오히려 커지기도 한다.
- 따라서 기초마운드 높이는 마운드 피복재 규모와 직립구조물의 효과적인 규모(제작, 운반등 시공성 및 경제성)를 고려하여 결정한다.

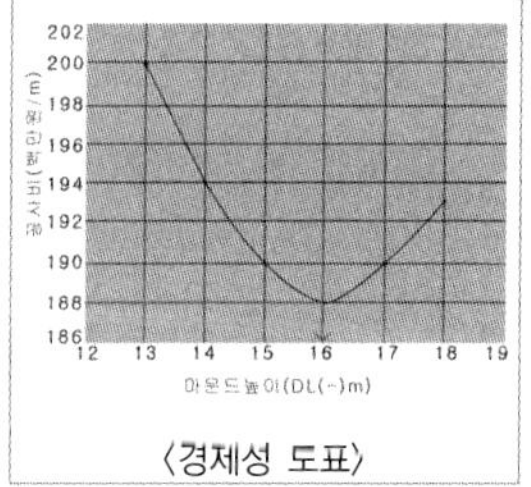

〈경제성 도표〉

※ 혼성식 방파제 피해는 기초마운드 피복재 유실이 가장 많이 발생하므로 기초마운드 높이는 해수면에서 설계유의파고($H_{1/3}$)의 2배이상 깊게하는 것이 피해예방에 유리함.

3) 직립부 구조형식

- 직립부 구조형식은 케이슨식, 블록식, 셀블록식 및 단괴식등으로 구분할 수 있으나 최근 주로 케이슨식을 채용하고 있으므로 케이슨식에 대해 설명하도록 한다.
- 케이슨은 철근콘크리트 구조체로 내부를 격벽에 의해 적당한 간격으로 나누어 모래, 자갈 또는 해수등으로 채워 그 중량으로 파력등 외력에 저항하도록 고안된 구조물이다.
- 케이슨은 육상에서 제작하여 FD(Floting Dock)선에 의해 운반하거나 크레인등에 의해 진수한후 부유시켜 운반하므로 대형구조물로 제작이 가능하다.

- 케이슨 제작 및 운반

(육상제작〈유로폼〉) (육상제작〈슬릿폼〉) (FD선제작〈유로폼〉)

(크레인진수) (부유/예선운반) (FD선운반)

〈그림 3.21〉 케이슨 제작 운반

• 블록이나 케이슨 외벽에 여러 가지 형상의 슬릿(Slit)을 설치하므로써 유수실을 통한 소파기능을 할 수 있으므로 대상파랑에 따라 적정한 유공율을 가질수 있도록 계획하되 유공부에 따개비등 부착생물을 감안하여 충분한 유공율을 확보해야 한다.

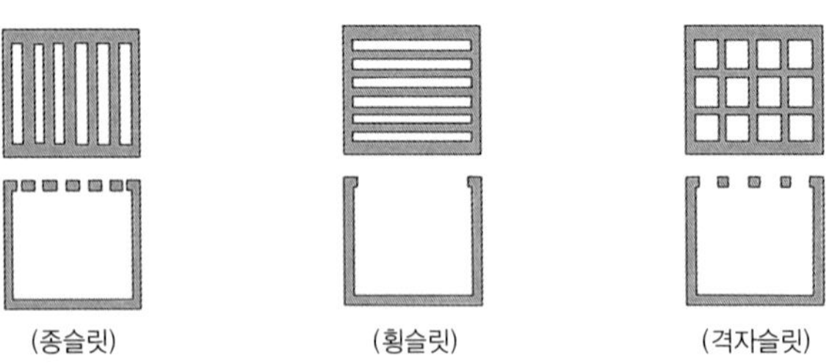

(종슬릿) (횡슬릿) (격자슬릿)

〈그림 3.22〉 슬릿형태

※ 종슬릿은 조위차가 클 경우, 횡슬릿은 파랑이 경사지게 입사할 경우 보다 효과적일 수 있다.

• 유수실 제원은 대상파랑조건에 의해 정해지며 주로 유수실 상, 하단고, 유수실폭등을 결정할 수 있는데, 수리모형실험에 의해 검증할 필요가 있다.
• 유수실 마루높이(hc') 즉, 슬릿상단고는 적어도 삭망평균만조위상 설계계유의파고의 0.5배 이상으로 높게하고, 하단고(hu)는 삭망평균간조위하 설계유의파고의 2배 이상의 깊이로 하는것이 바람직하다

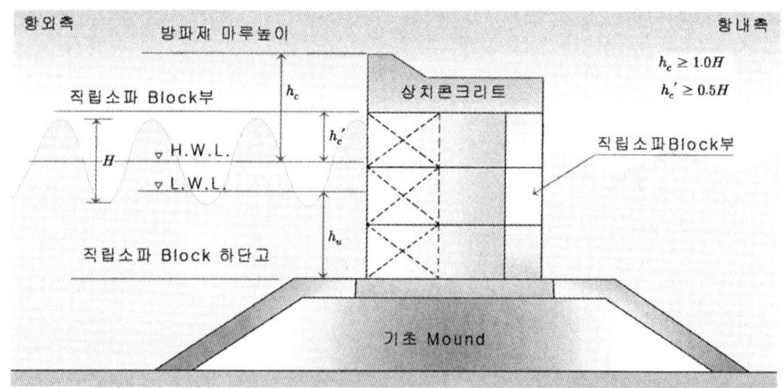

〈그림 3.23〉 유수실 개념도(직립소파블록)

– 유수실 제원 검토항목

구 분	유수부 제원 산정기준
대상파고	•항내측 : 하역한계파고 기준 적용(1.5m) •항외측 : 평상파 기준 적용(2.5m)
슬릿제원	•슬릿상단고 : HWl +(0.5~1.0)Hs •슬릿하단고 : App. LLW –(2.0~4.0)Hs
유수실쪽	•B(유수실폭)/L(파장)=0.15(반사율 최저)
유 공 율	•경험적 권장범위(ε =0.2~0.3)
수리실험	•기대반사율(K_R : 0.4) < 허용반사율(K_R')
유수부제원	•단면특성(시공성, 안정성, 반력 등)

대상파고(Hs)
↓
슬릿 제원가정
↓
유수실폭 결정
↓
유공율(ε) 가정
↓
단면 수리모형실험
↓
유수실 제원 결정

4) 상치콘크리트

• 상치콘크리트는 일반적으로 무근콘크리트로 현장타설하고 있으나 최근에는 경관시설 및 대피시설등 설치에 따라 데크(Deck) 또는 슬래브

구조를 형성하기 위해 일부 철근콘크리트로 계획되는 경우가 있다.

- 상치콘크리트 형상은 월파특성, 이용성 및 경관성등을 고려하여 결정하되 수리모형실험을 통하여 월파특성 및 안정성을 검증할 필요가 있다.

〈그림 3.24〉 상치콘크리트 형상

5) 기초형식

- 방파제기초는 침하를 방지하기 위하여 방파제 축조해역의 지반형태에 따라 적절한 기초처리를 하여야 한다.
- 방파제 침하원인으로는 다음과 같은 것이 있다.
  - 기초지반의 압밀침하
  - 지반의 외측으로의 융기
  - 지반의 측방유동
  - 사석, 블록의 무게에 의한 지반내 함몰
  - 사석자체 또는 모래지반의 압축
  - 지진 또는 고파랑에 의한 사질지반의 액상화, 파랑에 의한 구조물 기부의 세굴 및 흡출

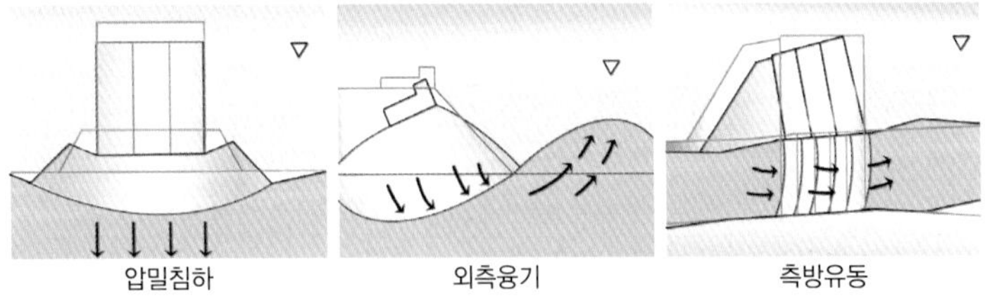

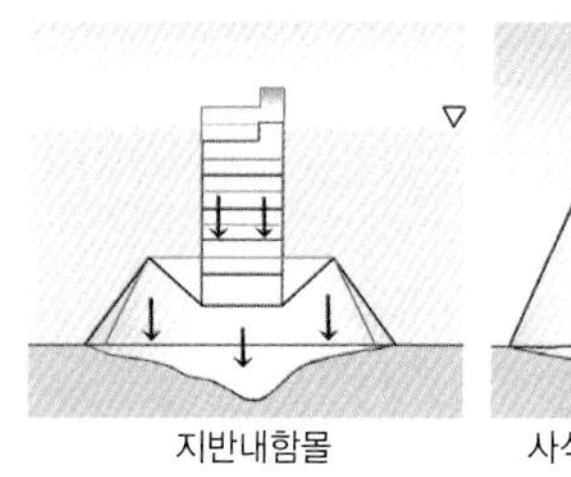
지반내함몰

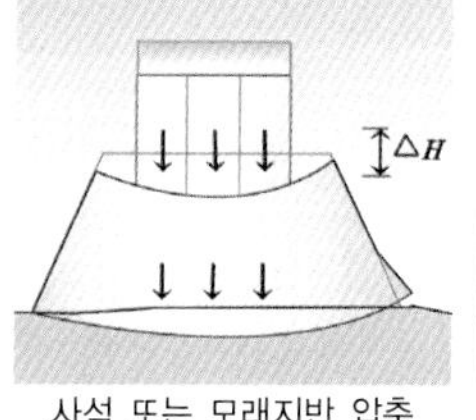

사석 또는 모래지반 압축

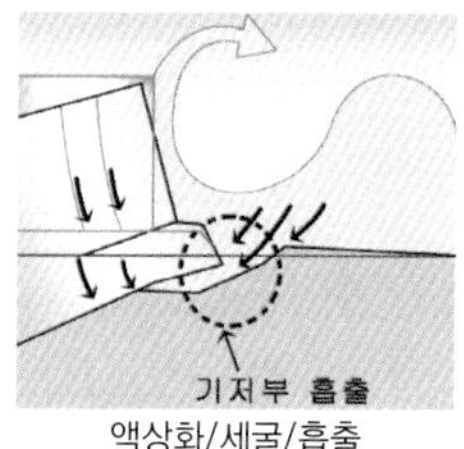

액상화/세굴/흡출

〈 그림 3.25 〉 방파제 침하원인

- 압밀침하는 침하속도가 느리고 장기간에 이루어지는 침하이므로 양질의 재료(사석 또는 모래등)로 치환하거나 공사중에 미리 침하를 유도하는 방법 또는 연약지반을 고결시켜 침하를 방지하는 공법을 적용하는데, 샌드콤팩션파일(SCP)공법, 심층혼합처리공법(DCM) 등이 주로 사용되고 있다.

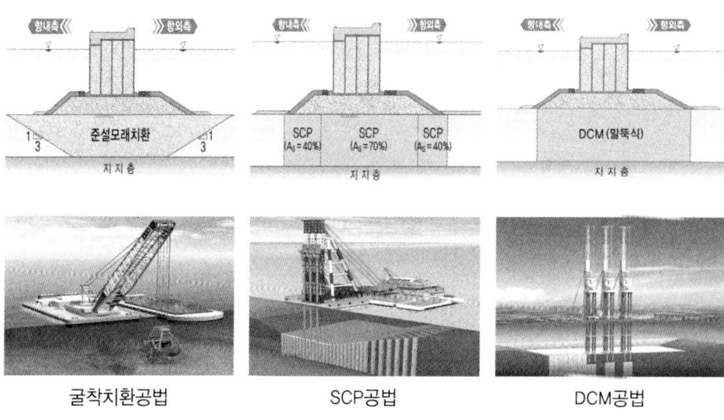

굴착치환공법 SCP공법 DCM공법

〈 그림 3.26 〉 기초처리 공법

- 사질토지반에서의 액상화방지를 위해서는 원지반을 다지거나 원지반 일부를 치환하여 액상화를 방지하고, 특히 파랑에 의한 기부의 세굴 또는 흡출을 방지하기 위해서는 사석마운드 기부에 세굴을 방지하기 위한 시설이나 사석부 하부에 매트(mat)를 설치하는 등 대책을 세워야 한다.

기초다짐

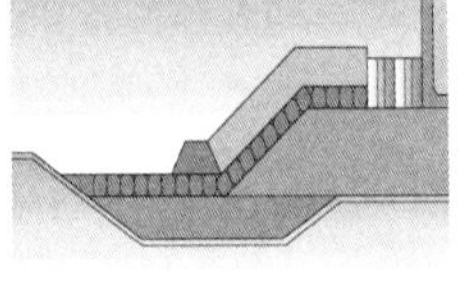

세굴 및 흡출방지시설

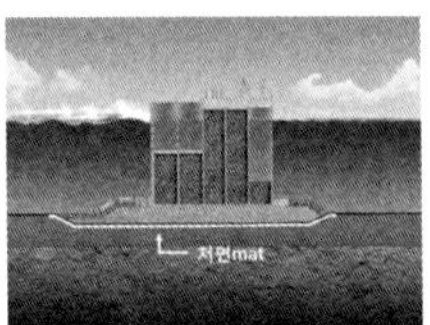

원지반 굴착후 mat설치

〈그림 3.27〉 액상화 및 세굴방지 시설

나. 외력계산

- 방파제 안정계산에 있어서는 파력, 정수압, 부력, 자중등의 외력을 고려한다.
- 그 외 필요에 따라서는 풍압력, 지진력, 표류물의 충돌력, 토압등을 추가로 고려할 수 있다.
- 안정계산에 있어서 직립부가 가장 위험한 상태의 조위조건 및 파랑조건과 피복재가 가장 위험한 상태의 조위 조건 및 파랑조건이 같지 않은 경우가 있으므로 주의한다.
  - 즉 직립부 파압은 HWL상태일때 가장 크지만 수중에 있는 피복재는 LWL 상태일 경우가 더 위험할 수 있다.

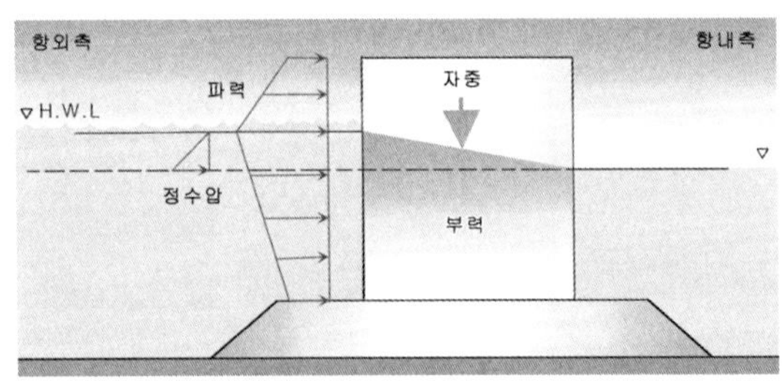

- 파력은 앞서 파력편에서 자세하게 설명하므로 그에 따른다.
- 정수압 : 제체 내외의 정수면에 차이가 있는 경우 그 수위차에 상당하는 정수압을 고려한다.(갑실같은 특수한 경우가 아닌 경우 대부분 무시함)
- 부　력 : 정수면 이하의 제체에는 부력을 고려하되 제체 내외의 정수

면에 차이가 있을 경우 양측수위를 연결한 수면이하의 제체에 대하여 부력을 고려한다.

- 자 중 : 제체의 자중은 제체를 구성하는 각 재료의 밀도를 써서 계산한다.(예를 들면 철근콘크리트 24.0kN/㎥, 석재 26.0kN/㎥, 모래, 자갈 18.0kN/㎥등)

다. 안정검토

혼성제에 있어서 안정계산은 직립부와 기초마운드인 사석부로 나누어 계산하고 제체전체에 대하여 원호활동 및 침하등을 검토한후 마지막으로 두부 또는 우각부등 특수부위에 대하여 안정계산을 시행한다.

1) 직립부의 안정계산

혼성제 방파제의 직립부의 안정성은 파괴 안전율에 근거한 설계법을 사용하는데 활동, 전도 및 기초지지력의 허용안전율 확보여부를 안정성 기준으로 삼는다.

가) 활동에 대한 안정성

- 안전율 $F_s \leq \dfrac{\mu(W_o - U)}{P}$

F_s : 직립부의 활동에 대한 안전율

μ : 직립부와 기초사석부의 마찰계수

W_o: 직립부의 중량(kN/m)

U : 직립부에 작용하는 양압력(kN/m)

P : 직립부에 작용하는 수평파력(kN/m)

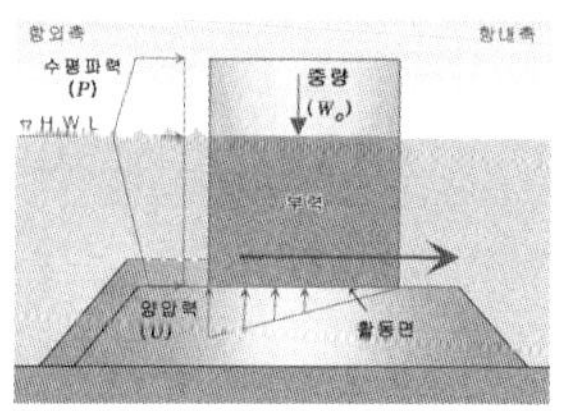

- 마찰계수는 활동면의 재료특성에 따라 주어지는 값이며 "항만 및 어항설계기준 제2편 제15장 마찰계수에서 제시된 값을 적용한다.
- 최소안전율은 파압작용시 1.2이상, 지진력 작용시 1.1이상 되도록 하고 모형실험에 의해 안정성을 확인한 경우라도 최소 1.0이상이어야 한다.
- 혼성제 방파제의 직립부 항내측을 쇄석 또는 콘크리트 블록등으로 보강할 경우 유의사항
  - 제체배후의 보강체의 지지력증대 효과를 고려하지 않은 상태에서 직립부의 파력에 대한 활동 및 전도 안전율을 1.0 이상이어야 한다.

안전율이 1.0보다 작으면 직립부의 흔들림의 격화, 직립부 하단 기부압력(heel pressure)의 증대현상이 일어나거나 파랑에 의한 부압력이 작용할 때 직립부가 항외측으로 활동하거나 전도할 위험이 있다.

- 월파나 연파(stem wave)등에 의하여 보강체가 손상되지 않도록 충분히 피복할 것
- 보강체의 높이 h는 직립부 높이의 1/3이상, 마루폭 b는 높이 h와 같은 정도 이상으로 하는 것이 바람직하다.
- 콘크리트블록을 사용할 경우 직립부와 간격을 두지 말고 구조적 일체성을 유지하도록 시공할 것

• 혼성제 방파제의 직립부 항내측을 쇄석 또는 콘크리트 블록등으로 보강하는 경우 활동저항은 다음식을 만족하여야 한다.

$$\frac{\mu_1 W_1 + R}{P} \geq 1.2$$

여기서, P : 직립부에 작용하는 수평력(kN/m)
W_1 : 직립부의 정수중의 수중중량 – 양압력(kN/m)
μ_1 : 직립부와 사석기초부의 마찰계수
R : 보강재 쇄석 또는 콘크리트 블록의 활동저항력(kN/m)

① 쇄석의 활동저항력

$$R = W_s \tan(\theta + \phi)$$

여기서, W_s : 최상단 피복층을 제외한 활동면 상부 사석의 수중중량(kN/m)
θ : 활동면 경사각(°)
ϕ : $\phi = \tan^{-1}\mu_2$
μ_2 : 사석층내부의 쇄석과 쇄석간 마찰계수(=0.8)

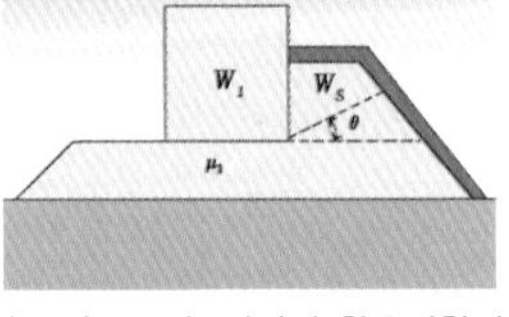

〈 그림 3.28 〉 쇄석의 활동저항면

② 콘크리트블록의 활동저항력

$$R = \mu_2 W_s$$

여기서, W_s : 최상단 콘크리트블록을 제외한 수중중량(kN/m)
μ_2 : 콘크리트블록과 쇄석기초간의 마찰계수(=0.6)

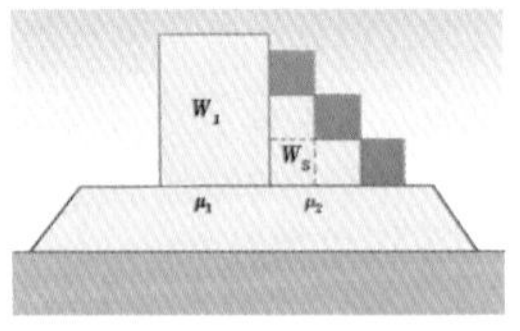

〈 그림 3.29 〉 콘크리트블록의 활동저항면

③ 저항력 R은 파고와 제체 설치수심의 비의 함수로 나타낼 수 있으며, 다케다(Dakeda)등이 제안한 실험식을 참고할 수 있다.

$R = \alpha W_s$

$\alpha = 0.9 + 0.2\,(H/h' - 0.5)$: 쇄석의 경우

$\alpha = 0.4 + 0.2\,(H/h' - 0.5)$: 콘크리트블록의 경우

단, $H/h' \leq 0.5$ 일때 $H/h' = 0.5$로 본다

여기서, W_s : 쇄석 또는 콘크리트블록의 수중중량(kN/m)

α : 저항계수

H : 파고(m)

h' : 제체설치수심(m)

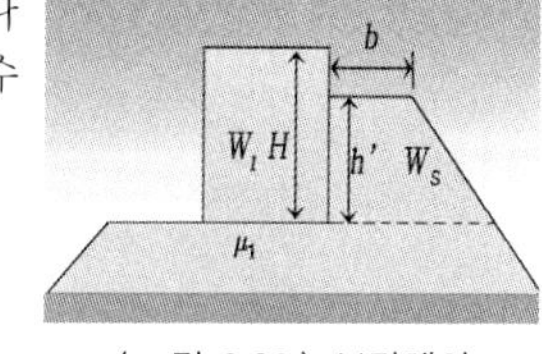

〈그림 3.30〉 보강체의 활동저항면

나) 전도에 대한 안정성

- 안전율 $F_s \leq \dfrac{(W_o \cdot t - M_u)}{M_p}$

F_s : 직립부의 전도에 대한 안전율

t : 직립부의 중량의 작용점(무게중심)으로부터 직립부제체의 전도지지점(후미하단)까지의 거리(m)

M_u : 양압력에 의한 직립부의 후미하단(heel)주위의 회전모멘트(kN·m/m)

M_p : 수평파력에 이한 직립부의 후미하단 주위의 회전모멘트(kN·m/m)

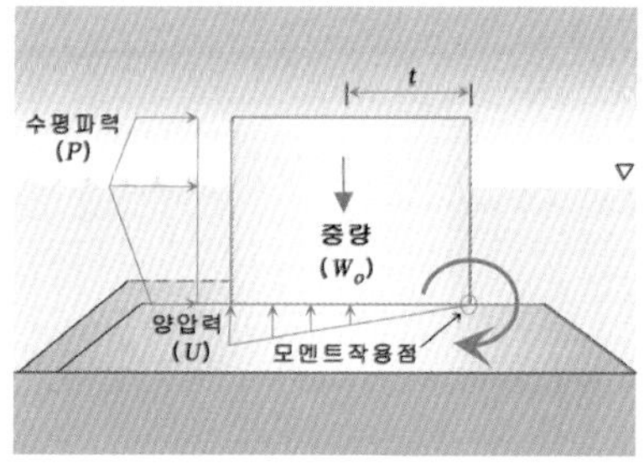

- 최소안전율은 파압에 대하여 1.2이상, 지진에 대하여 1.1이상으로 한다.

제3장

2) 사석부의 안정계산

사석부 피복재는 파력에 대하여 충분한 질량을 갖는 한편 내부의 재료가 흡출되지 않을 두께를 가져야 하며 보조피복층 등 피복층과 내부층의 마찰력 증대 및 흡출방지 등의 기능을 보강하기 위하여 이들 기능이 탁월한 중간층 블록을 사용할 수 있다.

- 피복재 종류

구 분	테트라포트 (T.T.P)	아크로포트 (Accropode)	코어록 (Core-Loc)	씨락 (SEALOCK)
형 상				
거 치 방 법	정적, 난적 (2층이상)	정적(짜임) (1층)	난적 (1층)	정적 (2층)
공극율 (%)	50	52	60	50
K_D 치 쇄파(비쇄파)	7.0(8.0)	제간부(15.0) 제두부(11.5)	제간부(16.0) 제두부(13.0)	10.0(10.0)

- 보조피복재 종류

구 분	삼각B블록	Tripod	Half-Loc
형 상			
거 치 방 법	정적 (1층)	정적 (1층)	정적 (1층)
공극율 (%)	30	A-type : 40 B-type : 28	비스듬한거치 : 37
K_D 쇄파(비쇄파)	14(사면에 설치시)	10~15(규칙파)	(4.5)

가) 경사면 피복재의 안정질량

- 과거에는 경사제와 혼성제의 피복재 안정질량 산정식을 각각 따로 적용하였으나 최근에는 "안정계수를 사용하는 허드슨(Hudson)식"을 경사제 및 혼성제 모두에 범용적으로 적용하여 피복재 안정질량을 산정하고 있다.
  - 피복재 소요질량 산정식

$$M = \frac{\rho_r H^3}{N_s^3 (S_r - 1)^3}$$

여기서, M : 사석 또는 블록의 안정에 필요한 최소질량(t)

ρ_r : 사석 또는 블록의 밀도(t/m³)

S_r : 사석 또는 블록의 해수에 대한 비중

H : 안정계산에 사용되는 파고(일반적으로 $H_{1/3}$사용, m)

N_s : 피복재의 형상, 사면경사 또는 피해율 등에 의해 결정되는 계수(안정수)

- 사석부 마루의 수심(피복층 제외)(h')에 따라 N_s(안정수)을 다르게 적용하여야 하며 안정계수(N_s)는 $h'/H_{1/3} \geq 1$조건일때는 혼성제 안정계수를 사용할 수 있지만 $h'/H_{1/3} < 1$조건일때는 경사제 사면피복재 안정계수를 사용하는 것이 적절하다
- $h'/H_{1/3} \fallingdotseq 1$일 경우에는 수리모형실험을 통하여 확인하는 것이 바람직하다.

(1) 경사제의 사면피복재 안정계수

(가) 허드슨(Hudson)식 : K_D값을 이용한 안정계수 산정법

$$N_s^3 = K_D \cot\alpha$$

여기서, α : 사면이 수평면과 이루는 각(°)

K_D : 피복재의 형상 또는 피해율등에 의해서 결정되는 정수

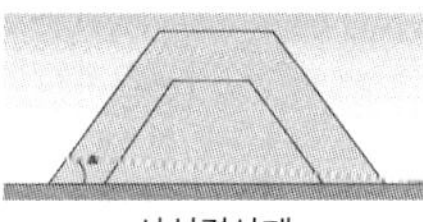
사석경사제

제3장

[표 3.3] 피복재 질량을 결정하기 위한 K_D값

피 복 재	n[3]	거 치	제간부 K_D[2] 쇄파	비쇄파	경사
매끈하고 둥근 사석	2	난 적	1.2	2.4	1.5 ~ 3.0
	> 3	"	1.6	3.2	[4]
거칠고 모가 있는 돌	2	"	2.0	4.0	1.5 2.0 3.0
	> 3		※ 2.2	4.5	[4]
	2	특별한 것[6]	5.8	7.0	[4]
평면육면체돌[6]	2	"[1]	7 ~ 20	※ 8.5 ~ 24	
테트라포드(Tetrapod)또는 쿼드리포드(Quadripod)	2	난 적	7.0	8.0	1.5 2.0 3.0
트라이바(Tribar)	2	"	※ 9.0	10.0	1.5 2.0 3.0
돌로스(Dolos)	2	"	15.8[7]	31.8[7]	2.0[8] 3.0
모디파이드큐브(Modified Cube)	2	"	※ 6.5	7.5	[4]
헥사포드(Hexapod)	2	"	※ 8.0	9.5	[4]
토스케인(Toskane)	1	"	※ 11.0	22.0	[4]
트라이바(Tribar)	1	정 적	12.0	15.0	[4]

1) 주의 : ※표시의 K_D값들은 실험에 의해 뒷받침된 것이 아니며 단지 임시로 설계목적을 위하여 제공된 것으로 이 값을 적용시는 신중을 기하여야 한다.
2) 1:1.5부터 1:5까지의 경사에 적용할 수있다.
3) n은 피복층이 이루는 구성수
4) 경사에 따라 K_D값의 변화에 이용할 수있는 보다 많은 지식이 체득될 때까지 K_D값의 사용은 경사 1:1.5에서 1:3까지로 제한되어야 한다.
5) 사석의 긴축으로 특별한 거치는 구조물 표면에 수직으로 거치한다.
6) 평행육면체돌 : 긴 길이가 가장 짧은 길이의 약3배 정도되는 긴 슬래브 같은 돌
7) 전혀 피해가 없는 조건(5%이하의 흔들림이나 이동등)을 참조하고 전혀 흔들림이 없으려면 (2%이하) K_D값을 50% 감소시킨다.
8) 1:2보다 더 급한 Dolos의 안정성은 현장조건에 적합한 실험에 의해 확인되어야 한다.

(나) 반 데 미어(Van der Meer)식 : 파의 수, 피해의 정도 등 파의 특성을 포함한 안정계수 산정방법

$$N_s = \max(N_{spl}, N_{ssr})$$

$$N_{spl} = 6.2\,C_H P^{0.18}(S^{0.2}/N^{0.1})I_r^{-0.5}$$

$$N_{ssr} = C_H P^{-0.13}(S^{0.2}/N^{0.1})(\cot\alpha)^{0.5} I_r^{P}$$

여기서, N_{spl} : 권파(Plunging Breakers)에 대한 안정계수
N_{ssr} : 쇄기파(Surging Breakers)에 대한 안정계수
I_r : 이리바렌수(Iribaren Nunber){$=\tan\alpha/(S_{om})^{0.5}$}
S_{om} : 파형구배($H_{1/3}/L_o$)
L_o : 심해파장{$\fallingdotseq 1.56(T_{1/3})^2$}
$T_{1/3}$: 유의파 주기
C_H : 쇄파효과계수{$=1.4/(H_{1/20}/H_{1/3})$}, 비쇄파영역에서는 1.0
$H_{1/3}$: 유의파고
$H_{1/20}$: 1/20 최대파고(도표 참조)
D_{n50} : 피복석의 50%질량에 상당하는 입경{$=(M_{50}/\rho_r)^{1/3}$}
M_{50} : 피복석의 질량누적곡선에서 50%에 해당하는 질량(피복석의 소요질량)
P : 피복층 하부의 투수지수(도표참조)
S : 변형정도{$=A/(D_{n50})^2$}
A : 침식부 면적(도표 참조)
N : 작용하는 파의 수

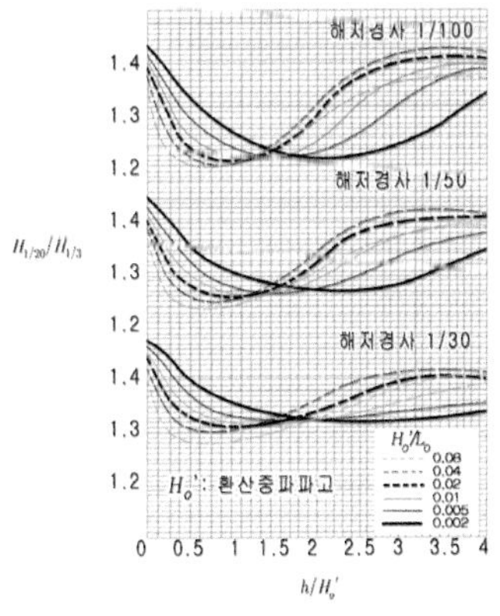

〈그림 3.31〉 $H_{1/20}$과 $H_{1/3}$의 비

※ $H_{1/20}$은 외해측으로 $5H_{1/3}$거리의 값임

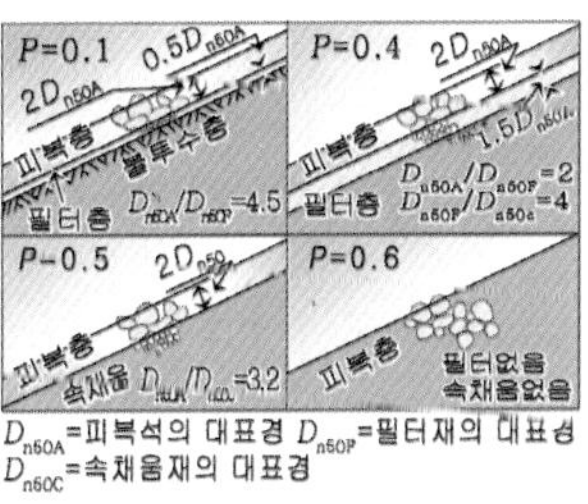

〈그림 3.32〉 투수지수(P)

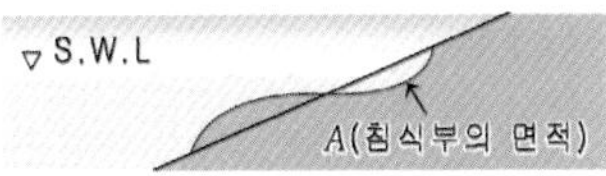

〈그림 3.33〉 침식부의 면적(A)

[표 3.4] 2층피복의 경우에 각 단계의 피재(被災)에 대한 변형정도(S)

사면경사	초기피재	중간피재	피 재
1:15	2	3~5	8
1:2	2	4~6	8
1:3	2	6~9	12
1:4	3	8~12	17
1:6	3	8~12	17

① 파수 N가 1,000파에 대해서 초기피해의 변형정도를 많이 사용하고 있으며 어느정도 변형을 허용하는 설계에서는 중간 피해치를 사용하는 것도 고려해 볼 수 있다.

② 파수가 1,000인 경우는 유의파 주기가 12초인 파가 3시간 20분정도 작용한다고 가정한 것이므로 태풍이 우리나라 주변을 통과할 때 한 지점에서 약 3~4시간 정도 설계파주기에 상당하는 큰 파가 발생함을 의미한다.

(다) 다카하시·요시하(高橋·羊澤)식

: 직립벽 전단면에 소파블록으로 피복된 소파블록피복제에 적용

$$N_s = C_H a (N_o / N^{0.5})^{0.2} + b$$

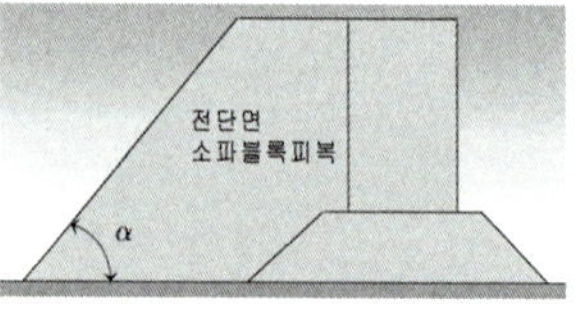

소파블록 피복제

여기서, N_o : 피해도(피해정도를 나타내는 피해율의 하나로 방파제 법선방향의 폭 D_n의 범위내에서 이동한 블록의 개수, D_n은 블록의 대표직경)

C_H : 쇄파효과계수

a, b : 블록의 형상이나 사면경사등에 의한 계수

예) K_D값이 8.3의 이형블록으로

$\cot\alpha = 4.3$인 경우 $a = 2.32, b = 1.33$

$\cot\alpha = 1.5$인 경우 $a = 2.32, b = 1.42$

(2) 혼성제의 사면피복재 안정계수

- 확장된 다니모토(谷本)식

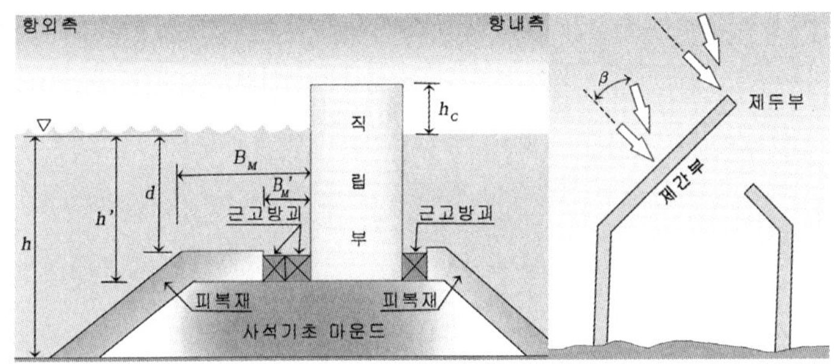

〈그림 3.34〉 혼성제의 표준적인 단면과 기호

$$N_s = \max 1.8, 1.3\frac{1-K}{K^{1/3}}\frac{h'}{H_{1/3}} + 1.8\exp\left[-1.5\frac{(1-K)^2}{K^{1/3}}\frac{h'}{H^{1/3}}\right]; B_M/L' < 0.25$$

$$K = K_1(K_2)_B$$

$$K_1 = \frac{4\pi h'/L'}{\sinh(4\pi h'/L')}$$

$$(K_2)_B = \max \alpha_s \sin^2\beta\cos^2(2\pi l cos\beta/L'),\ \cos^2\beta\sin^2(2\pi l cos\beta/L')$$

여기서 h' : 기초사석부(피복층제외)의 마루의 수심(m)

l : 파가 직각으로 입사할 경우는 어개폭 B_M (m)
파가 사각으로 입사할 경우는 앞 B_M 또는 B_M'중에서 $(K_2)_B$가 큰 편의 값

L' : 수심 h'에서 설계유의파 주기에 대한 파장(m)

α_s : 대상지점이 수평한 경우의 보정계수(=0.45)

β : 파의 입사각(법선방향과 이루는 각, 15°의 파향보정은 하지 않음)

$H_{1/3}$: 설계유의파(m)

위의 식은 제간부를 대상으로 하고 입사각이 60°까지 경사지게 입사하는 파에 대해서도 유효하다

(3) 중간피복재 및 내부사석

- 방파제의 중간피복재는 방파제 제체사석의 이탈방지와 외부피복재 사이로 전달되는 파력에 충분히 견딜수 있는 질량을 유지할 수 있어야 한다.

• 중간피복재 소요질량

$$M' = \frac{M}{15} \sim \frac{M}{10} \quad (M : \text{외부피복재 질량})$$

• 제체 내부사석 소요질량

$$M' = \frac{M}{6000} \sim \frac{M}{200} \quad (M : \text{외부피복재 질량})$$

(4) 피복재의 층수

• 피복석의 층수는 원칙적铂 퀀2층을 표준铂 퀀한다. 단, 시공예나 피해사례壁 고려瓕겝 1층铂 퀀할 수도 있다.
• 콘크리트 이형블록 피복재는 블록제안자가 제시하는 층수를 사용하되 수리모형실험으로 안정성을 검토하는 것이 바람직하다.
• 피복블록(근고방괴)의 층수는 1층을 표준으로 하나 블록의 형상, 해상조건이 좋지 않은 경우에는 2층으로 해도 좋다.

(5) 제두부의 피복재

• 경사제의 제두부에는 파가 여러방향에서 내습하고 비탈어개의 피복재는 전방보다 오히려 후방으로 굴러 떨어지는 위험이 있기 때문에 제두부에 사용하는 사석 또는 콘크리트 블록은 제간부 보다 큰 질량의 것을 사용할 필요가 있다.
• 혼성제의 제두부는 직립부 끝부분의 모서리로 국소적으로 빠른 유속이 발생하기 때문에 피복재가 움직이기 쉽고 이곳의 피복재질량의 할증에 대해서는 수리모형실험을 통해 확인할 필요가 있다.
• 경사제 및 혼성제 제두부의 피복재는 제간부에서 산정된 소요질량의 1.5배 이상으로 하는 것을 표준으로 한다.
• 제두부의 범위는 사석제의 경우 설계유의파의 5배($5H_{1/3}$)길이 이상, 케이슨 혼성제의 경우 제두부 케이슨 1함 정도를 기준으로 설정하되 수리모형실험을 통하여 확인할 필요가 있다.

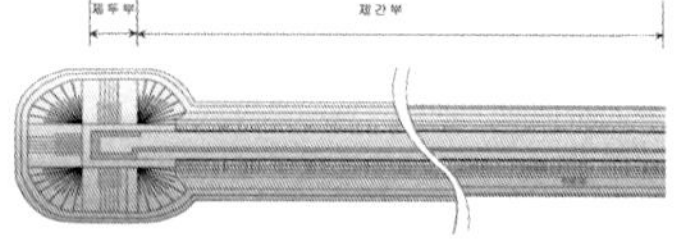

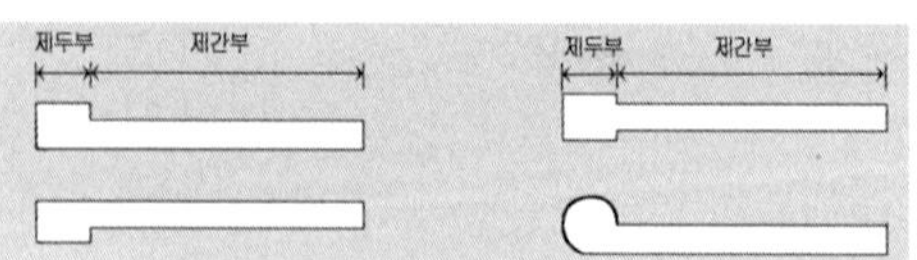

〈그림 3.35〉 방파제 제두부 형상

나) 흐름에 대한 사석의 안정질량

- 조류에 의한 세굴을 방지하기 위한 흐름에 대한 사석등 피복재의 소요 질량은 적절한 수리모형실험이나 다음식으로 산정한다.

$$M = \frac{\pi \rho_r U^6}{48 g^3 y^6 (S_r - 1)^3 (\cos\theta - \sin\theta)^3}$$

여기서, M : 사석의 안정질량(t)

ρ_r : 사석의 밀도(t/m³)

U : 사석의 상부에서의 물의 유속(m/s)

g : 중력가속도(m/s²)

y : 이스바쉬의 정수(파묻힌 돌은 1.2, 노출된 돌은 0.86)

S_r : 사석의 물에 대한 비중

θ : 수로상의 축방향의 사면의 경사(°)

- 피복재가 피복석(단위체적질량 2.65t/m³인 때)인 경우 다음도표를 이용해서 사석의 안전질량을 쉽게 구할 수 있다.

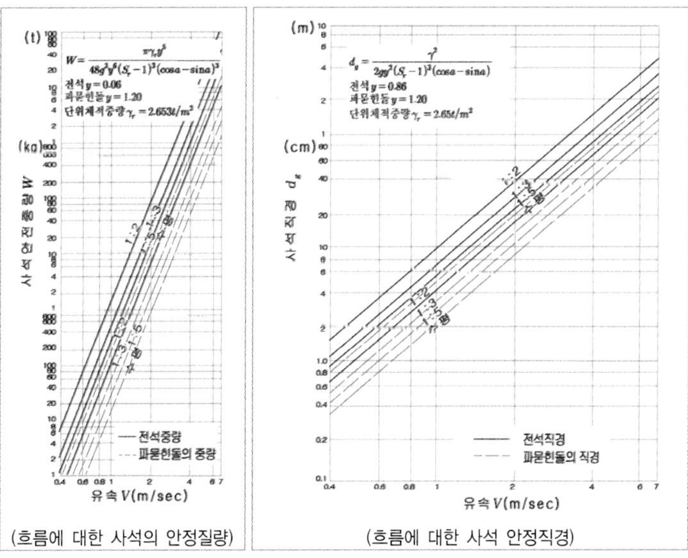

(흐름에 대한 사석의 안정질량)

(흐름에 대한 사석 안정직경)

〈그림 3.36〉 흐름에 대한 사석의 안정질량 및 안정직경

3) 제체 전체에 대한 안정계산

가) 기초지지력에 대한 안정

- 방파제의 직립부는 파력 및 지진력등의 외력이 작용하고 이들의 합력은 보통 편심 또한 경사로 작용되어지므로 기초지지력의 검토에 있어서는 "편심경사하중에 대한 지지력"을 검토하여 안정성여부를 판단한다.
- 편심경사하중에 대한 지지력 검토는 과거에는 하중분산법에 의한 기초저면의 최대반력을 구한후 허용지반지지력과 비교하여 안정성을 판단했으나 충분한 지지력에 관한 실적이 확인되지 않은 조건에서는 비숍(Bishop)법에 의한 원호활동 해석법에 의하여 다음과 같이 산정하는 것을 표준으로 한다.

실내모형실험, 현장실험과 기존의 방파제의 안정성을 종합적으로 해석한 결과 비숍법에 의한 원호활동 계산이 실제현상을 잘 재현할 수 있는 것으로 확인되었음..

- 안전율 $F_s \leq \dfrac{1}{\Sigma W sin\alpha + (\dfrac{1}{R})\Sigma Ha} \Sigma \dfrac{(cb + W' \tan\phi)\sec\alpha}{1 + (\tan\alpha \tan\phi)/F_s}$

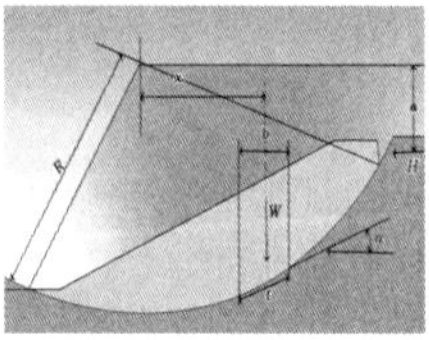

F_s : 비숍법에 의한 원호활동에 따른 안전율
W : 단위길이당 절편의 전체 중량(kN/m)
α : 절편저면의 수평면과 이루는 각도(°)
R : 원호활동의 반지름(m)
H : 원호활동원 내의 토괴에 작용하는 수평외력(kN/m)
a : 수평외력의 작용점에서 원호활동의 중심까지의 거리(m)
c : 점성토지반에서는 비배수전단강도, 사질토지반에서는 배수조건하에서 겉보기 점착력(kN/m²)
b : 절편의 폭(m)
W' : 단위길이당 절편의 유효중량(kN/m)
ϕ : 배수조건하의 내부마찰각(°), 점성토지반에서는 무시함

- 기초마운드 사석의 강도정수를 정확히 추정하기 위해서는 삼축압축시험을 시행하는게 바람직하지만 강도시험을 하지않을 경우에는 일반적으로 쓰여지고 있는 사석의 표준적인 강도정수로 c_d=20kN/m², $\varnothing_d$=35°값이 사용된다.

사석의 강도정수로서 점착력 c_d=20kN/m²가 고려된 것은 쇄석의 역학시험결과에 의하면 석재의 강도는 삼축시험의 구속압에 따라 변화하여 구속압이 크면 입자파쇄가 발생하고 강도가 감소하는 경향 때문이다. 따라서 겉보기 점착력 c_d=20kN/m²을 고려함에 따라 $\varnothing_d$의 구속압 의존성을 반영할 수가 있다.

• 최소안전율은 평상시와 파압작용시 모두에 대하여 1.0이상으로 한다.

• 비숍법은 절편분할법에 의한 원호활동 계산법의 하나이고, 보통 원호활동 계산에서 무시되고 있는 분할편사이의 절편력을 고려하고 있는 것이다.

• 이 방법은 보통 원호활동 계산법에 비교하면 정도가 높은 편이다. 단 수평인 모래지반에 연직하중이 작용하는 경우에는 비숍법에 의한 안전율은 과대하게 된다.

• 이런 점을 고려하여 편심경사하중이 작용하는 경우에는 비숍법을 적용하는 것을 표준으로 한다.

여기서 편심경사하중이란 하중경사율이 0.1 이상의 것을 말한다.

<비숍법에 의한 원호활동계산 방법>

• 활동의 시점은 다음 그림(a)와 같이 하중이 합력점에 대해서 가까운 쪽 기초의 끝단과 대칭의 점으로 가정한다.

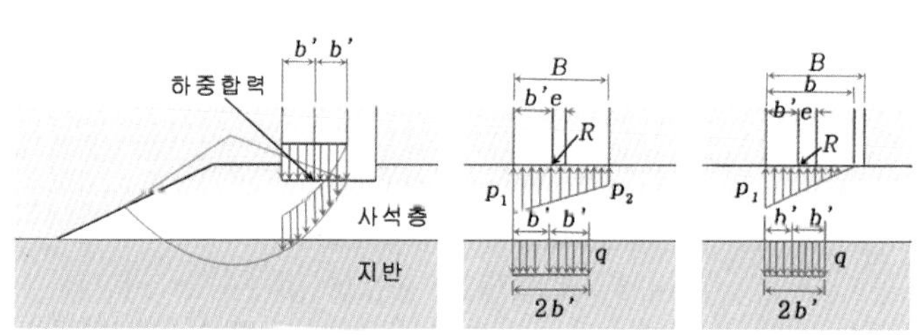

• 이 경우 벽체 저면에 작용하는 연직하중은 (b), (c)와 같이 벽체저면의 앞과 활동면의 시점사이에 작용하는 등분포하중으로 환산한다.

• 수평력은 벽체저면에 작용시킨다. 단, 지진시의 계산에 있어서 마운드 및 지반에는 지진력은 작용하지 않는 것으로 한다.

• 안전율은 보통 원호활동 계산과 같이 전단저항력에 의한 저항모멘트와 외력 및 흙의 중량에 의한 활동모멘트의 비로 나타낸다

• 원호활동계산은 전자계산에 의한 프로그램이 많이 개발되어 있으며, 일반적으로 사용되고 있는 것으로 "SLOP-W", "STABL" 등이 있다.

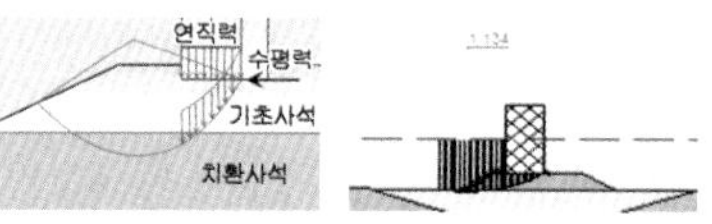

나) 원호활동면 이외의 활동면을 가정하는 안정해석

- 혼성제의 경우 기초사석마운드의 직선활동면을 가정하여 사면활동 파괴에 대한 안정검토를 수행한다.
- 외력은 수압, 지진력 및 파력등에 의해 수평으로 작용하는 압력이고, 저항응력은 직선활동면을 기준으로 직선활동면 상부 제체의 유효중량으로 다음식에 의해 안정여부를 판단한다.

$$F = \frac{\Sigma(cl + W'\cos\alpha - H\sin\alpha)\tan\phi}{\sin\alpha\Sigma W' + \cos\alpha\Sigma H}$$

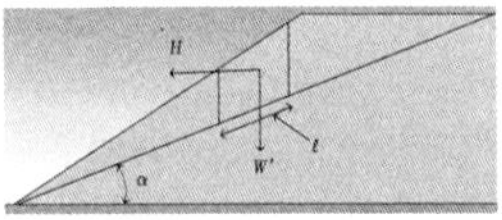

여기서, F : 활동에 대한 안전율

c : 흙의 점착력(kN/m²)

ϕ : 흙의 내부마찰각(°)

l : 분할편의 저면장(m)

W' : 단위길이당의 분할편의 유효중량(수중부분에 대하여는 수중단위체적중량)(kN/m)

α : 분할편 저변의 기울기(°)

H : 사면에 가해지는 단위길이당의 수평외력(kN/m)

- 활동파괴에 대한 안전율은 상시 1.2이상, 지진시는 1.0이상을 표준으로 한다.

다) 침하에 대한 안정

- 방파제에 있어서 침하는 제체사석이 수축된다든지 사질토지반위에 제체를 축조할 경우 발생하는 즉시침하와 기초지반이 점성토지반의 경우 장기간에 걸쳐서 천천히 일어나는 압밀침하로 대별할 수 있다.
- 즉시침하는 제체사석 및 사질토지반과 같이 투수계수가 클 경우 방파제에 의한 재하하중이 가해졌을 때 토립자사이에는 과잉간극수압이 발생하지 않고 토립자가 직접하중을 받으므로 인하여 하중에 의한 토립자가 바로 재배열되어 침하가 즉시 발생하게 된다.
- 압밀침하는 포화된 점성토 지반에 방파제등 재하하중이 가해졌을 때 투수계수가 작은 점성토지반의 토립자 사이에는 과잉간극수압이 발생하고 이 과잉간극수압은 점성토의 낮은 투수계수로 인하여 쉽게 토립자사이를 빠져나가지 못하고 아주 천천히 빠져나가므로 인하여 하중에 의한 토립자 배열이 아주 느리게 진행하게 된다.
- 즉시침하인 경우는 공사중에 침하가 대부분 종료되지만 압밀침하인 경우 몇십년동안에 걸쳐 천천히 일어나기 때문에 기초지반이 점성토지반인 경우 침하량을 주의깊게 검토하여 압밀촉진공법등 대책을 마련해야 한다.

- 방파제 축조완료후 사용기간동안 발생할 수 있는 침하량, 즉 잔류침하량은 방파제 사용목적 및 유지관리 계획에 따라 각각 다르지만 일반적으로 국내에서는 10~20㎝를 적용하고 있다.
- 침하량 산정식은 지반조건, 재하하중조건등에 따라 다양하게 제시되어 있으며, 계산법 또한 토질시험 성과항목에 따라 달리 적용할 수 있으므로 설계자가 현지여건에 알맞은 계산법을 적절히 선택하여 적용하도록 한다.
- 침하량산정은 "항만 및 어항설계기준" 제4편 제5장 기초의 침하의 기준을 참조한다.

라. 상세설계

1) 설계흐름도

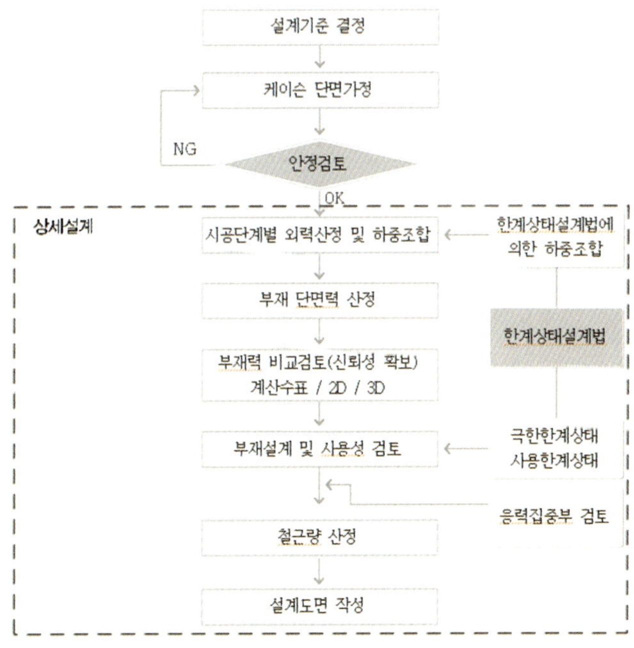

〈그림 3.37〉 상세설계 흐름도

2) 직립부

가) 케이슨 제원

- 케이슨은 프리캐스트 콘크리트(Precast Concrete) 구조체로 외벽과 격벽 및 저판으로 구성되어 해수에 진수시 부력에 의해 가라앉지 않고 원하는 장소까지 부유하여 이동할 수 있는 구조체이다
- 케이슨 각부의 명칭은 다음그림과 같으며 외벽의 두께는 30~60㎝(격벽 간격 5m이내), 저판 40~80㎝, 격벽은 20~30㎝정도로 하는 경우가 많다.
- 최근에는 고강도 콘크리트와 철근을 사용하여 격벽간격을 크게 하기도 하고, 외벽을 슬릿구조로 하는 경우 외벽두께를 더 두껍게 하기도 하는데, 이 모두는 파력등 외력조건에 대한 부재해석을 통하여 결정할 필요가 있다.

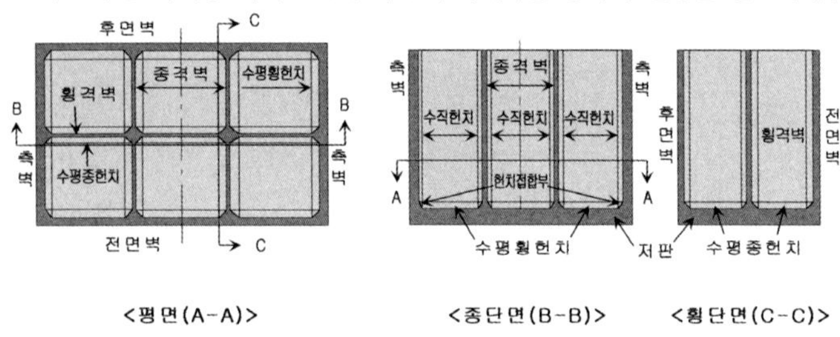

〈그림 3.38〉 케이슨 각부의 명칭

- 케이슨의 크기는 케이슨 제작장 여건과 운반 및 진수장비등에 의해 결정되며 최근에는 케이슨중량 10,000톤급 이상 대형케이슨을 제작, 거치사례가 늘고 있다.
- 케이슨의 길이는 길수록 경제적이나 너무 장대한 케이슨이 되면 조류, 파랑등이 큰 곳에서는 예항 및 거치가 곤란하고 또 속채움을 단시일에 완료할 수 없어 재해를 입기 쉬우므로 주의를 요한다.
- 거치시의 여유수심은 통상 케이슨의 흘수와 기초사석 마운드 높이와의 차를 0.5m이상으로 하고 있다. 이것은 케이슨의 기울어짐, 요동, 작은 파랑, 흘수 계산상의 오차등을 반영한 것이다. 이때의 조위는 조수대기에 의한 야간작업 등을 가급적 피하여 시공시간의 제한을 없애기 위하여 평균조위(M.S.L)정도로 하는 것이 보통이다.

나) 케이슨 부유시의 안정

• 케이슨 부유상태

① $\frac{I}{V} - CG = GM > 0$ (안정)

② $\frac{I}{V} - CG = GM = 0$ (중립)

③ $\frac{I}{V} - CG = GM < 0$ (불안정)

여기서, V : 배수용적(m^3)

I : 흘수면 장축에 대한 단면2차 모멘트(m^4)

C : 부심(C' : 기울어진 후의 부심)

G : 무게중심

M : 경심

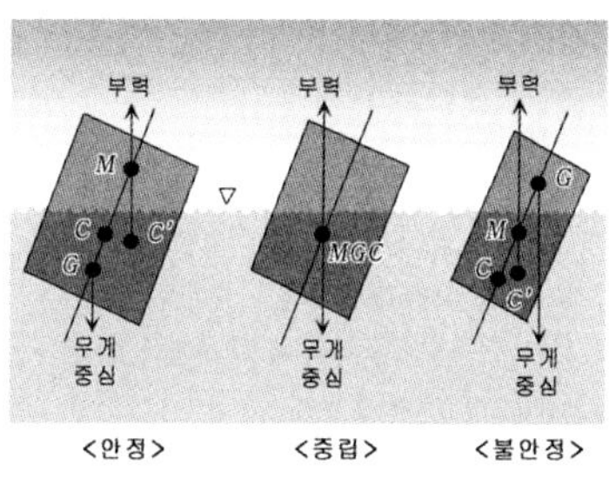

〈그림 3.39〉 부체의 평형

• 부유시 안정조건

$$\frac{I}{V} - CG = GM > 0.05d(\text{흘수})$$

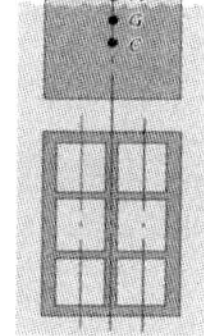

- 부체의 안전을 위해서 부체의 중심과 경심간의 거리 GM은 흘수의 5%이상을 확보하는것이 바람직하다.

이경우는 케이슨단면이 대략 좌우 대칭이고 케이슨에 비교적 작은 기울임 밖에 일어나지 않는다고 생각되는 경우에 적용됨

• 케이슨 단면이 비대칭인 경우 카운터발라스트(Counter Ballast)에 의해 평행을 유지해야 하는데, 카운터발라스트로는 일반직으로 해수를 사용하지만 경우에 따라 모래, 돌, 큰크리트등을 사용하는 경우도 있다.

• 카운터발라스트를 사용하여 부유시켜 이동하는 경우는 다음식에 의해 안정조건을 검토한다.

- 카운터발라스트를 해수를 사용할 경우

$$\frac{1}{V'}(I' - \Sigma i) - C'G' > 0.05d$$

- 카운터발라스트를 모래, 돌 또는 콘크리트 등을 사용할 경우

$$\frac{I'}{V'} - C'G' > 0.05d$$

여기서, i : 각 격실내의 수면에서 케이슨의 회전축에 평행한 중심선에 관한 단면 2차 모멘트(m^4)

V', I', C', G' : 카운터발라스트시에 각각의 값 또는 위치

- 한쪽에 확대기초가 있고 발라스트를 넣어서 평행을 유지하는 경우의 계산식은 다음과 같다

$$W_1 l_1 + W l_w = F l_f$$

여기서,

W_1 : 발라스트 중량(kN)

W : 케이슨 중량(확대기초 중량 포함)(kN)

F : 케이슨(확대기초 포함)에 작용하는 부력(kN)

l_1 : 케이슨 외벽 외측으로부터 W_1의 작용점까지의 거리(m)

l_w : 케이슨 외벽 외측으로부터 W의 작용점까지의 거리(m)

l_f : 케이슨 외벽 외측으로부터 F의 작용점까지의 거리(m)

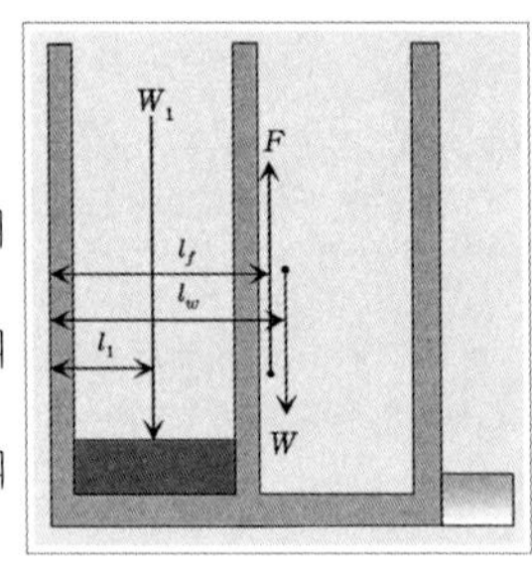

다) 설계외력

(1) 하중조합 및 하중계수

- 하중의 조합 및 하중계수는 상시, 파력작용시, 시공시로 나누어 검토하여 가장 위험요소가 될 때를 기준하여 부재력을 검토한다.

[표 3.5] 하중의 조합과 하중계수

상태	자중	정수압	내부토압	평상시의 저판반력	상시의 내부수압	양압력	저판반력 변동분	내부수압 변동분	파력	격실간 정수압차	비 고
평상시	0.9(1.0)	1.1(1.0)		1.1(1.0)							(저판)
			1.1(1.0)		1.1(1.0)						(측벽)
파력작용시	1.1[0.9] (1.0)	1.1[0.9] (1.0)		1.1[0.9] (1.0)		1.3[0.7] (1.0)	1.2[0.8] (1.0)				(저판)
			0.9 (1.0)						1.3 (1.0)		(측벽)
			1.1(1.0)		1.1(1.0)			1.2(1.0)			
시공시	0.9(0.5)	1.1(0.5)									(저판)부유시
		1.1(0.5)									(측벽)부유시
										1.1(0.5)	(격벽)거치시

주) 표의 값은 극한한계상태 검토시의 하중계수를 나타내고 있으며, [ ]내의 수치는 그 하중을 적게 보는 편이 설계하중이 커지는 경우에 사용할 하중계수이며, ( )내에는 사용한계 상태의 균열폭 영향도정수를 나타냄

• 전면벽(법선평행방향 항외측)에 작용하는 설계하중

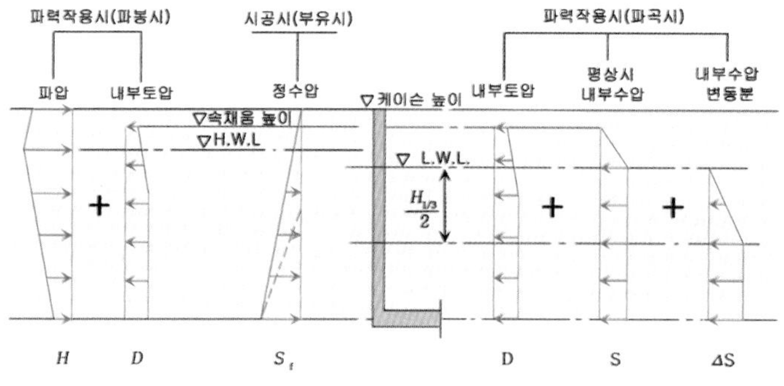

〈그림 3.40〉 전면벽의 설계하중

[표 3.6] 전면벽의 하중계수

하중의 방향	검토상태	극한한계상태	사용한계상태
외부로부터의 하중	파봉 작용시	1.3H−0.9D	1.0H−1.0D
	부 유 시	1.1S	$0.5S_f$
내부로부터의 하중	파곡 작용시	1.1D+1.1S+1.2△S	1.0D+1.0S+1.0△S

• 후면벽(법선평행방향 항내측)에 작용하는 설계하중

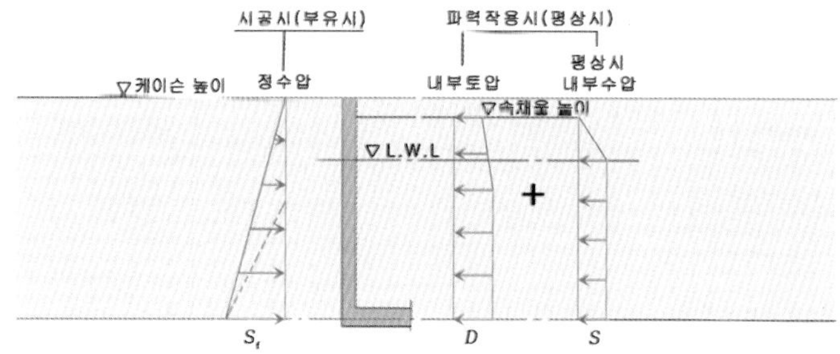

〈그림 3.41〉 후면벽의 설계하중

[표 3.7] 후면벽의 하중계수

하중의 방향	검토상태	극한한계상태	사용한계상태
외부로터의 하중	부 유 시	$1.1S_f$	$0.5S_f$
내부로부터의 하중	상시(정온시)	1.1D+1.1S	1.0D+1.0S

• 측벽(법선직각방향)에 작용하는 설계하중

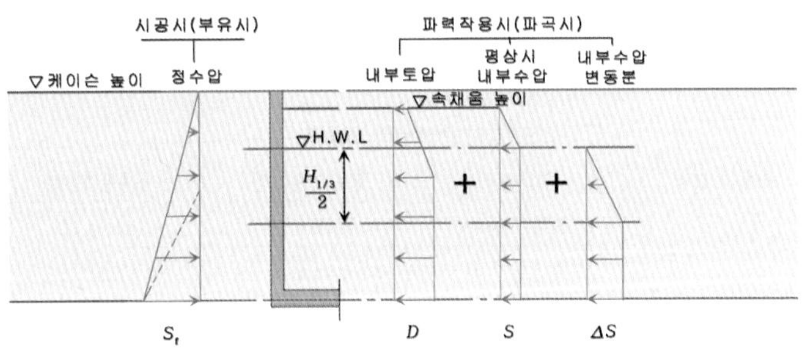

〈그림 3.42〉 측벽의 설계하중

[표 3.8] 측벽의 하중계수

하중의 방향	검토상태	극한한계상태	사용한계상태
외부로터의 하중	부 유 시	$1.1S_f$	$0.5S_f$
내부로부터의 하중	상시(정온시)	1.1D+1.1S+1.2△S	1.0D+1.0S+1.0△S

• 저판(바닥판)에 작용하는 설계하중

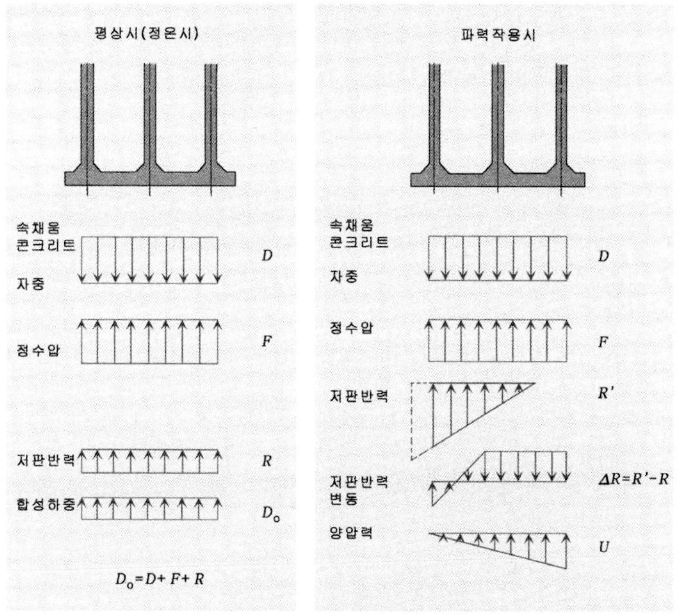

〈그림 3.43〉 저판의 설계하중

[표 3.9] 저판 파력작용의 하중분류

하중의 방향	하　　　중
영 구 하 중	정온시 합성하중
변 동 하 중	저판반력변동△R, 양압력U

[표 3.10] 저판 하중계수의 조합

한계상태	상태	ΔR 및 W의 방향		하중계수
극한한계	파봉	ΔR↑	W↑	$1.1D_0+1.2\Delta R+1.3U$
		ΔR↓	W↑	$1.1D_0+0.8\Delta R+1.3U$
			W↓	$0.9D_0+1.2\Delta R+0.7U$ 주)
	파곡	ΔR↑	W↑	$1.1D_0+1.2\Delta R+0.7U$
			W↓	$0.9D_0+0.8\Delta R+1.3U$
		ΔR↓	W↑	$1.1D_0+0.8\Delta R+0.7U$
			W↓	$0.9D_0+1.2\Delta R+1.3U$ 주)
사용한계	전부	전 CASE		$1.0D_0+1.2\Delta R+1.3U$

주) 저판반력변동(ΔR)이 하향으로 작용하는 경우에는 1.2ΔR에는 상한이 있고 1.1R보다는 커지지 않는다.

(2) 제작시의 외력

- 드라이독크(Dry Dock), 플로팅도크(Floating Dock)등에서 제작할 경우에는 특별히 제작시 외력에 대하여 검토할 필요는 없으나 사로, 작업대상에서 이동하기 위하여 진수대차에 케이슨을 태우는 경우에는 하중을 집중하중으로 작용시켜 케이슨 전체를 보로 보고 다음 방법으로 검토할 수 있다.

$$\sigma = \frac{M}{I}y$$

여기서, σ : 휨응력(N/mm²)
M : 휨 모멘트(N·mm)
I : 중립축에 대한 유효환산 단면의 단면2차 모멘트(mm⁴)
y : 중립축으로부터의 거리(mm)

(3) 진수 및 부유시의 외력

- 케이슨을 드라이도크, 플로팅도크 또는 사로등에서 진수하거나 부유시에 일시적으로 동수압이 발생하기도 하고 함대로부터 저판이 분리될때 여분의 정수압이 걸리기도 하는데 여러 가지 경우를 고려하여 케이슨 고유의 흘수에 1.0m의 여유를 더한다.
- 외벽에 작용하는 수압은 저판중심선에서 상기 정수압(계산상 흘수 +1.0m)을 높이로 하고 마루까지의 거리를 저면으로 하는 삼각형 하중으로 계산한다.
- 저판에 작용하는 외력은 저판하단에 상시 정수압에서 저판의 자중을 뺀 값을 사용한다

$$P_2 = P_w - w = w_o H_o - w$$

여기서, P_2 : 저판에 작용하는 외력(kN/㎡)

P_w : 계산상의 흘수에 1.0m 여유를 볼때 저판에 작용하는 정수압(kN/㎡)

w : 저판자중(Counter Ballast용 속채움 토사등이 있는 경우 그 중량 포함)(kN/㎥)

w_o : 해수의 단위체적중량(kN/㎥)

H_o : 계산상의 흘수에 1.0m 여유를 본 길이(m)

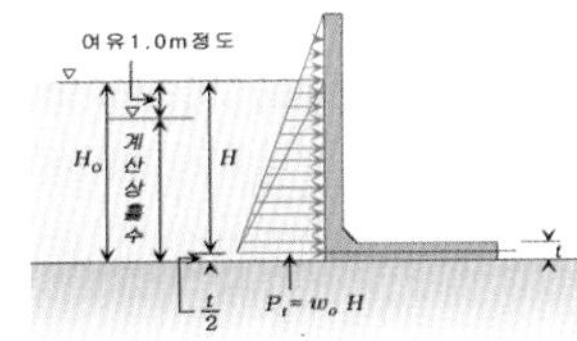

〈그림 3.44〉 외벽에 작용하는 수압

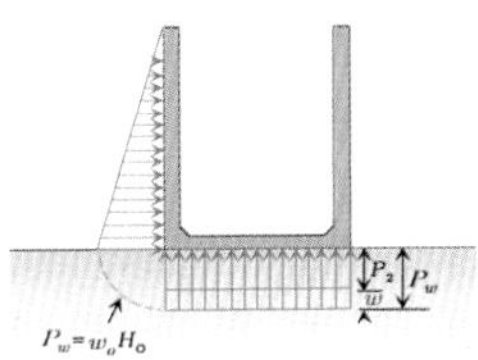

〈그림 3.45〉 저판에 작용하는 외력

- 격벽은 통상 두께가 20㎝이상이면 기둥으로서의 지압에 충분히 견딜 수 있으므로 검토를 생략한다.

(4) 예항시의 외력

- 케이슨은 예항시 조파저항을 받거나 상당한 파가 있을 때는 예항하지 않으므로 동수압, 파압에 대하여는 검토를 생략할 수 있다.
- 수압에 대한 영향도 진수 및 부유시 외력조건을 케이슨 고유의 흘수에 1.0m의 여유를 본 것으로 충분하다고 생각되므로 별도로 검토하지 않는다
- 케이슨은 선박과 같은 상부구조가 없고 바람이 극단적으로 강한 경우에는 예항을 하지 않으므로 바람의 저항은 무시하고 유체저항만을 고려한다.
- 항력계수는 흐름에 직각인 면적의 형상에 따라 변동하나 일반적으로 구형판에 대한 것을 채용하며 예항속도는 2~3노트(Knot)로 예항하는 조건으로 한다.
- 케이슨 예항시 인장력은 다음식으로 계산한다.

$$T = \frac{1}{2} \rho_o C_D V^2 A$$

여기서, T : 견인력(kN) C_D: 저항계수

V : 예항속도(m/s)

A : 케이슨의 전진방향의 침수면적(㎡) (A=a×(D+δ))

D : 흘수(m)
δ : 전면수위(m)
ℓ : 케이슨 길이(m)
a : 케이슨 폭(m)
ρ_o : 해수의 밀도(kN/m³)

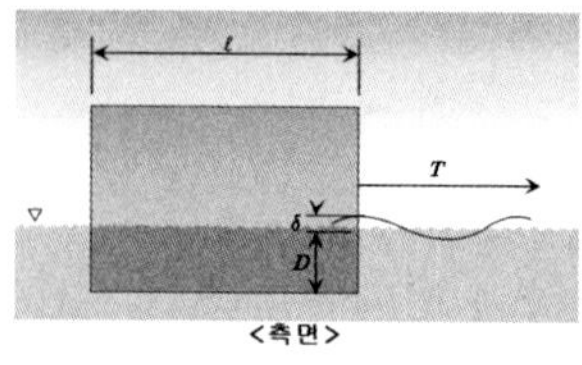

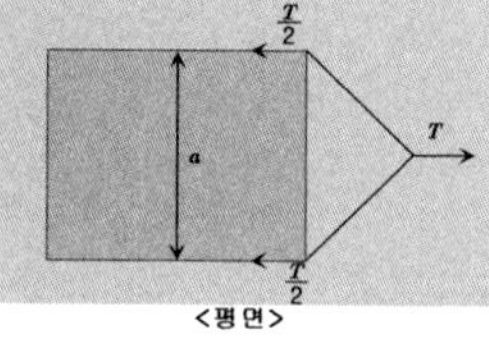

〈그림 3.46〉 예항시의 인장력

(5) 거치시의 외력

- 외벽 및 저판에 대하여는 거치시의 외력보다는 부유시 및 거치후의 외력 쪽이 더 큰 하중이 되므로 거치시의 외벽 및 저판의 검토는 생략한다.
- 격벽에 대하여는 시공조건을 고려하여 각실간 수두차를 하중으로 한다.
- 케이슨을 거치하기 위해 해저면에 침설시에는 사이폰(Syphon) 또는 펌프로 물넣는 방법, 밸브로 물을 넣는 방법등이 있으며 각실간 수두차를 1.0m 이내로 하도록 한다.

격실간 수두차를 1.0m이상으로 하여야 할 경우에는 격벽의 두께를 20㎝이상으로 하여 반드시 부재력 검토를 하여 충분한 철근을 배치하여야 한다.

수두차

(6) 완성후의 외력

(가) 외벽

① 속채움 토사

- 합계하중 분포는 불규칙한 형상이 되는 경우가 많으므로 설계시는 이 분포를 적당한 등분포하중 및 3각형 분포하중으로 환산한다.
- 속채움이 모래 또는 쇄석경우 정지토압을 0.6으로 계산하고, 블록이나 콘크리트 채움의 경우는 고려하지 않는다.

• 토압은 벽 안쪽폭 b만큼의 깊이까지는 증가하나 그 아래에서는 증가하지 않는다고 본다.

• 케이슨위에 현장타설 콘크리트 등이 있어 케이슨내부에 재하하중의 영향이 미치지 않는다고 보이는 경우에는 재하하중은 고려하지 않는다.

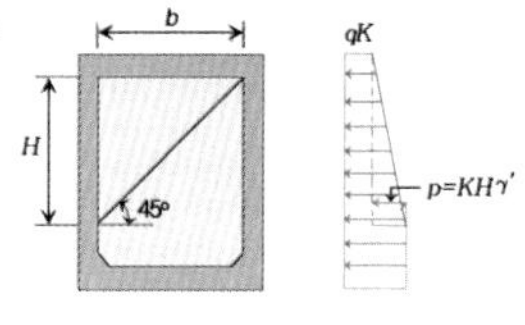

q : 속채움에 전달되는 상재하중(kN/m²) γ' : 속채움재의 수중단위질량(kN/m³)
K : 속채움 토압계수(=0.6) b : 벽의 내면폭(m)

② 내부수압

• 내부수압은 케이슨내의 수위와 LWL시의 수두차를 취하되 법선평행방향 항외측 및 법선직각방향의 측벽의 벽면에 파곡이 있는 경우에는 외부수위를 LWL-($H_{1/3}$)/2로 한다.

• 법선평행방향 항외측의 측벽의 벽면에 파봉이 있는 경우에는 내부수압은 고려하지 않는다.

• 법선평행방향 항내측의 측벽에 대하여는 외부수압을 LWL로 한다.

③ 내부토압과 내부수압을 취하는 법

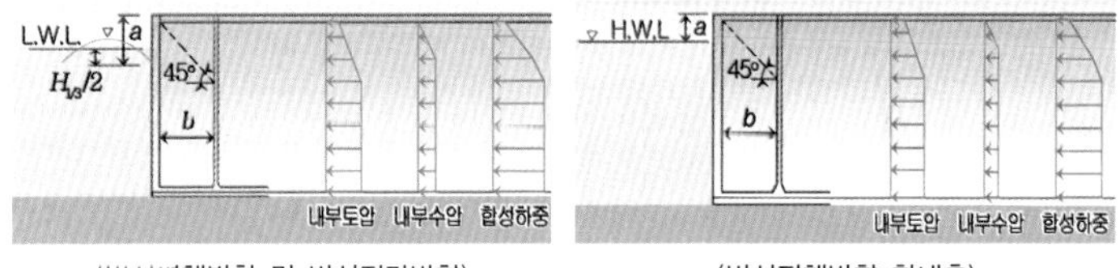

(법선평행방향 및 법선직각방향) (법선평행방향 항내측)

〈그림 3.47〉 내부토압과 내부수압

(나) 저판

• 외벽, 격벽으로 둘러싸인 고정부에는 저면반력, 정수압, 속채움재 중량, 덮게콘크리트 중량, 저판중량 및 재하하중을 고려한다.

• 합계 하중분포는 불규칙한 형상이 되는 경우가 많으므로 설계시는 이 분포를 적당히 등분포 하중 및 3각형 분포하중으로 환산하여 계산한다.

• 제체 또는 벽체에 작용하는 저면반력은 다음식에 의하여 산정한다.

① $e \leq \frac{1}{6}b$의 경우

$$P_1 = (\frac{1+6e}{b})\frac{V}{b},\ P_2 = (\frac{1-6e}{b})\frac{V}{b}$$

② $e > \frac{1}{6}b$의 경우

$$P_1 = \frac{2}{3}\frac{V}{(\frac{b}{2}-e)},\ b' = 3(\frac{b}{2}-e)$$

$$e = \frac{b}{2} - x,\ x = \frac{M_w - M_h}{V}$$

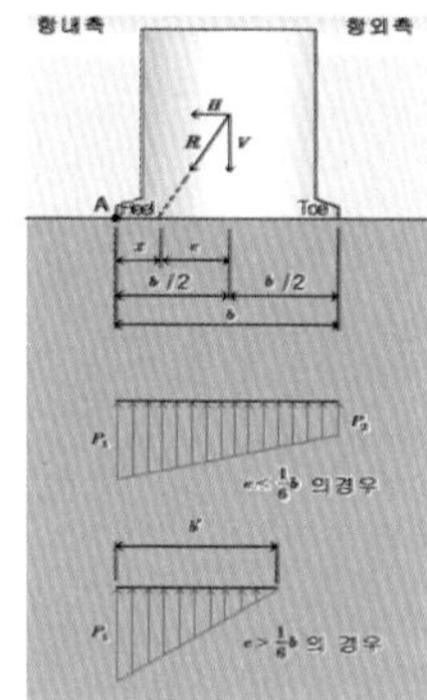

여기서, P_1 : Heel에서의 반력의 특성치(kN/m²)

P_2 : Toe에서의 반력의 특성치(kN/m²)

V : 케이슨 법선방향 단위길이당의 연직합력(kN/m)

H : 케이슨 법선방향 단위길이당의 수평합력(kN/m)

e : 전합력의 편심량(m)

b : 저부의 폭(m)

b' : $e > \frac{1}{6}b$의 경우위 저면반력의 작용폭(m)

M_w : 연직합력에 의한 A점 주위의 모멘트(kN·m/m)

M_h : 수평합력에 의한 A점 주위의 모멘트(kN·m/m)

- 정수압은 설계조위에 의하여 케이슨저판에 작용하는 정수압으로 한다.
- 덮게 콘크리트 중량은 부력이 작용하지 않는 대기중량으로 한다. 이 단위체적중량은 무근콘크리트의 경우 22.6kN/m³로 계산한다.
- 저판중량은 부력이 작용하지 않는 대기중량으로 한다. 이 단위체적중량은 24.0kN/m³로 계산한다.
- 저판에 작용하는 재하하중으로는 케이슨상의 토피중량, 적재하중 등을 고려한다. 단 케이슨위에 현장타설 콘크리트가 있어 케이슨내부에 재하하중의 영향이 미치지 않는다고 생각되는 경우에는 재하하중은 고려하지 않는다.

(다) 격벽 및 기타

- 외벽이 격벽으로부터 떨어져 나가는 것을 방지하기 위한 검토에서 외벽에 작용하는 속채움 토압 및 내부수압을 고려하고 이들이 격벽과

외벽의 접합부에 작용하는 것으로 한다.

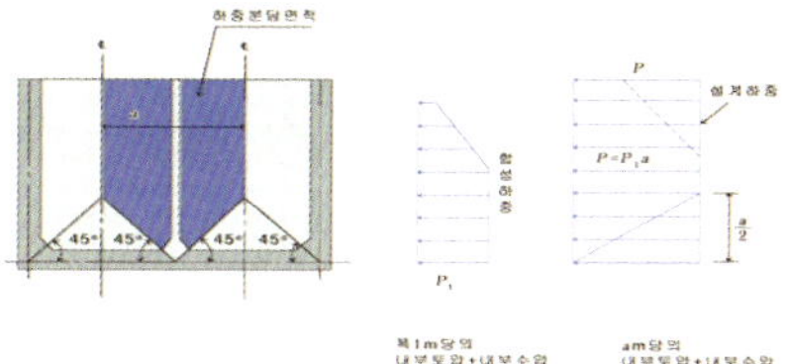

〈그림 3.48〉 외벽의 격벽으로부터 떨어져 나가는 것에 대한 검토시의 설계하중

- 저판이 격벽으로부터 떨어져 나가는 것을 방지하기 위한 검토를 할 때 하중으로는 저판에 작용하는 속채움 중량, 재하중, 저판중량, 덮개 콘크리트 중량, 저면반력, 양압력 및 정수압을 고려하며 이들의 격벽과 저판의 접합부에 작용하는 것으로 한다.

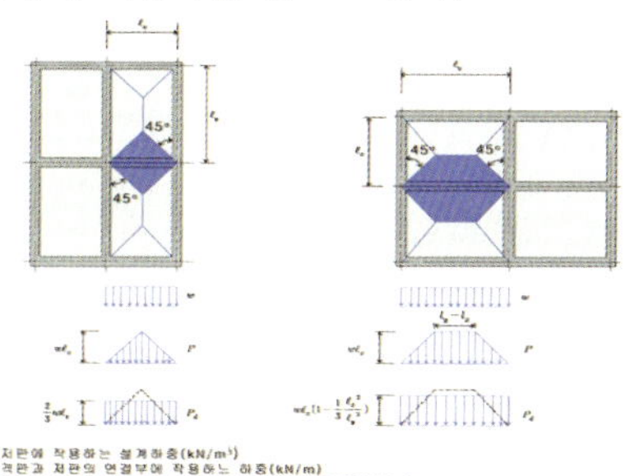

〈그림 3.49〉 저판의 격벽으로부터 떨어져 나가는 것에 대한 검토시의 설계하중

- 지반지지력의 불균형에 의한 하중이 작용할 경우의 검토는 케이슨의 길이 또는 폭의 1/3을 캔틸레버로 보고 케이슨 자체의 보의 일체성에 대하여 검토한다.

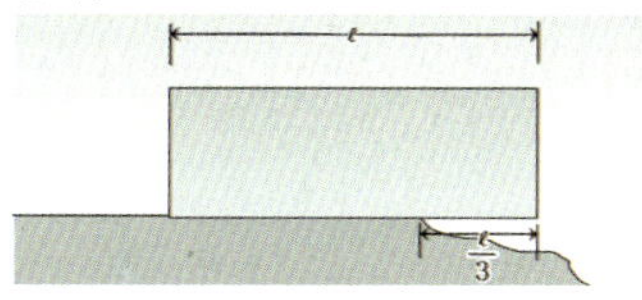

라) 부재설계

- 케이슨 구조체의 부재설계는 슬래브 판의 휨모멘트 계산표에 의하여 계산하는 방법이 일반적이나 F.E.M 해석으로 하는 방법도 있다.

• 판의 휨모멘트 계산표는 <항만 및 어항설계기준 (하권)> "권말 2"를 참조한다

(1) 외벽

• 외벽의 설계는 3변 고정 1변 자유판으로 계산한다.
• 길이의 비가 1:5이상의 외벽에 대해서는 1:5의 판의 값을 사용한다.
• 계산에 사용하는 지간은 격벽간의 중심간격으로 한다.
• 주철근의 덮개는 외측 7㎝이상, 내측 5㎝이상으로 한다.
• 외벽과 외벽이 만나는 모서리에 생기는 불균형 모멘트가 현저하게 큰 경우에는 일정비율로 분배할 필요가 있는데, 자세한 사항은 <항만 및 어항설계기준> 제5편 프리캐스트 콘크리트 부재 설계편을 참조하도록 한다.

(2) 격벽

• 격벽의 설계는 3변 고정 1변 자유판으로 계산한다.
• 계산시의 지간은 격벽의 중심간격으로 한다.
• 주철근의 덮개는 원칙적으로 5㎝이상으로 한다.

(3) 저판

• 외벽, 격벽으로 둘러싸인 4변 고정판으로 계산한다.
• 주철근 덮개는 외측 7㎝, 내측 5㎝이상으로 한다.
• 확대기초부는 캔틸레버로 계산한다.
• 4변 고정부의 계산에 쓰이는 지간은 중심간격으로 한다.
• 확대기초부의 휨에 대한 계산시 캔틸레버는 외벽전면(A-A)을 기준으로 한다.

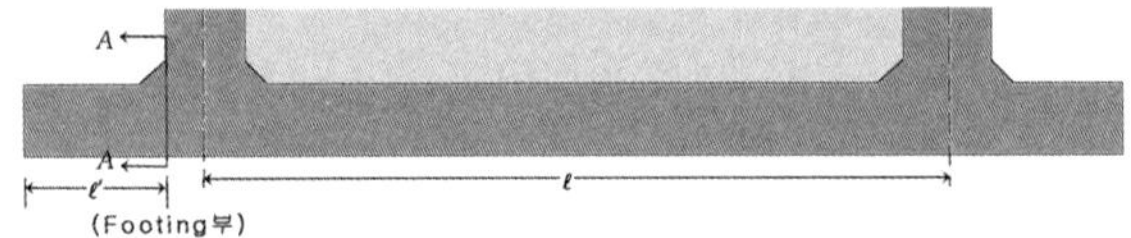

마) 상부공

(1) 덮개 콘크리트

• 덮개 콘크리트는 케이슨 속채움재가 모래와 같이 세립질일 경우 상치콘크리트가 파랑의 충격에 의해 케이슨 구조체와 상치콘크리트와의 틈새로 속채움재가 빠져나오는것을 방지하기 위해 설치하는 것이다.
• 두께는 통상 30㎝이상, 파랑환경이 험한 곳에서는 50㎝이상으로 한다.

• 파랑이 험한 곳에서 프리캐스트 덮개 콘크리트를 사용하면 프리캐스트와 케이슨간의 간격에 타설한 현장타설 콘크리트가 파랑에 의하여 분리되어 속채움모래가 빠져나오는 경우가 있으므로 이경우에는 덮개콘크리트 밑에 쇄석을 30~50㎝ 부설하는 경우도 있다.

(2) 상치콘크리트

• 상치콘크리트에 작용하는 파력에 대하여 불명확한 점이 많기 때문에 상치콘크리트는 케이슨 구조체와 일체화 되도록 계획한다.
• 일체화시키는 방법으로는 케이슨 속으로 상치콘크리트가 들어가도록 타설하는 방법, 덮개 콘크리트에 요철을 붙이는 방법, 철근이나 형강을 삽입하는 밥법등이 있다.

제3장

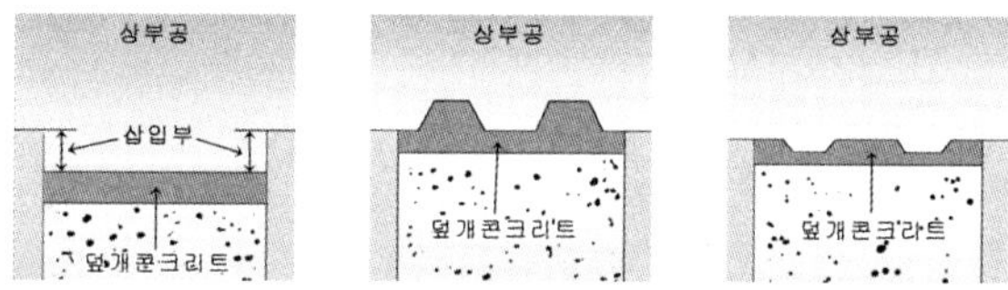

〈그림 3.50〉 상치콘크리트 타설면

3) 사석기초부

가) 근고블록

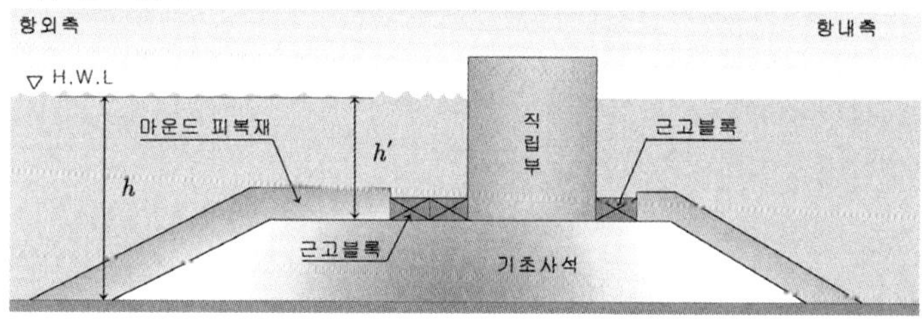

• 근고블록을 설치하는 경우에는 직립부의 항외측에 2개 이상 항내측에 1개 이상 설치하는 것을 권장한다.
• 근고블록 전면에는 마운드 피복재가 설치되는데, 근고블록의 안정성 면에서 피복재와 근고블록의 단차는 가급적 적은 것이 좋다.
• 근고블록에 구멍을 뚫어 투수성을 확보하여 기초사석의 석재와 콘크리트 재료간의 이질성을 줄이고, 급격한 극한수리특성의 발생을 저감하여 기초부 세굴과 흡출을 방지하고 콘크리트에 작용하는 양압력은

저감하고 내파안정성은 크게 향상시킬 수 있다.

- 근고블록의 구멍이 너무 크면 세굴·흡출방지 효과가 저하하기 때문에 개구율은 10%정도가 좋다.
- 근고블록 소요두께

$$\frac{t}{H_{1/3}} = d_f \left(h'/h\right)^{-0.787}$$

여기서, t : 근고블록 소요두께(m)

d_f : 간부에서는 0.18, 두부에서는 0.21(m)

h' : 블록을 포함하지 않은 기초마운드부의 마루수심(m)

h : 설계수심(m)

※ 적용범위 : $h'/h = 0.4 \sim 1.0$

- 근고블록 제원의 계산은 상기 식에 의해 소요두께를 정하고 다음 표에 의해 블록의 제원을 구한다
- 근고블록의 설치수심이 설계파고의 2배 이내에 위치할 수 있는 조건이 발생 가능할 경우에는 수리모형실험 등을 통하여 그 기능과 안정성을 확인할 필요가 있다.

[표 3.11] 근고블록의 소요두께와 제원

근고 블록 소요두께 t(m)	규 격 ℓ(m)×b(m)×t(m)	무 게(t/개)	
		유공형	무공형
0.8이하	2.5×1.5×0.8	6.23	6.90
1.0이하	3.0×2.5×1.0	15.64	17.25
1.2이하	4.0×2.5×1.2	24.84	27.60
1.4이하	5.0×2.5×1.4	37.03	40.25
1.6이하	5.0×2.5×1.6	42.32	46.00
1.8이하	5.0×2.5×1.8	47.61	51.75
2.0이하	5.0×2.5×2.0	52.90	57.50
2.2이하	5.0×2.5×2.2	58.19	63.25

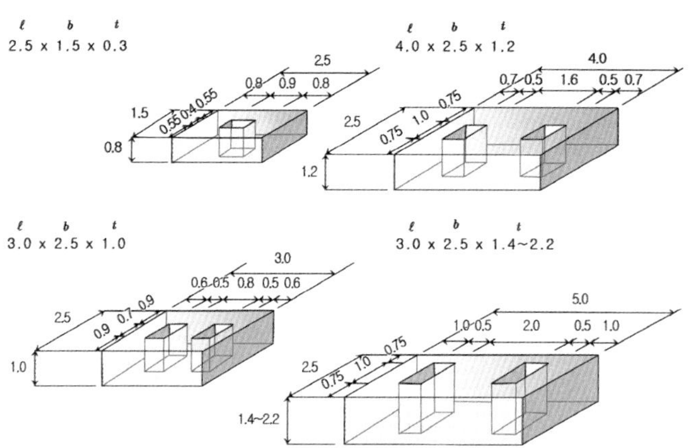

〈그림 3.51〉 근고블록 형상 예

- 항내측의 근고블록은 항외측의 근고블록 보다 1/2정도 가벼운 중량을 채택해도 무난하나 항내파랑이나 시공시의 파랑에 의한 소요중량 보다 작아서는 안되며 제두부측의 근고블록은 항외측과 같은 중량이 되도록 계획한다.

나) 세굴 방지공

(1) 세굴여부 판정

- 세굴여부 판정은 해저원지반의 수심과 모래입경과의 관계식인 모래의 이동한계 수심을 기준으로 판단한다.

$$\frac{H_o'}{L_o} = \alpha\left(\frac{d_s}{L_o}\right)^n\left(\varepsilon\text{inh}\frac{2\pi h_i}{L}\right)\frac{H_o'}{H}$$

여기서, H_o' : 환산심해파고(m)

L_o : 심해파장(m)

d_s : 저질의 평균 또는 중앙입경(m)

h_i : 이동한계 수심(m)

L: 수심 h_i 에서의 파장(m)

H: 수심 h_i 에서의 파고(m)

α : 계수

n	1/3	
α	1.35	2.40
이동형식	표층이동	완전이동

• 계산예

– 설계조건

설계고조위	환산심해파고 (H_o')	심해파주기(T_o)	방파제 수심
80cm	5.5m	14 sec	DL.(-)4.50m

– 계산결과

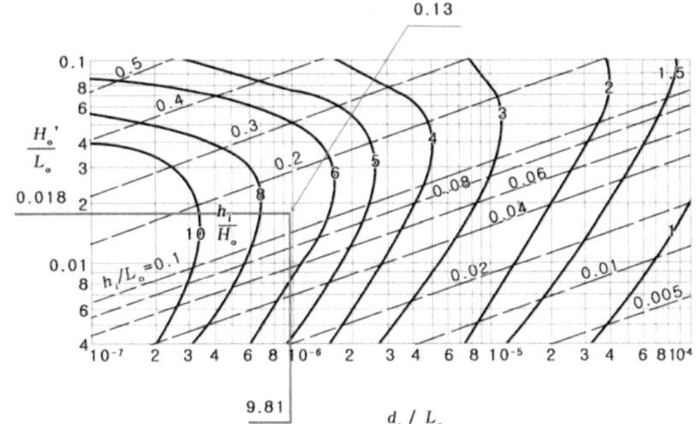

(표층이동 한계수심 계산도표)

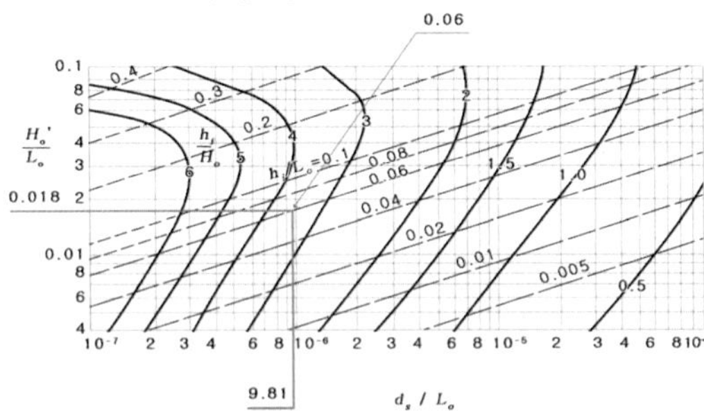

〈그림 3.52〉 완전이동 한계수심 계산도표

$L_o = 1.56 \times T_o^2 = 1.56 \times 14 \times 14 = 305.76\,\mathrm{m}$

구 분	L_o (m)	H_o' (m)	d_s	$\frac{d_s}{L_o}$	$\frac{H_o}{L_o}$	$\frac{h_i}{L_o}$	한계수심 h_i (m)
표층이동	305.76	5.5	0.0003	0.000000981	0.018	0.13	39.7
완전이동	305.76	5.5	0.0003	0.000000981	0.018	0.06	18.3

방파제 설치수심이 4.5m일때 완전이동한계수심 18.3m보다도 낮으므로 표사이동이 발생하여 세굴이 예상됨

(2) 세굴 방지공

- 세굴방지공으로는 소단모양으로 사석을 투하하거나 버림블록, 아스팔트 매트, 합성수지 매트 등에 의해 비탈면 하단을 보호하는 방법이 있다.
- 세굴방지공중 소단모양의 사석을 투하하는 공법은 다음과 같은 식을 사용하여 소요폭과 소요두께를 산정한다.

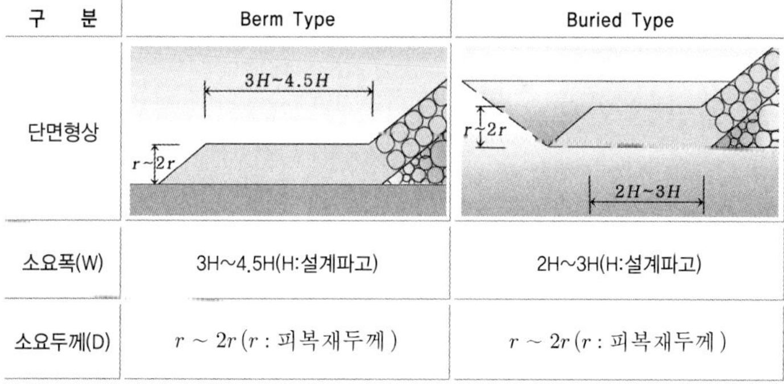

구 분	Berm Type	Buried Type
단면형상		
소요폭(W)	3H~4.5H(H:설계파고)	2H~3H(H:설계파고)
소요두께(D)	$r \sim 2r$ (r : 피복재두께)	$r \sim 2r$ (r : 피복재두께)

- 피복재 소요두께는 피복재 안정질량 계산법중 "흐름에 대한 사석의 안정질량"에서 구한 피복재의 소요질량을 기준으로 피복재 종류에 따라 주어지는 두께로 계산한다.

2. 호안

2.1 설계기본방침

파랑 및 고조에 의하여 매립지의 보전 및 이용에 지장을 초래하지 않을 마루높이로 한다.

파압, 토압 등의 외력에 대하여 안정된 구조로 한다.

매립토 등이 누출하지 않을 구조로 한다.

매립중 오탁수의 유출방지 등 주변수역에 대한 영향을 고려해야 한다.

친수호안의 경우에는 이용자가 안전하고 쾌적하게 이용할 수 있는 구조로 한다.

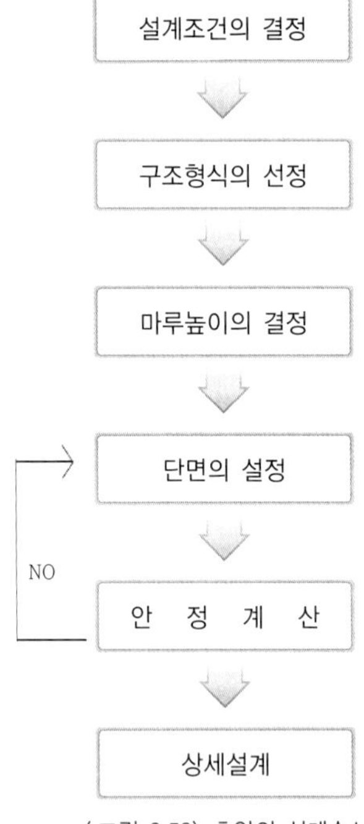

〈그림 3.53〉 호안의 설계순서

2.2 구조형식 선정

호안의 구조형식은 경사식 호안, 중력식 호안, 널말뚝식 호안 및 셀(Cell)식 호안등이 있으며, 매립이 완료한 후에 본 호안 또는 전면에 안벽이나 추가 시설물을 축조하기 위하여 임시로 축조되는 가호안으로 분류할 수 있다.

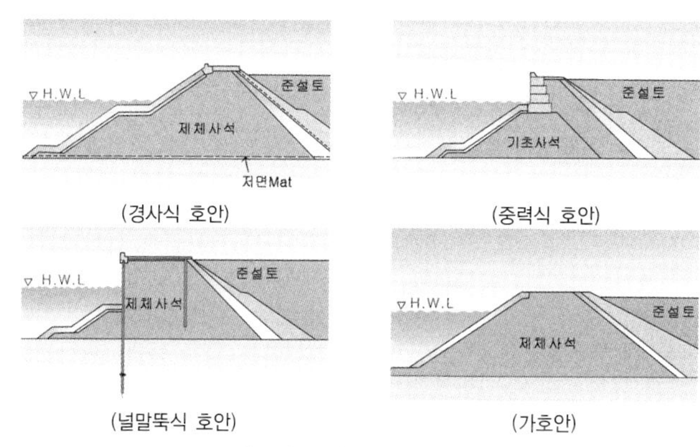

(경사식 호안) (중력식 호안)

(널말뚝식 호안) (가호안)

〈그림 3.54〉 호안의 구조형식

경사식호안은 사용재료 및 형상에 따라 사석식 호안, 완경사 호안, 소파블록피복식 호안등으로 세분할 수 있다.

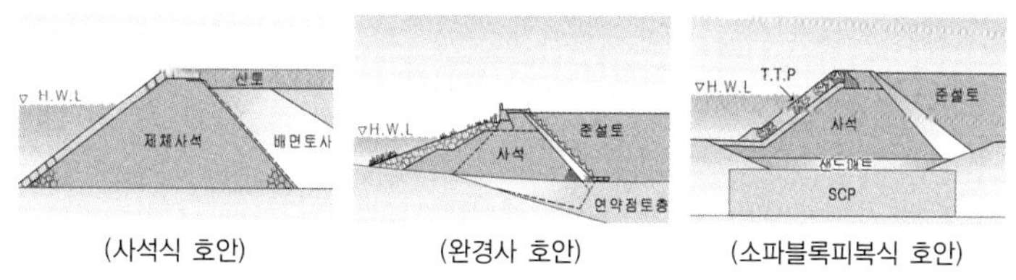

(사석식 호안) (완경사 호안) (소파블록피복식 호안)

〈그림 3.55〉 경사식호안의 종류

구조형식은 호안의 사용목적, 지반조건, 시공조건 및 경제성등을 감안하여 선정한다.

2.3 마루높이 결정

마루높이는 파랑과 고조시 배후지 이용상황과 허용월파량 조건으로 결정한다.

월파량은 호안제체를 월파한 물의 단위폭당 부피이고, 월파유량은 단위시간당 월파한 물의 단위폭당 부피이다.

수리모형실험에서 월파량을 추정할 경우 실험파는 불규칙파를 사용하며, 그 외 단순한 형상의 직립 또는 소파호안에 대해서는 불규칙파의 실험에서 의해 작성한 기존의 참고도면을 사용하여 월파량을 추정한다.

–허용월파량에 의한 마루높이 산정예

• 설계조건

설계고조위	환산심해파고(H_o')	심해파주기(T_o)	수심(d)	해저경사(s)
80cm	5.5m	14 sec	DL.(–)4.50m	1/40

• 허용월파량 조건

이 용 방 법	상 태(호안후면)	월파량 (m^3/m·sec)	적 용
보 행	위험없음	2×10^{-4}	
자 동 차	고속통행 가능 운전가능	2×10^{-5} 2×10^{-4}	
가 옥	위험없음	7×10^{-4}	○

가옥의 재해한계 월파량 기준인 7×10^{-4} m^3/m·sec을 허용월파량 조건으로 적용

• 월파고 산정

설계파		$\frac{H_o'}{L_o}$	조위를 고려한 수심 h (m)	h/H_o'	허용월파량 q(m^3/m·sec)
H_o'(m)	L_o(m)				
5.5	305.76	0.018	5.3	0.963	0.0007

$L_o = 1.56\,T_o^2 = 1.56 \times 14 \times 14 = 305.76\text{m}$ $\qquad \frac{H_o'}{L_o} = \frac{5.5}{305.76} = 0.018$

h = 설계조위 + 수심(d) = 0.8 + 4.5 = 5.3 m

• $\frac{H_o'}{L_o}$= 0.018이므로 도표에서 근사한 $\frac{H_o'}{L_o}$=0.017인 도표를 이용하고 해저경사 1/40일때 값이 없으므로 해저경사 1/10과 1/30일때 값을 구한후 외삽법으로 해저경사 1/40일때 값을 구한다.

$\frac{h}{H_o'} = \frac{5.3}{5.5} = 0.963 \quad q/\sqrt{2g(H_o')^3} = 0.0007/\sqrt{2\times9.8\times(5.5)^3} = 1.225\times10^{-5}$

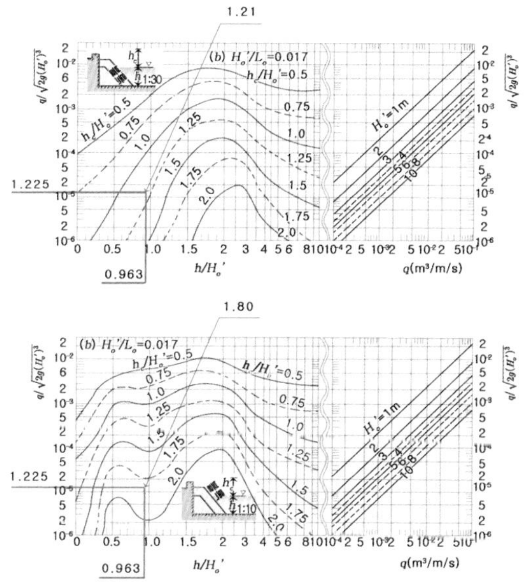

〈그림 3.56〉 월파유량 산정도

해저경사	1/30	1/10	1/40	비 고
h_c/H_o'	1.21	1.80	1.136	외삽법으로 산정

월파고 $h_c = 1.136\times H_o' = 1.136\times5.5 = 6.248\text{m}$

• 따라서 적정 마루높이는 월파고 6.248m에 설계조위 0.8m를 더한

DL(+)7.10m이상으로 한다.

2.4 단면설정 및 안정계산

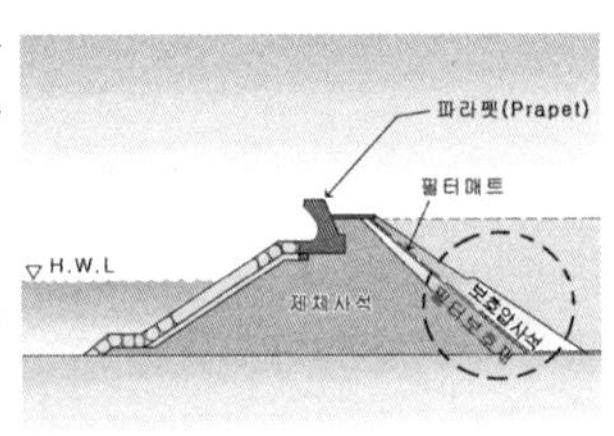

호안 배후지를 토사로 매립할 경우 토사가 제체사석의 공극을 통하여 빠져나가지 않도록 하기 위하여 뒷채움공을 시공하는등 대책이 필요하다.

뒷채움공을 필터매트등으로 계획시 사석에 의한 필터매트 손상을 방지하기 위해 필터사석으로 필터매트를 보호할 필요가 있다.

매립 호안에는 월파를 감소시키기 위하여 파라펫(Parapet)을 설치하여 매립부지 보다 마루높이를 더 높게 할 수도 있다.

파랑에 의한 피복재 소요질량, 기초세굴 및 직립부 안정계산과 흐름에 의한 피복재 안정검토등은 경사식 방파제에 준하고, 토압에 의한 원호활동 및 직립부 안정계산은 계류시설 중력식 안벽 안정계산에 준한다.

2.5 상세설계

상세설계에 있어서 파랑에 의한 부재력 계산은 방파제에 준하고 토압에 의한 부재력 계산은 계류시설에 준한다.

제4장

계류시설

집필위원 : 이 욱 한 (주)건일엔지니어링 전무
감수위원 : 이 진 용 (주)세광종합기술단 사장

제4장 계류시설

1. 계류시설과 부두

계류시설은 선박이 접·이안하여 화물의 하역, 승객의 승강을 할 수 있도록 시설한 안벽, 물양장, 잔교, 부잔교, 돌핀, 계선 부표(말뚝), 선양장, 선착장, 램프 등의 시설을 말하고, 선박을 접안시켜 여객 및 화물을 선박에 싣고 내리는 계류시설 및 제반시설을 갖춘 구역을 부두(Terminal facilities)라 한다.

접안시설은 일반적으로 소형선과 대형선 접안시설로 구분하는데 접안수심이 DL.(-)4.5m미만의 접안시설을 물양장(Lighter's wharf)이라하고, 수심이 DL.(-)4.5m이상인 접안시설을 안벽(Quaywall)이라 한다.

[컨테이너부두]

[유류부두(돌핀식)]

[벌크부두]

[여객부두]

2. 부두의 계획

2.1 물동량에 따른 선석소요 검토

부두(선석)의 계획은 그 항만을 이용할 화물 및 여객의 수량, 종류, 하역형태 및 육·해상의 수송기관 등의 실정을 파악하고, 장래 화물 및 여객량의 동향, 선형의 대형화 및 수송체계의 변화 등을 고려하여 결정한다.

컨테이너부두 또는 일반화물부두 등의 계획시를 예를 들면 우선 목표년도에 대한 물동량을 예측하고, 선석당 하역능력을 결정한 후 해당부두의 시설소요를 판단한다.

공공적 측면에서 적정하역능력이 낮으면 항만개발투자비가 증가하나, 적정하역능력이 높으면 항만개발투자비는 감소한다.

장래 예측물동량과 선석당 하역능력이 산정되면 목표연도를 기준하여 산정값을 비교하여 과부족에 따른 각 부두별 시설소요를 결정한 다음, 소요선석수에 따른 부두배치계획을 수립하면 된다.

- 물동량예측은 거시적방법, 미시적방법등 여러 예측방법을 통해 추정되며 화물량 변동추이에 적합하도록 변수변환을 통해 만들어진 여러 함수형태의 회귀모형(Regression Model)[1] 혹은 시계열모형(Time Series Model)[2]을 사용한다.
- 기존의 통계적, 계량경제학적 분석대신 개별항만별로 직접적인 영향을 미치는 현황을 토대로 물동량을 추정하기도 한다.

용어해설

1)회귀모형(Regression Model) : 연속형 변수들에 대해 독립변수와 종속변수 사이의 인과관계에 따른 수학적 모델인 선형적 관계식을 구하여 어떤 독립변수가 주어졌을때 이에 따른 종속변수를 예측하는 방법

2)시계열모형(Time Series Model) : 시간을 변수로 하는 시계열 데이터의 우연변동, 계절변동, 구조변동, 순환변동 중 특정변동요인만을 추출, 소거하여 데이터를 선형화하는 방법

- 하역능력은 고유능력(Intrinsic Capacity)과 표준능력(Efficiency Capacity)으로 구분되며, 고유능력은 항만의 시스템이 아무런 휴지없

이 운영된다고 가정한 능력이며, 표준하역능력은 현실성 있는 항만능력을 산정하기위해 하역장비의 이용율, 대기시간비율을 감안한 접안율, 실제가능한 하역시간, 안벽작업일수 등을 고려한 하역능력이다.

- 표준하역능력의 산정은 안벽에 설치될 하역장비대수, 크레인의 작업효율, 접안율, 장치장의 면적 등이 고려된다. 또한 적정하역능력은 "항만이 경쟁력을 갖출수 있는 적정서비스를 제공할 경우의 하역능력"을 의미한다.

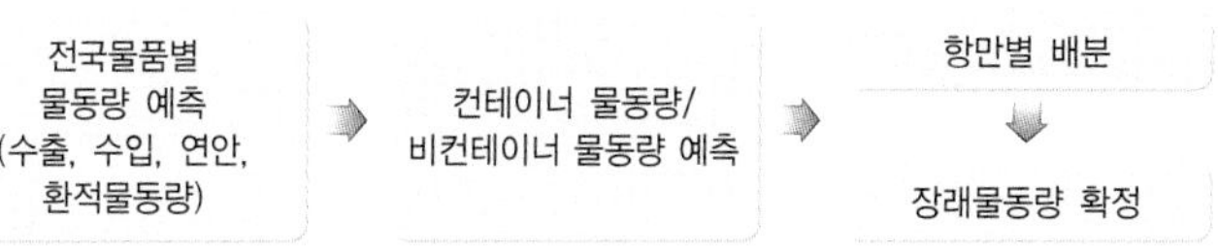

제4장

2.2 부두의 배치

부두의 배치는 기상, 해상, 지형, 지질, 배후지 등을 충분히 검토하는 동시에 선박의 접안 및 이안(離岸), 육상교통과의 관계, 그리고 도시계획과의 관계 등도 감안하여 결정해야 하며, 공공부두, 전용부두, 잡화부두, 전문부두 등 용도에 따른 특수성을 감안하여 각기 효율적으로 이용할 수 있도록 하여야 하며, 장래의 확장도 고려하여 배치하여야 한다.

한편, 부두의 방향은 항구에서 선박이 진입하는 방향과 풍향을 고려하여 결정하는 것이 바람직하다. 그리고 화물 보관시설, 화물조작·처리시설, 임항 교통시설 등의 배치와의 관계도 검토하여 효율적으로 이용될 수 있도록 부두배치계획을 수립하여야 한다.

- 여객이 이용하는 선박을 위한 접안시설은 위험물을 취급하는 구역으로부터 분리되어야 하며 대합실, 주차장 등 여객의 이용에 편리한 시설용지가 부근에 충분히 확보되어야 한다.
- 위험물을 적재하는 선박을 위한 접안시설은 생활환경을 보전할 필요가 있는 주택, 학교, 병원 등의 시설로부터 분리되고 그 밖의 접안시설 및 항행선박으로부터 소요의 보안거리가 확보되어 있어야 하며, 위험물 유출 등의 사태에 용이하게 대처할 수 있어야 한다.
- 소음을 일으키는 선박을 위한 접안시설 및 하역 중에 소음이 야기되는 하역기계를 사용하는 접안시설과 하역시에 먼지 및 냄새가 발생

할 우려가 있는 화물을 적재한 선박을 위한 접안시설은 생활환경을 보전할 필요가 있는 주택, 학교, 병원 등의 시설로부터 분리되어 있어야 한다.

부두의 배치 형상은 그 형태에 따라 돌제부두, 평행부두, 섬식(島式)부두, 굴입식 또는 박거식(泊渠式)부두로 구분된다.

- 돌제부두(Jetty Wharf)는 해안선과 직각 또는 경사지게 돌출되도록 계획된 부두로서 해안선이 짧은 경우에 적합한 부두이다.
- 평행부두는 해안선과 평행한 부두로서 배후 교통시설의 인입이 용이하고 부두와 육지 사이에 부지면적을 최대화 할 수 있는 장점이 있다.
- 섬식부두는 바다에 인공섬과 같은 매립지를 조성하여 축조되는 부두이며, 박거식(泊渠式)부두는 육지나 매립지를 굴착하여 부두를 조성하는 형태이다.

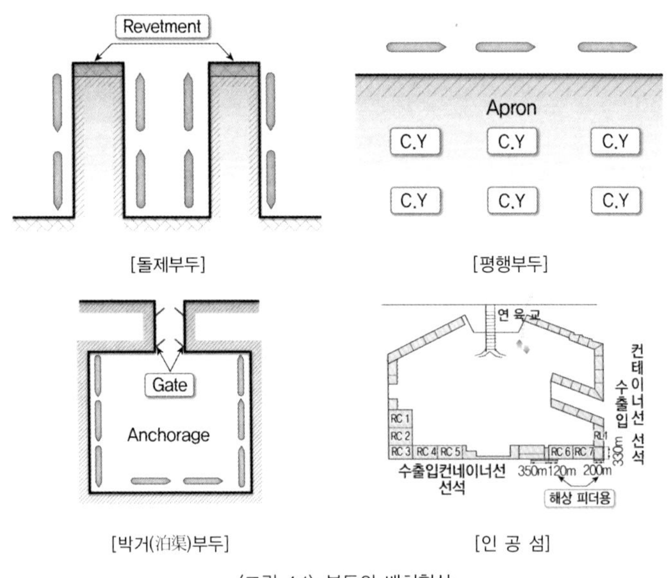

〈그림 4.1〉 부두의 배치형상

3. 부두의 설계

3.1 선석(Berth)의 길이와 수심의 결정

가. 선석길이

선석의 길이는 선박의 전장에 선수밧줄(船首索)과 선미밧줄(船尾索)의 길이를 더하여 계획한다.

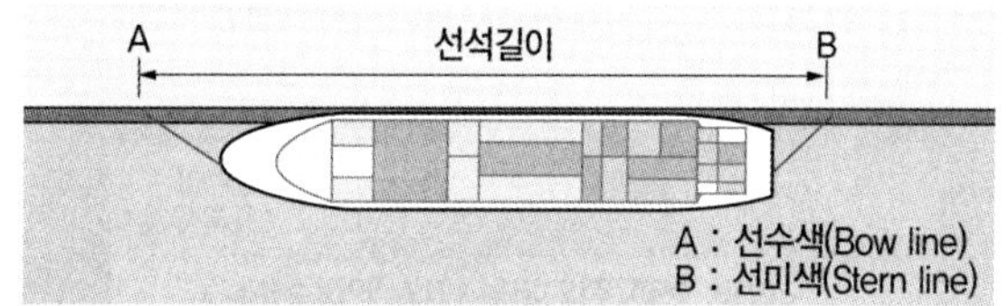

나. 선석수심

선석의 수심은 대상선박의 만재흘수에 여유수심을 더한 것으로 계획한다.

- 선석의 수심은 파랑, 바람, 조류 등에 의한 대상선박의 동요 정도를 고려하여, 기준면 아래로 대상선박의 만재흘수에 여유수심을 확보한 수심으로 한다.
- 선석수심의 기준이 되는 수면은 공사용 기준면[1]으로 한다.
- 대상선박별 선석제원(톤급별 선석의 길이 및 선석수심)은 항만 및 어항 설계기준서에 수록되어 있으며 화물선을 예를 들면 다음과 같다.

[표 4.1] 화물선의 선석제원 예

재하중량톤수(DWT)	선석의 길이(m)	선석의 수심(m)
10,000	160	9.0
20,000	190	11.0
30,000	240	12.0
40,000	260	13.0
70,000	300	15.0

용어해설

1)공사용 기준면(Regression Model) : 시설계획, 구조물 설계, 공사시설 때 기본이 되는 수준면, 약최저저조위로 (±)0.00m 이다.

3.2 계류시설의 마루높이

계류시설의 마루높이는 대상선박의 주요치수, 이상조위, 파랑 등의 자연조건과 인근지역의 적용사례 등을 충분히 고려하여 결정한다.

- 마루높이 산정시의 조위는 삭망평균만조위[1]를 기준으로 하되, 구조물의 중요도에 따라 설계고조위를 적용할 수도 있다.
- 계류시설의 마루높이는 낮을수록 공사비가 적게 드나 기상변화에 따른 조위, 폭풍해일,이상파랑 등을 고려 시, 일반적으로 높은 것이 좋다.
- 대상선박이 특별히 정해지지 않은 경우에는 일반적으로 아래표와 같이 결정한다.

[표 4.2] 접안시설의 표준적인 마루높이

접안시설	조차 3.0m 이상	조차 3.0m 미만
대형접안시설(수심 4.5m 이상)	H.W.L + 0.5~1.5m	H.W.L + 1.0~2.0m
소형접안시설(수심 4.5m 미만)	H.W.L + 0.3~1.0m	H.W.L + 0.5~1.5m

3.3 안벽의 축조한계

안벽의 벽면이나 앞굽(Toe)의 형상은 선박의 선체 특성을 고려하여 선박접안 시, 접안각도에 따른 충돌 및 계류시의 선체동요에 따른 충돌에 안전하도록 계획하여야 한다.

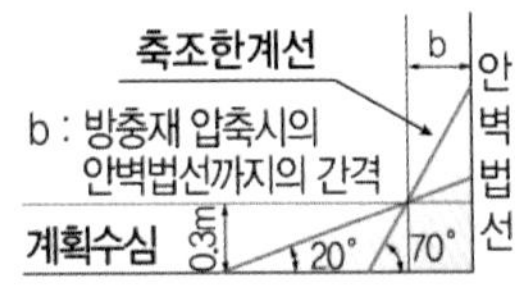

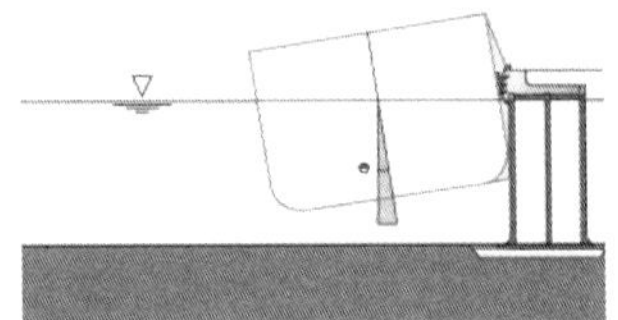

용어해설

1)삭망평균만조위 : 삭, 망의 날로부터 5일 이내에 나타나는 각 월의 최고 만조위를 평균한 수면(H.W.L)

3.4 설계수심

설계수심은 대상으로 하는 부두시설의 계획수심 이외에 여유수심을 고려한다.

- 여유수심은 안벽시설의 구조형식, 시공방법 및 시공정밀도, 안벽시설 전면의 세굴상황 등을 고려한다.

3.5 세굴방지공

계류시설 전면이 조류 또는 선박 추진기 분사류 등에 의하여 세굴될 염려가 있는 경우는 피복석이나 블록 등으로 계류시설 전면을 보호하여야 한다.

- 추진기에 의한 흐름을 유체역학적 운동량이론에 근거하여 도출한 산정식을 이용하여 안벽구조물의 저면 기초사석 보호용 피복재의 중량을 산정할 수 있다.

제4장

3.6 구조형식의 선정

계류시설의 구조형식을 선정할 때는 각 구조 형식의 특성을 충분히 고려하고 자연조건, 이용조건, 시공조건, 경제성 등을 고려하여 결정한다.

- 자연조건은 지반조건, 파랑, 소위, 조류 등을 말하며, 이 중에서 특히 지반조건은 계류시설의 구조형식을 결정하는 가장 중요한 요소이다.(일반적으로 연약지반인 경우는 가벼운 구조형식이 채용되고 지반이 좋은 경우는 중력식 구조물을 택하는 경우가 많다.)
- 이용조건은 접안선박의 크기와 종류, 화물의 종류와 수량, 하역방법 등을 말하며 선박접안력, 상재하중, 안벽의 허용변위 등에 지배된다.
- 시공조건으로서는 바람, 비, 기온, 파랑, 조석, 조류 등을 고려할 수 있으며 작업시간과도 관계가 있다. 또한 시공에 의한 해수의 혼탁도 큰 문제가 되고 있어 주변 환경에의 배려가 필요하다.

• 계류시설의 구조형식의 분류는 다음과 같다.

구조형식

- 중력식(Gravity type)
  - 케이슨식(Caisson type)
  - 우물통식(Well type)
  - 블록식(Block type)
  - L형블록식(L-shaped block type)
  - 셀블록식(Cellular block type)
  - 현장타설 콘크리트식(Cast in place concrete type)
- 널말뚝식(Sheet pile type)
  - 보통 널말뚝식
  - 자립식 널말뚝식
  - 경사 널말뚝식
  - 이중 널말뚝식
- 선반식(Quaywall on piles)
- 셀식(Cellular bulkhead type)
  - 강널말뚝 셀식(Celluar steel sheet pile piled type)
  - 강판셀식(Fabricated steel cellular type)
- 잔교식(Landing pier)
- 디태치드피어(Detached pier)
- 부잔교(Floating pier)
- 돌핀(Dolphin)
- 계선부표(Mooring buoy)

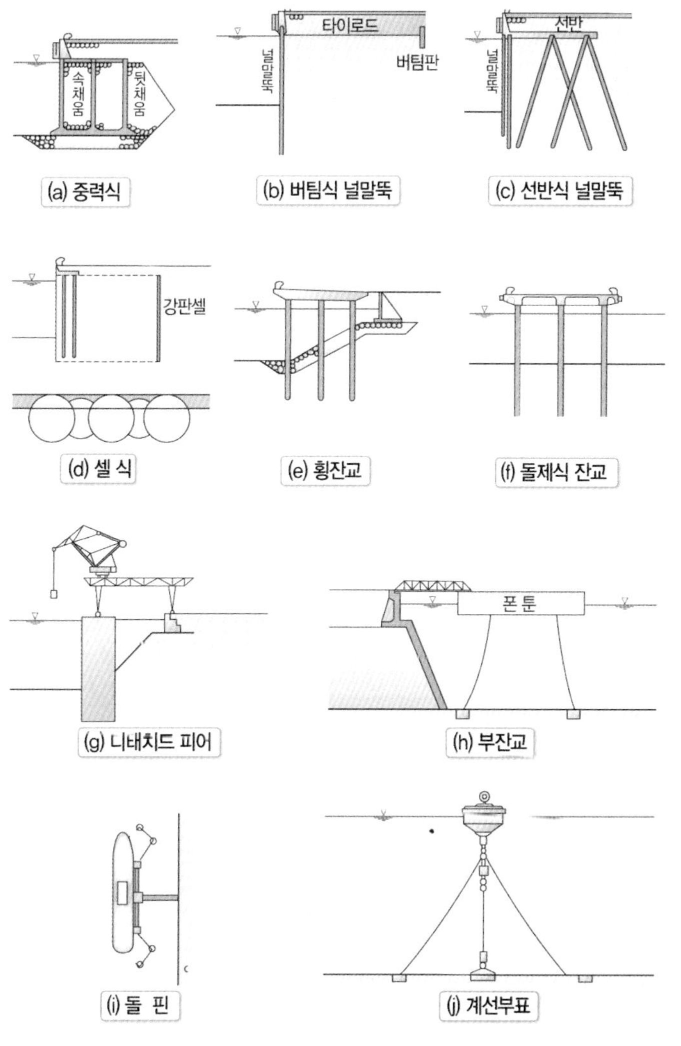

〈그림 4.2〉 계류시설의 구조형식

4. 중력식 안벽의 설계

4.1 기본개요

중력식 구조물은 토압, 수압, 상재하중 등 외력에 대하여 자중과 구조물의 저면마찰력으로 저항하는 구조체이며 벽체형식에 따라 케이슨식, L형블록식, 블록식, 셀블록식, 현장타설 콘크리트식, 우물통식 안벽 등으로 분류된다. 자연조건, 이용조건, 시공조건, 경제성 등을 고려하여 결정한다.

[표 4.3] 각종 중력식안벽의 특징

구 분	케이슨식	블록식	L형 블록식
특 성	주로 육상에서 제작한 케이슨을 진수시켜 계획위치에 거치하는 구조형식	대형 콘크리트 블록을 다단으로 거치하여 제체를 축조, 배후토압 등에 저항하는 구조형식	육상에서 L형 블록을 제작하여 블록 및 마운드부의 제체 중량과 마찰력으로 토압 등에 저항하는 구조 형식

구 분	셀블록식	현장타설 콘크리트식	우물통식
특 성	철근 콘크리트로 제작한 상자형 블록내부를 속채움재로 채워서 외력에 저항하는 구조형식	수중 콘크리트, 프리팩트 콘크리트 등으로 현장에서 직접 벽체를 축조하는 구조 형식	교량의 교각 기초부에 적용하는 형식과 같이 계획위치에 우물통 구조로 축조하는 구조 형식

〈그림 4.3〉 중력식 안벽의 시공전경

4.2 중력식 안벽의 설계

가. 설계순서

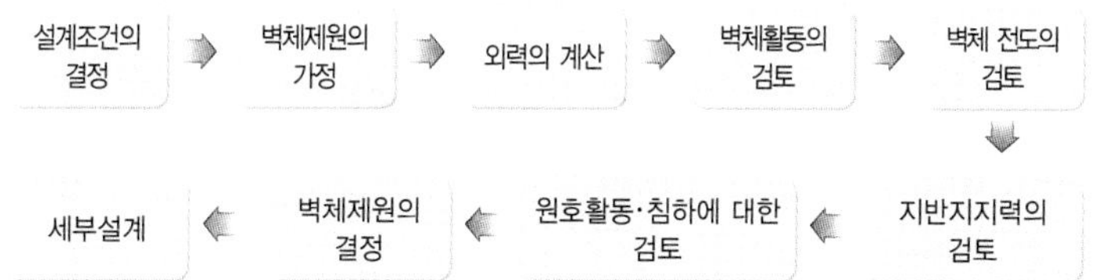

나. 벽체에 작용하는 외력과 하중의 계산

중력식 안벽의 설계시의 외력과 하중으로는 상재하중, 벽체자중, 토압 및 잔류수압[1],부력, 선박의 견인력, 지진력, 지진시의 동수압 등을 고려하여야 한다.

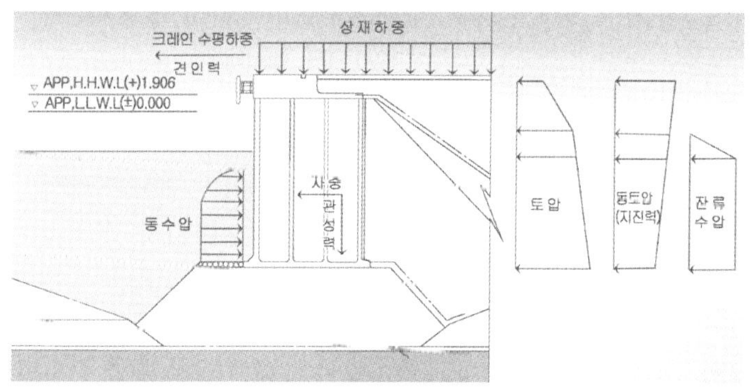

〈그림 4.4〉 벽체에 작용하는 외력과 하중

- 지진력을 외력으로 작용시킬 때에는 지진력과 동시에 작용되기 어려운 외력이나 하중은 고려치 않거나 감소시킨다.

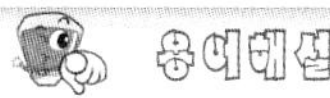

1)잔류수압 : 조석 또는 파랑에 의한 수면의 상승 등으로 구조물 전면의 수위가 저하된 경우 잔류되어 있는 해수를 잔류수라 하고 그것에 의한 정수압

• 선박계류시의 견인력과 선박접안시의 충격력은 설계시 선별적으로 적용한다.

• 벽체자중은 다음 그림과 같이 벽체 후면 하단을 지나는 수직면 앞부분을 적용한다.

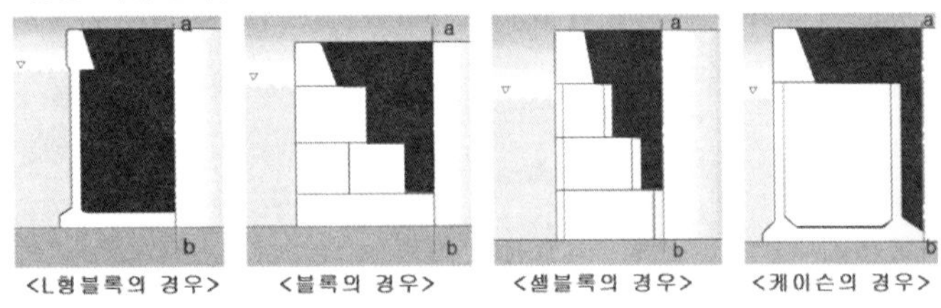

〈그림 4.5〉 중력식 안벽의 벽체 산정방법

• 잔류수위는 삭망평균저조면(L.W.L)상의 조차의 1/2~1/3을 적용하는 것이 바람직하다.(잔류수위는 간만차가 클수록, 또 벽체 구성 재료의 투수성이 나쁠수록 크다.)

• 토압은 쿨롱(Coulomb)토압[1)]을 사용하고 배면 마찰각은 일반적으로 15° 를 적용한다.

• 부력은 벽체 중 잔류 수면 이하의 부분을 수중 부분으로 계산한다.

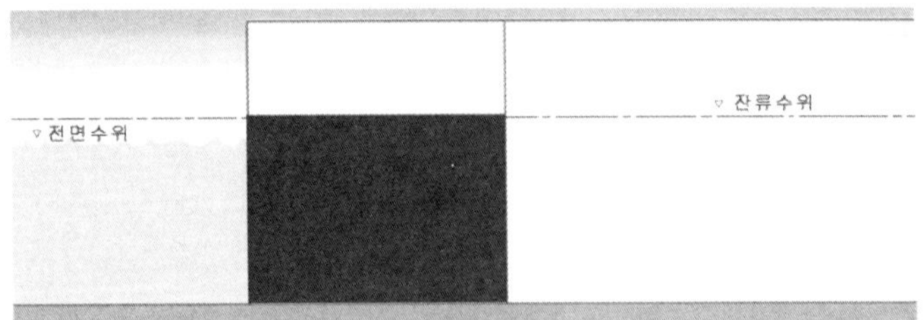

〈그림 4.6〉 부력을 취하는 범위

용어해설

1)쿨롱(Coulomb) 토압 : 1733년 쿨롱이 쐐기의 이론에 의해서 구한 토압이론

• 일반적으로 중력식 안벽은 지진력을 고려하지 않으며, 지진력 고려시 선박의 견인력, 폭풍시 하역상태의 하역기계반력, 군중하중 또는 설하중은 제외한다.

• 선박접안시의 충격력은 상부공의 자중 및 배후의 토압으로 저항하므로 안정계산에 있어서는 이것을 고려하지 않는 경우가 많다. 그러나 상부공 설계에 있어서는 선박의 충격력이 고려되어야 한다.

• 블록식 안벽과 같이 각각의 층마다 그 안정을 검토해야 하는 구조에서 가상벽체를 산정하는 방법은 다음과 같다. 이 경우 블록간의 요철에 의한 효과는 무시한다.

① 활동을 검토하는 경우

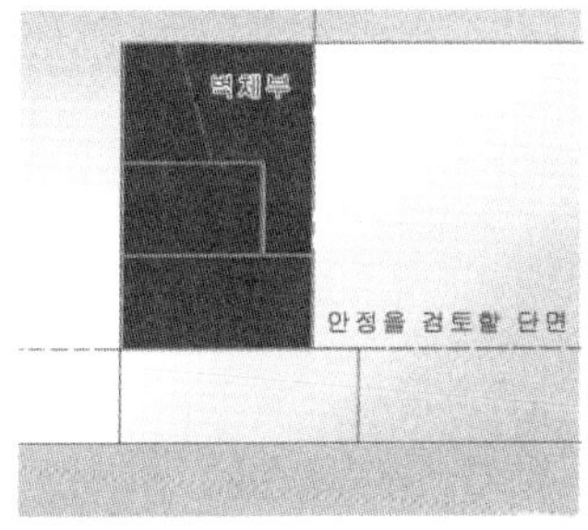

② 전도를 검토하는 경우

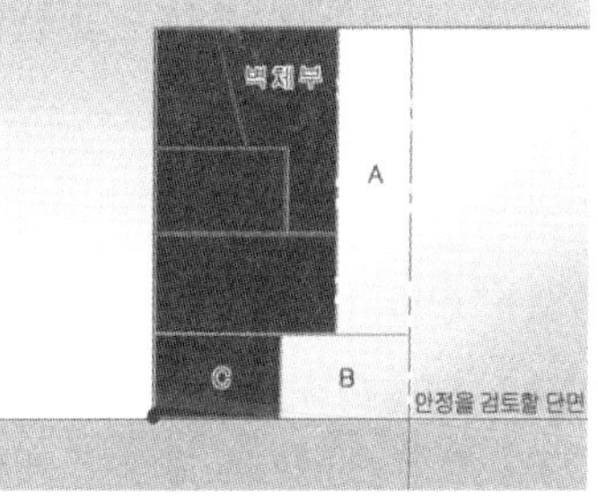

제4장

다. 안정계산

중력식 안벽의 인정 계산시는 벽체의 활동, 지반의 지지력, 벽체의 전도, 원호 활동, 침하에 대해서 검토한다

1) 벽체의 활동에 대한 검토

$$F \leq \frac{fW}{P}$$

여기서, W : 벽체에 작용하는 전체수직력(kN/m)
P : 벽체에 작용하는 전체수평력(kN/a)
f : 벽체 저면과 기초와의 마찰계수

• 안전율(F) : 평상시 F〈1.2, 이상시 F〈1.1

• 전체수직력(W) = 가상 벽체면의 제체 중량 - 상재하중 - 부력

- 전체수평력(P) = 가상벽체면에 작용하는 토압의 수평분력+잔류수압 (이상시는 상기 값 외에 벽체에 작용하는 지진력을 추가)
- 벽체에 하역기계가 있는 경우에는 하역기계 기초부에 연직하중의 10%에 해당하는 수평력을 고려할 필요가 있다.
- 마찰계수는 정지마찰계수를 사용하며 다음표를 참조하여 결정한다.

콘크리트 : 콘크리트	콘크리트 : 사석	사석 : 사석
0.5	0.6	0.8

(저판이 없는 셀블록의 활동 안정계산에 사용하는 마찰계수는 편의적으로 0.7을 사용하여도 좋다.)

2) 벽체의 전도에 대한 검토

$$F \leq \frac{W \cdot t}{P \cdot h}$$

여기서, W : 전체수직력(kN/m)
P : 전체수평력(kN/a)
t : 벽체 전면하단 → W의 작용점 거리(m)
h : 벽체 저면 → P의 작용점 높이(m)
F : 안전율 (평상시 F〉1.2, 이상시 F〉1.1)

3) 기초의 지지력에 대한 검토

중력식 안벽은 벽체의 침하나 기울어짐이 발생하기 쉬운 구조이므로 이로 인한 기능상의 장애가 발생하지 않도록 기초를 설계하여야 한다.

- 얕은 기초로 검토할 경우 적용하중은 제체에 작용하는 연직하중과 수평하중의 합력이므로 편심·경사하중에 대한 지지력에 의하여 검토한다.
- 기초사석층의 두께는 기초의 지지력 검토 이외에 벽체거치를 위한 평탄성, 부분적인 응력집중의 완화, 잔류수위의 저감 등을 고려하여 결정한다.
- 기초사석층 최소두께는
  - 높이 4.5m미만의 안벽에 대해서 0.5m이상, 단 사석직경의 3배 이상
  - 높이 4.5m이상의 안벽에 대해서 1m이상, 단 사석직경의 3배 이상을 원칙으로 하나, 시설물의 규모나 조위차가 큰 지역여건 및 시공여건에 따라 조정이 가능하다.

• 기초사석은 상부 제체하중이나 상재하중 작용시 수축침하가 발생하여 상부구조의 거치가 불균등하게 되는 경우가 있다. 따라서 침하를 예측하여 여성을 계획하고, 침하를 사전에 촉진시키기 위하여 사석층을 대상으로 진동다짐을 하거나, 상부구조물 거치 후 운영시 작용하중의 선행재하 등의 방법을 고려할 수 있다.

4) 연약지반인 경우 안정성 및 침하에 대한 검토

중력식 안벽의 설계에 있어서 기초지반이 연약한 경우, 원호활동에 대한 안정과 기초지반의 침하에 대하여 검토하여야 한다

원호활동면에 의한 안정해석

사면의 안정점토는 지반의 특성에 따라 다음 식의 수정 Fellenius법에 의한 원호활동해석 방법에 의하여 행하는 것을 표준으로 한다.

$$F_s = \frac{R\Sigma(c\ell + W' c\alpha\, t\phi)}{\Sigma W\chi + \Sigma Ha} = \frac{\Sigma(cb + W' c^2\alpha\, t\phi)s\alpha}{\Sigma W s\alpha + \frac{1}{R}\Sigma Ha}$$

기초지반의 침하

기초지반은 새로이 가해진 하중증가에 대해서 침하를 일으키므로 미리 침하량을 추정해 둘 필요가 있다. 그 값에 따라 구조물이 최종적으로 설계단면이 되도록 기초면을 높게 해두거나, 마루높이가 소정의 값으로 되게 하기 위해 상부공에서 최종적인 조정을 할 수 있는 구조로 하는 것이 좋다.

• 기초의 재하하중으로 인하여 발생하는 지중응력은 흙을 탄성체로 가정하여 추정한다.
다만, 등분포하중일 때는 응력을 직선석응력분산으로 가정한 간편법을 사용할 수 있다.

• 지중응력계산에 사용하는 해석법에는 Boussinesq 의 해석법이 있다. 이 해석은 등방성이고 균질한 반무한 탄성체 표면에 연직집중하중이 작용했을 때를 기준으로 유도된 것이며, 이 식을 적분함으로써 선형하중이나 면하중에 대한 지중응력을 구할 수 있다.

• 즉시침하는 재하와 동시에 일어나는 침하이며, 주로 전단변형에 의하여 일어나는 것이다. 즉시침하의 추정은 탄성이론을 적용한다.

• 물로 포화된 점성토 지반에 외력이 가해지면, 과잉간극수압[1]이 발생하게 된다. 이때 점성토 지반은 장시간에 걸쳐 물이 간극에서 유출하

며 침하가 발생하게 되는데 이것을 압밀이라고 한다. 압밀이 완료되었을 때의 침하를 최종압밀침하라고 하며 각종 압밀계산에 필요한 토질정수는 압밀시험을 통하여 구할 수 있다.

라. 뒷채움사석의 효과

뒷채움사석의 효과는 내부 마찰각의 증대에 의한 토압의 경감, 투수성의 증대에 의한 잔류수위의 저하, 뒷채움 매립토사의 유출방지이다.

마. 세부설계

중력식 안벽의 세부설계는 부재의 강도, 토사유출방지공, 블록물림부의 형상과 치수, 상부공의 구조, 부속공에 대하여 수행한다.

- Caisson식 구조의 경우 덮개콘크리트의 두께는 30~50cm로 하는 경우가 많다.
  단, 파랑의 작용을 받는 경우는 방파제에 준하는 시공조건을 고려하여야 한다.
- 토사유출 방지공으로 일반적인 것은 토사유출 방지용 막(Filter Mat 등)을 사용하거나 뒷채움 재료로 안정된 입도배분을 갖는 재료를 사용하는 방법 등이 있다.
- 부속공으로는 방충공, 계선주, 차막이공, 급배수 시설, 계단, 사다리 등을 설계한다.
- 계선주가 부착되는 상부공의 안정은 일체로 저항할 수 있는 범위의 중량을 대상으로 검토해야 한다.
- 방충재가 부착되는 상부공의 안정계산은 상부공의 중량이 일체로 작용하는 범위에 대해서만 고려한다.

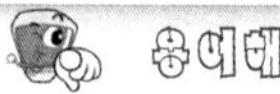

1)과잉간극수압 : 부분 또는 완전히 포화된 흙에 하중이 작용하면 간극수압이 발생되며, 정수압에 의한 간극수압에 대해 과잉되는 수압

4.3 최근의 중력식 안벽 설계사례

가. 슬릿(Slit) 케이슨의 적용

최근의 중력식 안벽 설계시, 반사율 저감을 위하여 슬릿(Slit) 케이슨을 많이 적용하는 추세이다.

슬릿케이슨의 반사특성은 유수실 폭(B)과 파장(L)의 비(B/L)에 가장 민감하게 반응하며, 상대수심(h/L), 파형경사(H/L), 개구비(ε), 전면수심 대 유수실내 수심(q=d'/α) 및 유수실 폭과 전면수심비(B/d) 등과도 관계가 있다.

1) 슬릿부 형상

구 분	횡 슬릿	종 슬릿
형상	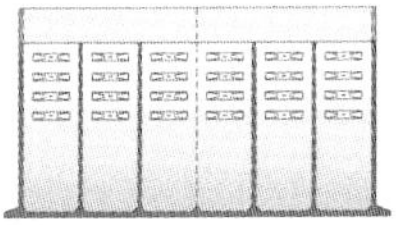	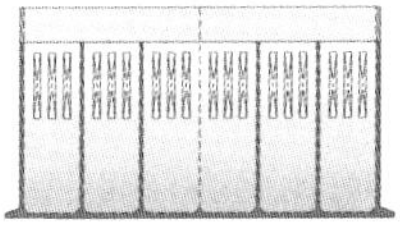
특징	• 단주기파 및 경사입사파에 유리 • 경사입사파에 대한 소파효과 부수 • 유수실내 부유불순물 퇴적오염문제 우려 • 슬릿부 단계 시공에 의한 시공성 저하	• 직각 입사시 동급 유공율 적용(ε) 횡슬릿 보다 약간 우수하거나 비슷함 • 유수실 유지관리시 횡슬릿 보다 다소 유리 • 시공 및 설계사례 상대적으로 풍부

2) 슬릿 상·하단고 결정

기존 설계사례(일본 항만구조물 설계 사례집)에서 나룬 신정식에 이한 방법으로 산정할 수 있다.

- 슬릿 상단고 : H.W.L + 0.5~1.0 H
- 슬릿 하단고 : L.W.L •2.0 H

3) 유수실 폭(B) 결정

수리모형실험을 통하여 유공방파제의 반사특성에 대하여 분석한 기존 연구사례(직립 유공케이슨 방파제의 반사특성 분석, 건설기술연구원, 2000)를 살펴보면, 규칙파를 적용한 경우에는 유수실 폭과 입사파 파장의 비인 B/L≒0.25에서 최소의 반사율을 보인 반면, 불규칙파를 적용한 경우에는 B/L=0.13~0.15 범위에서 가장 낮은 반사율을 보이고 있다.

따라서, 기존 연구결과를 토대로 B/L=0.13~0.15의 범위가 되도록 유수실 폭(B)를 결정할 수 있다.

그러나, 앞서 언급한 바와 같이 슬릿케이슨의 반사특성은 상대수심, 파형경사 등 여러 가지의 요소들에 의하여 그 특성이 달리 나타날 수 있으므로 수리모형실험 등을 통하여 검증 절차가 필요하다고 할 수 있다.

4) 유공율(ε)

기존 설계사례(일본 항만구조물 설계 사례집)의 경험식을 통하여 산정할 수 있다.

- 전면벽 전체에 유수실 설치시 : ε = 0.15 ~ 0.25
- 수면하 전면벽의 1/2 설치시 : ε = 0.30 ~ 0.40

가. 슬릿(Slit) 케이슨을 적용한 설계사례

1) 인천신항 1-1단계 컨테이너터미널

- 선석규모 : 8,000TEU급
- 구조형식 : 복합 슬릿케이슨 (3,165톤)
- 설계개요

경사입사파 제어를 위하여 상치 돌출

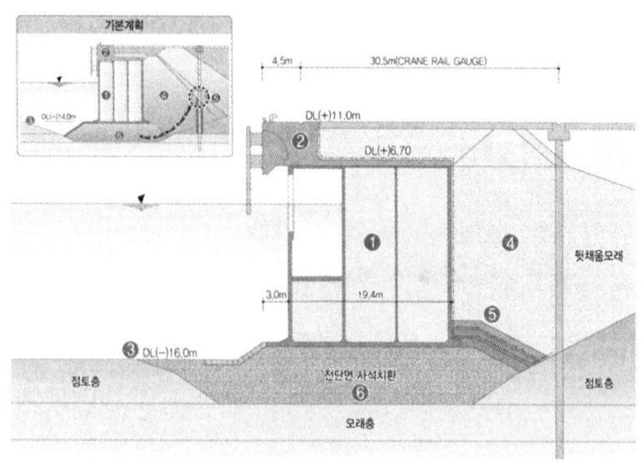

2) 군장신항만 남측안벽(3공구)

- 선석규모 : 50,000DWT급
- 구조형식 : 반원형 슬릿 케이슨(2,640톤)
- 설계개요

  내습파랑 제어를 위하여 케이슨 전면을 곡면처리(소파 효과)

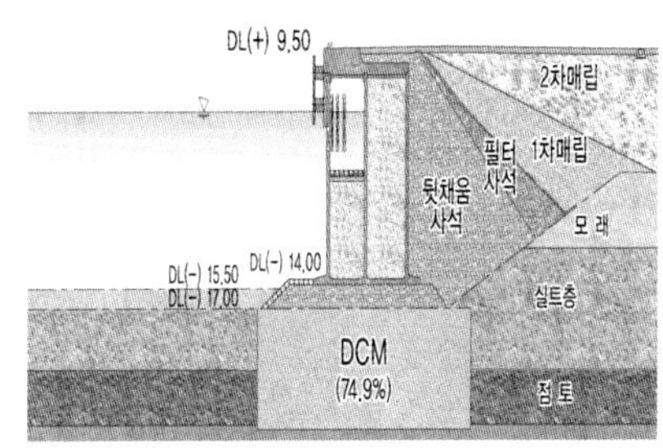

3) 제주외항 2단계 국제유람선부두

- 선석규모 : 100,000G/T급
- 구조형식 : 다이아몬드형 종슬릿케이슨(2,145톤)
- 설계개요

  다방향 경사 입사파랑 제어를 위하여 다이아몬드형 종슬릿케이슨 적용

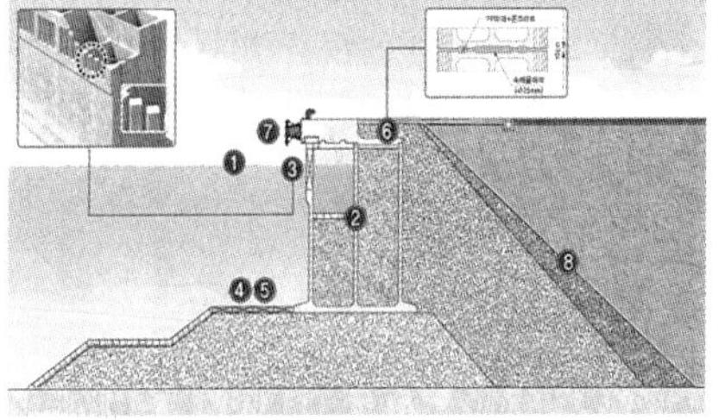

4) 제주해군기지

- 선석규모 : 9,500톤급 (대형함정)
- 구조형식 : 이중유수실 슬릿케이슨(2,961톤)
- 설계개요

  반사파 저감을 위하여 이중유수실 슬릿케이슨 적용

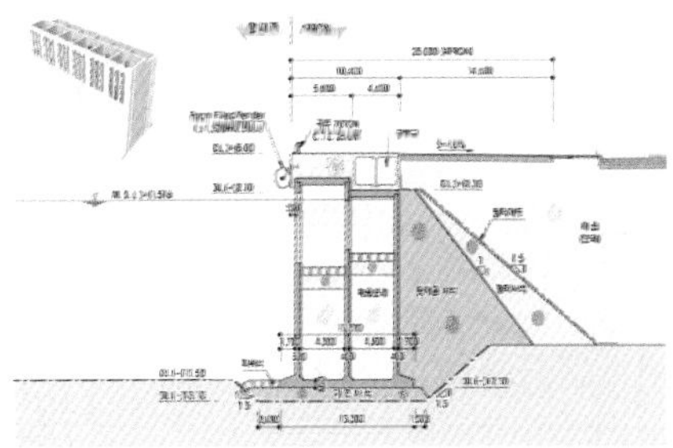

나. 케이슨 제작 및 중력식 안벽의 시공

케이슨 제작

케이슨 인양

케이슨 거치

- 케이슨 거치 오차 10cm이내 유지
- 케이슨간 유출방지시설 설치

케이슨 속채움

- 전면 유수실을 해수채움으로 계획하여 지반반력 감소 및 공사비 절감효과

상치 콘크리트 타설

- 신축이음 설치로 균열방지
- 3단 분할 타설로 수화열 방지

뒷채움 사석

- 쇄석마운드 형성으로 파일관입 용이
- 육상시공으로 효율성 증대

선행하중 재하

- 근고블록 및 사석재하
- 기초사석 조기침하 유도
- 재하기간 25일이상

안벽 배면매립

- 조기배면 매립으로 필터매트 부상방지 (육상시공)
- 산토매립으로 경제성 증가

5. 잔교식 안벽의 설계

5.1 잔교식 안벽의 특성

잔교식 구조물은 육지와의 연결을 일종의 교량 구조로 하여 하부는 P.C말뚝, 강말뚝, 원통형 기둥, 케이슨 등으로 축조하고, 상부는 R.C상판을 시설한 형식의 구조물이다.

잔교식안벽은 지반이 약한 곳에서도 적용성이 우수하고 기존 호안이 있는 지역에 안벽을 축조할 때 유리하나 구조적으로 토류벽과 잔교의 조합 구조이므로 공사비가 비교적 고가이다.

- 말뚝식 잔교는 중력식 등의 다른 형식의 구조물에 비해서 변형이 큰 구조물이므로 지진력과 같은 동적외력에 대한 설계에는 동력학적인 검토가 필요하다.
- 잔교하부 경사면의 안정에 대한 검토는 잔교 본체나 흙막이벽의 설계와 별개로 한다.
- 압밀 또는 압축이 예상되는 지반에 잔교를 건설하는 경우 일반적으로 흙막이부가 잔교부보다도 많이 침하하므로 서로 별개로 하는 것이 바람직하다. 별개로 하는 경우도 흙막이부 혹은 매립토의 침하와 함께 잔교의 일부 또는 전체가 침하나 측방유동을 일으킬 수 있으므로 이 점을 충분히 유의해서 설계·시공하여야 한다.
- 컨테이너 크레인 등의 하역기계를 설치하는 경우 보통 잔교상부에 설치하는 것이 바람직하다. 부득이 잔교와 흙막이부 위에 크레인의 다리를 걸치는 경우 육측 다리의 침하에 의한 부등침하를 막기 위하

제4장

여 기초말뚝타입 등의 충분한 기초공을 하는 것이 바람직하다.

- 컨테이너 크레인 등 하역기계를 설치하는 경우는 하역기계와 잔교의 연성진동을 고려한 지진응답해석을 행하는 것이 바람직하며 어느 정도 파랑 내습이 예상되는 지점에서는 잔교의 상부공 및 연결판에 대한 파의 양압력에 대하여 검토한다.

5.2 형식의 분류

잔교는 평면형상에 따라 횡잔교와 돌제식 잔교로 분류하고, 구조 형식에 따라서는 직항식 잔교, 사조항식 잔교, 원통 및 각통식 잔교, 교각식 잔교로 나눌수 있다.

횡잔교	돌제식 잔교
• 해안선에 나란히 축조 • 토압의 대부분을 토류벽이 받는 구조형식 • 선박의 접안속도에 의하여 구조계산	• 해안선에 직각으로 축조 • 구조물이 토압을 받지 않는다. • 선박의 접안속도에 의하여 구조계산

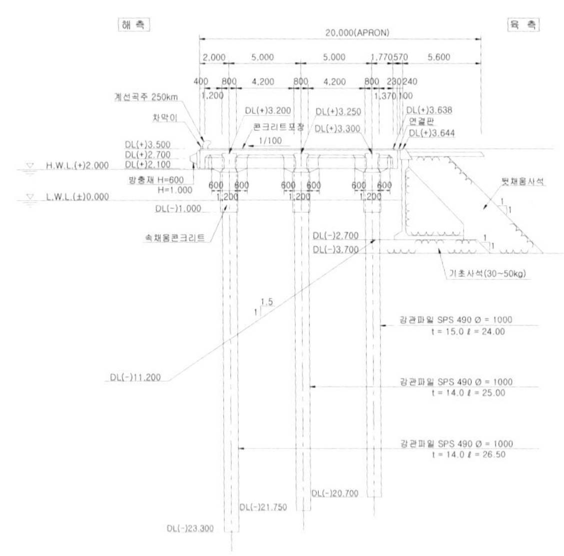

〈그림 4.7〉 횡잔교 단면도

5.3 직항식 횡잔교안벽의 설계

직립말뚝식 횡잔교는 해안선에 나란히 축조하는 구조형식으로서 잔교부와 흙막이부(토류벽)으로 구성되어 있으며, 잔교부의 하부는 강관말뚝 또는 형강을 사용하고 흙막이부는 부벽식, 중력식, 널말뚝식으로 축조한다.

가. 설계순서

직항식 횡잔교의 설계는 일반적으로 다음 그림과 같은 흐름으로 시행한다.

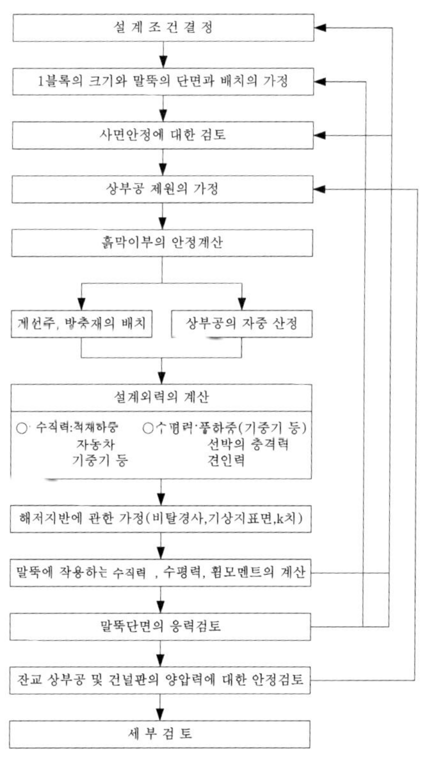

〈그림 4.8〉 직항식 횡잔교의 설계순서

나. 말뚝의 단면과 배치의 가정

말뚝의 단면과 배치 가정시는 다음과 같은 사항을 고려하여야 한다.

- 부두뜰 폭, 창고의 위치
- 해저지반, 특히 사면의 안정
- 기존 호안의 영향
- 콘크리트 타설능력 등의 시공상의 문제
- 온도변화의 범위
- 잔교 블록의 횡방향 허용범위
- 적재하중 및 활하중 특히 기중기의 제원

- 잔교 1블록의 크기가 클수록 선박의 충격력이나 견인력에 대한 강성은 커져서 좋으나, 부등침하에 대해서는 그만큼 약해진다. (대형안벽에서는 80~100m를 표준으로 한다)
- 일반적으로 말뚝 및 말뚝 열 간격은 말뚝의 단면 형상과 여러 가지 경우에 대하여 공사비를 비교하고 시공상의 문제를 검토한 후에 정한다.
- 보통의 대형 안벽(대상선박 5만톤급)의 경우 부두 크레인이 계획되어 있는 곳에서는 말뚝간격 5m정도, 단면방향의 말뚝의 열 수는 5~6열이 많다. 상부공이 현장치기 콘크리트인 경우에는 콘크리트 치기의 시공상 문제 때문에 말뚝 간격은 4~6m 정도로 하는 경우가 많다.

다. 상부공 제원 및 배치

상부공의 제원결정 및 배치를 위해서는 다음과 같은 사항을 고려하여 결정한다

- 말뚝의 간격, 말뚝의 열간격 및 말뚝의 형상과 치수
- 적재하중 및 활하중의 제원
- 거푸집, 동바리의 시공상의 문제
- 지반의 좋고 나쁨
- 계선주의 배치
- 방충재의 배치, 형상 및 치수

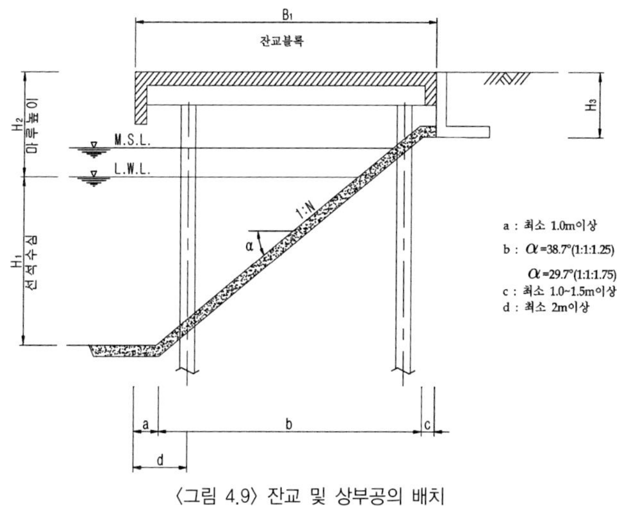

〈그림 4.9〉 잔교 및 상부공의 배치

- 잔교의 상부공은 보통 현장치기 철근 콘크리트 구조를 채용하는 경우가 많다. 상부공의 거더 단면이나 슬래브 단면은 철근 콘크리트의 계산에 준하는 단면으로 하는 것이 좋지만, 실제는 더 큰 경우가 많다.
- 잔교상부공의 바닥면은 해수의 영향에 의해 콘크리드의 염해나 철근의 부식이 우려 되므로 내구성향상 등에 대해서 검토할 필요가 있다.
- 잔교슬래브의 시공 후에 콘크리트 포장을 하는 경우 포장콘크리트에 균열이 발생하는 위험이 있으므로 포장콘크리트와 슬래브를 일체로 하여 시공하는 것이 바람지하다.
- 잔교에 작용하는 외력에 영향을 주는 방충재와 계선주는 편심외력이 걸리지 않도록 잔교 1블록 중앙부에 배치한다.

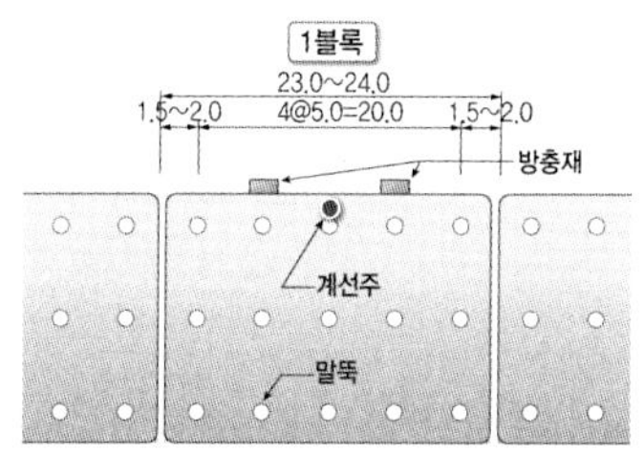

라. 설계외력 및 하중의 계산

1) 작용하는 외력과 하중

잔교본체에 작용하는 외력과 하중은 다음과 같다. 흙막이부의 외력은 그 형식에 따라 본편의 각 장을 참조하고, 이것에 연결판의 반력을 더한 것으로 한다.

수 직 력		수 평 력
• 상부공 사하중		• 활하중에 작용하는 풍하중
• 적재하중	• 활하중	• 선박의 견인력
• 열차하중	• 자동차하중	• 선박의 충격력(방충재의 반력)
• 기계의 하중	• 군중하중	• 주행식 하역기계의 작업하중
• 선박의 견인력	• 양압력	• 상부공에 작용하는 지진력
		• 적재하중에 작용하는 지진력
		• 활하중에 작용하는 지진력

- 풍하중 및 선박의 견인력은 이상시 하중으로 간주하며 안정계산은 원칙적으로 상시, 접안시, 계류시, 폭풍시 및 지진시에 대하여 검토하여야 한다.
- 적재하중은 일반잡화부두의 경우 에이프론 위의 적재하중으로 10~30kN/㎡정도의 값을 이용하는 경우가 많다. (컨테이너나 강재 등 중량이 큰 화물을 취급하는 에이프론에서는 이용상태를 조사하여 적재하중의 크기를 결정한다)
- 활하중 중 열차하중은 당해 선로에 사용하는 열차 또는 차량의 실중량, 적재중량, 축배치 등을 고려하고 구조물 또는 부재에 최대의 영향이 생기도록 재하하는 것을 표준으로 한다.(자동차 하중은 도로교 설계기준에 준한다.)
- 기중기(크레인) 등은 풍하중을 고려하며 궤도주행식 크레인 등에 의한 지진력은 사하중에 검토된 진도를 곱한 것으로 하고 차륜에서 잔교에 전달되는 것으로 생각해도 좋다.
- 선박 견인력은 계선주에 작용하는 견인력에 의한다. 보통 잔교 1블록에 계선곡주 1개를 본다.

2) 하중조합

하중종류 / 하중조건		자중, 고정하중	상재하중		이동하중		선박조건		자연조건						하중취급조건
			평상시	이상시 (상시의 50%)	수직	수평	접안력	견인력	풍압력		파력		조류력	지진력	
									평상시	이상시	평상시	이상시			
평상시	휴지시	○	○		○				○		○		○		장기
평상시	작업시	○	○		○	○			○		○		○		장기
접안시		○	○				○		○		○		○		장기
계류시		○	○					○	○		○		○		장기
폭풍시		○		○						○		○	○		단기
지진시		○		○										○	단기

3) 사하중계산

철근 콘크리트 상부공의 사하중 계산은 상부공의 제원 및 배치에 따라 각 치수를 가정하여 용적을 계산하고 단위체적중량을 곱하여 구한다.

- 일반적인 잔교의 말뚝을 설계할 경우, 철근콘크리트 상부공의 사하중 계산은 잔교 상부공의 표면적 1㎡에 20kN을 사용한다.
- 특수한 잔교에 대해서는 2.0kN/㎡를 쓰는 것은 적당하지 않다. 말뚝간격이 일반적인 값보다 큰 경우나 컨테이너 부두와 같이 대형 하역기계를 설치하는 경우 등은 별도로 사하중을 계산하여 결정할 필요가 있다.

마. 해저지반에 관한 가성

1) 비탈경사의 결정

사면의 배후에 흙막이구조물을 설치하는 경우 흙막이구조물의 위치는 사면의 안정을 고려해서 적절하게 결정하여야 한다.

- 사면의 안정은 연약한 지반의 경우 원호활동에 대해서도 검토하여야 한다. 사면의 배후에 흙막이구조물을 설치하는 경우, 안벽 기준선에서 식으로 계산된 경사보다도 전면에 설치한다.

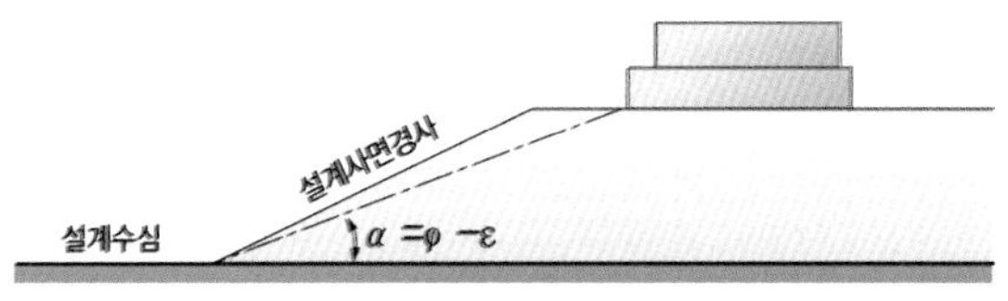

〈그림 4.10〉 비탈경사의 결정 개념도

- 실제 설계단면의 사면기울기는 계산된 α보다 급하게 하는 경우가 많다. 이 경우는 본 규정에 따라 안정검토를 수행하여야 한다. 사석으로 흙막이부의 기초와 비탈을 구성한 경우는 보통 1:1.5~2 정도의 기울기가 많이 쓰인다.

2) 가상지표면의 결정

말뚝의 횡저항이나 지지력의 계산에 있어서, 각 말뚝의 가상지표면은 적절한 높이로 정한다.

- 비탈이 상당히 급한 경우, 말뚝의 횡저항이나 지지력계산에 있어서는 각 말뚝의 가상지표면은 각 말뚝 축선 상에서 전면수심과 실경사면의 1/2 높이의 곳으로 본다.
- 잔교의폭이 20m를 초과하고 사면 연장이 긴 경우에는 본문의 방법을 쓰는 것은 적절치 않으므로 이 경우에는 다른 방법을 사용하는 것이 좋다.

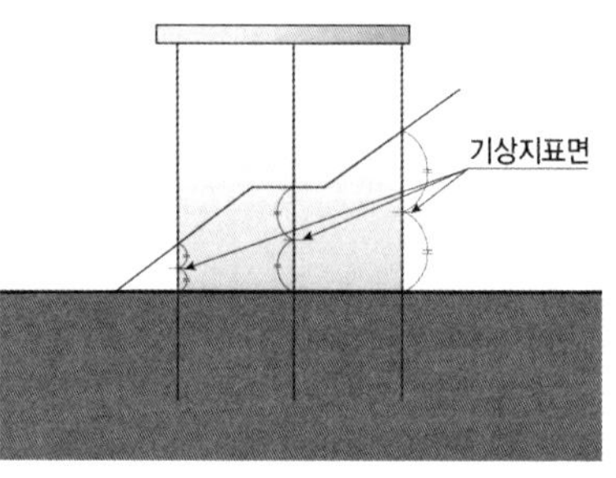

〈그림 4.11〉 가상지표면 결정

바. 말뚝의 설계

직항식 횡잔교는 일반적으로 다수의 말뚝으로 구성되어 있고, 말뚝과 상부공은 강결구조로 구성되어 있으므로 일반적으로 각각의 말뚝이 적절한 깊이로 매입되어 있다고 가정하고 잔교를 라멘구조로 바꿔놓고 해석하는 방법과 프레임구조로 바꿔놓고 해석하는 방법이 있다.

횡저항말뚝의 해석에는 항연방법과 창의방법을 사용할 수 있다. 말뚝거동해석방법으로 항면방법의 사용이 바람직하나, 잔교식 구조물의 해석에는 두방법에서 얻어지는 결과의 차이가 거의 없으므로 창의방법에 근거한 가상고정점법을 사용할 수 있다.

1) 횡방향 지반반력계수의 결정

말뚝의 횡저항을 계산할 때 흙의 횡방향 지반반력계수는 횡방향 재하시험에 의해서 구하는 것이 바람직하나, 실측이 어려운 경우에는 횡저항 시험결과에서 도출되는 적절한 산정방법에 의해서 구한다.

- 공사규모가 작거나 공기가 짧아서 시간적 여유가 없을 때에는 부득이 말뚝의 횡저항 시험결과에서 역산한 값의 하한값과 중앙값의 평균을 사용하는 것으로 한다.

횡방향 지반반력계수

$$k_h = 1.5N$$

여기서, k_h : 횡방향 地盤反力계수(N/㎤)

N : 地盤의 $1/\beta$부근까지의 평균 N치

β : 말뚝의 假想固定點

2) 말뚝의 가상고정점

해저지반내에 고정점을 가정해서 라멘 계산을 하는 경우에는 말뚝의 가상고정점을 적절히 정한다.

- 연직 말뚝식 잔교에서 해저지반내에 고정점을 가정하여 라멘을 계산할 때에는 말뚝의 가상고정점을 가상지표면 아래 $1/\beta$에 있다고 본다.

가상고정점

$$\beta = \sqrt[4]{\frac{K_h D}{4EI}}\ (\mathrm{cm}^{-1})$$

여기서, K_h : 횡방향지반반력 계수(N/㎤)

D : 말뚝의 직경 또는 폭(㎝)

EI : 말뚝의 휨강성(N·㎠)

- 가상고정점을 쓰는 방법은 종래부터 말뚝두부의 모멘트를 간편히 구하기 위해서 쓰여지고 있으나 명확한 근거는 없다.
- 창(Chang)의 방법을 기초로 가상고정점법을 쓰는 경우, 가상고정점의 위치는 창(Chang)의 방법과 비교해서 여러 방법으로 정할 수 있다.

- 일본 항연(항만연구소)방식을 기초로 한 가상고정점은 각 말뚝의 횡저항산출법으로서 창의 방법을 대신하여 사용된다. 항연방식은 산정되는 말뚝머리 변위가 가상고정점에서 고정된 양단고정보의 두부변위와 같게 되도록 가상고정점을 정하는 방법이다. 항연방식은 말뚝의 횡방향 지반반력의 비선형성을 고려하기 때문에 이 가상고정점은 연직 말뚝에 작용하는 수평력의 크기에 의존하는 형태를 나타낸다.

3) 말뚝의 부재력

말뚝두부에 분배되는 수평력 , 말뚝간격, 잔교전체 또는 각 말뚝의 변위량, 각 말뚝의 두부모멘트, 각 말뚝의 축력 등은 잔교 각 Block의 회전 등을 감안해서 적절히 산정하는 것을 표준으로 한다.

- 각 말뚝에 분배되는 수평력은 다음 방법에 의하여 구한다.

  ① 잔교블록의 회전을 고려할 필요가 없을 때

$$H_i = \frac{K_{Hi}}{\sum_i K_{Hi}} H$$

  ② 잔교블록의 회전을 고려할 필요가 있을 때

$$H_i = \frac{K_{Hi}}{\sum_i K_{Hi}} H + \frac{K_{Hi}\, x_i}{\sum_i K_{Hi}\, x_i^2} eH$$

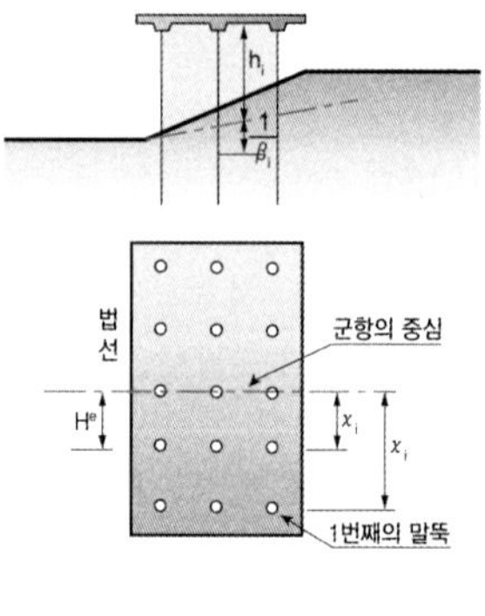

- 잔교 전체와 말뚝의 변위량은 다음과 같이 구한다.

$$잔교의\ 수평변위량(\varDelta)\Delta = \frac{H}{\sum_i K_{H\,i}}$$

$$잔교의\ 회전량\ \alpha(^\circ\ )\alpha \Im E \frac{eH}{\sum_i K_{Hi} x_i^2}$$

- 가상지표면에서의 말뚝길이는 상부공의 보 아래까지의 길이로 하여도 좋다.

- 말뚝의 축력은 수평력에 의해 생기는 압입력 및 인발력과 연직하중에 의한 압입력으로 나누어 구한다.
- 연직하중에 의한 말뚝의 축력은 각 말뚝에 분배되는 연직하중에 준한다.

사. 말뚝단면의 응력검토

말뚝단면의 응력은 축방향력과 휨모멘트를 동시에 받는 것으로 계산한다.

잔교말뚝의 단면응력

$$f_c = \frac{P}{A} \quad f_{bc} = \frac{M}{Z}$$

여기서, f_c : 말뚝의 축방향력에 의한 단면응력(N/㎟)
f_{bc} : 말뚝의 휨모멘트에 의한 단면응력(N/㎟)
A : 말뚝의 단면적(㎟)
P : 말뚝의 축방향력(N)
Z : 말뚝의 단면계수(㎟)
M : 말뚝의 휨모멘트(N·㎜)

- 말뚝단면의 응력은 말뚝 타입시의 조건도 고려하여 충격응력과 좌굴에 대하여 검토하는 것이 좋다. 압밀침하가 예상되는 곳에서는 부마찰력에 대해서도 검토해야 한다.
- 콘크리트 말뚝의 카탈로그(Catalogue)에서 보여주는 저항모멘트는 보통 축력이 작용 않는 경우이다. 실제잔교에 사용되는 말뚝은 매우 큰 축력을 받는 것이 일반적이므로 응력검토시 이를 충분히 주의해야 한다.

아. 지지력에 대한 근입깊이의 검토

연직말뚝의 축방향에 대한 근입길이는 말뚝의 횡저항력과 지반특성에 의하여 적절하게 산정하여야 한다. 경사면에 박히는 말뚝의 지지력 계산에 있어서는 가상지표면 이하의 흙을 유효한 지지층으로 본다.

자. 말뚝의 횡저항에 대한 근입깊이의 검토

각 직항의 근입길이는 말뚝의 횡저항의 해석방법에 대해서 적절히 정한다.

- 연직말뚝의 근입길이는 말뚝의 횡저항의 해석결과에 근거하여 가상 지표면 아래 $3/\beta$를 표준으로 한다.

카. 말뚝이음에 대한 검토

말뚝에 이음부를 둘 경우 설계외력과 하중에서 고려하는 외력 외에, 말뚝 타입시의 충격응력에 대해서도 안전하도록 만들어야 하며 말뚝의 이음부 위치는 말뚝에 큰 응력이 발생되는 곳은 피해야 하고, 시공조건 등을 고려해서 신중하게 결정해야 한다..

타. 강관말뚝의 판두께 및 재질의 변경

보통 장대말뚝의 잔교에 있어서는 가상지표면하 $2/\beta \sim 3/\beta$ 정도의 위치에서 판두께 또는 재질을 변경하는 경우가 많다.

- 보통 하중조건 하에서는 휨응력이 발생하지 않는 깊은 곳에서도 지반의 변형 등에 의하여 이음부나 板변화부에서 잔교 말뚝의 좌굴이 나타난 사례도 있으므로 충분한 검토가 필요하다.

5.4 흙막이부의 설계

가. 흙막이부의 구조

횡잔교 흙막이부의 설계는 각각 그 구조형식에 준 하며 횡잔교의 주요 흙막이구조는 ① 중력식 구조(케이슨식, L형 블록식, 콘크리트 블록식, 셀블록식) ② 널말뚝식 구조 ③ 셀식 구조 ④ 사석경사제 구조⑤ 앵커식 구조이다.

나. 사면안정에 대한 검토

횡잔교의 흙막이부에 대해서는 원칙으로 원호활동에 대한 검토를 하여야 하며 횡잔교에서 사면이 사질토로 구성되어 있는 경우에는 비탈기슭을 지나는 직선활동면에 대한 안정검토가 수반되어야 한다.

5.5 세부설계

가. 상부공 설계시 하중의 조합

하중의 조합은 슬래브, 연결판 또는 보에 걸리는 자중이나 적재하중 등을 적절히 고려하여 이들 조합하중에 대한 안정성 검토를 수행한다.

하중의 조합은 다음과 같이 고려하고 이들에 대해 안정하여야 한다.

① 슬래브와 연결판
- 가. 자중 + 적재하중
- 나. 자중 + 활하중
- 다. 자중 + 양압력

② 보
- 가. 자중 + 적재하중
- 나. 자중 + 활하중
- 다. 자중 + 수평력에 의한 말뚝머리 모멘트의영향 + 수평력을 고려하였을 때의 적재하중

나. 상부공의 배근계산

철근콘크리트 또는 프리스트레스트콘크리트 상부공의 배근계산은 한계상태설계법[1]에 의하는 것을 원칙으로 한다.

- 상부공은 하부구조물에 비하여 재료의 환경 열화에 대한 충분한 내구성이 확보될 수 있도록 계획해야 한다. 이를 위해 사용한계상태에 있어서 균열이 가지 않는 필요한 배근이나 덮개두께 등 구조세목을 충분히 만족하도록 특히 배려할 필요가 있다.
- 잔교 상부공의 파괴형태에는 휨파괴와 전단파괴(Punching Shear 포함)가 있으나, 특히 지진시에 전단파괴가 선행되면 급격히 파괴가 진행되는 위험이 있으므로 내력계산상 휨내력보다는 전단내력을 크게 할 수 있는 배근이 필요하다.

1)한계상태설계법 : 신뢰성 이론에 근거하여 안전성과 사용성을 하나의 설계체제 안에서 합리적으로 다루려는 설계법

다. 말뚝머리부의 설계

말뚝 머리부는 각종 응력에 대하여 안전하도록 설계하여야 한다.

- 잔교의 설계에서는 말뚝과 상부공이 완전강결된 것으로 전제하므로 지진시에 있어서도 이것을 만족하도록 고려한다.
- 말뚝 머리부에 있어서 말뚝과 상부공과의 결합방법, 정착길이에 대해서는 강관과 콘크리트와의 부착강도특성에 관한 연구가 충분치 않으므로 재하실험 등에 의해 확인하는 것이 바람직하다. 재하실험 등이 어려운 경우에는 다음의 방법으로 매입길이를 결정하여도 좋다.

매입길이 산정

$$\ell \geq \frac{P}{\phi f_{bod}} \gamma_b$$

여기서, ℓ : 매입길이(㎜)

P: 말뚝에 작용하는 축방항력(N)

ϕ: 말뚝의 외주장(㎜)

f_{bod}: 말뚝材料와 콘크리트와의 부착강도(N/㎟)

γ_b: 부재계수 (=1.0으로 하여도 좋다)

5.6 경사말뚝식 횡잔교의 설계

가. 설계개요

경사말뚝식 횡잔교는 직항식 횡잔교와 유사한 구조형식으로서 잔교에 작용하는 지진력, 수평력을 사조항으로 분담시키는 구조형식이다.

- 사조항은 법선 직각방향의 수평변위를 적게 할 수 있으나 조항의 배치가 적은 경우 법선방향의 수평변위에 대해서도 검토해야 한다. 또한, 사조항은 인접하는 직항, 토류부에 말뚝이 엇갈리므로 말뚝의 배치는 시공조건, 이용조건 등을 고려하여 결정한다.

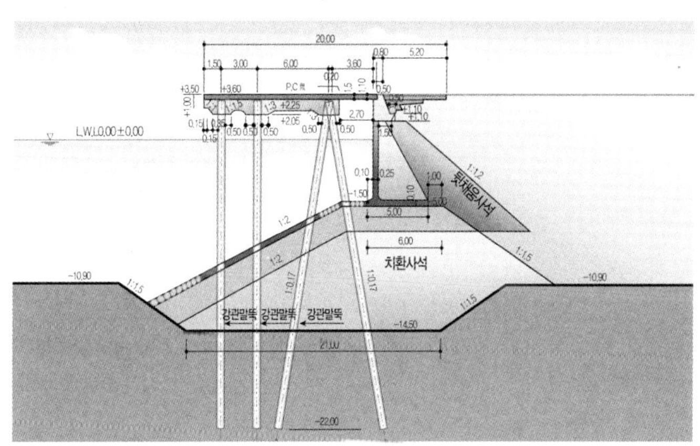

〈그림 4.12〉 사조항식 횡잔교의 예

다. 말뚝의 부재력과 단면 결정

경사 말뚝식 잔교 각조항의 말뚝두부에 분담되는 수평력은 각조항의 단면이나 사항의 경사각, 또는 길이에 대해서 적절히 산정하는 것으로 한다. 이 경우에 있어서 모든 수평력은 경사말뚝이 분담하는 것으로 한다.

- 각 조항에 분담되는 연직하중에 의한 말뚝의 압축력은 간편한 방법으로 말뚝위치에서 지지된 단순보로 산정한 지점반력으로 구할수 있으며, 연속보로 산정하는 것이 바람직한 경우도 있다.

- 각 조항의 압축력 및 인발력은 조항머리에 작용하는 수평력과 연직

하중에 의하여 계산한다. 조항머리의 수평변위는 매우 적으므로 휨 응력은 보통의 경우 무시한다.

라. 기준선 방향에 대한 검토

안벽 기준선방향으로 경사말뚝이 있는 경우에는 단면방향의 경우와 같이 검토한다.
기준선방향으로 경사말뚝이 없는 경우에는 기준선방향에 대해서도 연직말뚝식 잔교에 준하여 검토하는 것을 원칙으로 한다.

5.7 잔교식 안벽의 설계사례

가. 부산신항 연결잔교 및 다목적부두

- 선석규모 : 20,000DWT
- 구조형식 : 대구경 잔교식 안벽
  전열(∅914.4), 후열(∅812.8)
- 설계개요
  2만톤급 화물선, Feeder 선박 및 관용역무선 접안 등 다기능

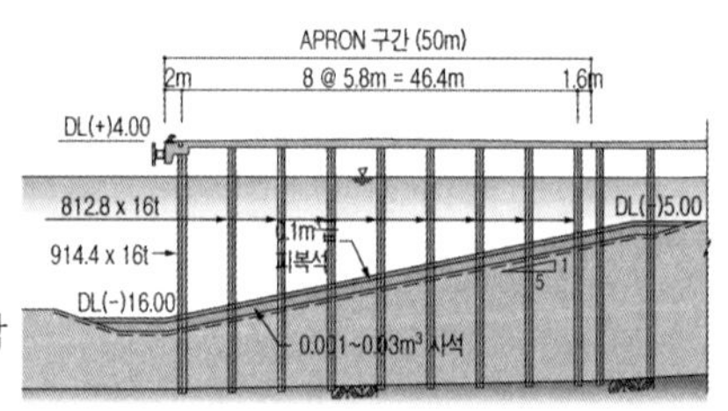

나. 부산항 국제여객부두 및 해경부두

- 선석규모 :
  - 국제여객부두 : 80,000G/T
  - 해경대형선부두 : 5,000D/T
- 구조형식 : 대구경 잔교식 안벽
- 설계개요
  잔교 하부에 연직 소파판 적용을 통하여 정온도 및 항내수질 개선 효과 도모

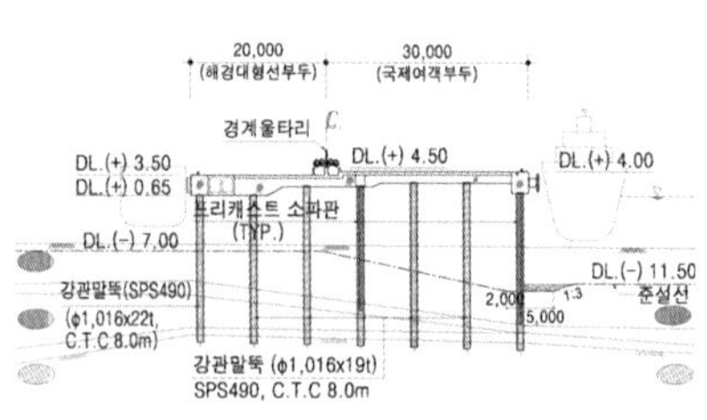

다. 잔교식 안벽 시공

말뚝항타 및 가시설 설치

슬래브 콘크리트 타설

PSC 소파판 설치

상부 PSC 슬래브 거치

공동구 거치 및 메인 빔 타설

6. 기타 형식

6.1 널말뚝식 안벽

널말뚝식 안벽은 강재 또는 콘크리트재 널말뚝을 박아서 외력에 저항하는 구조물이다.

강널말뚝을 사용하는 구조물은 일반적으로 전면에 강널말뚝(또는 벽강관말뚝)을 박고, 외력에 견딜 수 있도록 버팀공(앵커공, Dead man)을 설치하여 Tie cable 또는 Tie rod로 강널말뚝을 잡아주는 구조형식이다.

- 널말뚝식 구조형식은 보통 널말뚝식, 자립 널말뚝식, 경사 말뚝식, 이중 널말뚝식 등이 있다.

보통 널말뚝식	자립 널말뚝식	경사 널말뚝식	이중 널말뚝식
• 널말뚝을 박아서 널말뚝에 작용하는 외력을 후면에 설치한 버팀공과 널말뚝의 근입부에 의하여 저항하는 방식	• 널말뚝 후면에 버팀공이 없이 외력을 널말뚝의 단면계수 및 근입부의 횡저항에 의하여 저항하는 방식	• 널말뚝과 일체로 경사지게 박은 말뚝에 의해서 외력에 저항하는 방식	• 널말뚝을 이중으로 박아서 두부를 타이로드 또는 케이블로 연결하여 외력에 저항하는 방식 • 양쪽을 접안시설로 사용할 수 있으며 돌제형으로 축조시 적합한 방식

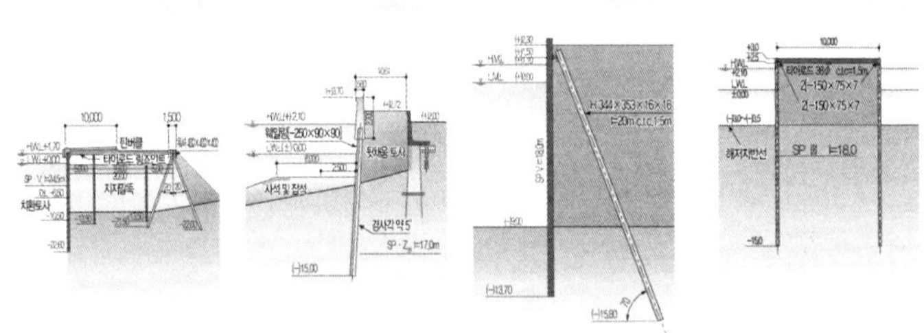

6.2 선 반 식

선반식 구조는 널말뚝 벽체상부에 설치한 선반에 의해서 널말뚝에 걸리는 외력을 경감시키고, 널말뚝 근입부의 수동토압 및 널말뚝 배후에 선반지지말뚝의 수평저항력으로 외력에 저항하는 구조물이다.

선반식 구조는 상재하중을 선반부 말뚝으로 지지하기 때문에 연약지반에도 적용이 가능하다.

[표 4.4] 널말뚝벽의 위치에 따른 분류]

선반식	준선반식
• 선반의 전면 또는 배면에 흙막이용 널말뚝벽이 있는 형식	• 선반 배면에 별도의 버팀공이 있는 형식
• 전면 널말뚝벽 계획 : 선반식 안벽 • 배면 널말뚝벽 계획 : 널말뚝 안벽 • 선반부 계획 : 직항식 횡잔교	• 수평력 : 선반 말뚝+버팀공 • 본 형식은 특별한 경우에만 채택

[표 4.5] 선반형식에 따른 분류

L형 선반식	상자형 선반식
• 선반을 L형 현장타설 콘크리트로 하고 선반 상부는 토사로 매립한 형식	• 선반을 선반위의 중량과 지지력을 감소시키기 위해 상자형 구조로 한 형식

6.3 강널말뚝 셀식

강널말뚝 셀식 안벽은 직선형 널말뚝 또는 강판을 원형이나 기타형으로 폐합시키고, 셀 내부는 사석이나 토사로 속채움하여 외력에 저항하도록한 일종의 중력식 구조물이다.

- 셀식 안벽의 구조형식은 강널말뚝식과 강판식이 있으나 주로 이음부의 인장강도가 큰직선형 강널말뚝을 사용하고 있다.
- 작용하는 외력에 따라 셀의 크기가 달라지며 내부의 속채움재가 셀외측에 토압 등으로 작용하므로 연결되는 강널말뚝의 연결부분의 물림(Interlocking)에 대한 검토가 필요하다.

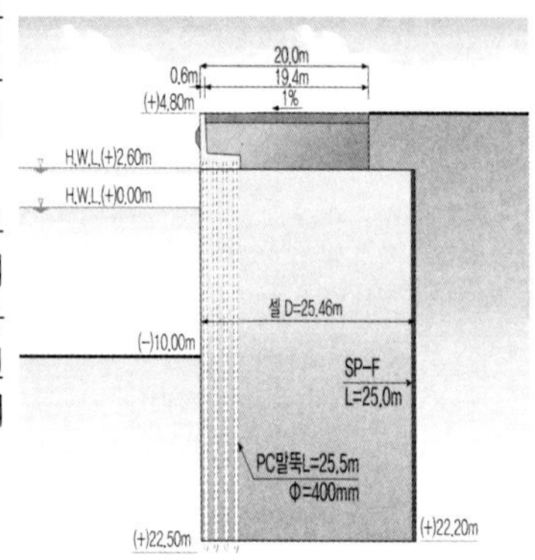

〈그림 4.13〉 강널말뚝 셀식 안벽설계 예

6.4 강판 셀식 안벽

강판 셀식 안벽은 널말뚝 대신 강판을 원형이나 기타형태로 폐합시키고, 셀 내부는 사석이나 토사로 속채움하여 토압에 저항하는 구조물이다.

강판 셀식의 구조형식은 거치식 강판 셀식과 근입식 강판 셀식이 있다.

가. 거치식 강판셀식 안벽

거치식 강판셀식은 토층에 근입시키지 않고 지지력이 확보되는 양호한 기초지반이나 개량지반에 적용하는 구조형식이다. (토층에 근입시키지 않는 셀식 안벽, 호안 등에 적용한다)

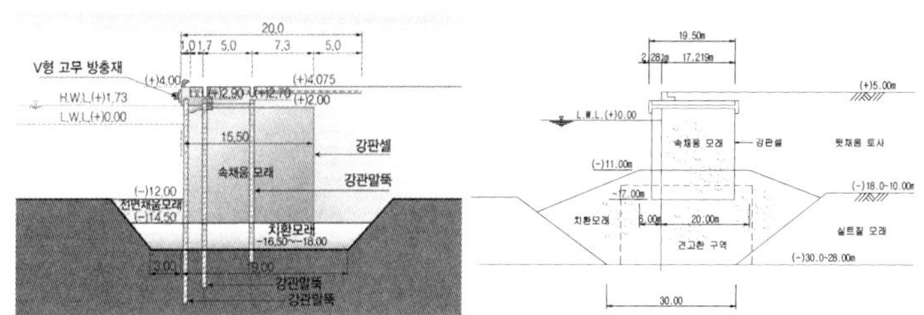

〈그림 4.14〉 거치식 및 근입식 강판셀식 안벽 설계(예)

나. 근입식 강판셀식 안벽

근입식 강판셀식은 사질토 지반중에 타입시켜 강판셀의 근입효과에 의하여 구조물의 안정성을 확보시키는 구조형식이다.

6.5 부잔교

부잔교는 조위차가 커서 일반시설로는 하역이 어려운 지역이나 수심이 깊고 연약지반이 깊어 경제성이 떨어지는 지역에 계류앵커로 고정시킨 폰툰(Pontoon)과 연락교를 시설하여 육지와 연결하는 접안시설이다.

수면에 떠 있는 구조물이므로 파랑과 조류속이 큰 곳에는 설치할 수가 없으며, V=0.5m/sec이하, Hd=1.0m이하인 지역에 설치하고 있다.

1) 부잔교의 구성요소

폰　툰 : 연속개수는 1~3개
연락교 : 육지와 폰툰을 연결
도　교 : 폰툰과 폰툰을 연결
계류체인 : 폰툰을 고정(앵커)

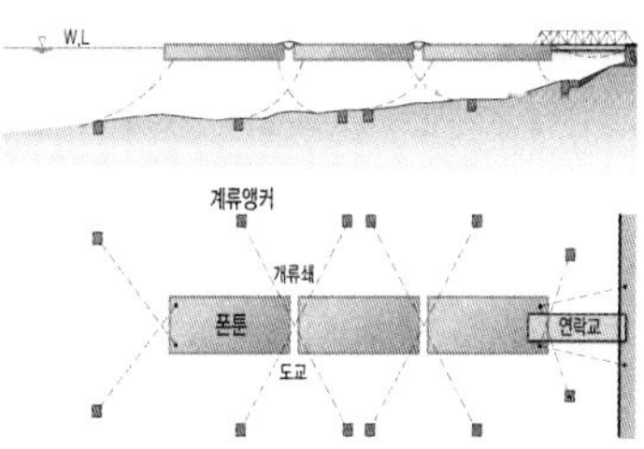

〈그림 4.15〉 부잔교 각 부의 명칭

2) 구조형식상의 분류

- 앵커 계류식 : 일반적으로 사용되고 있는 형식으로 앵커에 의한 계류형식이다.
- 돌핀 계류식 : 계류체인 대신에 돌핀 및 방충재(Fender)를 이용하여 계류시키는 형식이다.

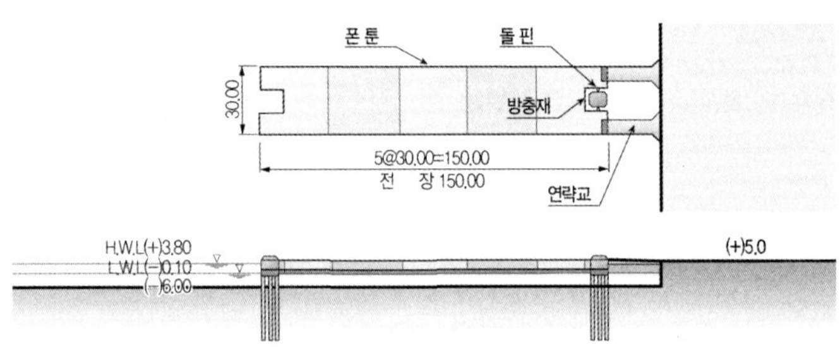

〈그림 4.16〉 돌핀 계류식 부잔교

3) 부잔교 부체의 계류방식

계류방식은 폰툰의 규모, 수심조건, 토질조건 등 자연여건상 충분한 기능이 발휘되도록 설정한다.

- 깊은수심 : 체인방식, 와이어 방식
- 얕은수심 : 중간부표(Buoy)방식, 중간 침추(Sinker)방식, 돌핀휀다(Dolphin fender)방식

4) 설계외력

고 려 외 력	적 용 외 력
• 선박의 충격력(방충재 반력) • 선박의 견인력 • 파력 • 조류력	• (선박의 충격력) + (조류력) • (선박의 견인력) + (조류력) • (파력) + (조류력) • 상기 외력중 큰 값을 사용
• 설계적용 : 계류체인 및 앵커 설계 • 유의사항 : 파력 산정시 폰툰의 고유진동주기가 파랑주기에 가까울 경우 공진을 일으켜 큰 힘이 발생하므로 계류체인 산정시 고려	

6.6 돌 핀

돌핀(Dolphin)은 선박의 대형화 추세에 따라 항로, 박지 등의 수심확보에 따른 대규모 준설이 필요한 경우, 위험물 하역으로 항외측에 별도 시설해야 할 경우, 수심조건이 좋은 외해에 수개의 독립된 구조물을 설치하여 이용하는 접안 시설이다.

계류시설과 육지와의 연결은 취급화물의 종류에 따라 해저 송유관, 컨베이어, 트레슬(Trestle) 등으로 시설하며, 유류수송용 파이프 라인(Pipe Line)과 연결된 돌핀을 시버드(Sea berth)라고도 한다.

- 소정의 수심이 확보되는 곳에 설치하면 준설, 매립 등이 필요하지 않아, 일반적인 경우 시공이 용이하며, 공사비도 저렴하고 급속시공이 가능하다.
- 잡화를 취급하는 안벽으로 과거에는 사용되지 않았으나 최근 하역기계를 사용하여 석유, 시멘트, 양곡 및 분말의 화물을 대량으로 취급하는 경우에 많이 이용되고 있다.
- 다른 구조형식의 안벽연장을 단축 또는 기존의 안벽연장을 증대하기 위해서 그 안벽에 선단을 붙여 설치하는 경우도 있다.

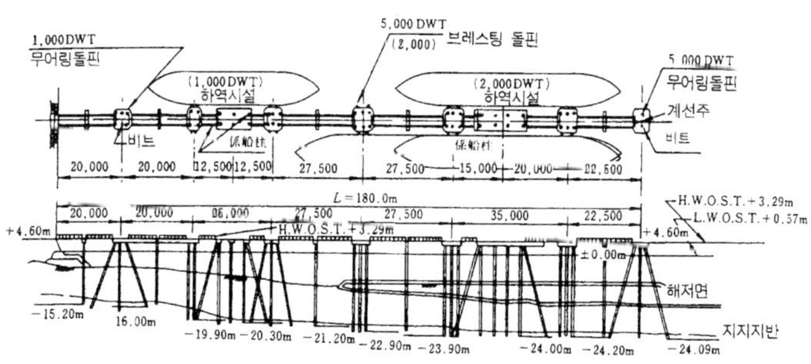

〈그림 4.17〉 돌핀의 형상

가. 돌핀의 배치

돌핀의 설치는 대상선박의 제원, 수심, 풍향, 파향 및 조류를 고려하여 다른 선박의 정박과 항행에 지장이 없도록 적절하게 배치하여야 한다.

브레스팅 돌핀(Breasting Dolphin)의 배치

• 대상선박의 제원

- 돌핀의 대상선박이 되는 대형 선박의 현측은 보통 선수 및 선미부에서 배의 길이(L)의 1/8정도의 범위가 곡선으로 되어 있는데 중앙구간의 3/4L은 직선으로 되어 있다. 돌핀을 이 직선부내에 접현할 수 있도록 배치하는 것이 좋다.
- 브레스팅 돌핀의 간격은 일반적으로 1/3L 길이만큼 이격하는 것이 보통이며, 선박의 배관분기관(Piping Manifold)을 중심으로 대칭으로 설치되도록 하는 것이 바람직하다. 브레스팅 돌핀간격은 멀리 이격 시킬수록 구조적으로 유리하나 선박측현의 직선구간내에 들어와야 하므로 대상선박의 제원이 명확하지 않는 경우는 0.25L~0.4L 범위내에 있도록 배치하는 것이 좋다.
- 브레스팅 돌핀에 계류점(Mooring Point)을 설치하는 경우 Spring Line으로 사용하게 되므로 계류로프가 허용앙각(25°) 이내에 들어오도록 충분한 길이를 확보할 수 있는 위치에 설치하여야 한다.
- 브레스팅 돌핀의 수는 일반적으로 전후부에 각각 1개씩으로 하는데, 대형선과 소형선이 겸용하는 경우는 2개씩 설치할 수 있으며, 그 위치는 일직선상에 있어야 한다.

• 수심, 풍향, 파향, 조류

- 돌핀의 배치는 될 수 있는 대로 풍향, 파향, 조류와 평행으로 하는 것이 좋다.

무어링 돌핀(Mooring Dolphin)의 배치

- 접안할 때와 계류할 때, 배를 로우프로 매는 계선주는 해안에 가까운 경우는, 육상에 설치하는 수도 있으나, 일반적으로 무어링 돌핀(Mooring Dolphin)을 축조하여 이것에 계선주를 설치한다.
- 무어링 돌핀의 수는 대상선박의 크기에 따라 좌우되지만 일반적으로 선수 및 선미부측에 각각 2개씩에서 3개씩 설치하는 것이 좋다.

나. 계류시스템

• 이상적인 계류 System은 Bow 및 Stern Line과 2개의 Breast line 및 4개의 Mooring Line으로 계획하는 것이나 추천되는 계류 System은 Breast 및 Spring line만 가지고도 선박을 안전하게 계류할 수 있도록 하는 것이 바람직하다. 그 이유는 Bow 및 Stern Line은 계류밧줄의 길이가 타 계류밧줄보다 길어 선박을 계류하는데 비효율적이 되기 때

문이다.(선박의 구속능력은 계류밧줄 길이에 비례한다)

- Breast Line은 선박의 종축과 직각방향으로 계획하되 15° 이상 벗어나지 않도록 하여야 한다.
- Bow 및 Stern Line은 접안선과 30°~45°이내로 하는 것이 바람직하다.
- Spring Line은 선박의 종축과 평행한 방향으로 계획하되 10° 이내로 하여야 한다.
- 계류 Line의 앙각은 25° 이내로 계획하는 것이 바람직하며, 어떠한 경우에도 30°를 초과해서는 안 된다.
- 계류점은 접안선에서 35~50m 범위내에 위치하는 것이 바람직하며 계류점의 높이는 항시 수상에 노출 될 수 있도록 조석 및 파랑의 영향이 고려된 최고 운영수위보다 1.5m 이상 위에 있어야 한다.

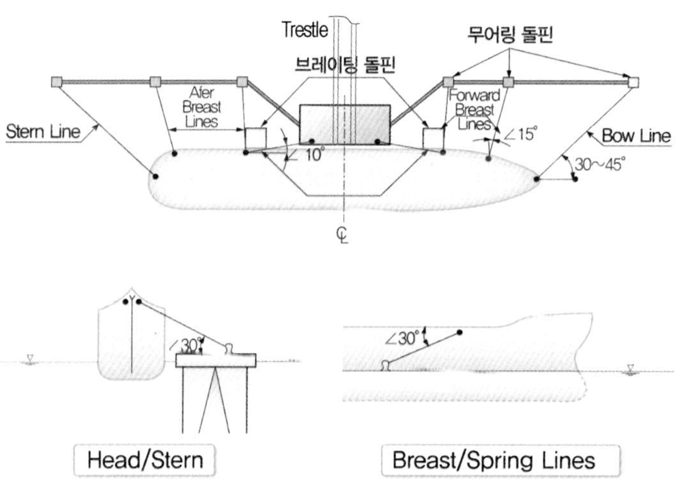

〈그림 4.18〉 돌핀의 표준계류 System

7. 부속설비

7.1 방충제

선박의 접안시 및 계류시 선체와 접안시설간의 충격력이나 마찰력이 작용하므로 선체와 구조물의 손상을 방지하기 위하여 접안시설에 방충설비가 필요하다.

- 소형선과 병행 접안하는 대형 안벽은 방충재 중간에 소형선용 방충재를 배치하고, 대형선박용 방충재보다 어느 정도 뒤에 설치해야 한다.
- 잔교 등과 같이 선박의 접안력이 설계하중이 되는 안벽은 배치에 특히 주의해야 한다.
- 조위차가 큰 곳, 파랑영향이 있는 곳은 선박이 방충재 밑에서 밀어올리는 위험이 있으므로 설치높이에 유의해야 하며 방충재를 횡이나 종으로 배치한다.

선박의 접안에너지 산정

$$Ef = \frac{W_s V^2}{2g} \times Ce \times Cm \times Cs \times Cc$$

여기서,
Ef : 선박의 접안에너지(t·m)
g : 중력가속도(= 9.8m/sec2)
s : 선박의 배수량(t)
V : 선박의 접안속도(m/s)
Ce : 편심계수
Cm : 가상질량 계수
Cs : 유연성 계수(1.0을 표준)
Cc : 선석의 형상계수(1.0을 표준)

BP-Type	OV-Type	Cell-Type	Pneumatic-Type
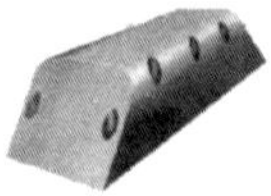		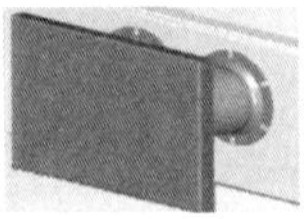	

7.2 계선주

직주는 폭풍시에 선박을 계류하기 위하여 선상 양끝부분에 수제선에서 되도록 멀리 배치한다. 곡주는 평상시 선박의 계류나 이·접안에 사용할 수 있도록 선석의 수제선 부근에 배치한다.

- 곡주의 간격과 1선석당 최소 설치개수는 다음 표의 값을 표준으로 하고 연속된 선석의 접속부는 2개의 곡주를 가까이에 배치한다.
- 직주는 선체의 횡방향 힘에 대해서 충분히 저항할 수 있도록 선축과 계류밧줄이 이루는 각이 가능한 직각이 되도록 배치하고, 1선석에 2개를 설치한다.
- 선수밧줄과 선미밧줄은 선축방향의 선박동요를 방지하기 위하여 선축과 이루는 각은 25~35° 이하가 되도록 배치한다.
- 대상선박의 견인력은 계선주에 작용하는 힘에 의하여 선정한다.

선박의 총 톤수	직주에 작용하는 견인력(t)	곡주에 작용하는 견인력(t)
10,000톤이상~15,000톤이하	100	70 (35)
15,000톤이상~20,000톤이하	100	70 (35)
20,000톤이상~50,000톤이하	150	100 (50)

7.3 차막이 및 모서리 보호공

접안 상부공에서 작업하는 하역장비 및 차량 등의 안전을 도모하고 제차량의 정지선을 표시할 목적으로 차막이를 설치하며, 계류색이나 자연현상에 의한 콘크리트의 모서리 파손을 방지하기 위한 목적으로 모서리 보호공을 설치한다.

• 차막이 : 안벽법선에서 30cm 내측 • 모서리보호공 : 안벽 모서리

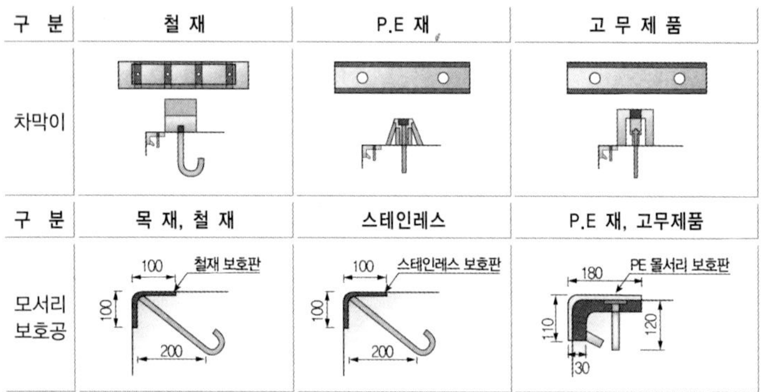

구 분	철 재	P.E 재	고 무 제 품
차막이			
구 분	목 재, 철 재	스테인레스	P.E 재, 고무제품
모서리 보호공	100 철재 보호판 100 200	100 스테인레스 보호판 100 200	180 PE 물서리 보호판 110 120 30

7.4 조명시설

부두내 야간 하역작업, 선박의 접이안 및 여객 등이 이용하는 부두에는 조명설비를 하여야 하며 부두뜰 위의 본선하역에 장해가 없도록 가능한 접안시설의 선단이나 연결부에 배치한다.

- 조명탑은 하역장비 작업에 지장을 주지 않는 장소 및 높이를 고려하여 배치하며, 조명탑의 높이는 구조적인 문제나 풍압하중, 경제성 등을 고려하여 눈부심이 허용되는 범위내에서 선정한다.
- 조명탑의 배치 간격은 조명탑 시뮬레이션 결과 및 조명탑의 배치계획을 고려하여 배치한다.
- 조명시설의 형식은 사각기둥형과 승하강식 1 Pole형이 있다.

[사각기둥형]

[승하강식 1 Pole형]

7.5 하역시설

컨테이너 크레인은 대상으로 하는 컨테이너선의 선형, 컨테이너의 크기, 컨테이너의 취급량, 안벽구조, 야드의 하역방식, 야드 하역시설과 기계의 종류 등을 고려하여 적정한 취급능력을 갖는 것으로 한다.

- 안벽하역장비는 Single Trolley Type과 Dual Hoist Type이 있으며, 특징은 다음과 같다.

구분	Single Trolley Type	Dual Hoist Type
형식		
특징	• 현재 사용되고 있는 가장 표준적인 시스템으로 대부분의 항만에서 사용 중에 있다. • 하나의 트롤 리가 선박에서 컨테이너를 장착하고 육측의 이송차량까지 컨테이너를 이송하는 형태를 가지고 있다.	• 두개의 Trolley와 두 개의 Hoist를 장착하고 있으며 해측의 Trolley에 컨테이너를 적재함과 동시에 다시 선박으로 이동하며, Second Trolley는 이송차량에 적재하기 위해 조정된 위치까지 컨테이너를 이송한다. • 이 시스템은 해측 Trolley는 선박측의 작업만 수행하고 Second Trolley는 수평이동작업, 육측 Hoist는 육상작업만을 담당하기 때문에 장비자체의 자동화나 이송장비와의 연계에 있어 자동화가 유리한 장비이다.

- 컨테이너 크레인의 제원 결정
  - Out Reach는 대상선박의 선폭, Set Back간 거리, 방충재의 높이, 하역중의 선박경사(보통 3°), 끝단 여유 등을 고려하고 최대 대상선형에 충분히 대응할 수 있도록 결정한다. Set Back간 거리의 결정은 계선주의 치수, 크레인 등의 Cable Trench, 안벽의 구조 등을 충분히 고려하여 결정한다.
  - 컨테이너 크레인의 부속시설로는 Power Pick Up Manhole, Cable Trench, Tie-Down, Jack-Up Base, Pin-Cup, End Stopper 등이 설치된다.

• 하역장비종류 및 특징은 다음과 같다.

컨테이너 크레인	RMGC	RTGC
• 컨테이너선으로부터 컨테이너의 하역장비임	• Rail 위에 고정되어 있는 야드 하역장비임	• 고무바퀴가 장착된 야드 하역장비임
Reach Staker	**Forklift**	**Straddle Carrier**

• 야드내에서 컨테이너를 이송하는 하역장비임	• CFS용 컨테이너 하역장비임	• 컨테이너를 안벽이나 야드에서 이송과 적재하는 하역장비임
Top Handler	**Yard Tractor**	**Yard Chassis**

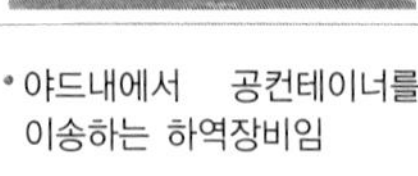 • 야드내에서 공컨테이너를 이송하는 하역장비임	• Yard Chassis를 장착하여 컨테이너를 이송하는 장비임	• 컨테이너를 장착하고 Yard Tractor에 의해 견인되는 이송 장비임

8. 안벽의 설계사례

8.1 중력식 안벽

가. 개 요

- 사 업 명 : ○○항 컨테이너터미널 축조공사
- 사업규모 : 2,000TEU급 3선석(750m)

나. 설계조건

1) 설계조위

- H.W.L(삭망평균만조위) = DL.(+)9.270m
- M.S.L(평균해면) = DL.(+)4.635m
- Approx L.L.W = DL.(±)0.00m

2) 설계파랑

파 향	파고($H_{1/3}$)	주기($T_{1/3}$)	재현빈도	비 고
W	2.2m	6.4s	50년빈도	

3) 상재하중

(단위:kN/m2)

구 분	에이프런	CY지역	기타지역	비 고
평 상 시	14.7	49.0	14.7	지진시 상시 설계기준의 1/2적용
지 진 시	7.4	24.5	7.4	

4) 컨테이너 크레인 하중

구 분	Wheel Load(kN/Wheel)		비 고
	해 측	육 측	
운 영 시	696	902	
지 진 시	981	1,275	

5) 선박 견인력

• 선박 견인력은 1,000(kN) 적용

선 박 톤 급		직주견인력 (kN)	곡주견인력 (kN)
총톤수 (GT)	재화중량톤수 (DWT)		
20,000~50,000	22,727~56,818	1,500	1,000

※ 2,000TEU ÷ 0.08 ≒ 25,000DWT

6) 대상선박조건(2,000TEU)

선박제원			선석제원		비 고
전장(m)	형폭(m)	만재흘수(m)	선석장(m)	선석수심DL(m)	
218	30.2	11.1	250	(-)12.0	

다. 안벽 단면계획

1) 안벽 선석수심 결정

항만 및 어항설계기준에 의한 선석수심은 : DL.(-)12.00(대상선박의 만재흘수 + 여유수심)이면 선석수심은 확보되나,

장래 선박대형화 추세 및 글로벌 항만 특히 북중국 3대항만(대련, 천진, 청도)의 기항지 역할 및 컨테이너 터미널 경쟁력 강화를 위하여 8,000TEU급 대형모선이 접안가능 하도록 선석수심을 DL.(-)16.00로 결정.

2) 마루높이 산정

• 마루높이 산정

구 분	검토결과	비 고
① 항만 및 어항설계기준에 의한 방법	DL(+)9.77m ~ DL(+)10.77m	DL(+)9.77m ~ DL(+)12.50m
② 항내 파랑을 고려하는 방법	DL(+)11.25m	
③ 허용 월파량을 고려하여 결정하는 방법	DL(+)10.50m ~ DL(+)12.50m	
④ 인접구조물과의 연계성을 고려하는 방법	DL(+)10.82m	

• 마루높이 결정

마루높이 검토결과 DL(+)9.77m~DL(+)12.50m로 산정되었으나, 경제성 및 인접구조물과의 연계성을 고려하여 적용 마루높이는 DL(+)11.00m로 결정함.

3) 안벽구조형식 선정

큰 조위차에 수리적 특성이 우수하며, 인접부두와의 연계성과 장래 확장성이 용이한 케이슨식을 선정함.

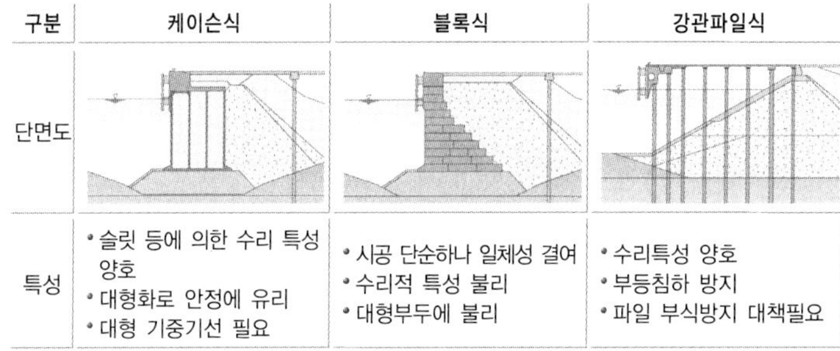

구분	케이슨식	블록식	강관파일식
단면도			
특성	• 슬릿 등에 의한 수리 특성 양호 • 대형화로 안정에 유리 • 대형 기중기선 필요	• 시공 단순하나 일체성 결여 • 수리적 특성 불리 • 대형부두에 불리	• 수리특성 양호 • 부등침하 방지 • 파일 부식방지 대책필요

라. 케이슨 규모결정

1) 케이슨 상단고 및 높이(H)

케이슨 상단고는 일반적으로 평균해면(M.S.L) 이상으로 계획하여 상치콘크리트 타설시 시공성이 용이하도록 계획한다. 또한, 소파효과를 위한 전면슬릿 유공율 확보, 방충재 설치 높이를 고려하여 DL(+)6.00m 결정하였으며, 케이슨 높이(H)는 선석수심 및 케이슨 상단고를 고려하여 20.5m로 결정.

구 분	비교 1	비교 2	비교 3	케이슨 높이
케이슨 상단	DL(+)6.00m	DL(+)7.00m	DL(+)8.00m	DL(+) 6.00 DL(−)14.50
케이슨 하단	DL(−)14.50m	DL(−)14.50m	DL(−)14.50m	
케이슨 높이	20.50m	21.50m	22.50m	
시공성	○	△	△	
경제성	○	△	×	

※ 케이슨 하단고는 일반적인 경우 선석수심을 고려하여 DL.(-)16.00로 계획되나 "인천신항 I-1단계 「컨」 터미널 하부공 축조공사(2공구)"는 사석마운드 조정 및 상치콘크리트 돌출을 통해 선석수심을 확보 하여 케이슨 하단고는 DL.(-) 14.50로 계획.

2) 케이슨 폭(B)

케이슨 폭은 제체의 안정검토 및 기초지반 지지력, 원호활동에 의해 결정되므로 단면 안정검토를 위한 케이슨 폭(B)는 19.40m로 가정.

3) 케이슨 길이(L)

케이슨 길이는 해상기중기의 인양능력 및 장비수급여건을 고려하여 결정하여야 한다.

본 설계에 에서는 해상기중기선 3,600톤으로 결정하고 최대 케이슨 중량 및 제작함수 최소화를 고려하여 케이슨 길이(L)는 17.40m로 결정.

기중기 능력(톤)	케이슨 중량(톤)	케이슨 길이(m)	케이슨 제작함수	격실수
2,000	1,840	8.00	94	2격실
3,000	2,240 2,550	9.60 12.60	74 60	3격실
3,600	2,840 2,940 3,040	15.40 16.40 17.40	50 47 44	3격실
Floating Dock	9,000	50.00	15	6격실

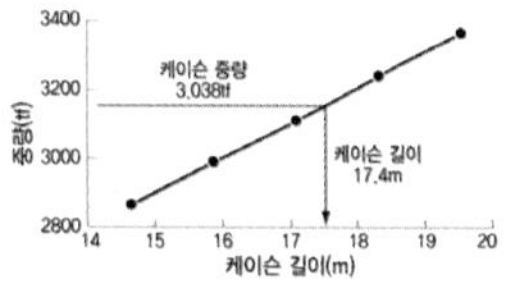

마. 안벽단면가정

1) 케이슨 단면 기초제원

- 마루높이: DL(+).11.00m
- 선석수심: DL(-).16.00m
- 케이슨 규모: 19.40(B) × 20.5(H) × 17.40(L)

2) 안벽단면 가정

기초제원에 근거하여 케이슨 단면을 아래와 같이 가정.

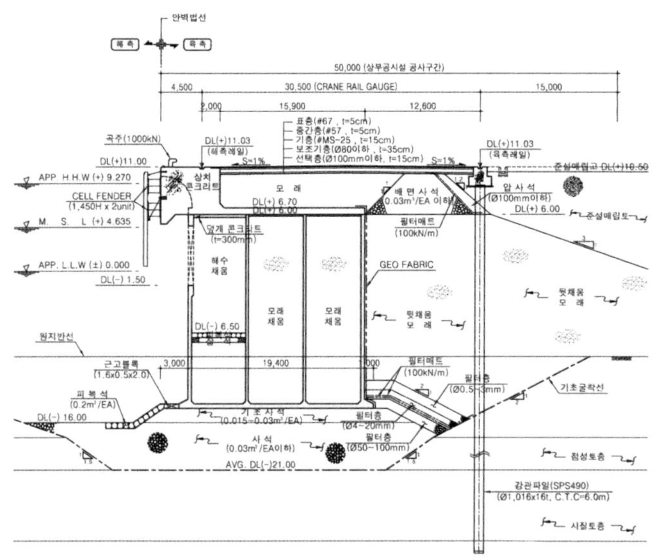

바. 안벽단면 안정검토

하중조합은 각각의 외력을 조합하여 안벽단면이 가장 위험한 하중조건에서 충분히 안정할 수 있도록 외력과 저항력을 고려하여 Case별 안정검토를 수행.

1) 하중조합

• 상 시

구분	구 분	자중	토압	상재 하중	견인 력	크레 인	부력	산류 수압	비고
지진시	CASE-1	○	○				○	○	
	CASE-2	○	○	○			○	○	
	CASE-3	○	○	○	○		○	○	
	CASE-4	○	○	○	○	○	○	○	
	CASE-5	○	○		○		○	○	

• 지진시

구분	구 분	자중	토압	상재하중	크레인	부력	잔류수압	관성력	동수압
지진시	CASE-1	○	○			○	○	○	○
	CASE-2	○	○	○		○	○	○	○
	CASE-3	○	○	○	○	○	○	○	○
	CASE-4	○	○			○	○	○	○

2) 안정검토 결과

• 활동 검토

산정방법	모식도	안전율		판정
		상시	지진시	
$F.S = \frac{\sum P_V}{\sum P_H} \cdot \mu$	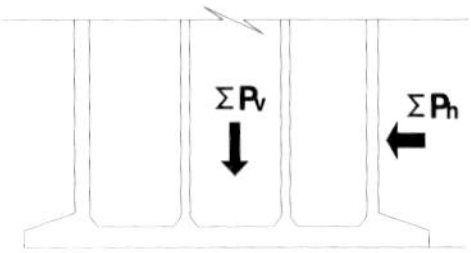 ΣPv ΣPh	1.69 〉 1.2	1.19 〉 1.1	O.K

※ 마찰계수(μ) 콘크리트와 사석 0.6

• 전도 검토

산정방법	모식도	안전율		판정
		상시	지진시	
$F.S = \frac{\sum M_o}{\sum M_r}$	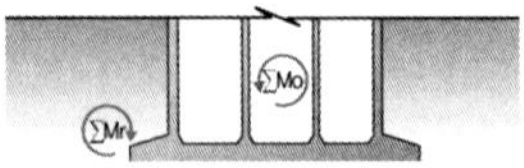 ΣMo ΣMr	3.65 〉 1.2	2.45 〉 1.1	O.K

• 사석마운드의 직선활동 검토

산정방법	안전율		판정
	상시	지진시	
$F.S=\frac{\sum P_v c\theta-\sum P_h s\theta}{\sum P_v s\theta+\sum P_h c\theta}\mu$	1.83 〉 1.2	1.89 〉 1.2	O.K

• 편심경사 하중에 의한 (원지반)지지력 검토

지반조건에 따라 사질토의 경우 테르자기(Terzaghi) 허용지지력 공식에 의한 검토 또는 사면안정 해석 프로그램을 통한 원지반 지지력을 검토함.

모 식 도	안전율		판정
	상시	지진시	
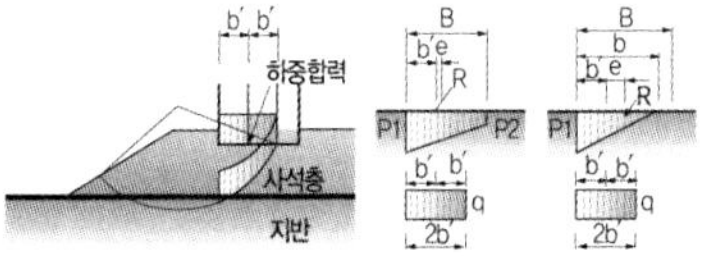 b′ b′ 하중합력 사석층 지반 B b e R P1 P2 b′ b′ q 2b′ B b b e R P1 b′ b′ q 2b′	1.48 〉 1.2	1.051 〉 1.0	O.K

• 원호활동 검토

사면안정 해석 프로그램을 통한 원지반 지지력 검토를 수행.

모 식 도	안전율		판정
	상시	지진시	
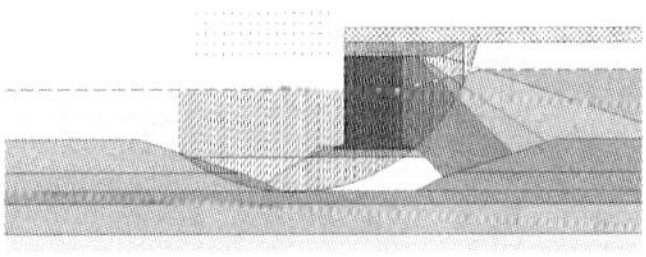	1.44 〉 1.3	1.138 〉 1.1	O.K

사. 케이슨 유공부 제원결정

1) 유공형식 비교 검토

횡 슬릿과 종슬릿의 특성(수리특성, 조위영향, 구조적 안정성)을 종합적으로 비교·검토한 결과 대상지역은 조수간만의 차가 크고 파고가 작아 종 슬릿으로 결정.

구 분	횡 슬릿	종 슬릿
형 상		
수 리 특 성	• kr(반사율) = 0.28~0.44 • 고파랑에서 종슬릿에 비해 다소 유리	• kr(반사율) = 0.29~0.47
조 위 영 향	• 조수간만의 차가 적은 곳은 횡·종슬릿 중 상황에 맞게 선정	• 조수간만의 차가 심한 곳은 일반적으로 종슬릿 적용

2) 슬릿 규격 검토

가) 슬릿 높이 산정

슬릿의 상·하부 높이는 기존 설계사례에 적용한 산정식을 적용.

구분	대상파랑	기준조위(HWOST)	산 정 식	산정결과
슬릿 상단고	2.2m	DL(+)8.624m (HWOST)	HWOST + 0.5 ~ 1.0H = (+)8.624 + 0.5 × 2.2	DL(+)9.724m
슬릿 하단고	1.3m	DL(+)0.646m (LWOST)	LWOST − 2.0H = (+)0.646 − 2.0 × 1.3	DL(−)1.954m

종슬릿 상단고는 DL(+)9.274m로 산정되었으나, 케이슨 상단고(DL(+)6.00m)와 슬릿 부재의 안전성을 위한 상부부재 높이 1.2m를 고려하여 DL(+)4.80m로 결정.

슬릿 하단고는 DL(−)1.954m로 산정되었으나, 종슬릿 부재의 안전성을 고려하여 DL(−) 1.50m로 결정.

나) 유공율 및 유수실 폭

유공율은 유수실 설치범위가 HWL 이하에서 전면벽 1/2까지인 경우 0.3~0.4의 범위로 하고, 유수실 폭은 소파효과가 가장 큰 6.2~9.3m의 범위 이내로 결정.

유공율(ε)

구 분	기 준 치	$\epsilon = \dfrac{\Sigma l(\text{유공부길이})}{L(\text{전체길이})}$	비 고
유공율 (ε)	0.30~0.40	$\epsilon = \dfrac{0.7\text{m} \times 7\text{EA} + 3.0\text{m}}{17.4\text{m}}$ = 0.45	• 경사입사파의 파고저감을 위한 광폭슬릿부 포함 유공율

자료) 일본해안구조물 설계사례집(1994. 4)

유수실 폭(B_0) 결정

구 분	설계파 파장(L)	B_0/L=0.10~0.15	비 고
유수실 폭 (B_0)	62.1m	(0.1~0.15)×(62.1m) =6.2~9.3m	• 케이슨 제체폭을 고려하여 6.3m로 결정

•슬릿규격 결정

일반슬릿은 폭 0.7m, 상단고 DL(+)4.80m, 하단고 DL(-)1.50m로 전면벽체에 7개소를 설치하고, 광폭슬릿은 폭 3.0m, 상단고 DL(+)6.00m, 하단고는 DL(-)14.00m로 전면벽 좌우측에 계획한다.

슬릿 일반노

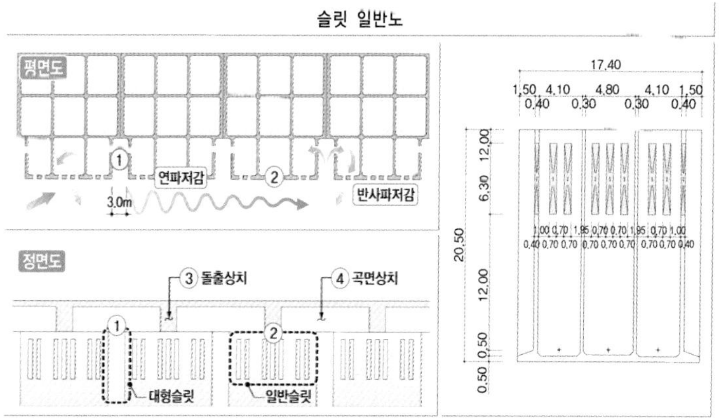

※ 대형슬릿은 "인천신항 I-1단계 「컨」 터미널 하부공 축조공사(2공구)"단면특화 사항임.

아. 안벽단면 표준단면도

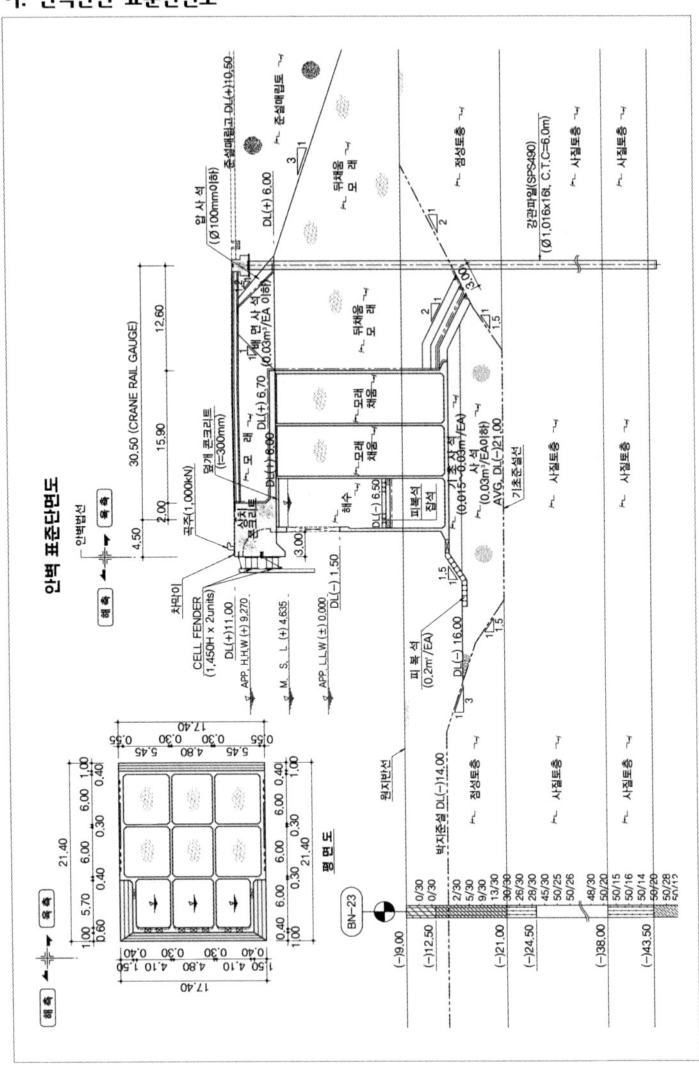

안벽 표준단면도
평면도
30.50 (CRANE RAIL GAUGE)
CELL FENDER (1,450H x 2units)
곡주(1,000kN)
덮개 콘크리트 (t=300mm)
강관파일(SPS490) (Ø1,016x16t, C.T.C=6.0m)
뒤채움 모래
모래 채움
점성토층
사질토층
원지반선
BN-23

8.2 잔교식 안벽

가. 개 요

- 사 업 명 : ○○항 연결잔교 및 다목적부두 축조공사
- 사업규모 : 2만톤급 화물선, Feeder 선박 및 관용 역무선 접안 등

나. 설계수행흐름

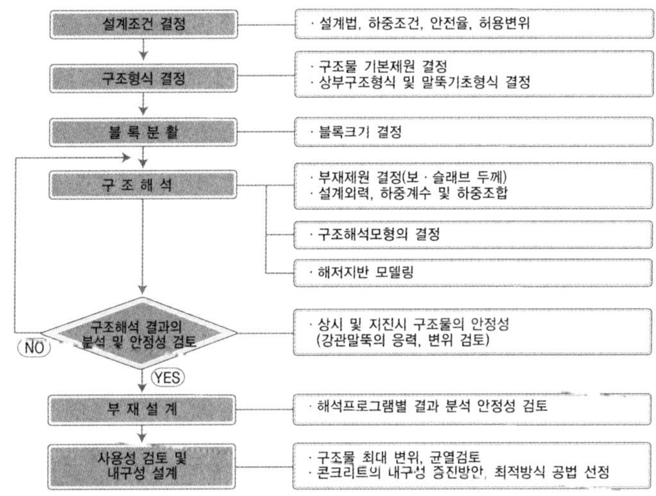

다. 설계조건

1) 설계조위

- H.W.L(삭망평균만조위) = DL.(+)2.050m
- M.S.L(평균해면) = DL.(+)0.953m

2) 설계파랑

파 향	파고(H1/3)	주기(T1/3)	재현빈도	비 고
SW	0.99m	3.8s	50년빈도	

3) 상재하중

(단위:tf/m2)

구 분		APRON	CY
평 상 시		3.00	3.00
지 진 시	OLE (기능수행수준)	1.50	1.50
	CLE (붕괴방지수준)	0.75	0.75

4) Mobile Harbour Crane(205tonf급)

구 분	최대 반경 (m)	최저 하역 하중 (tonf)	총중량(tonf)		하 중(tonf)		Outrigger		축간격 (m)
			주행시	운행시	축하중	바퀴 하중	최대하중 (운행시 tonf)	크기 (m)	
LHM250	38.0	17.8 ~ 25.0	235.0	299.0	235/12 = 19.58	19.58/4 ≒ 4.895	133.5	5.5 x 1.8	2.4

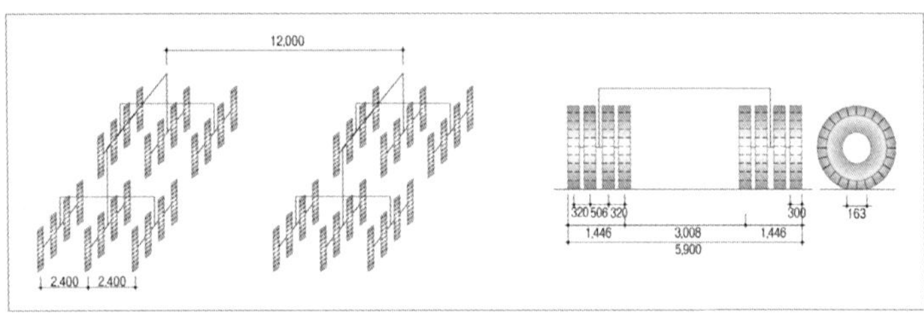

5) 허용지지력 및 안전율

구 분	말뚝기초	허용인발력	허용변위(내진 2등급)	
평 상 시	2.5	3.0		
지 진 시	지지말뚝 : 1.5 마찰말뚝 : 2.0	2.5	기능수행수준(OLE)	10cm 미만
			붕괴방지수준(CLE)	30cm 미만

6) 접안속도

종 류	접안속도(m/s)	선박의 견인력(ton)	선박의 접안에너지Ef(t·m)
컨테이너선	0.15	100	29.5
관공/역무선	0.25	25	

7) 대상선박

종 류	선장(m)	선폭(m)	만재흘수(m)	선석수심(m)	선석연장(m)	비 고
컨테이너선	201.0	27.1	10.6	DL(-)12.0	250	20,000DWT
화 물 선	177.0	23.4	10.0	DL(-)11.5	210	20,000DWT
관공/역무선	58.0	9.5	4.2	DL(-)5.0	70	1,000G/T

8) 하중조합

강도설계법 : 콘크리트 부재설계

구 분	자중, 고정하중	상재하중	선박조건		자 연 조 건					지진력
			접안력	견인력	풍 압 력		파 력		조류력	
					평상시	이상시	평상시	이상시		
상 시	1.4	1.7			1.7		1.5		1.5	
접안시	1.4	1.7	1.7		1.7		1.5		1.5	
계류시	1.4	1.7		1.7	1.7		1.5		1.5	
폭풍시	0.75×1.4	0.75×1.7				0.75×1.7		0.75×1.5	0.75×1.5	
지진시	0.75×1.4	0.75×1.7								0.75×1.8

* 콘크리트 구조설계 기준-해설에 파력, 조류력에 대한 하중계수는 정의되어 있지 않으나 "유체압"에 대한 하중계수(1.5)를 적용

* 콘크리트 구조설계 기준-해설에 선박 접안력, 견인력에 대한 하중계수는 정의되어 있지 않으나 "활하중"에 대한 하중계수(1.7)를 적용

* 풍력이나 온도하중이 포함된 하중조합의 경우에는 하중계수의 75%를 적용

허용응력설계법 : 강관말뚝 설계법

구 분	자중, 고정하중	상재하중	선박조건		자 연 조 건					지진력
			접안력	견인력	풍 압 력		파 력		조류력	
					평상시	이상시	평상시	이상시		
상 시	1.0	1.0			1.0		1.0		1.0	
접안시	1.0	1.0	1.0		1.0		1.0		1.0	
계류시	1.0	1.0		1.0	1.0		1.0		1.0	
폭풍시	1.0	1.0				1.0	1.0	1.0	1.0	
지진시	1.0	1.0								1.0

* OLE시의 상재하중은 평상시의 50% 재하, CLE시의 상재하중은 평상시의 25% 재하

* CLE시 "항만 및 어항시설의 내진설계표준서"에 의거하여 지진에 의한 탄성부재력(강관말뚝의 휨모멘트)을 연성계수(5.0)로 나눈 값을 적용

라. 안벽 단면계획

1) 마루높이 결정

인근 부두와의 연계성을 고려하여 DL.(+)4.00m로 결정하였으며, 이는 삭망평균만조위 보다 약 1.95m의 여유가 있어 지구온난화의 영향 및 폭풍해일에 의한 이상조위를 충분히 흡수할 수 있을 것을 판단하여 결정함.

마루높이 결정 흐름도

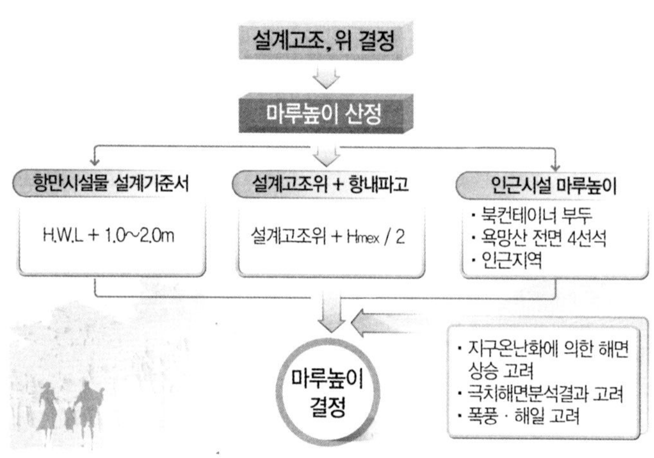

마루높이 검토결과

구 분	검토내용(DL.(+)m)	검토결과(DL.(+)m)
항만 및 어항설계기준에 의한 검토	2.05 + (1.0~2.0)	3.05 ~ 4.05
설계조위 + 항내파고를 고려한 검토	2.05 + 1.95/2	3.04
인접지역의 마루높이 현황	3.3 ~ 4.0	3.3 ~ 4.0

2) 선석수심 결정

2만DWT급 대상선박의 경우 DL.(-)12.00m면 수심확보가 가능하나, 인접 부두의 선석수심을 고려하여 DL.(-)16.00로 결정.

3) 상부 구조형식 결정

구조적 안정성 및 유지관리, 시공성 등을 종합적으로 고려하여 1방향 슬래브를 선정함.

구분	2방향 현장타설 보 + PC 슬래브	2방향 PSC 보 = PC 슬래브	플랫슬래브 (Flat Slab)
검토 단면	PC SLAB, IN-SITU BEAM, M.S.L DL(+) 0.953	PILE CAP, IN-SITU, PC SLAB, PSC BEAM, M.S.L DL(+) 0.953	SLAB, M.S.L DL(+) 0.953
공법 개요	• 말뚝을 중심으로 격자형으로 현장타설 시공된 보 상단에 PC슬래브를 거치한 후 현장타설 콘크리트로 마감	• 말뚝 Cap 상단에 PSC보를 거치하고 다시 PC슬래브를 거치한 후 현장타설 콘크리트로 마감	• 전 구간에 걸쳐 균일한 두께의 현장타설 콘크리트 슬래브 시공
특징	• 현장타설 콘크리트와 PC부재가 혼용되어 접촉면에서 일체성 결여 • 격자형 보의 현장타설에 따른 거푸집 설치 및 해체가 어려움	• 현장타설 콘크리트와 PC부재가 혼용되어 접촉면에서 일체성 결여 • PSC보 및 슬래브용 육상 제작장 확보 필요	• 상부하중 증가로 내진시 안정성 불리 • 상부 Slab에 대형 특수장비 재하 유리 • 슬래브가 단순하여 작업성은 양호하나, 해상작업으로 거푸집 해체, 조립이 어려움
선정			

구분	릴리빙 슬래브 (Relieving Slab)	2방향 보 - 슬래브	1방향 보 - 슬래브
검토 단면	포장, 모래채움, SLAB, M.S.L DL(+) 0.953	IN-SITU SLAB, IN-SITU BEAM, M.S.L DL(+) 0.953	IN-SITU SLAB, IN-SITU BEAM, M.S.L DL(+) 0.953
공법 개요	• 콘크리트 Deck를 역T형보로 설계하고 슬래브 상부에 모래포설 후 포장체 시공	• 말뚝을 중심으로 격자형 보를 시공한 후 2방향성 슬래브 시공	• 보 및 슬래브 1방향화하여 시공
특징	• 상부 사하중이 타 공법에 비해 가장 크므로 내진 안정성 불리 • 슬래브, 보, 토사, 상부콘크리트 등 공종이 많아 시공 불리	• 보의 2방향 배치로 상시 하중에 대한 안정성 양호 • 바닥에 요철부가 많아 거푸집 시공과 철근배근 및 콘크리트 타설이 어려움	• 말뚝 및 보의 적정 간격 배치시 상부구조 경량화가 가능하고 내진시 안정성 양호 • 보 및 슬래브를 1방향으로 배치하여 Travelling Form 적용으로 공기단축 가능
선정			◎

4) 말뚝 구조형식 결정

최근 내진설계시 경사말뚝이 지진 등과 같은 동적하중에 취약한 것으로 분석되어 있어, 구조적 안정성 및 시공성 등을 고려하여 수직말뚝식으로 결정함.

구 분		수직말뚝식	경사말뚝식
구조형상	평 명	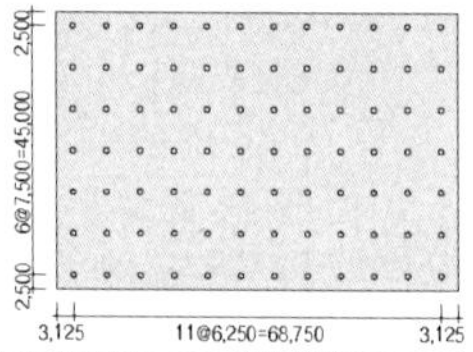 2,500 / 6@7,500=45,000 / 2,500 3,125 / 11@6,250=68,750 / 3,125	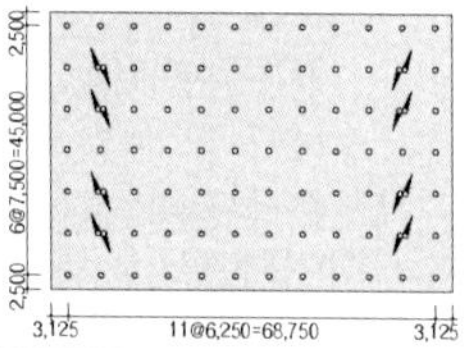 2,500 / 6@7,500=45,000 / 2,500 3,125 / 11@6,250=68,750 / 3,125
	단 면	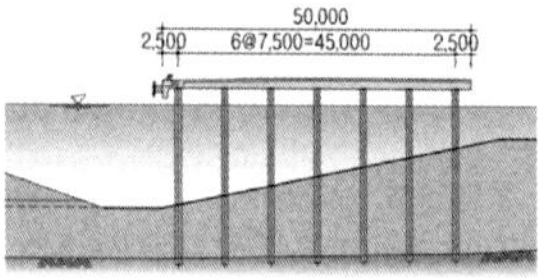 50,000 2,500 / 6@7,500=45,000 / 2,500	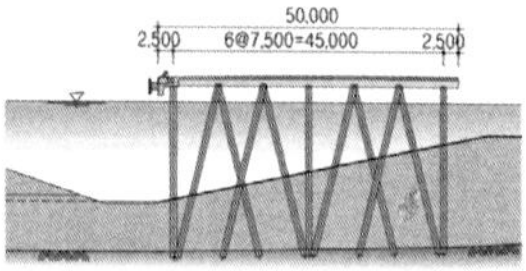 50,000 2,500 / 6@7,500=45,000 / 2,500
검토 단면 제원	강관 말뚝	• 전 열 : Φ1,016x16t (SPS490) • 기 타 : Φ914.4x16t (SPS490)	• 전 열 : Φ914.4x16t (SPS490) • 기 타 : Φ812.8x16t (SPS490)
	슬래브	• 두 께 : 40cm	• 두 께 : 40cm
	보	• 폭 : 150cm • 깊이 : 140cm	• 폭 : 150cm • 깊이 : 140cm
강관말뚝 부 재 력		구 분 / 최대압축력(tonf) / 최대인발력(tonf) 지진시(OLE/CLE) 전열 : 168/136 / – 지진시(OLE/CLE) 기타 : 147/110 / –	구 분 / 최대압축력(tonf) / 최대인발력(tonf) 지진시(OLE/CLE) 전열 : 170/140 / – 지진시(OLE/CLE) 기타 : 146/111 / – 지진시(OLE/CLE) 사항 : 11/– / 73/227
수평 변위	지진시 (OLE/ CLE)	4.10cm / 8.12cm	3.48cm / 6.58cm
특 징		• 경사말뚝에 비하여 상시 안정성 저하 • 지진시 경사말뚝식에 비해 연성이 큼	• 상시 수평력(견인력, 충격력)에 대한 안정성 양호 • 지진시 경사말뚝에 하중 집중
선 정		◎	

5) 블록분할

동일 콘크리트 단면 및 강관말뚝의 간격을 기준으로 검토하여 최적의 블록분할 계획을 수립함.

구분		50m × 50m	50m × 75m	100m × 100m
단면도		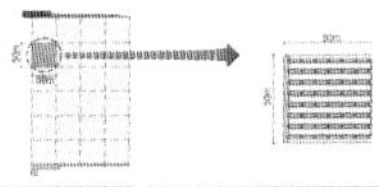	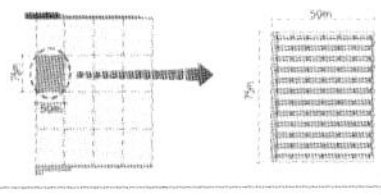	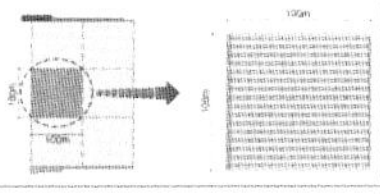
공법개요		• 300×200m의 연결잔교를 24개의 50×50m로 분할	• 300×200m의 연결잔교를 16개의 50×75m로 분할	• 300×200m의 연결잔교를 6개의 100×100m로 분할
말뚝합성 응력		• 상시 하중에 대한 말뚝응력 최대치 : 1.01~1.44	• 상시 하중에 대한 말뚝응력 최대치 : 1.02~1.43	• 상시 하중에 대한 말뚝응력 최대치 : 0.68~0.92
수평변위	상부 신축량	0.7cm	0.9cm	1.3cm
	상시/지진시	7.6cm / 8.5cm	7.6cm / 8.2cm	3.2cm / 8.5cm
특 징		• 블록이 소규모이므로 상시 하중에 대한 안정성 불량 • 상시 하중에 대한 수평변위 큼	• 상시하중에 대한 안정성 불량 및 수평변위 큼	• 대형 블록분할에 따른 수평 하중에 대한 내하능력 증진 • 상시 및 지진시 안정성 양호
선 정				◎

마. 단면 세부설계

1) 구조해석 흐름

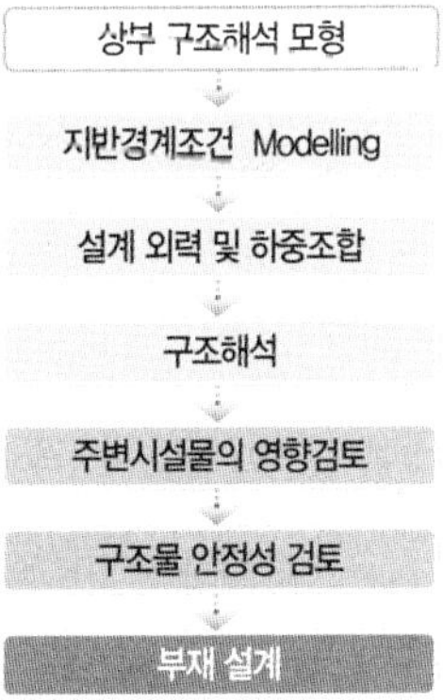

상부 구조해석 모형
↓
지반경계조건 Modelling
↓
설계 외력 및 하중조합
↓
구조해석
↓
주변시설물의 영향검토
↓
구조물 안정성 검토
↓
부재 설계

분 류	검토방법
외력의 산정	• 설계파, 설계조류속에 대한 수치해석 결과이 적용 • 선박하중 – 선박계류해석 및 충돌해석 결과를 반영한 선박하중 수립
상부 구조해석 모형	• 등가골조해석법 • Grillage 해석 • Shell 요소를 이용한 해석
지반경계 조건	• 탄성해석법 – 지반탄성 스프링법 • 지반의 소성을 고려한 해석법 – P-y, T-y 곡선을 이용한 소성해석법
주변 시설물 영향	• 접속호안 및 배후매립 공사중 발생하는 측방유동을 고려한 설계 • 부등침하 대처 공법

제4장

2) 구조해석 모형

구조물 형상 단면제원

평 면 도	횡 단 면 도

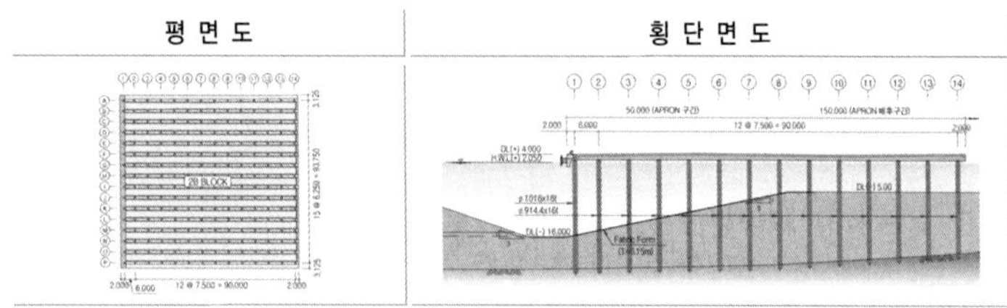

구 분	규 격	순단면적 (cm^2)	단면2차모멘트 (cm^4)	단면계수 (cm^3)	단면2차반경 (cm)	비 고
말 뚝	Ø1,016x16t	438.94	546,594	10,802	35.30	말뚝열 ①
	Ø914.4x16t	394.26	396,095	8,702	31.70	말뚝열②~⑭
보	1.5Bx(1.40~1.73)H	23,500	48,373,663	616,225	45.32	1방향
슬래브	t = 40cm/60cm	–	–	–	–	

3) 주요 설계하중

• 상재하중 ➡ 입찰안내서 설계 지침에 따라 결정

평상시	지진시(OLE)	지진시(CLE)

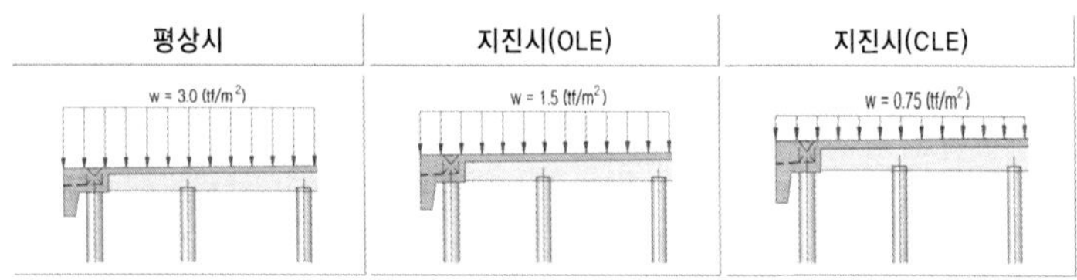

• 풍하중

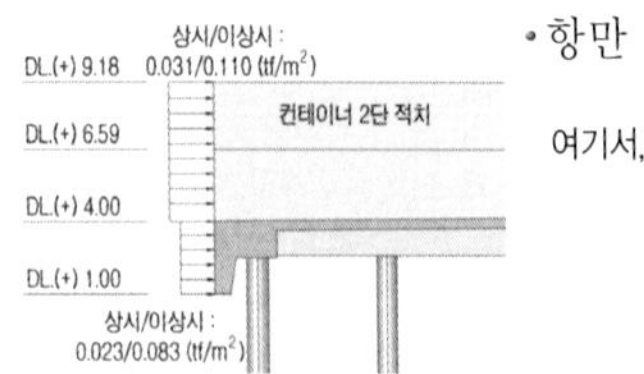

• 항만 및 어항설계기준에 따른 풍하중 산정

$P = pA \qquad p = Cq$

여기서, P : 풍하중

p : 풍압(kgf/m^2)

C : 풍력계수

q : 설계속도압(kgf/m^2)

A : 건축물 또는 그 부분의 유효풍압면적(m^2)

(잔교 상부의 풍압면적 산정 시 컨테이너 2단적재 고려)

- 파력 및 조류력
  - 해석 프로그램에 따라 별도의 파력 및 조류력 산정식 사용
  - SAP2000 및 MIDAS를 사용한 구조해석의 경우 설계파랑 및 설계조류속에 따라 단일 말뚝에 발생하는 최대수평력 산정 후 모든 말뚝에 동일한 값 적용
  - 해양구조물 구조해석 전문 프로그램인 SACS 적용시 최대 수평력을 유발하는 파랑의 위상을 산출한 후 그 위상에 따른 파력 및 조류력 적용

SAP2000 및 MIDAS 프로그램 사용시 파력, 조류력의 계산

파 력	조 류 력

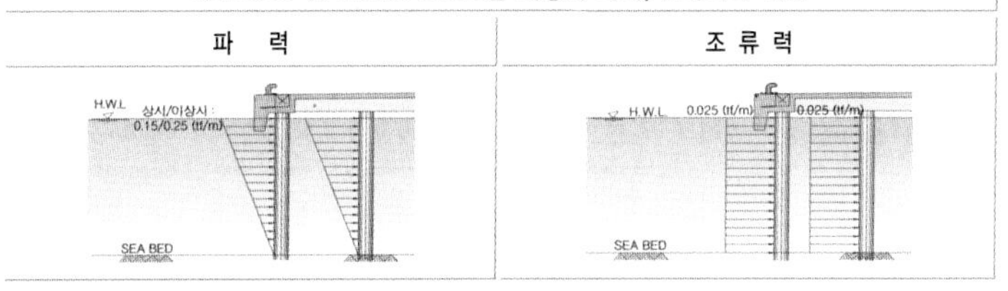

SACS 프로그램 사용 시 파력, 조류력의 계산

최대전도모멘트를 유발하는 파랑 위상	파랑 위상의 결정에 따른 파력의 적용
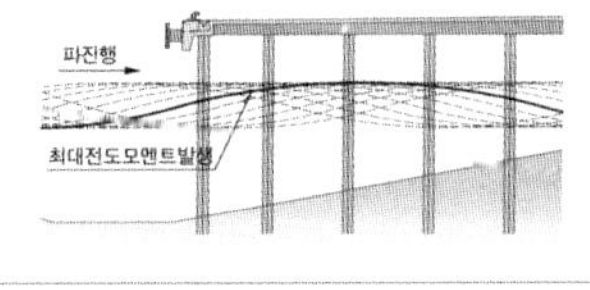	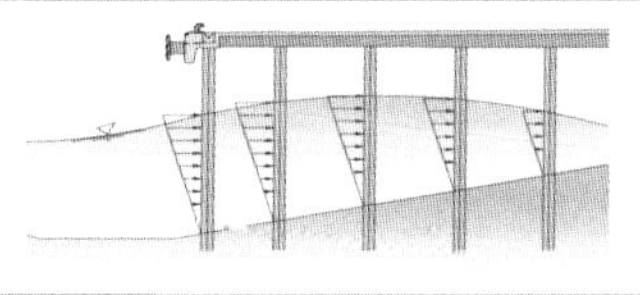

- 접안하중 ➡ 선박충돌시뮬레이션 결과 적용

선박 충돌시 모습	방충재 변형 모습	구조물 발생 응력
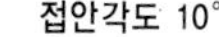		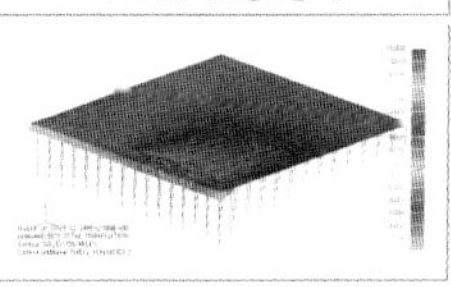
접안각도 10°	**접안각도 5°**	**접안각도 1°**
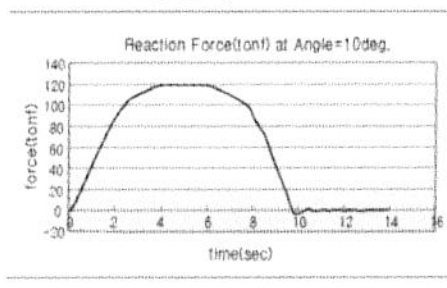	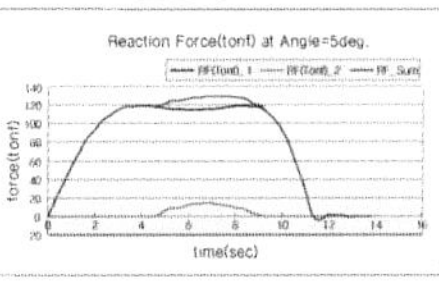	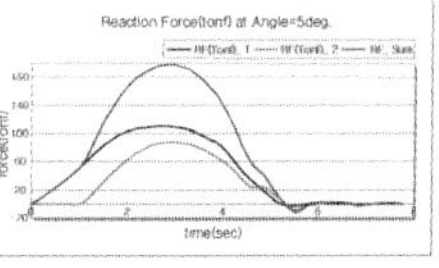

설계적용	• 접근각도가 작아짐에 따라 2개의 방충재에 접안력 전달 • 접안각도 1°시 2개 방충재에 발생하는 반력의 합은 197.3tonf로 1개 방충재의 최대 반력(116tonf)치 초과 • 안전측 설계를 위하여 선박충돌 시뮬레이션 결과에 따른 방충재 2개의 발생 반력을 설계에 적용

• 견인력 ➡ 선박계류안정성 해석 결과 적용

설계적용	• 선박계류안정성 해석결과 상시 곡주에 발생하는 견인력은 곡주의 능력보다 작음 • 선박계류안정성 해석 결과를 구조해석에 적용

20,000DWT컨테이너선 FEM 모델	20,000DWT컨테이너선 계류모델(일반)	20,000DWT컨테이너선 계류모델(선미부)
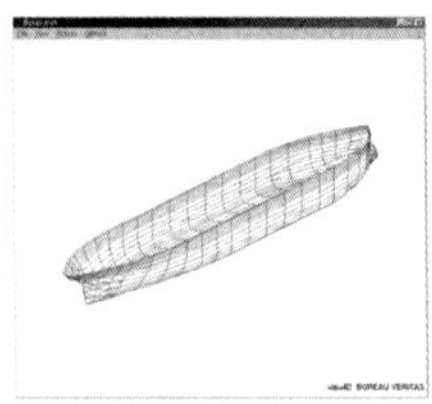	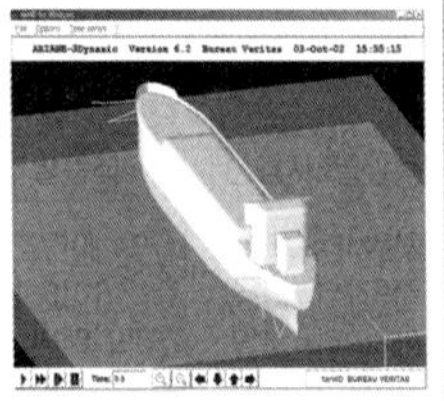	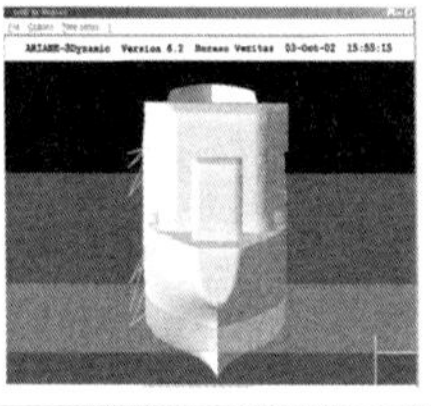

• 지진력

지진하중 작용 방향	지진하중의 적용
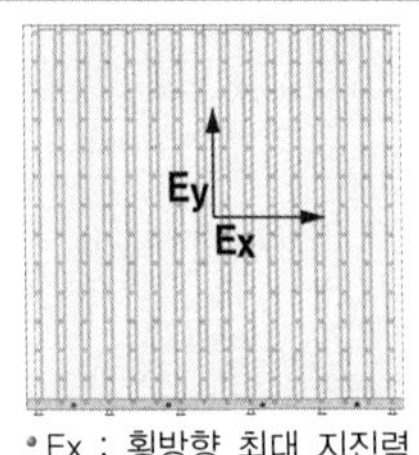 • Ex : 횡방향 최대 지진력 • Ey : 종방향 최대 지진력	• 항만 구조물에 대한 내진설계시 수평 2방향에 대한 하중 고려 • 2방향의 가속도 성분은 동일한 것으로 가정할 수 있으므로 다음과 같은 방법으로 탄성 지진력 조합 - 지진력 조합방법 1 : 1.0 Ex + 0.3Ey - 지진력 조합방법 2 : 0.3 Ex + 1.0Ey 〈참조〉 항만 및 어항시설의 내진설계표준서 p.38

• 상재하중 재하조건 결정

- 지점 침하가 없는 연속된 구조물의 경우 최대 모멘트는 최외측 경간(정모멘트)과 첫번째 내부 받침부(부모멘트)에서 발생
- 말뚝의 탄성처짐을 반영한 재하조건 결정

• 부재력 검토 위치

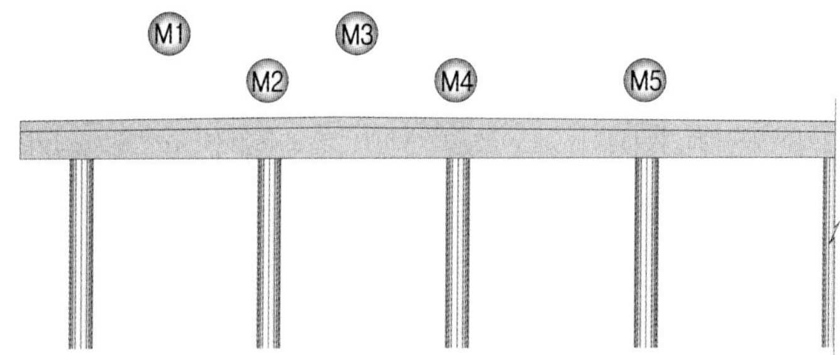

• 상하재중 재하 위치 검토

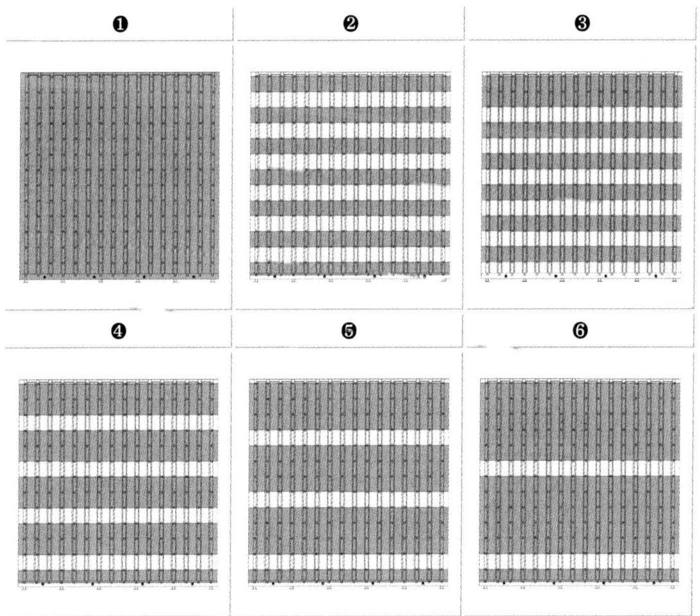

(단위 : tonf-m)

구분	설 명	원안 적용	M1	M2	M3	M4	M5	비고
❶	최대 수직력 재하 (전면재하)	O	57.88	-26.19	48.53	-34.17	-53.94	
❷	최대 정모멘트 산출을 위한 재하	O	73.98	-30.20	-25.93	-36.59	-39.20	강관말뚝 탄성수축으로 인해 최대 정모멘트 발생위치 변경
❸	최대 정모멘트 산출을 위한 재하		**97.88**	60.20	75.80	-61.10	-55.00	**최대 정모멘트 발생**
❹	최대 부모멘트 산출을 위한 재하	O	96.30	58.20	70.10	-75.90	-79.40	강관말뚝 탄성 수축으로 인해 최대 부모멘트 발생위치 변경
❺	최대 부모멘트 산출을 위한 재하		87.70	43.10	83.30	-8.10	**-97.40**	**최대 부모멘트 발생**
❻	최대 정모멘트 또는 부모멘트 산출을 위한 재하		80.00	-8.70	60.00	-45.20	-48.80	

검토결과	
검토결과	• 최대 정모멘트 : 97.88ton-m(하중재하방법 ❸) • 최대 부모멘트 : -97.40ton-m(하중재하방법 ❺) • 강관말뚝의 탄성변형으로 인해 원안에서 고려하지 않은 재하위치에서 최대 정모멘트 및 부모멘트 발생

4) 해저지반 Modelling

• 지반 경계조건 modelling 방법

지반 Modelling 방법	가상고정점법	지반탄성스프링법	비선형 지반거동을 고려한 해석법
개 요	• "항만 및 어항설계기준(2000)"에 제시된 방법으로 항만구조물 설계시 일반적으로 적용 • Chang의 방법에 의한 말뚝머리 반력과 휨모멘트가 양단 고정조건과 같도록 하단 매입길이를 정하는 방법	• 말뚝주변 지반이 탄성적 거동을 보이는 것으로 가정하여 지반특성을 Winkler Spring으로 Modelling • 지반변형이 탄성 한도내일 경우 적합	• 말뚝주면 지반이 비선형 거동을 고려한 방법으로 말뚝 주변의 소성을 P-y, T-z, Q-z곡선으로 나타내어 해석 • 지반 탄성변형 설계를 초과할 경우에도 해석 가능
적용 구조해석 프로그램	• SAP2000 • MIDAS	• SAP2000 • MIDAS	• SACS
채 택	O		O
채택사유	• 일반적 해석 방법인 "가상고정점법"을 적용한 탄성해석 수행 • 지반의 탄성거동영역 뿐 아니라 소성거동영역을 포함하는 해석방법인 "비선형 지반거동을 고려한 해석법" 채택 • 상기 2가지 해석방법에 의한 해석 결과를 분석하여 설계에 적용		

5) 탄성해석을 위한 가상고정점 위치 결정

- 가상지표면의 산정
  - 해저 지반선 Modelling시 경사면에 시공된 말뚝의 경우 가상지표면을 설정하여 보정하며, 비탈이 상당히 급한 경우 전면수심과 실경사면의 1/2높이로 정함
  - 잔교폭이 20m를 넘는 것으로 사면이 길 때는 상기 방법은 부적절하며 별도 계산하여 산정(항만 및 어항 설계기준, 하권 p.903)

➡ 잔교폭이 20m 초과하므로 가상지표면 재산정

설계적용가상 지표면	가상지표면 산정식
지반사면 가상지표면 Pp1 Pp2 H h DL.(-)16.00 β = 11.31° STEEL PIPE PILE	Pp1 : 경사면이 수동토압(점성토) Pp2 : 가상지표면의 수동토압(점성토) h : (가상지표면의 산정) Pp1 = Pp2 $0.833 \cdot \frac{rH^2}{2} + 2ch = \frac{rh^2}{2} + 2ch$ H >h 이므로 안전측으로하여 상쇄시키면 • h ≒ $\sqrt{0.833} \cdot H = 0.912H(m)$ • 적용 : 준설사면의 변화등을 고려하여 안전측 설계로 전면수심과 실경사면 1/2높이로 결정 (h=0.5H)

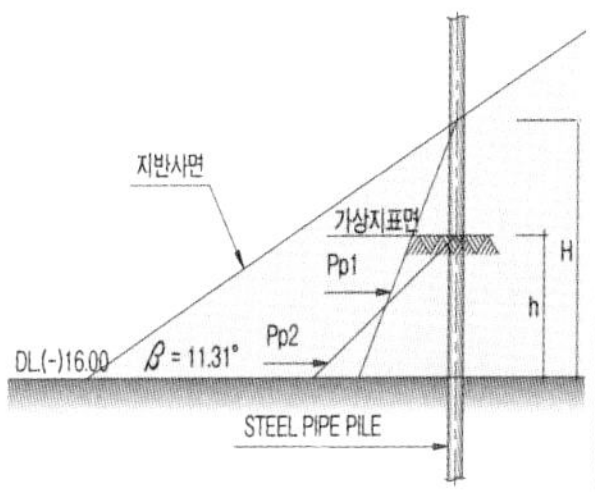

- 횡방향 지반반력계수(Kh)

횡방향 지반반력계수(Kh) 산정

횡방향 재하시험 결과 적용			횡방향 재하시험을 수행 않을 경우
구 분	연결잔교		• 항만 및 어항 설계기준 Kh = 1.5N(N/cm³) 적용 • 도로교 설계기준 Kh = (1/30)α E0(BH/30)−3/4 (kgf/cm³)
	법선에서 50m구간	법선에서 50m~200m 구간	
구간별 심도(m)	19.00~0.00	8.00	
구간별 평균심도(m)	14.00	8.00	
횡방향 지반반력계수(Kh)	0.588kgf/cm³	0.276kgf/cm³	
주 : 횡방향 지반 반력계수(Kh)값은 평균심도의 1/2위치 지점을 가정하여 산출한 것임.			

설계적용 • 횡방향 재하시험 결과 이용

• 장말뚝의 가상고정점 위치

– 가상지표면으로부터 $\frac{1}{\beta}$ 하부

$$\beta = \sqrt[4]{\frac{K_h.D}{4E.I}} \text{ (cm-1)}$$

여기서 Kh : 횡방향 지반반력계수(N/cm³)
EI : 말뚝의 휨강성(N·cm²)
D : 말뚝의 직경 또는 폭(cm)

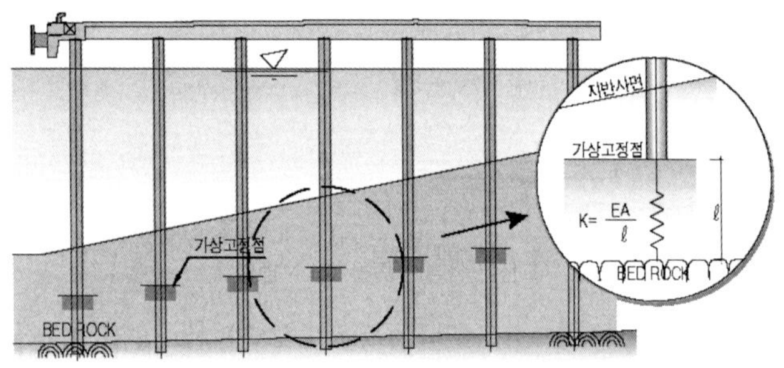

• 가상지표면/ 가상고정점

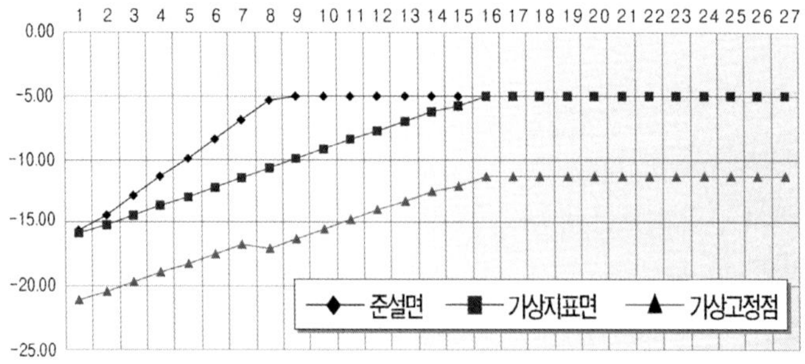

• 말뚝근입장(ℓ)에 따른 경계조건 Modelling

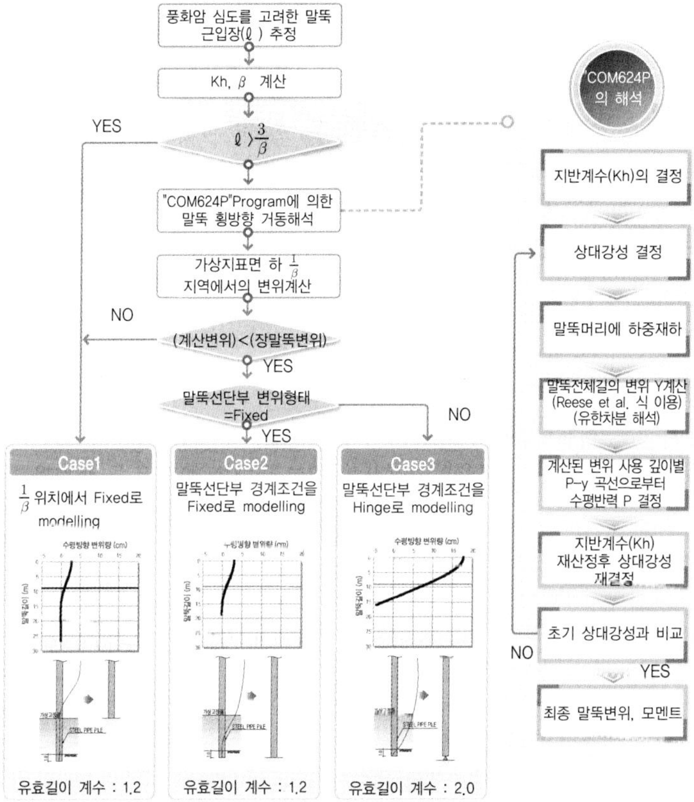

풍화암 심도를 고려한 말뚝 근입장(ℓ) 추정

Kh, β 계산

$\ell > \frac{3}{\beta}$ — YES → Case1

"COM624P"Program에 의한 말뚝 횡방향 거동해석

가상지표면 하 $\frac{1}{\beta}$ 지역에서의 변위계산

(계산변위)<(장말뚝변위) — NO → Case1, YES ↓

말뚝선단부 변위형태 =Fixed — YES → Case2, NO → Case3

Case1

$\frac{1}{\beta}$ 위치에서 Fixed로 modelling

유효길이 계수 : 1.2

Case2

말뚝선단부 경계조건을 Fixed로 modelling

유효길이 계수 : 1.2

Case3

말뚝선단부 경계조건을 Hinge로 modelling

유효길이 계수 : 2.0

"COM624P"의 해석

지반계수(Kh)의 결정

상대강성 결정

말뚝머리에 하중재하

말뚝전체길의 변위 Y계산 (Reese et al. 식 이용) (유한차분 해석)

계산된 변위 사용 깊이별 P-y 곡선으로부터 수평반력 P 결정

지반계수(Kh) 재산정후 상대강성 재결정

초기 상대강성과 비교 — NO → 상대강성 결정, YES ↓

최종 말뚝변위, 모멘트

지지층 깊이에 따른설계영역 구분

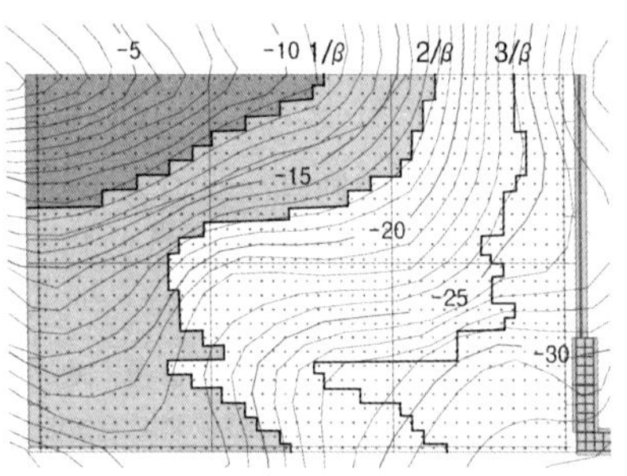

"COM624P" 해석결과에 의한 지점조건

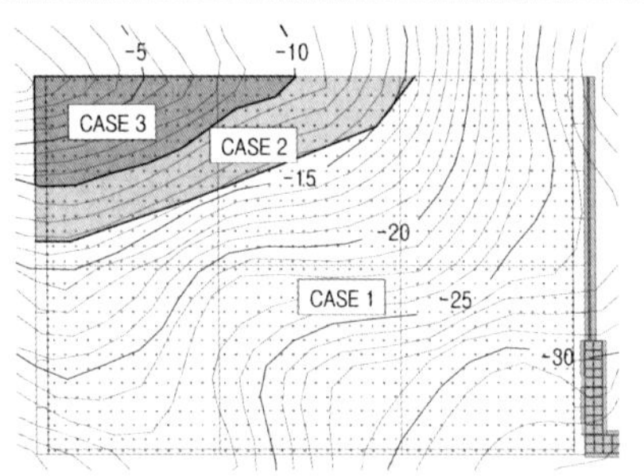

- 지지조건 "Case 3"의 세부 분류
  - 풍화암 1m 관입 가정시 "Case 3"으로 분류되는 지역의 일부 강관말뚝 안정성 확보를 위하여 천공깊이 증가 검토

가상고정점 (실시설계 기준)

구분	말뚝규격	Kh(kgf/cm³)	I(cm4)	E(kgf/cm²)	$\frac{1}{\beta}=\sqrt[4]{\frac{K_h.D}{4EI}}$(m)
풍화암/연암	Ø1016x16t	226	628,479	2.1x106	1.23
	Ø914.4x16t		455,750		1.17
비 고	암천공 5m를 할 경우 강관말뚝이 충분한 횡저항 발휘가능 ➡ 고정점 확보				

암천공 깊이에 따른 "Case3"의 지지조건 세부 분류

Case3A - 암천공 5m	Case3B - 암천공 1m

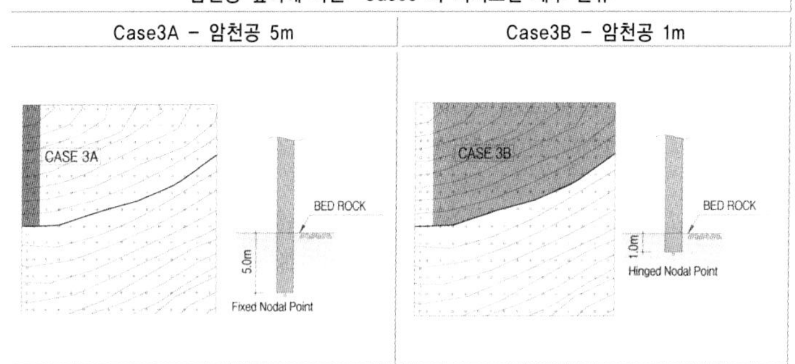

6) 비선형 지반거동을 고려한 해석을 위한 지반 Modelling(SACS Program)

- 'SACS' PROGRAM 해석 개요도

'SACS' Program의 "PSI" Module	• 정적하중을 받는 말뚝 지지구조의 거동을 축방향, 횡방향 변형(P-△ 특성) 및 지반의 특성을 고려한 비선형 해석을 수행함 • 탄성해석법의 해석 결과와의 비교

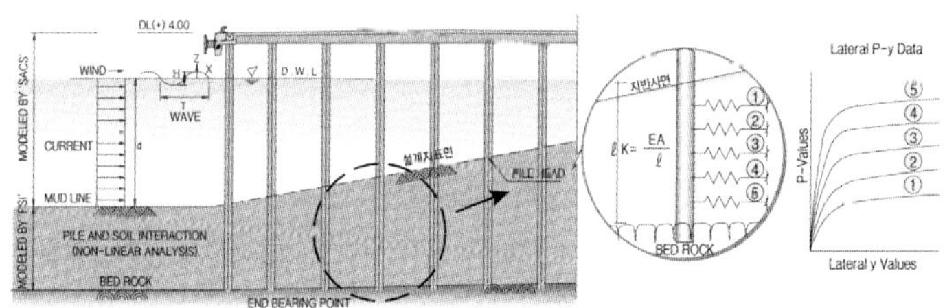

- 해석에 적용된 지반구역화
  - 구역 분할은 강관말뚝 위치에 따른 지반 특성에 따라 각 블록별로 15~20개로 분류
  - 일반적인 부두기능과 야적장 기능을 대표하는 1B, 2B 블록의 구역 분할은 아래 그림과 같음

1B 블록	2B 블록
B17, B18, B19, B14, B15, B16, B11, B12, B13, B08, B09 (S105), B10, B06, B07, B02, B05, B03, B04, B01	B17, B16, B15, B13 (S19), B14, B12, B11, B10, B09, B08, B07, B05, B06, B03, B04, B01, B02

- 횡방향력을 받는 강관말뚝에 대한 지반거동 (P-y Curve)
  - 1B 블록과 2B 블록 중 다양한 지층구조를 갖는 S105 및 S19 구역에 대한 P-y 곡선 개요

Soil ID : (S105)

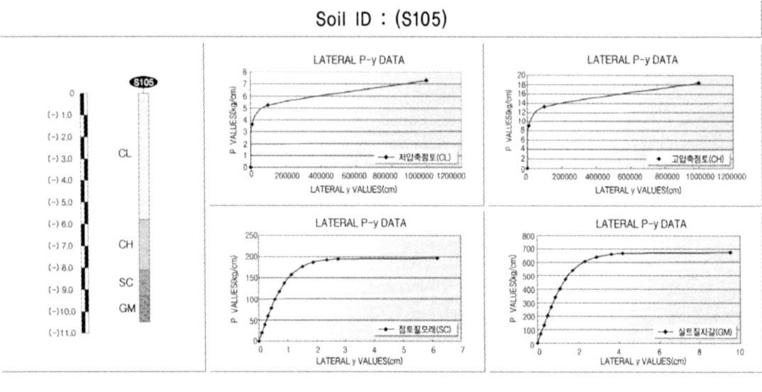

Soil ID : (S19)

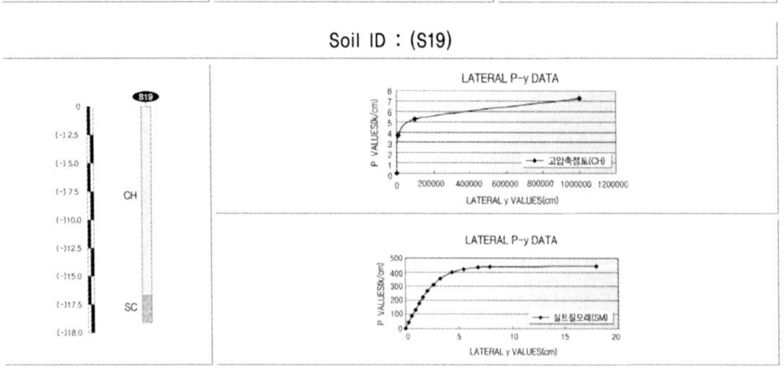

• 축방향력을 받는 강관말뚝에 대한 지반 거동

말뚝선단 하중-침하곡선 (Q-z Curve)	축방향 하중-침하곡선 (T-z) Curve
강관말뚝의 선단이 풍화암이나 연암에 관입되어 있으므로 선단침하무시	말뚝이 대부분의 지역에서 선단지지말뚝으로 구성되어 있고 풍화암 및 연암 상부연약토층의 주면마찰력이 미소하므로 해저 지면하부 말뚝을 말뚝축강성과 동일한 탄성스프링 (강성=EA/L)으로 모델링

7) 평면도

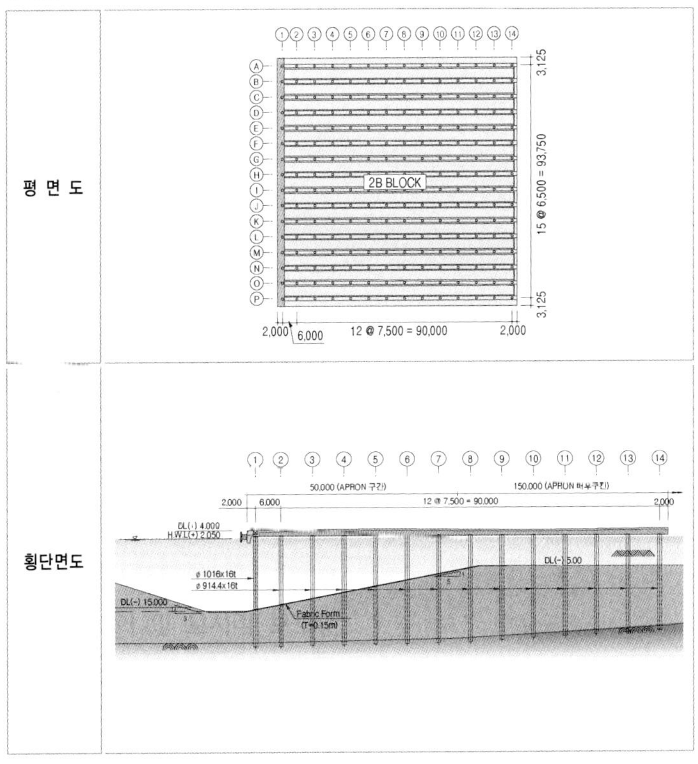

제4장

8) 말뚝의 합성응력 검토(2B Block기준)

최대압축력(tonf)

말뚝 열		①	②	③	④	⑤	⑥	⑦	⑧	⑨	⑩	⑪	⑫	⑬	⑭
말뚝직경(mm)		1,016	914.4	914.4	914.4	914.4	914.4	914.4	914.4	914.4	914.4	914.4	914.4	914.4	914.4
상시 (온도하중 포함)	SAP2000	232.44	240.9	245.25	243.56	245.98	244.93	244.81	243.26	244.57	242.54	245.81	251.92	242.51	202.49
	MIDAS	227.27	229.46	243.88	244.94	247.26	245.11	245.18	243.70	244.74	242.77	245.52	251.20	240.47	199.85
	SACS	250.8	206.2	225.7	228.8	235.7	231.1	233.0	223.1	227.4	225.9	231.3	234.1	225.2	174.5
지진시 (OLE)	SAP2000	170.98	175.00	174.10	174.83	175.88	175.40	174.55	174.60	176.62	175.12	176.90	179.08	173.73	142.99
	MIDAS	155.10	158.77	165.06	167.70	168.23	166.61	165.97	166.26	167.82	165.69	165.92	165.41	160.17	117.57
	SACS	190.90	141.60	150.20	154.60	157.60	154.20	156.60	156.60	153.70	152.20	154.50	155.40	151.00	117.00
지진시 (CLE)	SAP2000	152.44	148.16	143.96	144.19	145.42	145.26	144.52	144.38	146.26	145.58	148.09	151.63	148.27	127.46
	MIDAS	128.14	125.09	126.55	129.12	129.54	128.36	128.11	128.32	129.30	127.23	126.37	124.41	122.22	87.61
	SACS	166.60	110.70	114.00	117.60	121.20	117.50	125.50	115.80	118.40	116.20	119.00	118.50	116.10	91.60

설계적용	• 발생 최대 압축력에 따른 근입심도 결정

[표 4.6] 강관 말뚝의 합성응력 검토 방법

축방향 압축력 및 휨모멘트를 받는 부재의 합성응력 검토식	
• $\dfrac{f_c}{f_{caz}} + \dfrac{f_{bcy}}{f_{bagy}(1-\dfrac{f_c}{f_{Ey}})} + \dfrac{f_{bcz}}{f_{bao}(1-\dfrac{f_c}{f_{Ez}})} \leq 1$ • $f_c + \dfrac{f_{bcy}}{(1-\dfrac{f_c}{f_{Ey}})} + \dfrac{f_{bcz}}{(1-\dfrac{f_c}{f_{Ez}})} \leq f_{cal}$ • $\dfrac{f}{f_a} + (\dfrac{v}{v_a})^2 \leq 1$	f_c :단면에 작용하는 축방항력에 의한 압축응력 f_{bcy} , f_{bcz} : 각각 강축 및 약축둘레에 작용하는 휨압축응력 f_{caz} : 약축방향의 허용응력 f_{bagy} : 국부좌굴을 고려하지 않은 강축둘레의 허용휨압축응력 f_{bao} : 국부좌굴을 고려하지 않은 허용휨압축응력의 상한 값 f_{cal} : 국부좌굴응력에 대한 허용응력 f_{Ey} , f_{Ez} : 각각 강축및 약축둘레의 허용 오일러 좌굴응력 f : 수직응력 v : 전단응력 f_a : 수직응력에 대한 허용응력 v_a : 전단응력에 대한 허용응력

강관말뚝의 합성응력 검토

말뚝 열		①	②	③	④	⑤	⑥	⑦	⑧	⑨	⑩	⑪	⑫	⑬	⑭
말뚝직경(mm)		1,016	914.4	914.4	914.4	914.4	914.4	914.4	914.4	914.4	914.4	914.4	914.4	914.4	914.4
상시(온도하중 포함)	SAP2000	0.77	0.94	0.80	0.89	0.77	0.76	0.75	0.76	0.75	0.74	0.74	0.74	0.88	0.88
	MIDAS	0.75	0.89	0.79	0.89	0.77	0.76	0.75	0.75	0.74	0.73	0.73	0.85	0.88	0.87
	SACS	0.68	0.60	0.64	0.60	0.59	0.57	0.58	0.59	0.60	0.75	0.73	0.73	0.70	0.63
지진시(CLE)	SAP2000	0.32	0.37	0.36	0.34	0.34	0.33	0.32	0.33	0.32	0.32	0.32	0.34	0.34	0.33
	MIDAS	0.28	0.31	0.31	0.31	0.30	0.30	0.30	0.29	0.30	0.29	0.30	0.30	0.30	0.24
	SACS	0.36	0.29	0.31	0.33	0.33	0.34	0.35	0.38	0.41	0.42	0.40	0.40	0.36	0.26
최대부재력		상시 및 지진시(CLE) SAP2000 해석 결과가 최대이므로 SAP2000에 의한 해석결과 적용													

분석결과	• SAP2000 및 MIDAS 프로그램에 의한 탄성해석 결과와 SACS 프로그램을 사용하여 지반 소성변형을 고려한 해석을 수행한 결과 말뚝의 합성응력이 모두 허용응력 이내 ➡ 안정

9) 측방유동해석 결과를 포함한 합성응력 해석

- 측방유동의 영향을 고려한 말뚝 안정성 검토를 위하여 1A, 1C, 2A, 2C 블록 해석 결과 인용

변형해석

다목적부두	접속호안

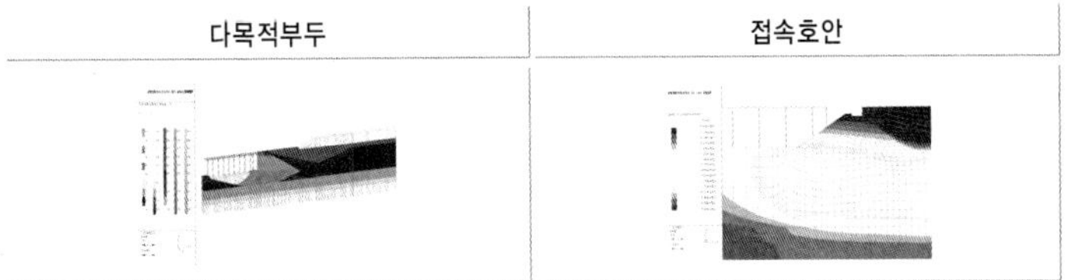

[표 4.7] 측방유동에 의한 강관말뚝의 휨응력 (kgf/cm2)

구 분	북컨호안 인접부	접속호안 인접부	다목적부두 인접부
인접한 첫번째 열	197	35	24
인접한 두번째 열	43	16	15

제4장

측방유동을 고려한 강관말뚝의 합성응력 검토

구 분		북컨호안 인접부		접속호안 인접부	다목적부두 인접부
인접한 첫번째열	상시(온도하중포함) 말뚝응력비	0.61	0.67	0.63	0.58
	측방유동에 의한 응력비	0.15	0.19	0.02	0.42
	합 계	0.76	0.85	0.65	1.00
인접한 두번째열	상시(온도하중포함) 말뚝응력비	0.68	0.70	0.67	0.67
	측방유동에 의한 응력비	0.03	0.04	0.01	0.13
	합 계	0.71	0.74	0.68	0.80
비 고		1A 블록	2A 블록	1C 블록	2C 블록

분석결과 • 측방유동을 고려한 말뚝의 합성응력이 허용응력 이내 ➡ 안정

10) 강도설계법 설계 개요

개 요

철근비 조건	사용성 및 내구성 설계 조건
• 휨부재의 최소 철근량 As,min= $\frac{0.8\sqrt{f_{ck}}}{f_y} b_w \cdot d$ As,min= $\frac{14}{f_y} b_w \cdot d$	• 허용균열폭 0.15mm : 해풍지역 0.004tc, 0.0035tc : 부식성환경(tc: 100mm) • 최소콘크리트 강도 : 300kgf/cm²

[표 4.8] 철근 덮개

시방서 규정	설계 적용
• 현장치기 콘크리트의 경우 : 흙에 접하여 타설되고 영구적으로 흙에 접하거나 수중에 있는 콘크리트의 최소피복두께 8cm	8cm 10cm

11) 철근콘크리트 보의 설계(2B 블록의 최대 부재력)

SAP2000에 의한 해석 결과	
휨모멘트 Envelop	전단응력 Envelop
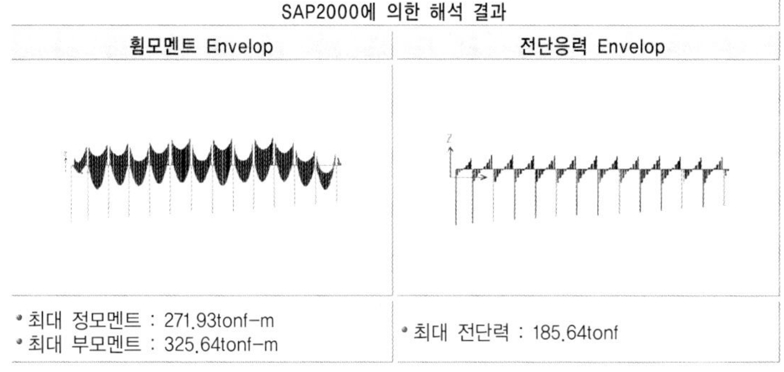	
• 최대 정모멘트 : 271.93tonf-m • 최대 부모멘트 : 325.64tonf-m	• 최대 전단력 : 185.64tonf

MIDAS에 의한 해석결과	
휨모멘트 Envelop	전단응력 Envelop
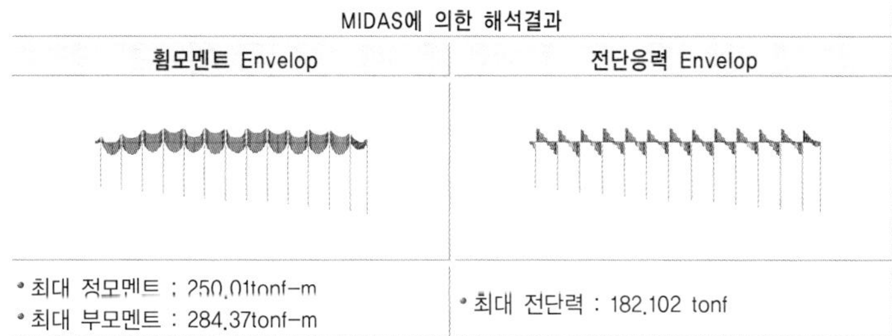	
• 최대 정모멘트 : 250.01tonf-m • 최대 부모멘트 : 284.37tonf-m	• 최대 전단력 : 182.102 tonf

전단설계

극한전단력	비틀림	소요철근량, As(req)	사용철근량, As(used)
185.64ton	165.51tonf-m	2.78cm²	H19@4EA-11.46cm², S=20cm

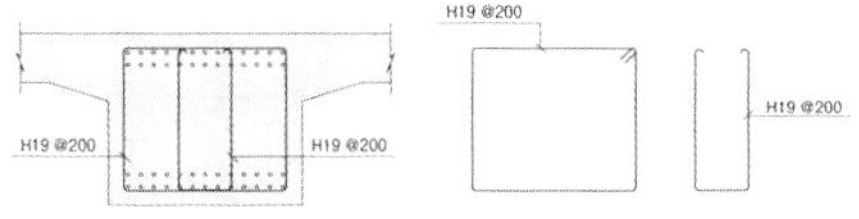

〈그림 4.19〉 설계단면

제4장

12) 콘크리트 슬래브의 설계(2B 블록의 최대 부재력)

SAP2000에 의한 해석 결과	
휨모멘트 Envelop(MAX)	휨모멘트 Envelop(MIN)
• 최대 정모멘트 : 12.53tonf-m	• 최대 부모멘트 : -20.01tonf

MIDAS에 의한 해석결과	
휨모멘트 Envelop(MAX)	휨모멘트 Envelop(MIN)
• 최대 정모멘트 : 15.95tonf-m	• 최대 부모멘트 : -23.42tonf-m

최 대 부 모 멘 트 (-)Mmax=23.42ton-m	AS = 28.65cm^2
최 대 정 모 멘 트 (+)Mmax=15.95ton-m	AS = 28.65cm^2

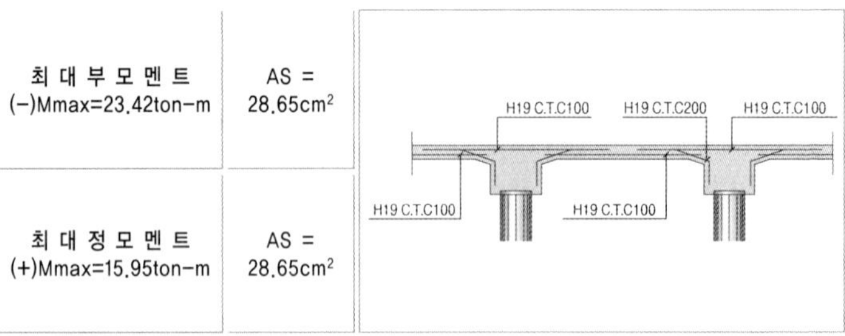

제5장

마리나

집필위원 : 정　현　(주)오션스페이스 사장
감수위원 : 황인환　(주)한국마리나시스템즈 사장

제5장 마리나

1. 마리나 시설

1.1 마리나의 정의

플레저보트(Pleasure Boat)를 계류, 보관하기 위한 수역시설, 외곽시설, 계류시설과 플레저보트 이용자에게 편의를 제공하기위한 클럽하우스, 주차장, 주정장(Boat Yard) 등 지원시설을 포함한 해양스포츠 및 위락을 위한 종합해양휴양소를 마리나라고 한다.

주) 플레저보트는 오락 · 휴식용 보트와 요트를 총칭한다.

1.2 마리나 주요 시설

- 수역시설 : 항로, 선회장, 선류장, 정박지
- 외곽시설 : 방파제, 부유식 방파제, 방사제, 파제제, 호안
- 계류시설 : 안벽, 잔교, 부잔교, 계선말뚝, 계선부표, 돌핀
- 지원시설
  - 상하가시설 : 경사로, 램프, 크레인, 리프트
  - 선박 보급시설 : 급수시설, 급전시설, 급유시설
  - 육상보관시설 : 주정장, 보트창고
  - 선박 작업용시설 : 수리시설, 세정시설
  - 관리 운영시설 : 클럽하우스, 통신시설, 구난시설, 관제시설
  - 교통시설 : 도로, 주차장

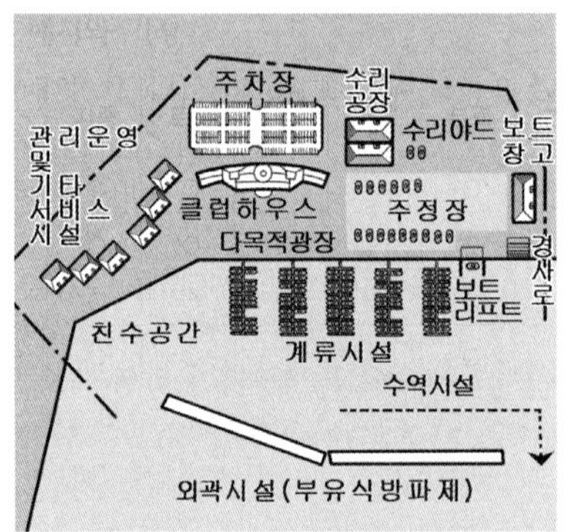

〈그림 5.1〉 마리나 시설계획 사례

〈그림 5.2〉 클럽하우스

〈그림 5.3〉 보트 정박지 및 계류시설

〈그림 5.4〉 육상보관 보트창고

〈그림 5.5〉 상하가시설

1.3 마리나 시설계획

마리나 위치 선정은 자연조건, 인문사회조건, 경제성 등을 먼저 고려한 다음 마리나 입지의 적합성, 플레저보트의 활동 적정성, 접근의 편의성, 마리나 시설 시공성 등을 평가하여 결정한다.

마리나 시설의 배치는 플레저보트 이용자의 동선과 안전성을 충분히 검토하고, 장래의 발전 가능성도 고려하여 결정한다.

마리나 시설계획은 수역과 육상부의 환경보전에 유의하고 주변 경관과 조화되도록 하며, 장애자를 위한 배려도 잊지 말아야 한다.

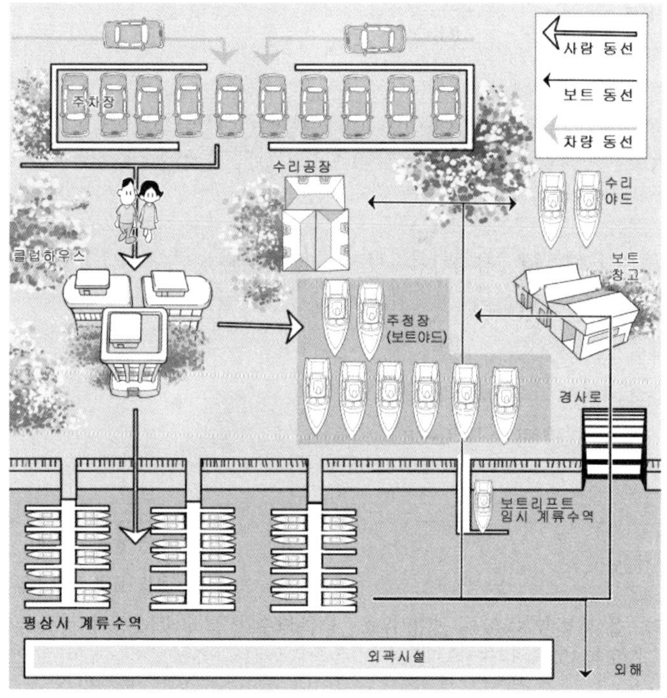

〈그림 5.6〉 마리나 동선 계획

2. 마리나의 자연조건

2.1 기상

마리나 설계 시 강우, 강설, 얼음, 안개 등 해당 지역 기상 자료를 참조하며, 특히 아래 사항에 주의한다.

- 표면 배수
- 계류장의 덮개 설치 여부
- 겨울철 얼음에 의한 보트 피해 방지
- 안개가 잦은 지역에서는 보트 항해 보조용 수로 표지(부이, 돌핀 등) 설치

2.2 바람

마리나 지역의 풍속과 풍향 빈도 분포 등 바람 자료는 방파제 배치, 항 입구 방향, 계류 부두 배치 등을 결정할 때 중요한 고려 사항이다.

보트는 제한된 수로에서 항해할 때 옆바람보다는 앞바람을 받도록 하는 게 안전하다.

바람 자료는 가장 가까운 기상 관측소의 장기 측정 자료를 사용하여야 하며 높이에 따른 보정(기본풍속=수면 위 10m)을 하도록 한다.

마리나는 여름에 가장 많이 사용하므로 계절별 또는 월별 바람 장미도를 만들어 검토한다.

2.3 파랑

마리나 설계 시 설계파고는 50년 재현주기 파랑을 사용한다.

심해파가 천해로 입사할 때는 굴절, 회절, 저면 마찰, 반사 및 침투, 쇄파 등의 현상을 보이며, 특히 마리나 입구의 쇄파 현상은 항로 퇴적이나 보트 항해 안전 등에 영향을 줄 수 있으므로 주의한다.

마리나 항내에서의 허용 최대 파고는 다음과 같다.

[표 5.1] 마리나 허용파고

마리나 내부 위치	허용 최대 파고
입 구 부	0.5~1.0m
계 류 장	0.3m

보트는 계류 시 입사파에 대해 되도록 같은 방향을 갖도록 함으로써 Cross Pattern 효과에 의한 반사파를 최소화하도록 한다.

주) Cross Pattern 효과란 보트가 서로 엇갈리게 계류되어 있을 때 파랑이 보트와 계류시설에 의해 반사되어 교란, 증폭되는 현상을 말한다.

2.4 조위 및 조류

마리나 천단고나 돌핀파일 설계 시 고극조위를 적용하여 검토한다.

고극조위는 천문조 이외에 기상조의 효과도 고려한다.

조류의 흐름 양상은 유지 준설, 계류장 배치, 항로 설정 등에 중요하다.

2.5 부진동

부진동 현상은 마리나 내 계류색의 파단이나 보트와 도크의 충돌 현상 등을 일으킬 수 있다.

부진동을 피하기 위해 항내를 더 크게 하거나 불규칙한 형태로 만들 수 있으며, 항내 구조물을 파에너지 흡수 구조로 할 수도 있다.

2.6 쓰나미와 폭풍 해일

쓰나미와 같은 지진해일과 태풍시 발생하는 폭풍해일은 마리나 항내 수면의 상승을 일으킬 수 있다.

따라서 필요시 천단고를 올리거나 비상 경고 시스템을 설치하는 등 예방 조치가 필요하다.

2.7 퇴적

하구나 모래 해변 근처의 마리나는 수심이 얕아 퇴적 문제가 발생할 수 있다.

방파제 건설로 쇄파 양상이 달라지면서 해안 소류사 이동에 따른 퇴적과 침식 양상의 새로운 변화가 있을 수 있다.

퇴적 양상 변화에 대한 수치모델 분석을 통해 최적 방파제 배치를 결정하여야 하며, 필요시 항내와 항로의 퇴적율을 산정하여 유지준설량을 산출하여야 한다.

3. 대상보트의 제원

3.1 플레저보트의 종류

[표 5.2] 플레저보트의 종류 및 특징

구분	종류 및 특징
유틸리티(Utility) 보트	갑판이 없는 선체에 선외기만 부착한 배
피싱(Fishing) 보트	소형 어선 형태의 낚시 배
크루저(Cruiser) 보트	엔진이 주 추진기관, 캐빈(선실)이 있음
모터 보트	엔진이 주 추진기관, 조종석이 무개형이며 흘수가 얕음
조립식, 고무보트	조립 또는 공기주입에 의한 선외기 부착 배
딩기(Dinghy) 요트	돛이 주 추진기관, 캐빈 및 엔진이 없음
크루저 요트	돛이 주 추진기관, 캐빈 및 엔진이 있음

〈그림 5.7〉 크루저 요트

〈그림 5.8〉 딩기 요트

〈그림 5.9〉 크루저 보트

〈그림 5.10〉 유틸리티 보트

3.2 플레저보트의 제원

마리나 수요선종의 제원을 정할 때에는 마리나 주변지역의 플레저보트 보유 현황과 장래 보유 동향 등을 적절히 고려하여야 한다.

- 전장(L) : 플레저보트의 최전단부터 최후단까지의 길이(돌출 설비를 포함)
- 전폭(B) : 선체의 최대폭
- 흘수(d) : 선체 최하단에서 선체 수선(水線)까지의 길이.
  (선체 최하단은 Keel의 하면 또는 프로펠러의 하단을 말함.)

[표 5.3] 플레저보트의 표준선형

종 류	L, 전장(m)	B, 전폭(m)	d, 흘수(m)	Wt, 질량(kg)
크루저 요트	7.0	2.8	1.5	2,300
	7.5	2.9	1.6	2,600
	8.0	3.0	1.6	2,900
	8.5	3.1	1.7	3,200
	9.0	3.2	1.8	3,600
	9.5	3.4	1.8	4,100
	10.0	3.5	1.9	6,700
	10.5	3.6	1.9	7,200
	11.0	3.7	2.0	7,800
	11.5	3.8	2.0	8,400
	12.0	3.9	2.1	9,100
	12.5	4.1	2.2	9,800
	13.0	4.2	2.3	10,700
	13.5	4.4	2.3	11,500
	14.0	4.5	2.4	12,500
	15.0	4.8	2.6	14,800
	16.0	5.1	2.8	17,500
딩기 요트	3.5	1.6	0.9	60
	4.0	1.7	1.0	80
	4.5	1.8	1.1	110
	5.0	1.9	1.2	150
	5.5	2.0	1.3	250
	6.0	2.1	1.3	330
	6.5	2.2	1.4	440
	7.0	2.3	1.6	600
	7.5	2.5	1.7	820
크루저 보트	6.0	2.6	0.6	1,800
	7.0	2.8	0.7	2,100
	8.0	3.0	0.7	2,800
	9.0	3.6	1.1	7,600
	10.0	3.8	1.1	8,700
	11.0	4.0	1.1	10,000
	12.0	4.1	1.1	11,600
	13.0	4.3	1.1	13,400
	14.0	4.7	1.1	15,600
	15.0	4.9	1.2	18,300
	16.0	4.9	1.2	21,500
	17.0	5.1	1.2	25,600
	18.0	5.4	1.2	29,800
모터 보트	4.0	2.0	다른 종류에 비하여 흘수가 얕음(0.8~1.0m 정도)	1,000
	5.0	2.2		1,100
	6.0	2.3		1,300
	7.0	2.5		1,600
	8.0	2.7		2,000
	9.0	2.9		2,600
	10.0	3.1		3,500
	11.0	3.4		4,900
	12.0	3.6		6,500

제5장

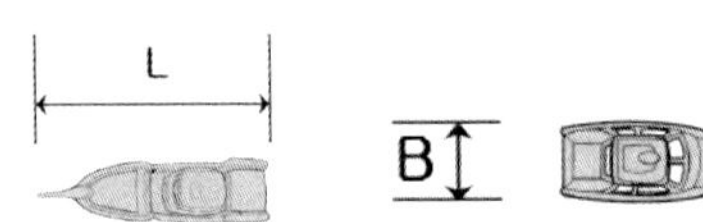

〈그림 5.11〉 플레저보트의 제원

3.3 플레저보트의 특징

플레저보트는 종류에 따라 조종성이 다르고, 특히 요트가 엔진이 아닌 돛으로 항해할 때는 바람, 파도, 조류 등의 영향을 크게 받을 수 있다. 따라서 마리나 계획시 평상시 기상조건 뿐만 아니라 악천후에 의한 긴급피난시에도 모든 플레저보트가 안전하고 원활하게 입출항, 정박, 계류할 수 있도록 대상선박 고유의 조종성, 파랑에 의한 동요특성 등을 충분히 검토하여야 한다.

Keel은 돛을 단 플레저보트의 경우 선체의 안정을 유지하기 위하여 배 하단에 설치하는 보조 설비를 말한다.

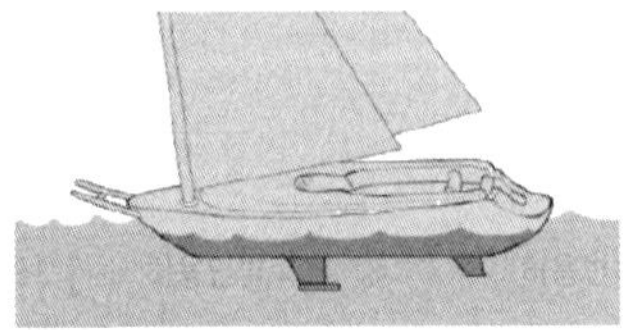

Fin Keel식 Spade

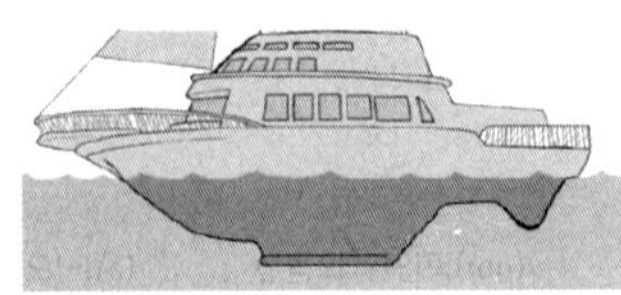

Rudder Deep Keel식

〈그림 5.12〉 플레저보트의 Keel 형식

4. 수역시설

4.1 항 입구 및 항로

항로 퇴적이나 해빈 침식을 막기 위해 영구적인 방사제를 설치하거나, 하구 마리나에서는 입구 차단용 임시 수문을 계획할 수 있다.

항로는 자연적인 조류 방향과 주풍향 방향으로 두는 것이 바람직하다. 곡선 항로는 되도록 피해야 하며 어쩔 수 없는 경우 점진적인 곡선 형태가 되도록 한다.

4.2 항로폭

항로폭은 플레저보트가 안전하고 원활히 항해할 수 있도록 정한다. 엔진을 갖고 있는 플레저보트의 경우 전장의 5배 이상을 확보하는 경우도 있다. 특히 요트 경주 등을 계획하는 마리나의 경우 다수의 플레저보트가 동시에 항해하는 경우도 고려하여야 한다.

4.3 수심

수심은 플레저보트의 최대흘수(Keel 고려)+탑재하중에 의한 흘수 증가+Trim(운항시 선체경사)+동요량+여유수심을 합하여 정한다. 대상 플레저보트 흘수 이외의 요소가 불명확한 경우는 최대흘수에 여유수심 0.6~1m를 더하여 정한 사례가 있다.

4.4 선회장

선회장은 플레저보트의 선회 성능을 고려하여 원활한 조선이 가능하도록 충분한 면적을 확보한다.

4.5 정온도

박지와 선류장의 정온도는 평상시 이용한계파고($H_{1/3}$)=0.3m 이하, 이상시 0.5m 이하로 계획한다. 그러나 보트의 육상보관시는 이 제한을 받지 않는다.

정온도 확보를 위해 방파제, 천단고, 소파호안, 투과호안, 경사로, 자연해안의 소파기능 등을 유효하게 활용하여야 한다.

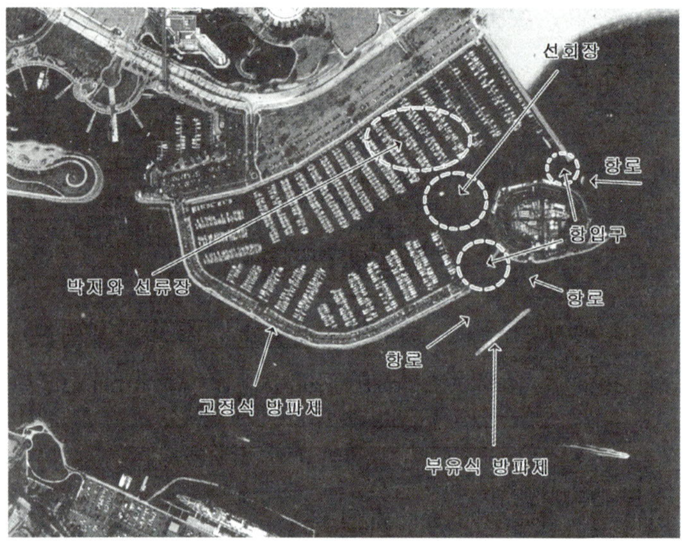

〈그림 5.13〉 미국 롱비치 마리나 사례

5. 외곽시설

5.1 방파제 배치시 주요 고려사항

- 파랑의 접근 방향
- 조류의 흐름
- 보트 항행의 편의성
- 해저 지형 및 퇴적, 침식 현상

방파제 평면 배치시 급격한 굴곡은 유지관리면에서 불리하므로 되도록 피하는 것이 좋다.

5.2 항 입구부 배치의 기본방향

- 항외로부터 파랑, 조류 등이 직접 침입하지 않도록 한다.
- 표사 등으로 항 입구부가 폐쇄되지 않도록 한다.
- 플레저보트가 안전하게 입출항할 수 있도록 횡파를 받지 않아야 한다.
- 딩기 요트 등은 바람이 불어오는 쪽으로 직진할 수 없는 점을 고려하여야 한다.
- 주풍향과 45~90도의 각도를 갖는 게 바람직하다.
- 주변 운항 선박의 안전을 배려하여야 한다.

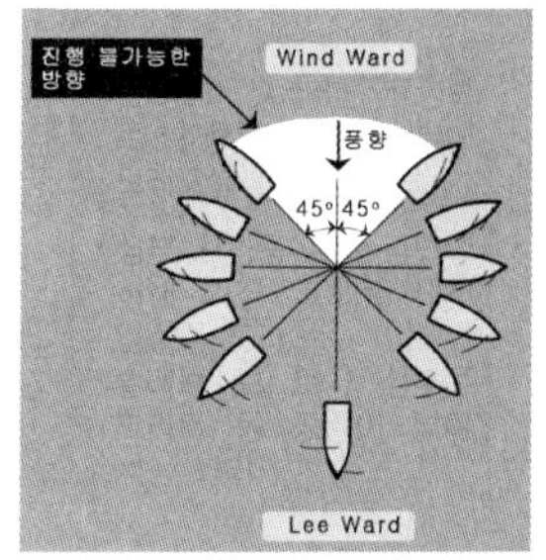

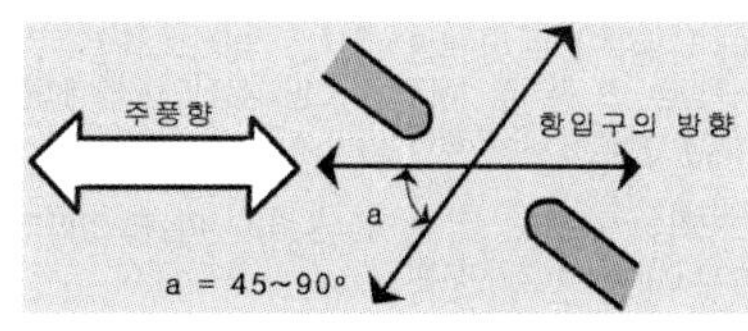

〈그림 5.14〉 항 입구부 방향

〈그림 5.15〉 뉴질랜드 마리나 사례

5.3 방파제 및 호안

방파제나 호안의 마루높이는 이상시 월파를 막을 수 있도록 충분히 높아야 하지만, 플레저보트가 안전하게 항해할 수 있도록 시계를 확보하여야 하고 딩기 요트 등 운항시 필요한 바람을 차단하지 말아야 한다.

방파제나 호안의 구조형식은 항내 정온도, 항내 수질정화 및 경관을 고려하여 결정하며, 경제적이고 편리하며 친환경적인 부유식 방파제가 많이 적용되고 있다.

〈그림 5.16〉 부산 수영만 요트마리나 방파제

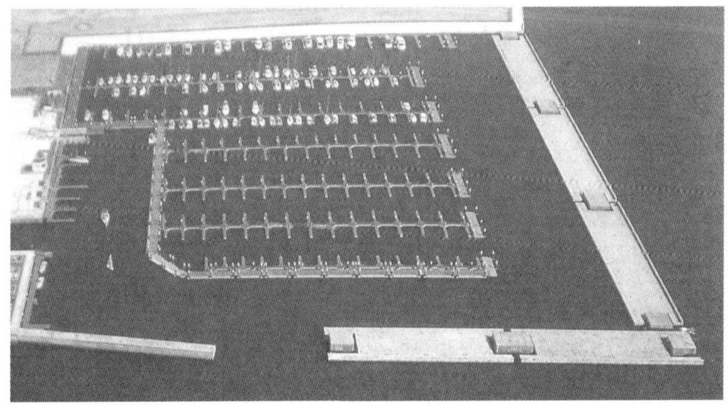

〈그림 5.17〉 일본 마리나 부유식 방파제

6. 계류시설

6.1 계류시설의 배치

안전한 항해와 정박을 위한 적절한 접근 항로와 선회장 공간을 확보해야 한다.

큰 보트와 요트들은 되도록 주접근 항로와 항입구의 가까운 선석에 배치하도록 한다.

보트 정박 공간(Boat Slip)은 보트 크기보다 10~12% 늘어난 직사각형 수면적을 확보하여야 하며, 부두나 옆 보트와의 충돌을 방지하기 위해 각 1m 씩의 여유 공간을 추가로 두도록 한다.

정박되어 있는 보트열과 반대편 보트열 사이의 거리를 나타내는 Fairway 폭은 안전한 정박과 운항을 할 수 있도록 보트 길이의 1.5~2.0 배를 확보한다.

Pier 길이가 100m 이상으로 매우 길거나 조류나 바람이 강한 지역에서는 상기 Fairway 폭에 추가로 여유를 두어야 한다.

같은 크기의 보트는 되도록 같은 Fairway를 사용하도록 하는 것이 좋으며 Pier는 되도록 직선으로 하는 게 바람직하다.

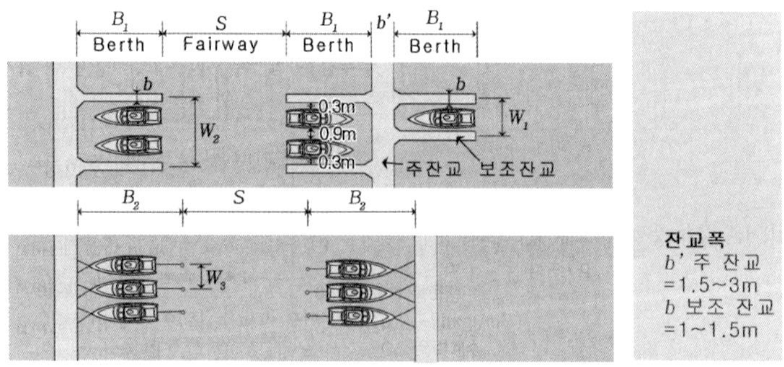

〈그림 5.18〉 계류시설 제원의 예

[표 5.4] 계류시설 제원

플레저보트 전장	버드(Berth)길이	Fairway폭	잔교간(최소)거리
L	$B_1 = (0.7 \sim 1.2)L$ $B_2 = (1.5 \sim 2.0)L$	$S = (1.5 \sim 2.0)L$	$W_1 = (\text{선폭}) + b + (0.3 \sim 0.6m)$ $W_2 = (2 \times \text{선폭}) + b + (1.5 \sim 2.0m)$ $W_3 = (\text{선폭}) + (1.0 \sim 2.0m)$

*크루저 요트(Cruiser Yacht)를 계류하는 경우에는 바람에 의한 마스트(Mast)끼리의 충돌에 유의하여 정하는 것이 바람직하다.

계류시설의 형식과 규모는 계류목적(보관계류, 임시계류), 선종, 선형, 척수, 조위차를 고려하고, 육상보관선박의 출항준비, 귀항후의 상가대기, 플레저보트의 기항, 수리·급수를 위한 임시계류 시설을 설치하는 것이 바람직하다.

6.2 계류시설의 형식

가. 안벽

안벽의 계선주에만 계류시키거나 안벽뿐만 아니라 해측의 계선말뚝과 계선부표에도 동시에 계류시키기도 한다.

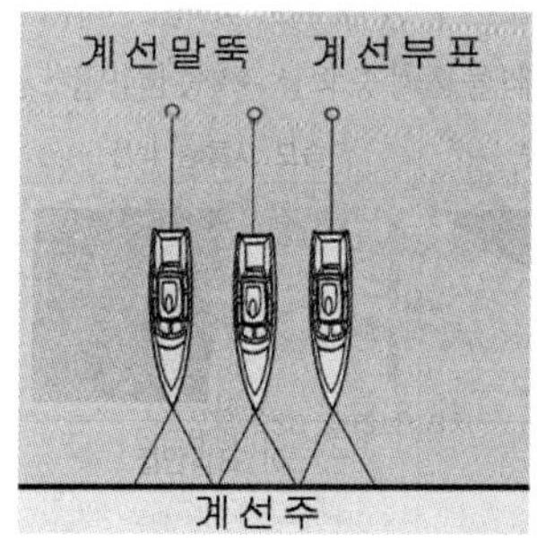

〈그림 5.19〉 계선 안벽

나. 잔교

빗살형 부잔교가 가장 일반적이며, 계류시 플레저보트의 길이방향과 주풍향이 일치하도록 배치하는 것이 바람직하다.

- 구조에 의한 분류 : 고정식 잔교(하부 말뚝 기초), 부잔교(수위 변화에 따라 상하운동)
- 기능에 의한 분류 : 주잔교(Main Pier, 주로 이용자의 보행 및 화물 운반에 사용), 보조잔교(Finger Pier, 주로 플레저보트 계류에 사용)
- 형상에 의한 분류 : 단잔교(주잔교만으로 이루어짐), 빗살형 잔교(주잔교에 보조잔교를 연결)

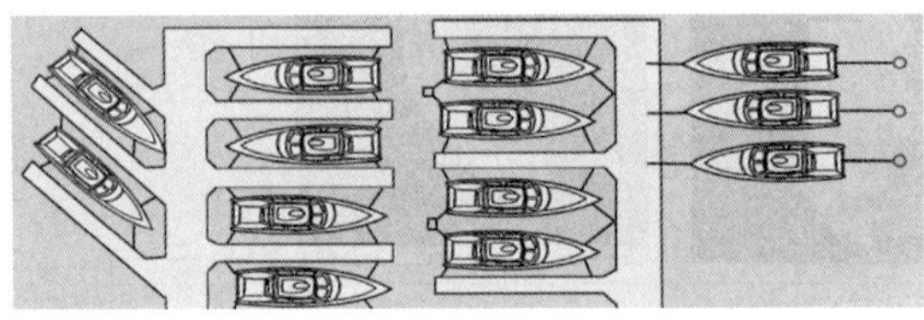

〈그림 5.20〉 부잔교형 계류시설

〈그림 5.21〉 빗살형 부잔교

〈그림 5.22〉 주잔교

〈그림 5.23〉 보조잔교

다. 계선말뚝, 계선부표

임시 계류 목적으로 많이 사용된다.

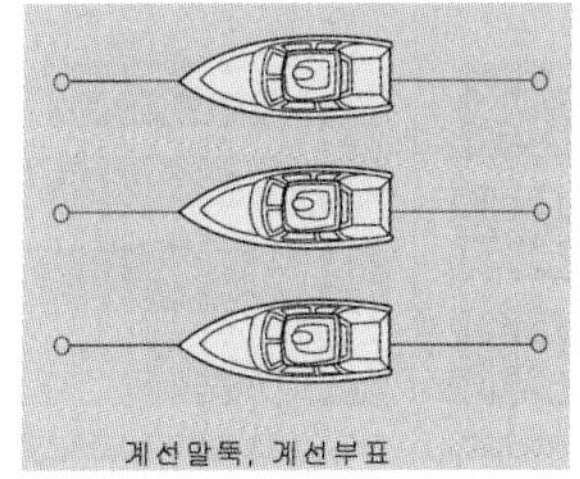

〈그림 5.24〉 계선부표형 계류시설

6.3 부잔교의 형상과 배치

가. 단잔교

단일 부체 또는 여러 개의 부체를 연결해 구성하며, 플레저보트를 계선말뚝이나 계선부표를 이용하여 종접안시키거나, 부체에 횡접안시키는 방식이 있다.

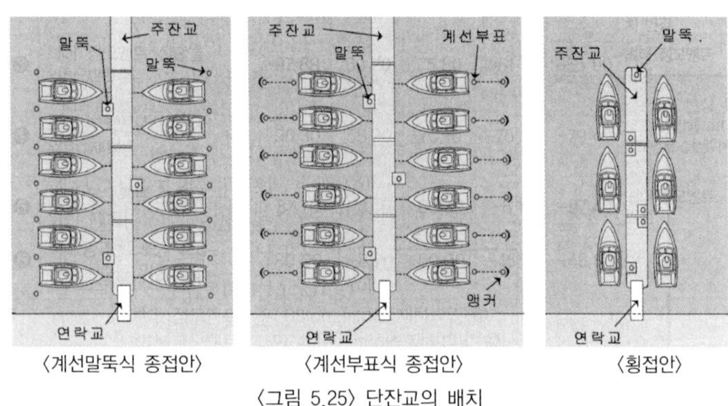

〈계선말뚝식 종접안〉 〈계선부표식 종접안〉 〈횡접안〉

〈그림 5.25〉 단잔교의 배치

나. 빗살형 잔교

빗살형 잔교 : 주잔교의 양측 또는 한쪽에 직각방향으로 보조잔교를 연결한 것으로 보조잔교 양측에 플레저보트를 계류시킨다. 보조잔교 간격에 따라 Single Berth와 Double Berth가 있다.

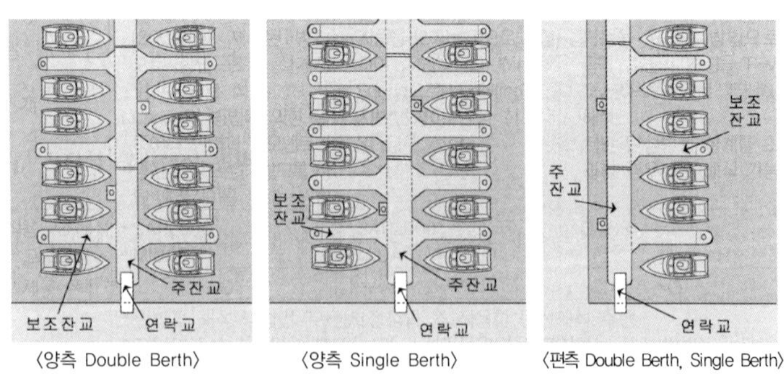

〈양측 Double Berth〉 〈양측 Single Berth〉 〈편측 Double Berth, Single Berth〉

〈그림 5.26〉 빗살형 잔교의 배치

다. 부잔교의 배치와 특징

[표 5.5] 부잔교의 배치와 특징

부잔교 형상별 배치 방법		배 치 도	특 징
단잔교	종배치	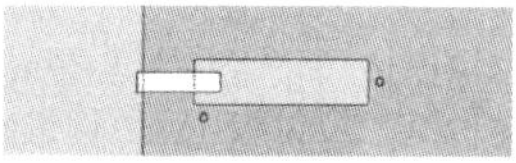	- 부잔교의 양측이 사용되고 효과적으로 이용할 수 있다.
	횡배치	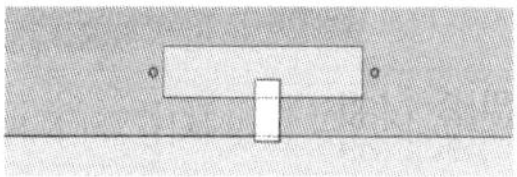	- 수위차가 작은 경우 적합하다.
	계단에 횡배치	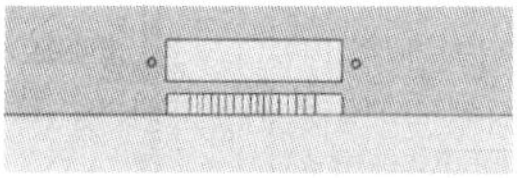	- 수위차의 대소에 관계없이 적합하다.
	단잔교의 종열연결	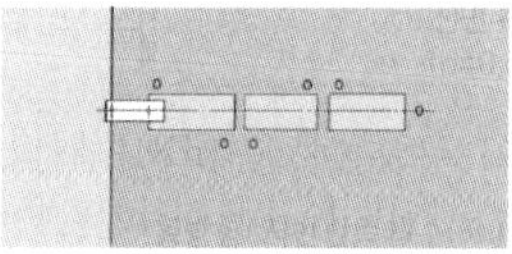	- 방문, 수리, 급유 등 Service berth에 적합하다.
빗살형잔교	주잔교 (부자교) 보조잔교 (부잔교)	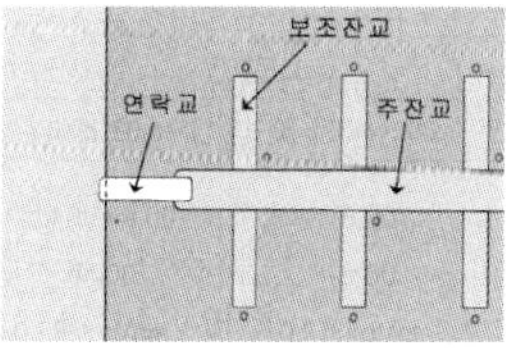	- 플레저부트에 타고 내리기가 용이하고 안전하다. - 플레저보트의 계류가 확실히 된다. - 수위차의 대소에 관계없이 적합하다. - 주잔교와 보조잔교의 동요에 의한 상호연성 작용이 있다.
	주잔교 (고정잔교) 보조잔교 (부잔교)	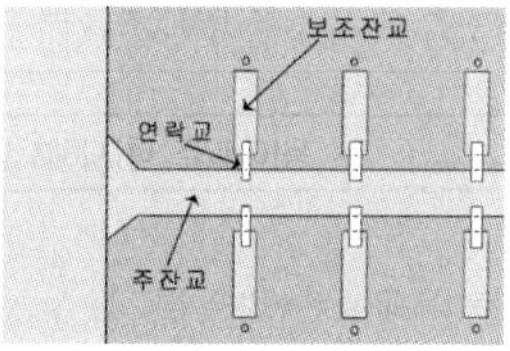	- 플레저보트에 타고 내리기가 용이하고 안전하다. - 플레저보트의 계류가 확실히 된다. - 수위차가 작은 경우에 적합하다.

〈그림 5.27〉 단잔교

〈그림 5.28〉 빗살형 잔교

6.4 부잔교의 구조

부잔교는 부체(Float)부분과 갑판(Deck Frame & Plate)부분으로 구성된다.

부잔교 본체의 재료로 발포스티로폼을 사용하는 경우 내구성에 대해 충분히 검토하여야 한다.

부잔교 본체의 내구성을 위해 수밀대책을 강구하여야 한다.

부잔교의 구조형식은 다음 4가지로 대별된다.

가. 모노코크(Monocoque)형

FRP, 콘크리트 등에 의해 부체, 갑판부, Frame을 일체화한 것으로 전체가 상자형이므로 강성이 높은 구조이다.

나. 분리(Separate)형

복수의 부력체를 종형 Frame에 볼트 등으로 접합하여 일체화한 구조로 부체, 갑판부, Frame 마다 독립된 재료를 사용할 수 있으며, 부체간에 사이가 있어 외력을 저감시킬 수 있다.

다. 포스트텐션(Post-Tension)형

복수의 부체를 PC강선 등에 의해 Post Tension을 주어 일체화시킨 것으로 강성이 높은 구조이다.

Post-Tension이란 콘크리트가 굳은 뒤에 긴장재에 인장력을 주고 그

끝부분을 콘크리트에 정착시켜 Pre-Stress를 주는 방법을 말한다.

라. 웨일러(Waler)형

복수의 부체를 종방향 목재(웨일러)에 접속재, Gusset Frame, 관통볼트 등을 사용하여 순차로 접합하여 일체화시킨 구조이다.

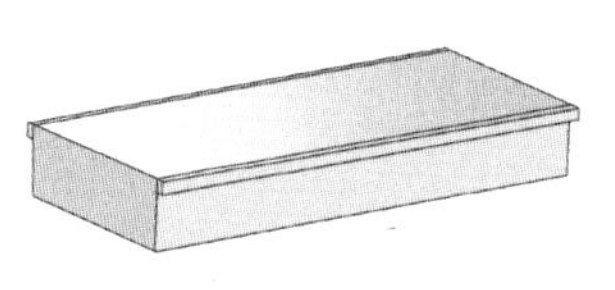

모노코크(Monocoque)형

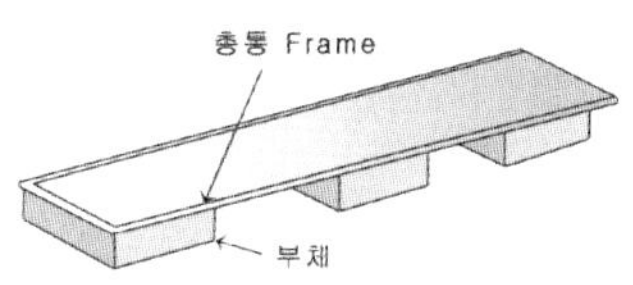

분리(Separate)형

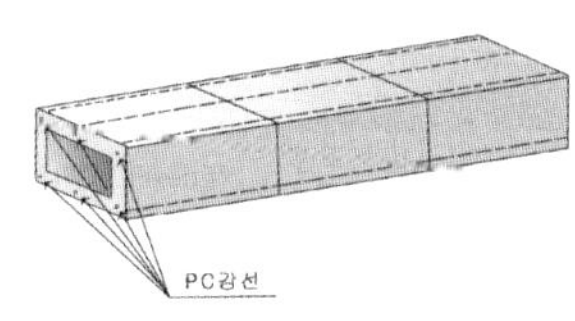

포스트텐션(Post-Tension)형

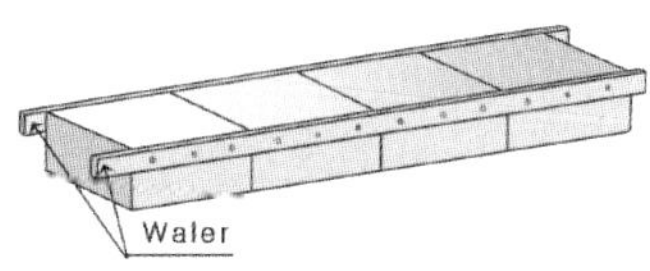

웨일러(Waler)형

〈그림 5.29〉 부잔교의 구조형식

〈그림 5.30〉 분리형 부잔교

〈그림 5.31〉 웨일러형 부잔교

6.5 부잔교의 연결

통상 부잔교는 거치시 여러 부체를 현장에서 서로 연결하여 전체 구조물을 형성한다. 부잔교 연결방식에는 다음 4가지가 있다.

가. 고정식(강결식)

부잔교 사이를 볼트나 강재 Frame 등으로 완전히 고정시킨다.

나. 반고정식

Pin Joint나 Hinge등을 사용하여 상하방향으로는 자유도를 주는 방식이다.

다. 연결식

부잔교 사이에 탄성체를 끼워 볼트 등으로 연결하고 탄성체의 변형에 의해 상하좌우로 자유도를 주는 방식이다.

라. 자유식

부잔교 사이를 체인 등으로 연결하여 상하좌우로 자유도를 주는 방식, 연결식에 비해 자유도는 더 높으나 안정성은 떨어진다.

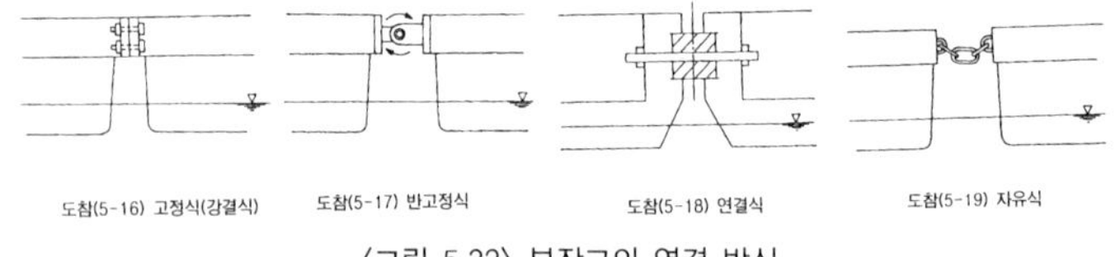

〈그림 5.32〉 부잔교의 연결 방식

〈그림 5.33〉 반고정식 방식

〈그림 5.34〉 연결식 방식

6.6 부잔교의 안정성 검토시 적용하중

- 부잔교상에 연락교가 있는 경우 그 지점 하중
- 적설하중
- 군집하중 : 75kg/인
  - 주잔교 길이 10m에 플레저보트가 4척 계류되는 경우 주잔교 편현에 75kg/인×20인×9.8=15kN의 군집하중 적용(그림a 참조)
  - 보조잔교 편현에 75kg/인×5인×9.8=3.7kN의 군집하중 적용 (그림b 참조)
  - 보조잔교 선단에서 1m 구간에 75kg/인×5인×9.8=3.7kN의 군집하중 적용(그림c 참조)

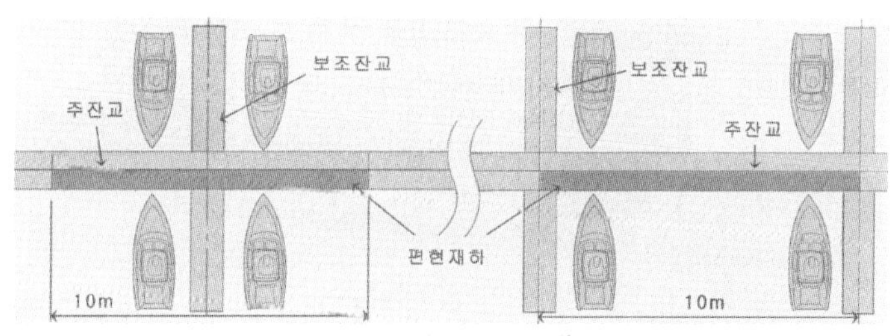

〈그림a. 주잔교의 편현재하〉

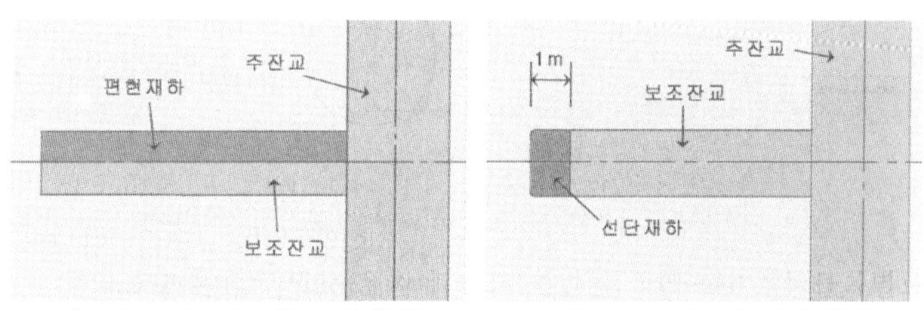

〈그림b. 보조잔교의 편현재하〉 〈그림b. 보조잔교의 선단재하〉

〈그림 5.35〉 부잔교 하중 적용

제5장

6.7 부잔교의 안정성 검토

상기 하중이 작용할 때 부체의 안정조건을 만족하여야 하며, 갑판의 경사, 부체의 침하, 건현(Freeboard)이 이용자가 이용하는데 지장이 없어야 한다.

부잔교의 건현은 이용자가 물에 빠진 경우 용이하게 올라올 수 있도록 30~50cm 정도로 하는 경우가 많다.

갑판의 경사는 1:10 이하가 되어야 하고 적은 쪽의 건현이 0 이상이어야 한다.

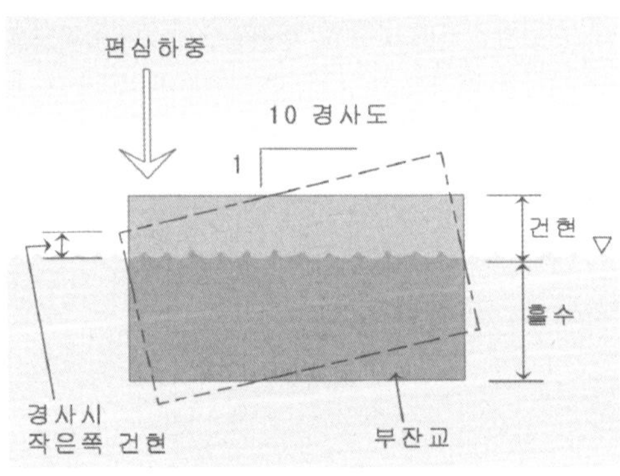

〈그림 5.36〉 부잔교의 안정성

6.8 부체에 작용하는 외력

통상 부체에는 파력, 풍력, 조류력, 파랑표류력 등이 작용하고, 부체의 동요에 의한 조파저항력과 계류된 보트에 의한 계류력도 외력으로 작용한다.

- 부잔교 본체 또는 계류 중인 플레저보트에 작용하는 파력의 간이 산정 방법
  - 부체에 파에 의한 관성력이 작고 쇄파가 발생하지 않는 경우 :

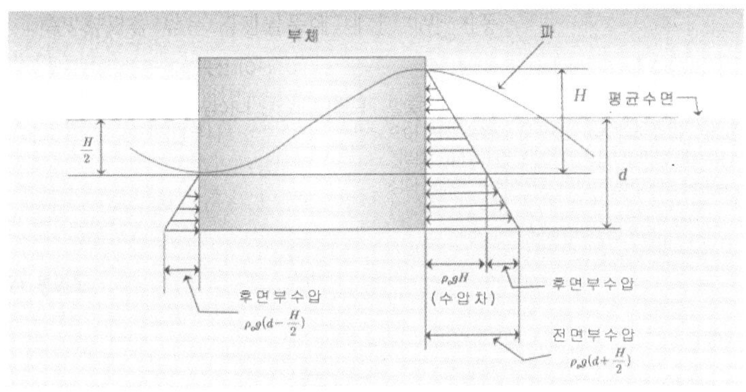

〈그림 5.37〉 부체에 작용하는 외력(1)

$$P = p_o \cdot g \cdot H \cdot L \cdot d$$

여기서,

P	: 부체에 작용하는 파력(kN)
p_o	: 해수의 밀도(t/㎥)
g	: 중력가속도(m/s^2)
H	: 파고(Hmax) (m)
L	: 파고에 대한 Pontoon의 길이(m)
d	: 부체의 흘수(m)

- 부체에 파에 의한 관성력이 크고 쇄파가 발생하는 경우 :

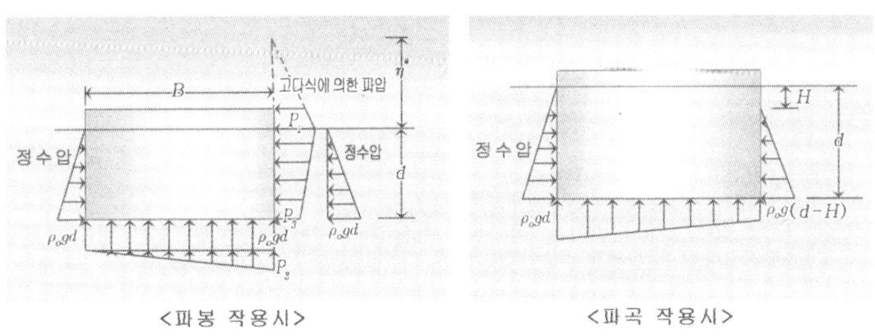

〈그림 5.38〉 부체에 작용하는 외력(2)

양압력은 부체 전단에서 P3, 후단에서 0이 되는 삼각형 분포로 한다. 단, 부체폭 B가 L/4(L은 파장)보다 큰 경우에 양압력의 분포는 폭이 L/4인 삼각형분포로 한다.

$$n^* = 0.75\,(1 + cos\beta\,)\lambda_1 H$$

$$p_1 = 0.5\,(1 + cos\beta\,)a_1\lambda_1 p_o g H$$

$$p_3 = a_3 P_1$$

$$a_1 = 0.6 + \frac{1}{2}\left\{\frac{4\pi h/L}{\sinh\,(4\pi h/L\,)}\right\}^2$$

$$a_1 = 1 - \frac{d}{h}\left\{1 - \frac{1}{\cosh\,(2\pi h/L\,)}\right\}$$

여기서, H : 파고(H_{max}) (m)
h : 수심(m)
p_o : 해수의 밀도(t/㎥)
g : 중력가속도(m/s^2)
β : 부체법선의 수선과 파의 주방향이 되는 각(15° 의 범위에서 가장 위험한 방향이 되는 각도)
λ_1 : 파압의 보정계수(통상은 1)

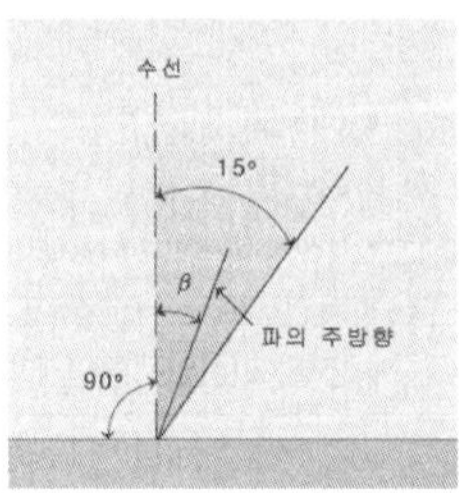

〈그림 5.39〉 파의 입사각 β 를 취하는 방법

풍력 계산시 계류시설 자체 뿐만 아니라 플레저보트의 계류상태나 주변구조물의 배치 등을 고려하여 풍압면적을 산정한다.

부체에는 파랑, 바람, 조류 뿐만 아니라 계류한 플레저보트의 견인력, 플레저보트의 접안시 충돌력, 연결된 인접 부잔교의 동요에 의한 외력 등이 작용한다. 따라서 이 들 외력을 적절한 해석방법 또는 모형실험을 통하여 산정하는 것이 바람직하다.

6.9 부잔교 구조설계

부잔교의 각 부재는 악천후시, 계류시, 접안시 부잔교에 작용하는 외력에 대해 안전하여야 한다.

악천후시 부잔교 자체에 작용하는 파력, 풍력뿐만 아니라 계류된 플레저 보트에 작용하는 파력, 풍력에 대해서도 적절히 검토하여 부잔교 구조설계시 적용하여야한다.

부잔교의 각 부재는 평상시 플레저보트가 부잔교에 접안할 때 작용하는 접안력에 대해서도 안전하여야 한다.

부잔교의 각 부재는 종축 또는 횡축의 휨 및 전단력에 대해 안전하여야 하며, 부체나 플레저보트의 동요에 기인하는 단면력도 고려하여야 한다.

구조설계시 부잔교 구조형식에 따라 단순보 방식이나 Muller의 식에 의거하여 검토한다.

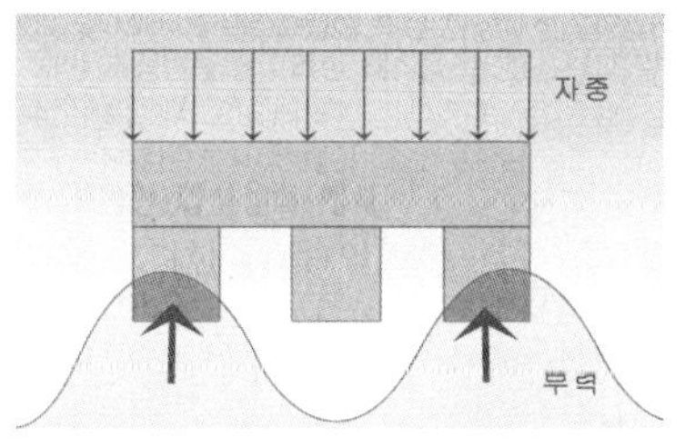

<단순보(Soparate Type)>

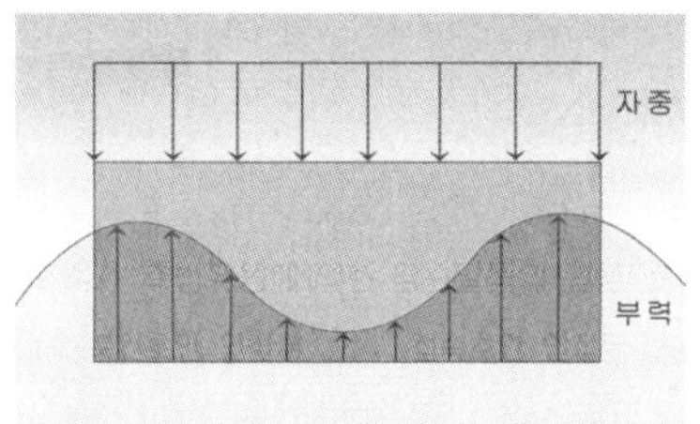

<Muller의 식(Monocoque Type)>

〈그림 5.40〉 부잔교 구조설계시 경계조건

6.10 부잔교 계류방식

부잔교의 계류방식은 부잔교를 수면상에 안전하게 외력에 대해 고정하는 기능을 갖고 내구성을 지녀야 한다.

계류방식에는 말뚝식과 계류체인식이 있다. 말뚝식은 해저지반에 강관말뚝이나 PSC말뚝을 박은다음 Guide Roller 등으로 부잔교를 지지하는 방식이고, 계류체인식은 체인을 해저에 설치한 계류앵커에 고정시키는 방식이다.

〈그림 5.41〉 말뚝식 계류

〈그림 5.42〉 Guide Roller

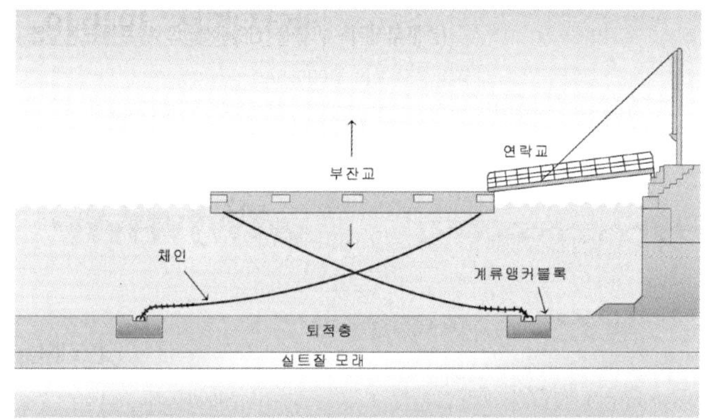

〈그림 5.43〉 체인식 계류

말뚝식은 계류체인식보다 부잔교의 수평이동량이 적고 안정하나 상대적으로 고가이다. 말뚝은 주잔교 측부와 선단부, 보조잔교 선단부와 근본부 등에 적절히 배치하여야 한다. 말뚝의 높이는 고조시나 높은 파랑시 말뚝과 부잔교가 서로 분리되지 않도록 결정하여야 한다.

계류체인식은 간만의 차가 큰 장소에서는 부진교의 수평이동량이 커지므로 주의하여야 한다.

6.11 연락교

연락교는 육지와 부잔교를 연결하는 다리이다. 그 구조형식이나 폭원, 연장, 경사 등은 조위변동과 동요, 계류장 규모와 인원, 동선, 차량 및 장비 통과 여부 등을 감안하여 적절히 정한다.

구조형식은 조위변동에 대응하기 위해 상하경사가 변동 가능한 형식이 있고 부잔교의 동요를 고려하여 상하좌우가 변동 가능한 형식이 있다.

연락교 폭원은 최소 75cm 이상으로 하며 경사는 최대 1:4 이하로 한다.

연락교의 바닥은 미끄럼 방지를 고려하여야 한다.

〈그림 5.44〉 연락교

6.12 부대설비

가. 방충설비

부잔교의 구조 특성 및 대상 플레저보트의 접안상황 등을 고려하여 강도, 재질, 색 등을 적절하게 정한다.

나. 계선주 또는 계선환

악천후시 플레저보트를 계류시키는 경우 플레저보트와 부잔교의 상대운동을 고려하여 계류력을 산정하고 이를 통해 적정한 계선주나 계선환의 배치, 형상, 규격 등을 결정한다. 부잔교 중에는 계선주가 레일 위를 이동할 수 있도록 하여 수시로 계선주의 위치 변경이 가능하도록 한 것도 있다.

다. 안전설비

부잔교 이용자가 안전하게 통행할 수 있도록 갑판부에는 미끄럼 방지, 연결부에는 덮개 등을 설치한다.

라. 구명설비

마리나 이용자가 물에 빠지는 경우를 대비하여 구명환, 탐조등 등을 일정 간격으로 비치한다.

마. 조명설비

야간에도 선박의 이·접안 및 이용자의 통행에 지장이 없도록 부잔교 상에 조명설비를 설치한다. 조명설비는 부잔교의 동요에도 안전하여야 하며, 전선 배선이 이용자에게 불편을 야기하지 않도록 적절히 배치한다.

바. 소방설비

소방호스, 화학식 이동 소방장비 등을 설치한다.

〈그림 5.45〉 방충설비

〈그림 5.46〉 계선주-클리트

〈그림 5.47〉 소방 설비

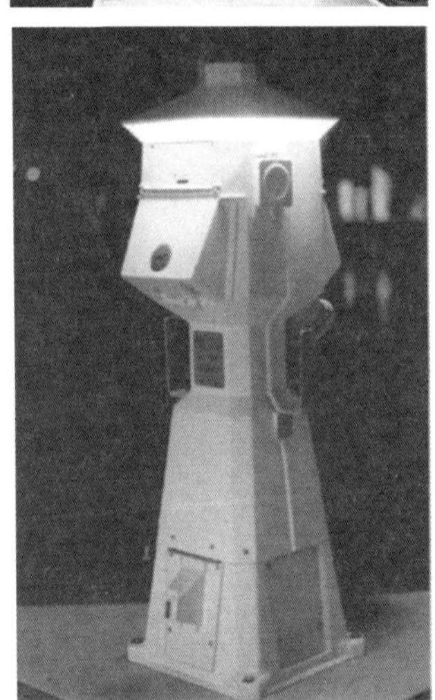

〈그림 5.48〉 조명 설비

7. 지원시설

7.1 급수 및 급유시설

가. 급수시설

플레저보트 이용자의 급수용으로 계류시설상에 설치한다. 여기에는 청수 및 해수 배관이 포함된다.

나. 급유시설

박지에 면한 육상부나 급유잔교에 설치하며, 화재, 오염방지 등에 유의한다. 화재 위험과 연료 유출로 인한 오염 가능성을 고려하여 보트 연료공급 도크는 마리나 시설로부터 떨어진 곳에 설치한다. 또한 외부 파랑으로부터 보호되며 교통 흐름을 방해하지 않는 외항 또는 항입구부의 적절한 곳에 배치한다. 주변 육상부가 연료저장탱크를 두기에 적합해야 하며 연료수급차량이 접근하기에 양호해야 한다.

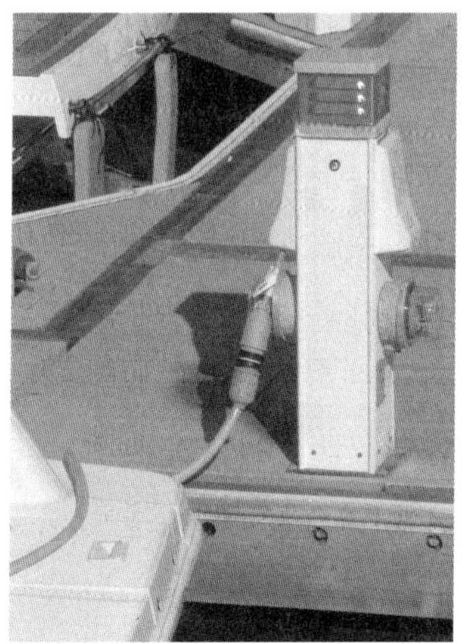

〈그림 5.49〉 급수시설

〈그림 5.50〉 급유시설

7.2 급전 및 조명시설

가. 급전시설

계류시설상에도 설치하지만 보트야드에도 보수설비용, 부분조명용으로 설치가 필요하다. 보트 당 소요전력은 별도 자료가 없을 경우 1kW로 가정한다.

나. 조명시설

야간 이용시와 보안을 위해 보트야드, 계류장, 주차장 등에 배치한다.

7.3 오수처리시설

우수와 오수는 분리처리를 원칙으로 한다.

모터보트나 요트 등 소형선의 오폐수 발생량은 대체로 해변 주거지에서 나오는 일일 평균 배출량(인당 170리터/일)을 기준하여 이의 약 1/4 또는 최소 인당 38리터/일로 가정할 수 있다.

주거용 선박일 때는 해변 주거지의 일일 발생량과 같은 인당 170리터/일로 가정한다.

마리나 내의 오수 수집과 펌핑 시스템에는 다음과 같은 형태를 많이 사용한다.

가. Marina-Wide 시스템

오수 펌핑 스테이션을 배들의 접근이 용이하도록 계류장의 바다쪽 끝에 위치시키고, 보트를 스테이션에 계류시킨 다음 배의 오수 배관을 Flexible Hose로 연결하여 오수를 육상 처리장으로 강제 이송시키는 시스템을 말한다.

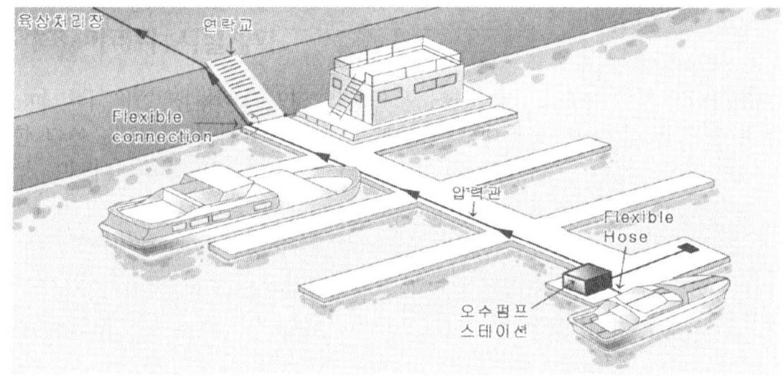

〈그림 5.51〉 Marina-Wide 시스템

나. Potable/Mobile 시스템

이동식 펌핑 시설로 각 보트 계류장마다 다니며 오수 처리가 필요한 배의 오수를 육상처리시설로 강제 이송시키는 시스템을 말한다.

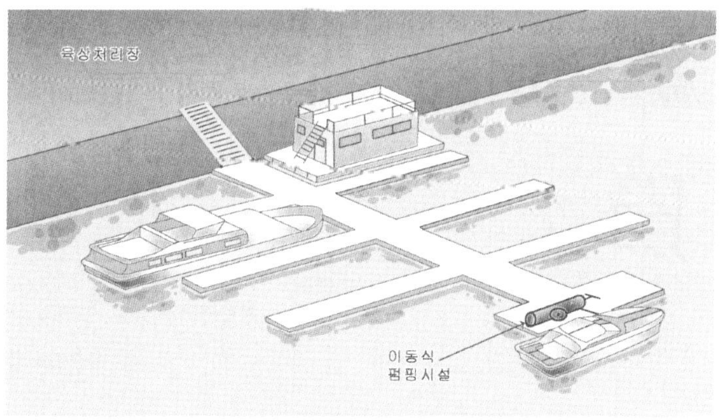

〈그림 5.52〉 Potable/Mobile 시스템

다. Slipside 시스템

각 계류장에서 계속적으로 오수를 수집, 펌핑할 수 있도록 한 시설을 말한다. 즉 중앙에 위치한 진공 펌프실에서 각 계류장에 연결된 소형 PVC 배관을 통해 오수를 수집하여 처리장으로 강제 이송시키는 시스템이다.

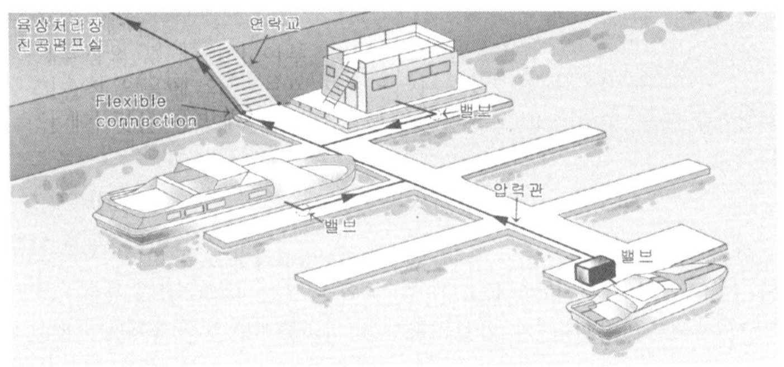

〈그림 5.53〉 Slipside 시스템

7.4 상하가시설

상하가시설은 플레저보트를 육상에서 보관 또는 수리하기 위해 육상으로 들어 올리거나 내리는 시설이다.

상하가시설은 플레저보트를 올리거나 내려서 육상보관시설이나 수리시설 또는 임시계류장으로 이동하는 동선이 원활하도록 적절히 배치하여야 하며, 특히 육상부는 보트를 견인하는 차량이 회전, 후진, 대기할 수 있는 충분한 공간을 확보하여야 한다.

상하가시설은 대상 플레저보트의 선종, 선형, 척수, 처리능력 등을 고려하여 그 형식과 규모를 결정하여야 한다.

〈그림 5.54〉 슬로프

〈그림 5.55〉 보트 리프터

〈그림 5.56〉 고정식 크레인

〈그림 5.57〉 이동식 크레인

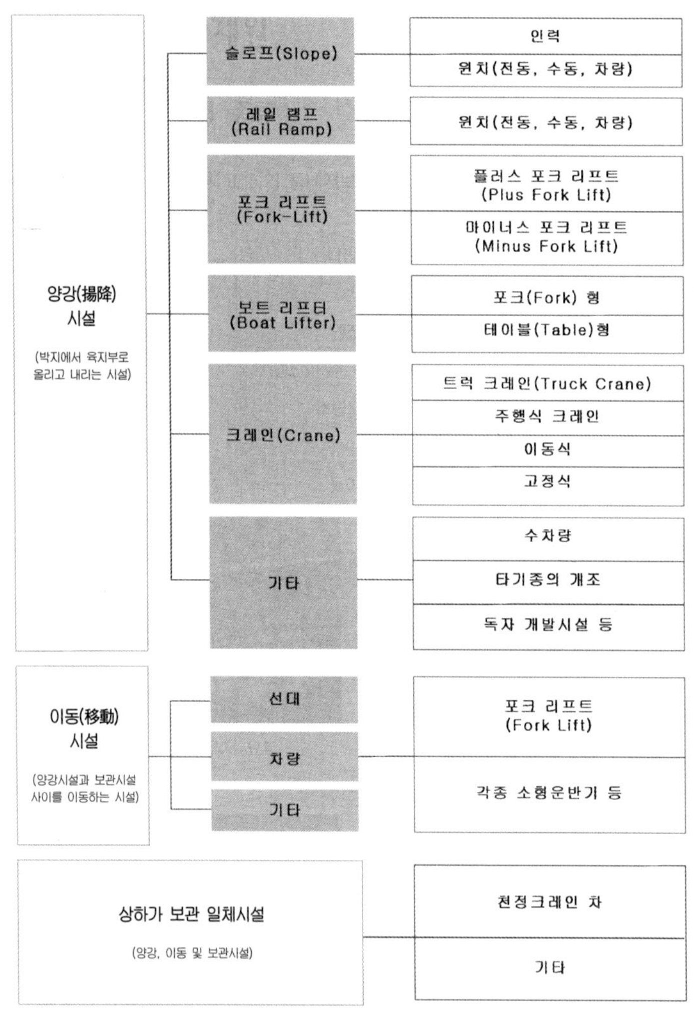

〈그림 5.58〉 상하가시설의 종류

7.5 세정 및 수리시설

가. 세정시설

피크시에는 보관선박의 약 1/3정도가 동시에 세정하는 경우도 있으므로 충분한 시설규모로 계획한다.

나. 수리시설

선체 또는 엔진 수리를 위한 시설로 마리나 내에 독자적으로 갖출 수 없을 때는 인근 조선소 등을 이용할 수도 있다.

보트의 유지 및 정비를 위해 대형 보트의 접근이 가능하고 대기 보트의 정박 여유가 있도록 부두 길이가 50~70m 정도 되는 시설을 마리나 정박시설에서 떨어진 위치에 두도록 한다.

육상 쪽으로는 트레일러와 같은 대형 견인 장비가 들어갈 수 있도록 한다.

[표 5.6] 수리시설 규모

구 분	면 적(m^2)	비고
전 체 면 적	5,000~15,000	보트 크기에 따라 변화
사 무 실	100	
내 부 작 업 실	200~400	
외부 작업장(지붕 필요)	800~1,200	최소 높이 8~10m(포크리프트 접근 가능)

우수와 유류, 페인트 등 오폐수 차집 및 처리 시설을 두어 오염을 방지하도록 한다.

크레인이나 램프 등 보트 진수 시설을 별도로 둘 수 있다.

〈그림 5.59〉 세정 및 수리시설

제5장

7.6 육상보관시설

지형적 이유나 항만시설 또는 보트의 유지관리 상 필요에 의해 평소에 소형 보트를 해상(Wet Berthing)에 두지 않고, 육상보관시설에 보관하는 건식 보관(Dry Berthing) 방식을 채택할 수 있다.

육상보관시설에는 보트야드, 옥내보관창고, 옥외보관랙(Rack) 등이 있고 형식과 규모는 대상선박의 종류, 제원 및 이동용 기계의 작동범위 등을 고려하여 적절히 정한다.

보트야드는 옥외 평면 보관 장소를 말하며 비교적 건설비가 저렴하고 시설의 유지관리, 보트의 반출입과 이동이 용이하지만 많은 점유면적을 필요로 한다.

옥내보관창고는 옥내에 보트를 평면 또는 다단적재식으로 보관하므로 비교적 건설비가 높으나 보관상태가 양호하다.

옥외보관랙은 옥내보관창고에 비해 건설비가 저렴하여 딩기요트 및 소형모터보트 등을 좁은 부지에 다수 보관하는데 유리하다.

Rack과 Rack 사이에는 트럭이나 장비가 다닐 수 있도록 육상 보관되는 가장 큰 보트 길이의 1.5배에 해당하는 통로를 두도록 한다.

[표 5.7] 보트의 종류에 따른 보관 형태

보트 종류	수면계류	보트야드	옥내보관창고	옥외보관랙
딩기요트		○	○	○
크루저요트	○	○		
소형모터보트		○	○	○
대형모터보트	○	○	○	

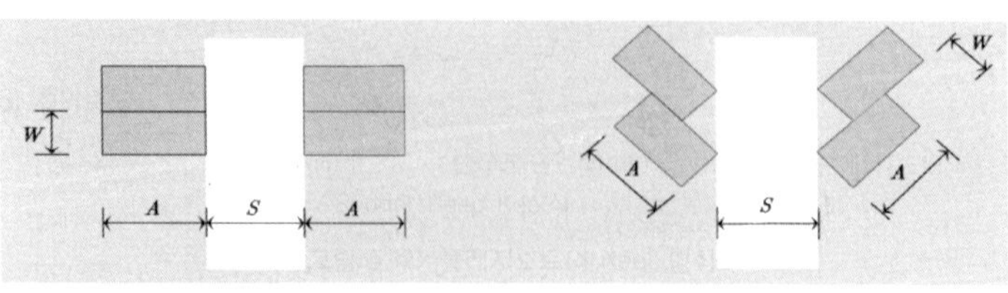

〈그림 5.60〉 육상보관시설의 제원

[표 5.8] 육상보관시설의 제원

구 분	Mark 길이(A)	Mark 폭(W)	통로폭(S)
L : 전장 B : 전복	(1.0~1.2)L	(1.0~1.5)B	• 견인차량을 사용하지 않는 경우 : $S=A$ • 이동용 차량(Fork Lift, Trailer 등)을 사용하는 경우 : 이동용 차량의 회전반경을 고려하여 결정

〈그림 5.61〉 옥내보관창고

〈그림 5.62〉 옥외보관랙

7.7 클럽하우스

마리나 시설과 이용자의 관리기능(프런트, 관리사무소 등) 및 이용자의 편의 제공 기능(보관함, 샤워실, 화장실, 흡연실, 레스토랑 등)을 수행할 수 있도록 계획한다.

〈그림 5.63〉 클럽하우스의 배치

7.8 마리나 관리 시설

마리나 입구와 방문 선석(Visiting Berth) 가까운 마리나 중앙 위치에 지원, 경비, 유지관리, 창고, 항만 관리 등의 기능과 마리나 전체의 조망이 가능하고 통제를 효율적으로 할 수 있는 관제탑과 관리동을 두도록 한다.

관제탑은 가능한 6~8m의 높이와 15~25m^{2}의 넓이를 가져야 하며, 관리동은 150~300m^{2}의 넓이를 갖는 것이 좋다.

7.9 위생 시설

화장실, 샤워실, 세척실로 이루어진 위생 시설을 20척의 보트마다 1개소씩 200~300m의 거리를 두고 배치한다.

7.10 쇼핑센터 및 부대시설

쇼핑센터는 보트 사용자들과의 혼잡을 피하기 위하여 정박지에서 떨어진 곳에 두도록 한다.

마리나 사용자들이 모여야 할 경우를 대비해 주위에 광장을 확보하는 것이 좋다.

기타 마리나에 소요되는 부대시설은 다음과 같다.

[표 5.9] 마리나 기타 부대시설

시설명	주요 내용
Utility	- 통신(Paging System 등으로 최소화) - 저장(Locker Box 제공) - 폐기물(50m 마다 쓰레기통 배치)
Water Flushing & Oxygenation Facility	- 해수 교환이 잘 안될 때 설치 - 방파제 아래쪽에 직경 0.6~1.0m 파이프 - 펌프에 의한 Jet Nozzle 시스템 - Underwater Oxygen Generator
Security	- 보인시설 - 안전시설

7.11 도로와 주차장

도로 설계시 보트를 적재한 트레일러를 견인하는 차량의 차폭과 회전반경을 고려하여야 한다.

주차장은 이용 보트 1척당 1.5대 정도의 면적이 필요하고, 트레일러를 끄는 차량의 경우는 일반 자동차의 2배 면적이 필요하다.

8. 환경오염방지

8.1 마리나의 환경 오염 발생원

보트의 생활하수를 적절히 처리하지 않고 마리나에 방출시킨다면 국부적인 환경 오염이 발생할 수 있다.

보트 하수 외에 마리나 환경 오염의 다른 요인으로는 선상 오수처리용 화공약품, 보트 연료, 보트 배기 가스, 선체 도료, 갑판 청소, 선체 Scraping 및 샌딩, 육상 우배수 및 오수 등이 있다.

8.2 선상 오수에 의한 환경 오염 및 대책

선상에서 발생하는 오수는 불규칙적이고 발생원을 추적하기 어려운 문제가 있다.

선상 오수에는 박테리아, 원생동물, 바이러스 등과 같은 미생물(병균)이 존재하여 인간에게 심각한 영향을 줄 수 있다.

선상 오수가 친수성 스포츠 활동이나 조개, 물고기 등의 섭취시 발생시킬 수 있는 질병에는 장티푸스, 이질, 전염성 간염, 일반 위장염 등이 있다.

해당 수역의 오수 오염 정도를 나타내는 데는 보통 단위 체적당 대장균 박테리아 수를 쓰고 있다.

보트로부터 나오는 오수는 육상으로부터 흘러드는 오수보다 경과시간이 짧기 때문에 일반 병균이 훨씬 많아 더 큰 환경 문제를 발생시킬 수 있다.

따라서 마리나 수질 보존을 위해서는 보트 위생 배관, 보트로부터 나오는 오수 수집 및 육상 처리장까지의 자동 배송 시설 등을 설치할 필요가 있다.

8.3 연료 및 화공 약품 오염원

기타 오염원 중 화학첨가제 종류로는 선박 등의 위생 시설에 많이 사용되는 화학 방부제나 소독제인 포름알데히드, 아연염, 4차 암모늄염, 염소 등을 들 수 있으며 염색소, 방향제, 계면활성제 등도 포함된다.

선외 모터 엔진에서 유출되는 오염물에는 일반적으로 아래 3가지가 있다.

- 윤활유와 혼합 연료를 사용하는 선외 모터 엔진은 저속에서 크랭크 케이스 내의 일부 연소되지 않은 연료가 외부로 유출될 수 있다. 특히 마리나 내부와 같이 감속 운행하는 지역에서는 이 현상이 많이 발생한다.

• 연소되지 않은 연료증기가 실린더 내부를 지나 배기관을 통해 외부로 유출될 수 있다.
• 급유 과정에서 유류의 직접적 외부 유출이 있을 수 있다.

선외 모터 엔진에서 발생되는 오염 물질에는 연소실 가스, 산화 탄소, 탄화 수소, 납 화합물 등이 있다.

선체나 마리나 내의 부유체에 해조류 등이 부착하지 않도록 바르는 페인트에는 바다 생물에 대한 독성을 지닌 물질이 포함될 수 있다.

8.4 보트 유지관리시 발생하는 오염원

선체의 청소, 샌딩, 페인팅 작업 등 일상적인 보트 유지관리 시 오염물이 방출될 수 있다.

청소시 쓰이는 합성세제는 인산염을 포함하고 있으며, 따라서 국부적 부영양화와 용존 산소의 결핍을 초래할 수 있다.

선체의 샌딩 시 선저 페인트에서 떨어진 독성 입자가 해양 환경에 영향을 줄 수 있으며, 선저에 대한 페인팅 작업 자체도 유독 물질을 방출할 수 있다.

보트 밑바닥에 고인 빌지(Bilge) 오수는 엔진에서 유출된 유류나 기타 물질이 혼합되어 있어 정기적으로 육상 폐수처리장으로 펌핑하여 제거해야 한다.

겨울에 엔진이나 수도관, 화장실 등의 동파를 막기 위해 사용되는 동파 방지제는 하수 처리 시스템 등을 통해 처리하여야 한다.

마리나 내 모터보트의 프로펠러는 진동을 일으켜 해저 퇴적물을 재부유시킴으로써 수질 탁도가 증가하고 유기 탄소와 인의 밀도가 높아질 수 있다.

8.5 강우시 우수 방류

마리나 육상 구역의 개발로 건물, 포장, 조경 등이 밀집되고 불투수층이 늘어남에 따라 집중 강우시 대량의 우수가 마리나로 직접 유입될 수 있다.

이 때 다량의 오염 물질도 같이 유입되며 주로 강우 초기 상태에 가장 많은 양의 오염 물질이 흘러 들어가는 경향이 있다.

여기에는 기름, 그리이즈(Grease), 중금속, 퇴적물, 영양염, 살충제, 배설물 속의 대장균 등이 존재해 해수 오염을 발생시킬 수 있다.

따라서 우수가 직접 마리나 내부로 흘러들지 못하게 마리나 외부로 전환시키거나 해당 지역의 우수 방류 하수 시스템과 연계하여 처리토록 하는 것이 바람직하다.

또한 다음과 같이 유보지, 침사지, 침전지, 여과지 등을 따로 설치할 수도 있다.

- 유보지는 일정량의 우배수를 처리장으로 보낼 수 있도록 저장함으로써 해양 방류를 방지하는 시설을 말한다.
- 침사지나 침전지는 배수로의 중간에 위치하여 우수가 바다로 흘러들기 전에 부유물질이나 용존 오염원이 미리 침전될 수 있도록 하는 시설을 말한다.
- 여과지는 우배수가 천연 토양이나 모래층을 거치도록 하여 부유 입자를 제거시키는 시설을 말한다.

8.6 마리나 수질의 유지관리

마리나 내의 해수 순환을 촉진시키고 수질 문제를 최소화하기 위해 설계 단계에서부터 수치 또는 수리모형실험을 통해 조류의 흐름 양상을 파악하고 그 결과에 따라 대책을 수립하는 게 바람직하다.

특히 마리나를 많이 사용하는 여름에는 바람이 약해 마리나 내부에 해수정체 현상이 생기기 쉽다.

마리나 수질 보존을 위해서는 아래의 3가지 방법이 많이 사용된다.

- 직접적인 오염원의 제거(하수처리, 오수/우수 처리, 쓰레기 투기 방지 등)
- 주기적인 청소 관리
- 적절한 해수 교환

해수교환을 효과적으로 하기 위해서는 설계시 다음 사항을 고려할 수 있다.

- 항 입구를 두 개로 한다.
- 항내의 예각 구석을 없앤다.
- 연결 수로 뒤쪽에 Lagoon이나 Flushing Basin을 둔다.
- 항내 수심의 급격한 변화를 피한다.
- 방파제 하부 통로를 두어 해수 교환이 원활히 일어날 수 있도록 한다.
- 강제 해수 순환을 발생시킬 수 있는 설비를 둔다.

〈그림 5.64〉 해외 마리나 사례(1)

〈그림 5.65〉 해외 마리나 사례(2)

참 여 자 명 단

▣ 집필위원 및 감수위원

[집 필 위 원]	총 괄	**류혁근**	(주)서영엔지니어링 부사장
	제1장 파랑	**김태인**	(주)지오시스템리서치 부사장
	제2장 쇄파/월파/파력	**안익성**	(주)항도엔지니어링 부사장
		이종인	전남대학교 교수
	제3장 외곽시설	**고덕형**	(주)한국항만기술단 전무
	제4장 계류시설	**이욱한**	(주)건일엔지니어링 전무
	제5장 마리나	**정 현**	(주)오션스페이스 사장
[감 수 위 원]	제1장 파랑	**정원무**	한국해양연구원 책임연구원
	제2장 쇄파/월파/파력	**이달수**	한국해양연구원 책임연구원
	제3장 외곽시설	**정민영**	(주)경진엔지니어링 사장
	제4장 계류시설	**이진용**	(주)세광종합기술단 사장
	제5장 마리나	**황인환**	(주)한국마리나시스템즈 사장

▣ 국토해양부

강 범 구	물류항만실 항만정책관
박 홍 남	물류항만실 항만개발과장
손 형 모	물류항만실 항만개발과 팀장
장 병 철	물류항만실 항만개발과 주무관

국토해양부 제정

알기쉬운 항만설계기준 핸드북

발 행 일 : 2011년 3월

발 행 처 : 국토해양부 항만개발과

관리주체 : 한국항만협회

• 주　　소 : 서울시 영등포구 양평동3가 15-1 월드메르디앙 비즈센터 707호

• 전　　화 : 02)2165-0092~0094

• 팩　　스 : 02)2165-0099

• Website : http://www.koreaports.or.kr